高等学校遥感科学与技术系列教材

国家精品课程教材　　国家精品资源共享课程教材　　国家级一流本科课程教材

遥感原理与应用

（第四版）

方圣辉　龚龑　孙家抦　倪玲　周军其　潘斌　编著

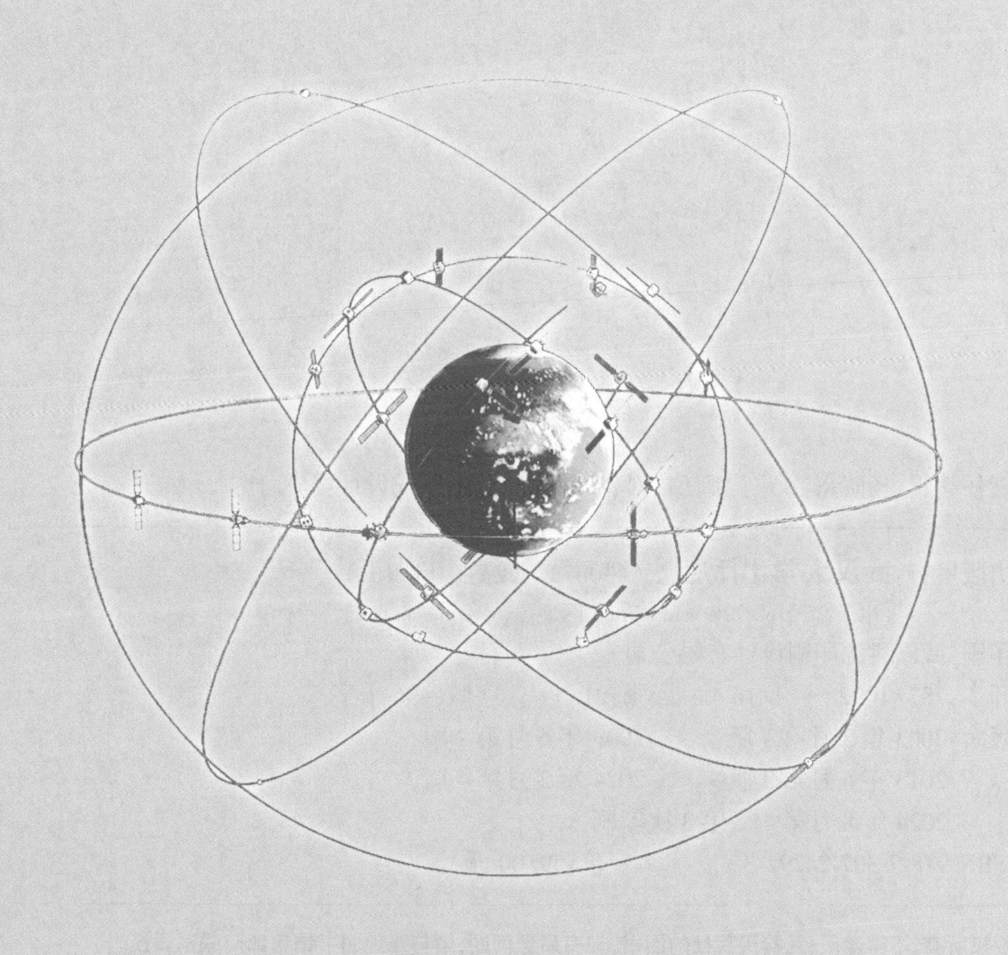

WUHAN UNIVERSITY PRESS
武汉大学出版社

图书在版编目(CIP)数据

遥感原理与应用/方圣辉等编著 .—4 版.—武汉:武汉大学出版社,2024.2(2024.8 重印)
高等学校遥感科学与技术系列教材
ISBN 978-7-307-24291-3

Ⅰ.遥… Ⅱ.方… Ⅲ.遥感技术—高等学校—教材 Ⅳ.TP7

中国国家版本馆 CIP 数据核字(2024)第 037122 号

责任编辑:杨晓露　　责任校对:汪欣怡　　版式设计:马　佳

出版发行:**武汉大学出版社**　(430072　武昌　珞珈山)
(电子邮箱:cbs22@ whu.edu.cn 网址:www.wdp.com.cn)
印刷:武汉科源印刷设计有限公司
开本:787×1092　1/16　印张:21.5　字数:496 千字
版次:2003 年 2 月第 1 版　2009 年 6 月第 2 版
2013 年 6 月第 3 版　2024 年 2 月第 4 版
2024 年 8 月第 4 版第 3 次印刷
ISBN 978-7-307-24291-3　定价:59.00 元

序

遥感科学与技术本科专业自2002年在武汉大学、长安大学首次开办以来，截至2022年底，全国已有60多所高校开设了该专业。2018年，经国务院学位委员会审批，武汉大学自主设置"遥感科学与技术"一级交叉学科博士学位授权点。2022年9月，国务院学位委员会和教育部联合印发《研究生教育学科专业目录(2022年)》，遥感科学与技术正式成为新的一级学科(学科代码为1404)，隶属交叉学科门类，可授予理学、工学学位。在2016—2018年，武汉大学历经两年多时间，经过多轮讨论修改，重新修订了遥感科学与技术类专业2018版本科人才培养方案，形成了包括8门平台课程(普通测量学、数据结构与算法、遥感物理基础、数字图像处理、空间数据误差处理、遥感原理与方法、地理信息系统基础、计算机视觉与模式识别)、8门平台实践课程(计算机原理及编程基础、面向对象的程序设计、数据结构与算法课程实习、数字测图与GNSS测量综合实习、数字图像处理课程设计、遥感原理与方法课程设计、地理信息系统基础课程实习、摄影测量学课程实习)，以及6个专业模块(遥感信息、摄影测量、地理信息工程、遥感仪器、地理国情监测、空间信息与数字技术)的专业方向核心课程的完整的课程体系。

为了适应武汉大学遥感科学与技术类本科专业新的培养方案，根据《武汉大学关于加强和改进新形势下教材建设的实施办法》，以及武汉大学"双万计划"一流本科专业建设规划要求，武汉大学专门成立了"高等学校遥感科学与技术系列教材编审委员会"，该委员会负责制定遥感科学与技术系列教材的出版规划、对教材出版进行审查等，确保按计划出版一批高水平遥感科学与技术类系列教材，不断提升遥感科学与技术类专业的教学质量和影响力。"高等学校遥感科学与技术系列教材编审委员会"主要由武汉大学的教师组成，后期将逐步吸纳兄弟院校的专家学者加入，逐步邀请兄弟院校的专家学者主持或者参与相关教材的编写。

一流的专业建设需要一流的教材体系支撑，我们希望组织一批高水平的教材编写队伍和编审队伍，出版一批高水平的遥感科学与技术类系列教材，从而为培养遥感科学与技术类专业一流人才贡献力量。

2023年2月

第四版前言

作为人类经济建设和社会可持续发展的关键支撑手段与战略需求，遥感在生物多样性保护、防灾减灾、能源与矿产资源管理、粮食安全与绿色农业、公共健康、基础设施管理、城市发展、水资源管理、国家安全等重大领域起着不可替代的作用。党的二十大将教育、科技、人才放在全面建设社会主义现代化国家的战略全局中统筹谋划、一体部署。遥感属于空天信息高科技领域，是大国激烈竞争的战略高地，是践行教育、科技、人才“三位一体”协同发展的重要领域。

本书结合武汉大学国家精品课程、国家精品资源共享课程和首批国家级一流本科课程“遥感原理与应用”的多年教学实践编写，出版以来受到广大本科生、研究生和专业技术人员的认同，在全国多所高校被指定为相关专业教材。近 10 年来，随着国家遥感基础设施建设的持续推进，遥感学科在技术原理和实践方法上发生了深刻变革，2022 年遥感学科正式成为交叉学科门类一级学科。在国家“十四五”规划和 2035 年远景目标纲要中，气候变化、乡村振兴、数字中国、智慧城市和智慧海洋等多项内容均对遥感人才培养提出了系统性、综合性和高阶性的迫切要求。

本书修订时，密切跟踪了国内外新型遥感技术的发展动态，对遥感平台、遥感传感器、数据处理、遥感应用相关内容均做了修改补充。主要包括：第 1 章修订了遥感物理中部分术语的表达；第 2 章增加了欧美陆地卫星和我国高分专项等新型遥感平台知识；第 3 章结合框幅式、多线阵和多模式传感器的技术进展进行了改编；第 5 章加强了辐射定标和大气校正具体方法的介绍；优化了第 6 章和第 7 章的内容；并对各章节中的其他问题进行了修正。

高等学校遥感科学与技术系列教材编审委员会的专家对本书提出了很多宝贵的意见和建议，在此深表感谢。由于编著者水平有限，书中肯定还存在一些缺点和不足，恳请读者批评指正。

方圣辉　龚　龑　孙家抦　倪　玲　周军其　潘　斌

2024 年 2 月

第三版前言

在创新科学思想的指导下，我国科学技术水平迅猛发展，经济实力高速增长，航天事业也出现空前繁荣的局面，让世界刮目相看。2020 年前我国将发射 100 多颗卫星，今后我国的遥感研究和应用必将主要使用我国的遥感资料和数据。为此，本书第三版修订的主要内容是将我国自主发射的各类系列卫星，如北斗导航定位卫星、资源卫星、遥感卫星、环境卫星、测绘卫星、雷达卫星和嫦娥绕月卫星等的系统特点、数据参数和应用实例编入第 2 章、第 7 章和第 9 章，并对第 1 章作了部分补充，第 9 章增加了遥感探测地外星空一节。一些长期监测的遥感项目，如寻找南极陨石、南极冰川延伸和冰山的漂移（中山站地区的极记录冰川流速已监测了近 40 年）再版时将及时公布近期用我国遥感卫星监测的数据并更新遥感图像。

“遥感原理和应用”作为国家精品课程，将随着遥感技术的发展及时更新再版。在修订过程中，许多大专院校的师生、科研单位的研究人员和生产单位的工程技术人员对本书提出了很多宝贵的意见和有益的建议，在此深表谢意。再版书中难免还有不足及不妥之处，恳请读者批评指正。

作　者

2013 年 3 月

第二版前言

《遥感原理与应用》作为国家精品课程"遥感原理及应用"的专业教材，受到广大本科生、硕士生及相关专业技术人员的普遍认同，被全国许多大学相关专业指定为教材使用。

随着科学技术的发展，新型平台及传感器的研制和先进的处理技术提高，开拓了人们的视野，为遥感进一步的发展及广泛应用提供了保障。为了适应遥感技术的发展，满足不同层次专业人员的需求，原有书中有关的章节必然要加以修改及补充，以保证书中内容的先进性和完整性。

此次修订主要在第2章补充了当今先进的传感器类型，并对其特征作了详细的叙述；第4章新增了遥感坐标系统及Geotiff图像格式介绍，另外对国外著名遥感软件ERDAS、PCI、ENVI等相关内容作了修改或补充；第5章遥感图像的几何处理主要增加了针对高空间分辨率卫星影像的有理函数模型；第8章增加了面向对象的影像分类新方法；第9章应用部分主要结合科研与生产补加了一些实例，及时编入了汶川大地震和印尼海啸成因的遥感地质解译和灾后破坏程度的图像。此外，也对第1、3、6、7章节相关内容进行了订正及补充。

本书修订后，原有结构及风格不变，增加了新的、与科研和生产紧密相关的内容，与本学科发展同步。在修订过程中，许多读者提出了很多有益的建议及意见，在此表示感谢。本教材在编写过程中，在遥感考古应用中参考了部分古文献：《史记·楚世家》《史记·白起列传》《史记·六国年表·秦表》《史记·货殖列传》《左传·昭公二十三年》《左传·襄公十四年》《唐书·括地志》《唐书·元和志》《水经注·沔水中》《汉书·地理志》《资治通鉴》。引用的研究成果，部分未能在参考文献中一一列出，在此深表谢意。再版书中不足及不妥之处在所难免，还恳请读者批评指正。

作　者

2009年3月

前　言

遥感是在不直接接触的情况下，对目标物或自然现象远距离感知的一门探测技术。具体地讲，是指在高空和外层空间的各种平台上，运用各种传感器获取反映地表特征的各种数据，通过传输、变换和处理，提取有用的信息，实现研究地物空间形状、位置、性质、变化及其与环境的相互关系的一门现代应用技术科学。

1858年世界上第一张航空像片获得后，出现的航片判读技术是现代遥感技术的雏形，由于技术上的限制，在整整一个世纪中，一直发展十分缓慢，仅仅是在航片几何处理上有很大的突破，航空摄影测量的理论和光学机械模拟测图仪器发展到比较完善的地步。

1957年世界上第一颗人造地球卫星发射成功，为遥感技术的发展创造了新的条件，科学家对随后发射的卫星上回收的成千上万张地球照片进行分析，注意到卫星摄影拍摄范围大，速度快，成本低，在短期内能重复观测，有利于监测地表的动态变化。并发现了许多在地面或近距离内无法看到的宏观自然现象。在这同时传感器技术长足发展，出现了多光谱扫描仪、热红外传感器和雷达成像仪等，使得获取信息所利用的电磁波谱的波长范围大大扩展，显示信息的能力增强，一些传感器的工作能力达到全日时、全天候，并且获取图像的方式更适应现代数据传输和处理的要求。计算机技术的发展和应用，使海量卫星图像数据的处理、存储和检索快速而有效，尤其在图像的压缩、变换、复原、增强和信息提取方面，更显示了它的优越性。这样就大大突破了原先航片目视判读的狭隘性，“遥感”(Remote Sensing)这更加广义和恰当的新名词，很自然地在20世纪60年代出现。

美国在“双子星座”(Gemini)、“天空实验室”(Skylab)和“雨云”(Nimbus)等卫星和宇宙飞船上进行遥感试验的基础上，1972年7月23日发射了第一颗地球资源卫星(ERTS-1)，后改称陆地卫星(Landsat)，星上载有MSS多光谱扫描仪和RBV多光谱电视摄像仪两种传感器系统，空间分辨率80m，是一颗遥感专用卫星，五年多发送下来的大量地表图像经各国科学家分析和应用，取得了大量成果，可称为遥感技术发展的第一个里程碑。

1982年美国发射的陆地卫星4号(Landsat-4)上装载的TM专题制图仪，将光谱段从MSS 4个波段增加到7个波段，空间分辨率提高到30m。1986年法国发射的SPOT卫星上装载的HRV线阵列推扫式成像仪将空间分辨率提高到10m，被称为第二代遥感卫星。目前已发展到第三代遥感卫星，IKONOS卫星上遥感传感器空间分辨率达到1m，快鸟(QuickBird)卫星达到0.61m。

遥感技术的发展不仅仅表现在传感器空间分辨率的提高上，其他各个方面发展也十分快速，遥感平台由遥感卫星、宇宙飞船、航天飞机有一定时间间隔的短中期观测，发展为以国际空间站为主的多平台、多层面、长期的动态观测。还计划发射小卫星群，获取任意时相的卫星影像，以适应不同遥感监测项目的要求。遥感传感器的光谱探测能力也在急速提高，成像光谱仪的出现，能探测到地物在某些狭窄波区光谱辐射特性的差别，目前已在运行的有36个波段的MODIS成像光谱仪，未来成像光谱仪的波段个数将达到384个波段，每个波段的波长区间窄到5nm。在立体成像方面，由邻轨立体观测发展到同轨立体观测，使立体影像能在很短时间内获得，并且几何关系相对简单，处理更方便，侧视雷达立体成像和相干雷达（INSAR）的出现，使立体测量方法更多样化，同时实现全天候作业。

遥感图像处理硬件系统也从光学处理设备全面转向数字处理系统，内外存容量的迅速扩大，处理速度急速增加，使处理海量遥感数据成为现实，网络的出现将使数据实时传输和实时处理成为现实。遥感图像处理软件系统更是不断翻新，从开始的人机对话操作方式（ARIESI^{2}S101等），发展到视窗方式（ERDAS，PCI，ENVI等），未来将向智能化方向发展。另一个特点是与GIS集成，有代表性的是ERDAS与ARC/INFO的集成。遥感软件的组件化也是一个发展方向，遥感软件的网络化，实现遥感软件和数据资源的共享和实时传输。

大量多种分辨率遥感影像形成了影像金字塔，再加上高光谱、多时相和立体观测影像，出现海量数据，使影像的检索和处理发生困难，建立遥感影像数据库系统已迫在眉睫。目前，遥感影像数据的研究是以影像金字塔为主体的无缝数据库，影像数据库涉及影像纠正、数据压缩和数据变换等理论和方法，还产生了“数据挖掘”（或知识发现）之类的新的理论和方法。为了能将海量遥感数据中的所需信息富集在少数几个特征上，又形成了多源遥感影像融合（指多种传感器、多分辨率、多波段、多时相间）的理论和方法。

在遥感图像识别和分类方面，开始大量使用统计模式识别，后来出现了结构模式识别、模糊分类、神经元网络分类、半自动人机交互分类和遥感图像识别的专家系统。但在遥感图像识别和分类中尚有许多不确定性因素需作深入研究。

在遥感的应用方面有大量成果，有些领域有突破性进展，总的看来是从定性分析走向定量分析，如从作物类型的识别到作物估产。另外是从宏观分析到微观分析，从农业生产的宏观分析如大面积干旱探测到微观分析的精细农业，即用遥感方法指导和实施作物的技术管理措施。

未来要建立的数字地球是对真实地球及其相关现象数字化描述的一个虚拟地球。遥感技术将为数字地球提供动态的高分辨率、高光谱影像，用遥感影像生成的三维数字地面模型（DEM），以及地物和环境的各种属性数据等一些数字地球中最基础的数据。

随着遥感技术日新月异的发展，尤其在许多领域里的应用有新的突破的情况下，原来的教材已不适应现在的本科教学。在这次的教材编写中，我们突出当今遥感的新成就，注入新内容，如遥感平台和新型传感器方面，介绍了空间站、小卫星、高空间分辨率传感器（IKONOS等）、高光谱传感器（MODIS成像光谱仪等）、相干雷达（InSAR）等；在处理方法方面编入了多源遥感影像融合、数字影像镶嵌、辐射校准处理、自动分类中的新方法以及新的遥感图像处理软硬件和3S集成系统等；尤其在遥感技术应用一章中，编入了许多国内外有重大影响的遥感成果，如遥感探测南极陨石、遥感监测1998年长江特大洪水、沙尘暴、臭氧空洞、山体滑坡、大兴安岭森林火灾、南极冰川流速以及遥感方法快速修测和更新地形图等。对于一些曾使用过一段时间的、陈旧的光学处理方法和过时的图像处理系统等被淘汰的技术不再编入本书。

本书可用作遥感及相关专业本科教材和攻读硕士研究生的参考教材，还可以作为从事遥感教学、科研和生产的指导书。教材以讲解遥感的基本理论、成熟的已商品化的和普遍使用的遥感技术和方法为主，同时具体介绍遥感在各个领域中的应用实例，帮助学生掌握实际技能。书中还引导学生关注遥感新技术和发展趋势，紧跟国际上遥感发展的步伐。

由于受编写时间和作者水平之限，全书难免存在缺点甚至错误，敬请读者批评指正。

作　者

2002年3月

目　　录

第1章　电磁波及遥感物理基础

1.1　概述

遥感即遥远感知，是在不直接接触的情况下，对目标或自然现象远距离探测和感知的一种技术。空间中的电磁场、声场、势场等由于物体的存在而发生变化，测量这些场的变化就可以获得物体的信息，因而电磁波、机械波(声波)、重力场、地磁场等都可以用作遥感。例如：蝙蝠可以发射25 000～70 000Hz的超强声波并接收这些声波的反射回波，进而它可以觅食或自由地飞行；人们利用重力场来探测地形变化或地质构造。但目前人们所说的“遥感”，一般是指电磁波遥感，它是利用电磁波获取物体的信息。本书着重讨论电磁波遥感技术。

遥感之所以能够根据收集到的电磁波来判断地物目标和自然现象，是因为一切物体，由于其种类、特征和环境条件的不同，而具有完全不同的电磁波的反射或发射辐射特征。因此遥感技术主要是建立在物体反射或发射电磁波的原理之上的。要深入学习遥感技术，首先要学习和掌握电磁波以及电磁波谱的性质。本章主要介绍电磁波的发射和反射特性、地物波谱特性曲线及应用等。

1.1.1　电磁波

根据麦克斯韦电磁场理论，变化的电场能够在它周围引起变化的磁场，这一变化的磁场又在较远的区域内引起新的变化电场，并在更远的区域内引起新的变化磁场。这种变化的电场和磁场交替产生，以有限的速度由近及远在空间内传播的过程称为电磁波。γ射线、X射线、紫外线、可见光、红外线、微波、无线电波等都是电磁波。电磁波是一种横波，如图1-1所示。

它还可以用下列方程组表示：

$$
\begin{aligned}
\frac{\mu}{c}\frac{\partial H}{\partial t} &= -\frac{\partial \boldsymbol{E}}{\partial x} \\
\frac{\varepsilon}{c}\frac{\partial E}{\partial t} &= -\frac{\partial \boldsymbol{H}}{\partial x}
\end{aligned}
\tag{1-1}
$$

式中：ε——介质的相对介电常数；

μ——相对导磁率；

t——时间；

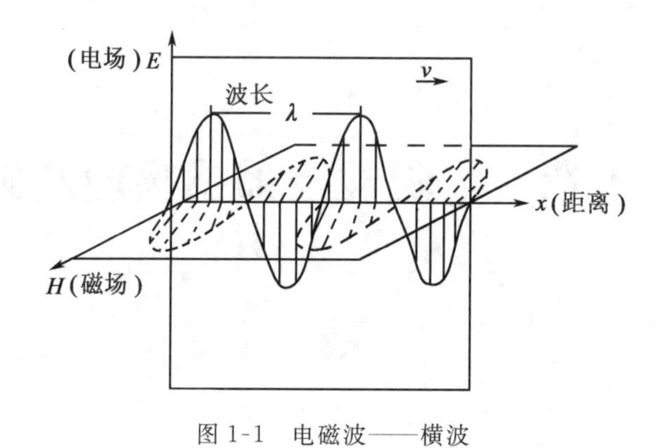

图 1-1　电磁波——横波

c——光速，2.988×10^8 m/s；

$\boldsymbol{E}$——电场强度矢量；

$\boldsymbol{H}$——磁场强度矢量。

公式(1-1)说明随时间变化的磁场能激发电场，反之随时间变化的电场能激发磁场。

经分别对 x 和 t 微分，消去 $\boldsymbol{H}$ 项，电磁波在介质中传播速度则为

$$V=\frac{c}{\sqrt{\varepsilon\mu}}\quad(\varepsilon\geqslant 1,\mu\geqslant 1) \tag{1-2}$$

可见，电磁波在介质中的传播速度小于光速 c，但在真空中的传播速度等于 c。

电磁波既表现出波动性，又表现出粒子性，称波粒二象性。连续的波动性和不连续的粒子性是相互排斥、相互对立的；但两者又是相互联系并在一定的条件下可以相互转化的。可以说波是粒子流的统计平均，粒子是波的量子化。

1. 波动性

单色波的波动性可用波函数来描述，波函数是一个时空的周期性函数。其解析式如下：

$$\psi=A\sin[(\omega t-kx)+\varphi] \tag{1-3}$$

ψ——波函数；A——振幅；ω——角频率；t——时间变量；k——圆波数；x——空间变量；φ——初相位

式中：

$$\omega=\frac{2\pi}{T}=2\pi\nu;$$

$$k=\frac{2\pi}{\lambda}=2\pi N;$$

$$N=\frac{1}{\lambda}.$$

波函数是由振幅和位相(或相位)两部分组成，一般成像原理只记录振幅，只有全息成像时，才既记录振幅又记录位相。

光的波动性形成了光的干涉、衍射、偏振等现象。

(1) 干涉。干涉现象的基本原理是波的叠加原理。一列波在空间传播时,在空间的每一点都引起振动,当两列波在同一空间传播时,空间各点的振动就是各列波单独在该点产生的振动的叠加合成。杨氏实验可观察到光的干涉现象,相干光在空间一点叠加后的强度为:

$$I = I_1 + I_2 + 2I_1 I_2 \cos\delta \tag{1-4}$$

式中:I_1 和 I_2——两列频率相同、振动方向相同,且具有固定位相关系的光波的强度;

δ——上面所述两列光波的位相差;

I——叠加后的强度。

一般地,凡是单色波都是相干波。取得时间和空间相干波对于利用干涉进行距离测量是相当重要的。激光就是相干波,它是光波测距仪的理想光源。微波遥感中的雷达也是应用了干涉原理成像的,其影像上会出现颗粒状或斑点状的特征,这是一般非相干波的可见光影像所没有的,对微波遥感的判读意义重大。

(2) 衍射。光线偏离直线路径的现象称为光的衍射。夫朗禾费衍射装置的单缝衍射实验可以观察到衍射现象。在入射光垂直于单缝平面时的单缝衍射图样中,可以看到中央有特别明亮的亮纹,两侧对称地排列着一些强度较小的亮纹,各条亮线的强度为:

$$I_\theta = I_0 \left(\frac{\sin\alpha}{\alpha}\right)^2 \tag{1-5}$$

式中:θ——衍射角;

I_0——衍射角等于 0 时的光强度;

I_θ——衍射角等于 θ 时的光强度;

$\alpha = \dfrac{\delta}{2}$,即位相差的一半;

$\delta = \dfrac{2\pi}{\lambda}\Delta L = \dfrac{2\pi a \cdot \sin\theta}{\lambda}$。

(ΔL 为衍射角 θ 时,单缝两端光线偏离直线后引起的光程差;a 为单缝的宽度)。

如果单缝变成小孔,则单色平行光束照射小孔后,由于小孔衍射,在屏幕上出现的不是一个亮点,而是一个亮斑,亮斑周围还有逐渐减弱的明暗相间的条纹,其强度分布如图 1-2 所示。

一个物体通过物镜成像,实际上是物体上各点发出的光线,在屏幕上形成的亮斑组合而成。如距离很近的两个物点发出的光,经透镜在屏幕上形成两个亮斑,其叠加后的亮度分布如图 1-3 所示,当两个亮斑靠近到一定距离时,就叠合成一个峰值,也就是说原来两个物点在屏幕上已无法分辨。光学仪器刚刚能分辨两个物点的张角 θ_0 称为光学仪器的最小分辨角,它与物镜的孔径 d 成反比,与入射光的波长 λ 成正比,可用下式表示:

$$\theta_0 = 1.22\,\frac{\lambda}{d} \tag{1-6}$$

最小分辨角的倒数称光学仪器的分辨本领。

研究电磁波的衍射现象对设计遥感仪器和提高遥感图像空间分辨率具有重要的意义。另外,在数字影像的处理中也要考虑光的衍射现象。

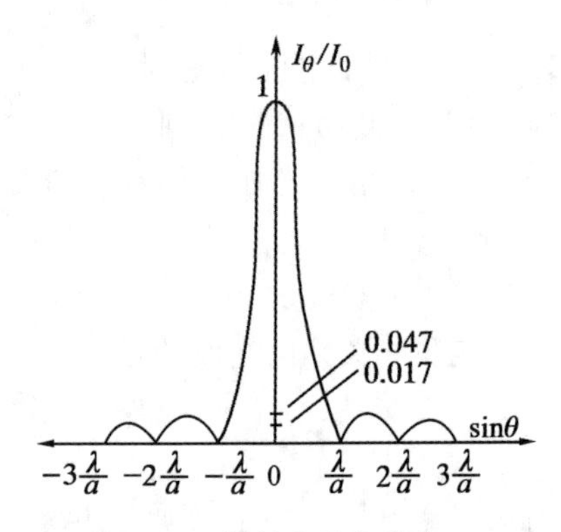

图 1-2　衍射光强度分布

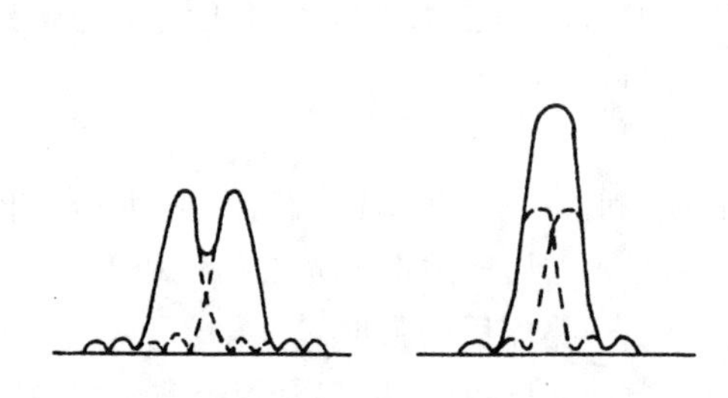

图 1-3　衍射引起的亮斑叠合与光学仪器的分辨能力

（3）偏振。电磁波是横波，由两个相互垂直的振动矢量即电场强度 E 和磁场强度 H 来表征。而 E 和 H 都与电磁波的传播方向相垂直，光是电磁波的特例。在光波中，产生感光作用和生理作用的是电场强度 $\boldsymbol{E}$，因此，将 $\boldsymbol{E}$ 称为光矢量，$\boldsymbol{E}$ 的振动称为光振动。

如果光矢量 $\boldsymbol{E}$ 在一个固定平面内只沿一个固定方向作振动，则这种光称为偏振光，和振动方向相垂直且包含传播方向的面称偏振面。分子、原子在某一瞬间所发出的光本是偏振的，光矢量具有一定的方向，但光源中由大量的分子或原子所发出的光，一个接一个以极快的不规则的次序取所有可能的方向，不可能保持一定的优势方向，所以自然光，如太阳光是非偏振的，在所有可能的方向上，E 的振幅都可以看作是完全相等的。介于自然光和偏振光之间的称为部分偏振光，其偏振程度可以用偏振度 P' 来衡量：

$$P'=\frac{I_{\max}-I_{\min}}{I_{\max}+I_{\min}} \tag{1-7}$$

自然光的 $I_{\max}=I_{\min}=I_0$ 时，$P'=0$ 叫作非偏振光；偏振光的 $I_{\min}=0$ 时，$P'=1$ 叫作全偏振光。

许多散射光、反射光和透射光是部分偏振光，且其偏振度与有关物质的性质有关。偏振在微波技术中称为“极化”，遥感技术中的偏振摄影和雷达成像就利用了电磁波的偏振这一特性。入射波与再辐射波的偏振状态，在信息传递时起着重要的作用。它们提供除了强度和频率之外的附加信息，例如，辐射发射或散射性质。

微波情形、水平极化和垂直极化波照在同一地物目标界面上，反射率和相位是不同的。可以通过不同极化的雷达波来了解地面目标的信息。例如，当地面目标粗糙度小于辐射波长时，向后散射信号与垂直极化的入射角（20°～70°）无关，而水平极化雷达向后散射强度依赖于入射角。像草地和道路两种地面目标，若采用水平极化波，它们的后向散射回波差异很大。如果地面粗糙度比波长大很多，则不存在这种关系。

2. 粒子性

粒子性的基本特点是能量分布的量子化。一个原子不能连续地吸收或发射辐射能，只能不连续地一份一份地吸收或发射能量，即光能有一最小单位，叫作光量子或光子，这种情况叫作能量的量子化。光子不仅具有一定的能量，而且还有一定的动量，能量与动量都是粒子的属性，因此，光子也是一种基本粒子。

实验证明,光子的能量 E 与其频率 ν 成正比,即

$$E=h\nu \tag{1-8}$$

光子的动量与其波长 λ 成反比,即

$$P=\frac{h}{\lambda} \tag{1-9}$$

上面两式中,E、P 分别为光子的能量和动量;$h=6.626\times10^{-34}\,\mathrm{J\cdot s}$ 称普朗克常数。

3. 波动性和粒子性的关系

电磁波的波动性与粒子性是对立统一的。从 $E=h\nu$ 和 $P=h/\lambda$ 两式中可以看出,能量 E、动量 P 是粒子性的属性,可表征粒子性;而频率 ν、波长 λ 是波动性的属性,可表征波动性,两者通过普朗克常数 h 联系了起来,将此二式代入式(1-3)的单色波函数式则得

$$\psi=A\sin\frac{2\pi}{h}[(E_t-P_x)+\varphi_0] \tag{1-10}$$

式中:

$$\varphi_0=\varphi\frac{h}{2\pi}$$

上式说明一束沿 x 轴方向运动的能量为 E、动量为 P 的光子流,随着时间呈现周期性变化。

从波动性来看,光的强度 I 与波函数的绝对值的平方成正比,比例常数为 1 时:

$$I=|\psi|^2 \tag{1-11}$$

从粒子性来看,光强度 I 决定于单位时间内通过截面的光子数目的多少,称为光子流密度 ρ,即

$$I=\rho \tag{1-12}$$

合并式(1-11)和式(1-12),取比例常数为 1 时,则

$$\rho=|\psi|^2 \tag{1-13}$$

上式直接把光子密度与波函数的关系统一了起来,这就是粒子流与波函数的关系。

1.1.2 电磁波谱

电磁波是电磁场的传播,而电磁场具有能量,因而波的传播过程也就是电磁能量的传播过程。

不同的电磁波由不同的波源产生。γ 射线、X 射线、紫外线、可见光、红外线、微波、无线电波等都属于电磁波。我们如果按电磁波在真空中传播的波长或频率递增或递减顺序排列,就能得到电磁波谱(图 1-4),电磁波谱区段的界限是渐变的,一般按产生电磁波的方法或测量电磁波的方法来划分。习惯上人们常常将电磁波区段划分为如表 1-1 所示。

从电磁波谱图可见,电磁波的波长范围非常宽,从波长最短的 γ 射线到最长的无线电波,它们的波长之比在 10^{22} 倍以上。遥感采用的电磁波波段可以从紫外一直到微波波段。遥感器就是通过探测或感测不同波段电磁波谱的发射、反射辐射能级而成像的,可以说电磁波的存在是获取图像的物理前提。在实际的遥感工作中根据不同的目的选择不同的波谱段。

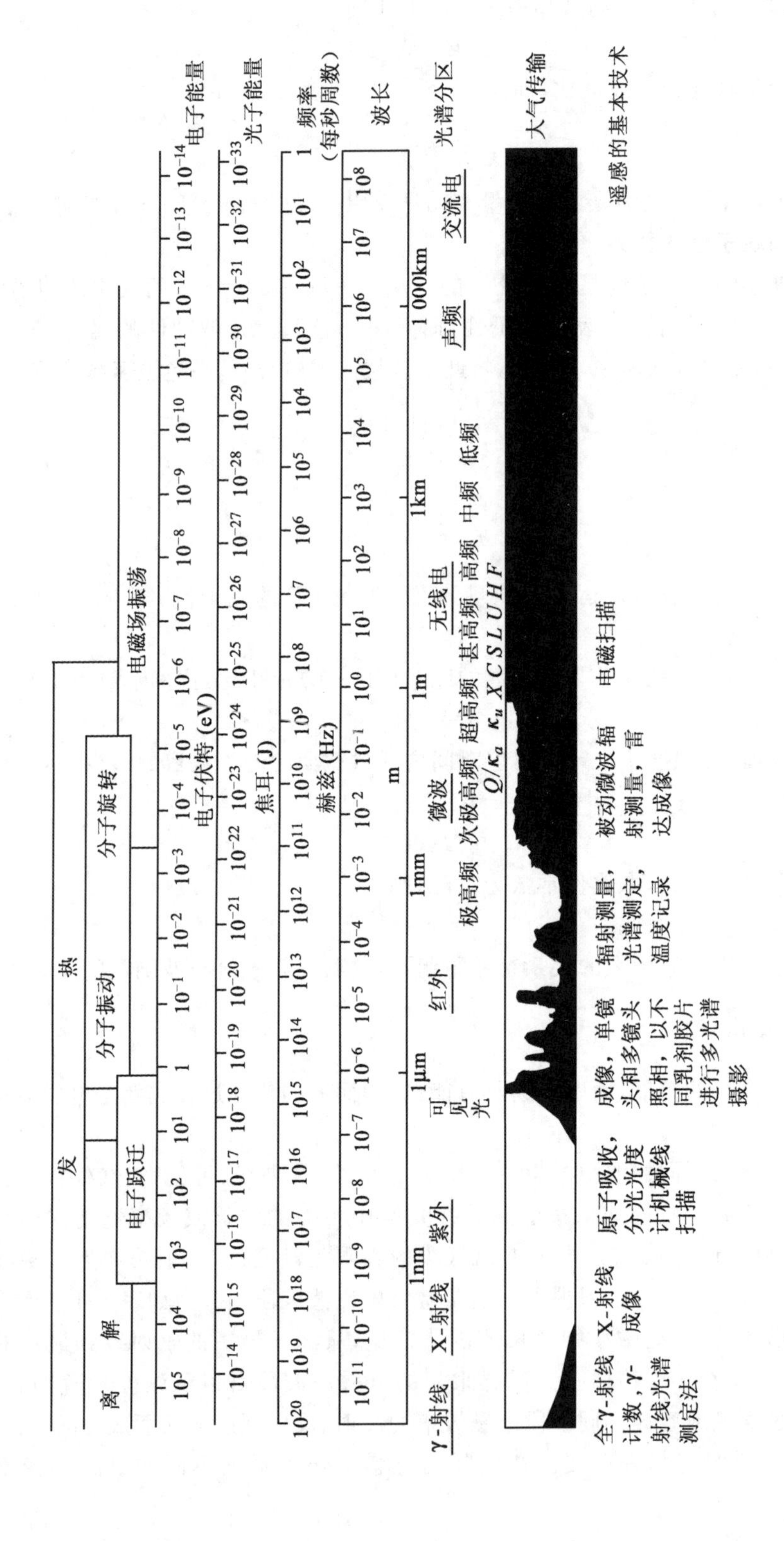

电子能量
光子能量
频率
（每秒周数）
波长
光谱分区
大气传输
遥感的基本技术
离解
发热
电子跃迁
分子振动
分子旋转
电磁场振荡
电子伏特 (eV)
焦耳 (J)
赫兹 (Hz)
m
1nm
1μm
1mm
1m
1km
1 000km
γ-射线
X-射线
紫外
可见光
红外
微波
无线电
声频
交流电
极高频
次极高频
超高频
甚高频
高频
中频
低频
Q/Ka Ku X C S L U H F
全γ-射线计数，γ-射线光谱测定法
X-射线成像
原子吸收，分光光度计机械线扫描
成像，单镜头和多镜头照相，以不同乳剂胶片进行多光谱摄影
辐射测量，光谱测定，温度记录
被动微波辐射测量，雷达成像
电磁扫描

图 1-4　电磁波谱

表 1-1　电磁波谱

波段		波长	
长波		大于 3 000m	
中波和短波		10 ～ 3 000m	
超短波		1 ～ 10m	
微波		1mm ～ 1m	
红外波段	超远红外	0.76～1 000μm	15 ～ 1 000μm
	远红外①		6 ～ 15μm
	中红外		3 ～ 6μm
	近红外		0.76 ～ 3μm
可见光	红	0.38～0.76μm	0.62 ～ 0.76μm
	橙		0.59 ～ 0.62μm
	黄		0.56 ～ 0.59μm
	绿		0.50 ～ 0.56μm
	青		0.47 ～ 0.50μm
	蓝		0.43 ～ 0.47μm
	紫		0.38 ～ 0.43μm
紫外线		10^{-3}～ 3.8×10^{-1}μm	
X 射线		10^{-6}～ 10^{-3}μm	
γ 射线		小于 10^{-6}μm	

① 也有人将 0.76～15μm 看作近红外，将 15～1 000μm 看作远红外。

1.2　物体的发射辐射

1.2.1　黑体辐射

1860 年，基尔霍夫得出了好的吸收体也是好的辐射体这一定律。它说明了凡是吸收热辐射能力强的物体，它们的热发射能力也强；凡是吸收热辐射能力弱的物体，它们的热发射能力也就弱。

如果一个物体对于任何波长的电磁辐射都全部吸收，则这个物体是绝对黑体。

一个不透明的物体对入射到它上面的电磁波只有吸收和反射作用，且此物体的光谱吸收率 $\alpha(\lambda,T)$ 与光谱反射率 $\rho(\lambda,T)$ 之和恒等于 1，实际上对于一般物体而言，上述系数都与波长和温度有关，但绝对黑体的吸收率 $\alpha(\lambda,T)\equiv1$，反射率 $\rho(\lambda,T)\equiv0$；与之相反的绝对白体则能反射所有的入射光，即反射率 $\rho(\lambda,T)\equiv1$，吸收率 $\alpha(\lambda,T)\equiv0$，与温度和波长无关。

理想的绝对黑体在实验上是用一个带有小孔的空腔做成的（图 1-5）。空腔器壁由不透明的材料制成，空腔器壁对辐射只有吸收和反射作用。当从小孔进入的辐射照射到器壁上时，大部分辐射被吸收，仅有 5% 或更少的辐射被反射。经过 n 次反射后，如果有通过小孔射出的能量的话，也只有$(5\%)^n$，当n大于10时，认为此空腔符合绝对黑体的要求。黑色的烟煤，其吸收系数接近99%，因而被认为是最接近绝对黑体的自然物体。恒星和太阳的辐射也被看作接近黑体辐射的辐射源。

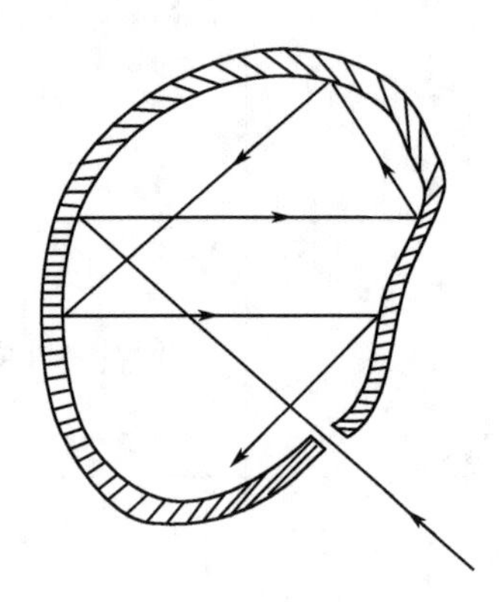

图 1-5　绝对黑体

1900年，普朗克用量子理论概念推导黑体辐射通量密度W_λ和其温度的关系以及按波长λ分布的辐射定律：

$$W_\lambda = \frac{2\pi hc^2}{\lambda^5} \cdot \frac{1}{e^{ch/\lambda kT} - 1} \tag{1-14}$$

式中：W_λ——分谱辐射通量密度，$W/(cm^2 \cdot \mu m)$；

λ——波长，μm；

h——普朗克常数，$6.625\,6 \times 10^{-34}\,J \cdot s$；

c——光速，$3 \times 10^{10}\,cm/s$；

k——玻耳兹曼常数，$1.38 \times 10^{-23}\,J/K$；

T——绝对温度，K。

图1-6为几种温度下用普朗克公式(1-14)绘制的黑体辐射波谱曲线，从图中可直观地看出黑体辐射的三个特性：

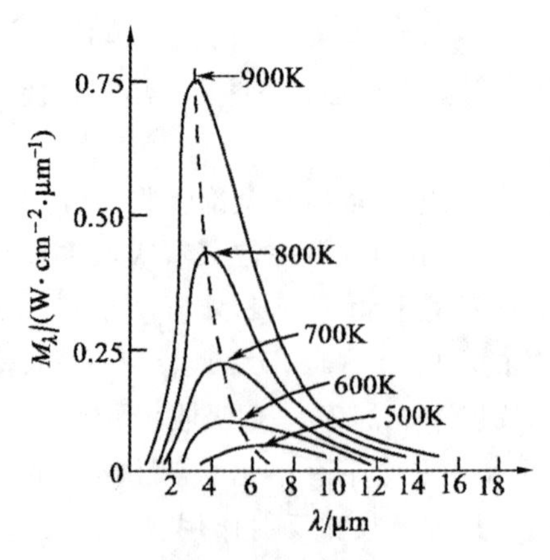

图 1-6　几种温度下的黑体波谱辐射曲线

(1) 与曲线下的面积成正比的总辐射通量密度 W 随温度 T 的增加而迅速增加。总辐射通量密度 W 可在从零到无穷大的波长范围内。对普朗克公式进行积分,即

$$W = \int_0^\infty \frac{2\pi hc^2}{\lambda^5} \frac{1}{e^{ch/k\lambda T} - 1} d\lambda \tag{1-15}$$

可得到从 $1cm^2$ 面积的黑体辐射到半球空间里的总辐射通量密度的表达式为:

$$W = \frac{2\pi^5 k^4}{15c^2 h^3} T^4 = \sigma T^4$$
$$\sigma = \frac{2\pi^5 k^4}{15c^2 h^3} = 5.669\,7 \times 10^{-12} (W/cm^2 \cdot K^4) \tag{1-16}$$

式中:σ——斯忒藩-玻耳兹曼常数。

T——绝对黑体的绝对温度,K。

从上式可以看出:绝对黑体表面上,单位面积发出的总辐射能与绝对温度的四次方成正比,称为斯忒藩-玻耳兹曼公式。对于一般物体来讲,传感器检测到它的辐射能后就可以用此公式概略推算出物体的总辐射能量或绝对温度 T。热红外遥感就是利用这一原理探测和识别目标物的。

(2) 分谱辐射能量密度的峰值波长 λ_{max} 随温度的增加向短波方向移动。可得微分普朗克公式,并求极值:

$$\frac{\partial W_\lambda}{\partial \lambda} = \frac{-2\pi hc^2 \left[5\lambda^4 \left(e^{\frac{ch}{kT\lambda}} - 1\right) + \lambda^5 e^{\frac{ch}{kT\lambda}} \left(-\frac{ch}{kT\lambda^2}\right)\right]}{\lambda^{10} \left(e^{\frac{ch}{kT\lambda}} - 1\right)^2} = 0 \tag{1-17}$$

令 $X = \frac{ch}{kT\lambda}$,解出 $X = 4.965\,11$,因此

$$\lambda_{max} T = \frac{ch}{k4.965\,11} = 2\,897.8 \tag{1-18}$$

称维恩位移定律。它表明:黑体的绝对温度增高时,它的辐射峰值波长向短波方向位移。若知道了某物体的温度,就可以推算出它的辐射峰值波长。在遥感技术上,常用这种方法选择遥感器和确定对目标物进行热红外遥感的最佳波段。

(3) 每条曲线彼此不相交,故温度 T 越高所有波长上的波谱辐射通量密度也越大。

在长波区,普朗克公式用频率变量代替波长变量,即

$$W_V = \frac{2\pi\nu^3}{c^2} \cdot \frac{1}{e^{h\nu/kT} - 1} \tag{1-19}$$

倘若考虑是朗伯体,则辐射亮度为:

$$L_\nu = \frac{2\pi h\nu^3}{c^2} \cdot \frac{1}{e^{h\nu/kT} - 1} \tag{1-20}$$

在波长大于 1mm 的微波波段情况下,$h\nu \ll kT$,展开

$$e^{h\nu/kT} = 1 + \frac{h\nu}{kT} + \frac{(h\nu/kT)^2}{2!} + \frac{(h\nu/kT)^3}{3!} + \cdots = 1 + \frac{h\nu}{kT} \tag{1-21}$$

则

$$L_\nu = \frac{2kT}{c^2}\nu^2 = \frac{2kT}{\lambda^2} \tag{1-22}$$

此式表示黑体发射的微波亮度，若在微波波段从 λ_1 到 λ_2 积分，则

$$L = \int_{\lambda_1}^{\lambda_2} \frac{2kT}{\lambda^2} \mathrm{d}\lambda = -\left.\frac{2kT}{\lambda}\right|_{\lambda_1}^{\lambda_2} \tag{1-23}$$

因此，在微波波段，黑体的微波辐射亮度与温度的一次方成正比。

1.2.2 太阳辐射

地球上的能源主要来源于太阳，太阳是被动遥感最主要的辐射源。传感器从空中或空间接收地物反射的电磁波，主要是来自太阳辐射的一种转换形式。

太阳常数：指不受大气影响，在距离太阳一个天文单位内，垂直于太阳辐射的方向上，单位面积单位时间黑体所接收的太阳辐射能量：$I_{\odot}=135.3\mathrm{mW/m^2}$，（美国水手 6、7 号航天器 1969 年用空腔辐射计测定的数值，计算误差为 $\pm 1.0\mathrm{mW/m^2}$）。太阳常数可以认为是大气顶端接收的太阳能量。太阳辐射包括整个电磁波波谱范围。图 1-7 中描绘出了黑体在 5 800K 时的辐射曲线，在大气层外接收到的太阳辐射照度曲线以及太阳辐射穿过大气层后在海平面接收的太阳辐射照度曲线。

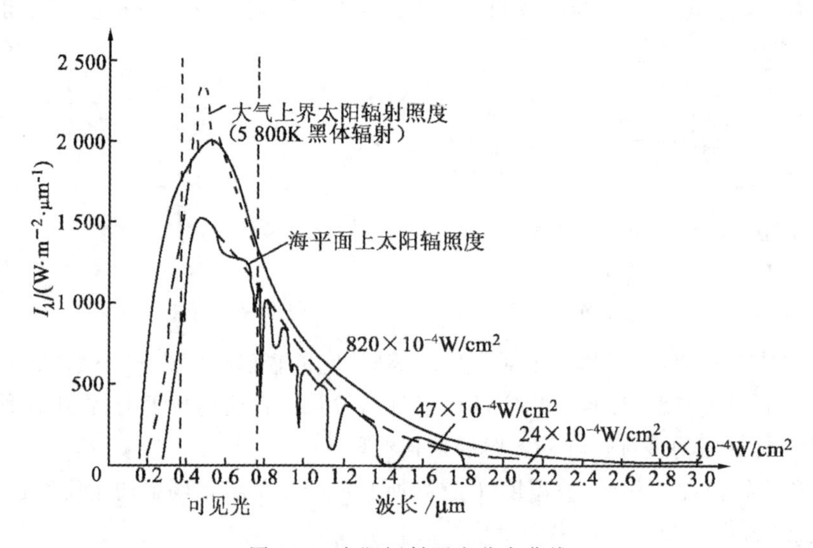

图 1-7　太阳辐射照度分布曲线

从图 1-7 可以看出，太阳辐射的光谱是连续的，它的辐射特性与绝对黑体的辐射特性基本一致。太阳辐射从近紫外到中红外这一波段区间能量最集中而且相对来说较稳定。在 X 射线、γ 射线、远紫外及微波波段，能量小但变化大。就遥感而言，被动遥感主要利用可见光、红外等稳定辐射，因而太阳的活动对遥感没有太大影响，可以忽略。另外，海平面处的太阳辐射照度曲线与大气层外有很大不同。这主要是地球大气对太阳辐射的吸收和散射造成的。

各波长范围内辐射能量大小不同，太阳能量约 99%集中在 0.2～4μm，可见光部分约集中了 38%的太阳能量。

1.2.3 大气对辐射的影响

1. 地球大气

地球大气从垂直方向可划分成4层,对流层、平流层、电离层和外大气层。大气分层区间及各种航空、航天、空间飞行器在大气层中的垂直位置见图1-8。

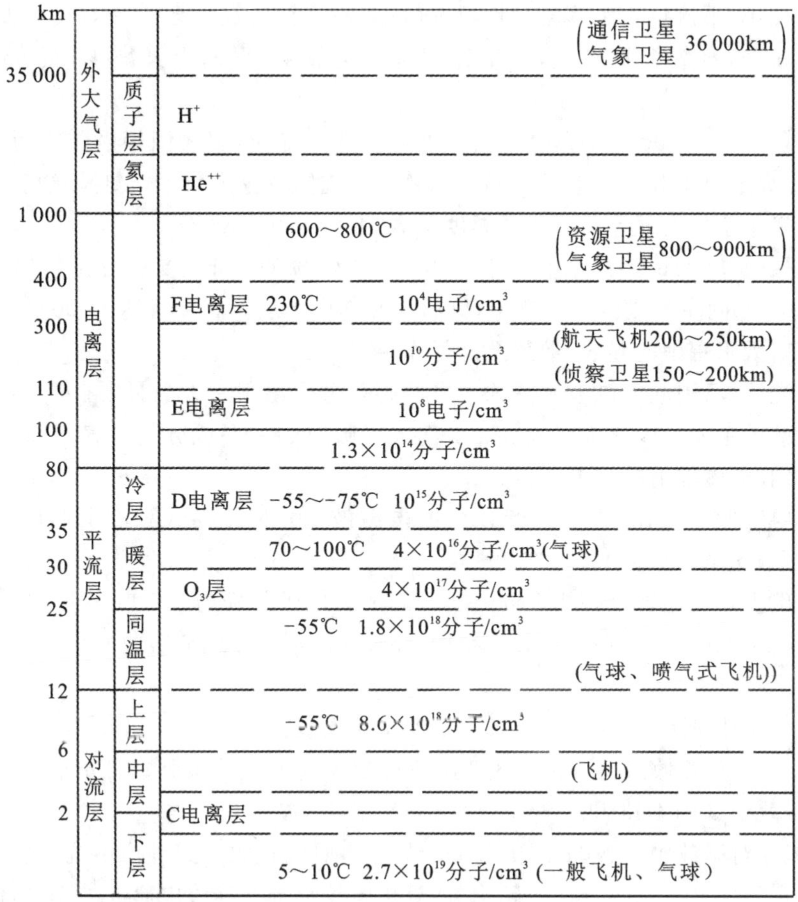

km	大气层	分层	特征
	外大气层		(通信卫星 气象卫星 36 000km)
35 000	外大气层	质子层	H^+
	外大气层	氦层	He^{++}
1 000	电离层		600~800℃ (资源卫星 气象卫星 800~900km)
400	电离层		F电离层 230℃ 10^4电子/cm^3
300	电离层		10^{10}分子/cm^3 (航天飞机200~250km) (侦察卫星150~200km)
110	电离层		E电离层 10^8电子/cm^3
100	电离层		1.3×10^{14}分子/cm^3
80	平流层	冷层	D电离层 -55~-75℃ 10^{15}分子/cm^3
35	平流层	暖层	70~100℃ 4×10^{16}分子/cm^3(气球)
30	平流层	暖层	O_3层 4×10^{17}分子/cm^3
25	平流层	同温层	-55℃ 1.8×10^{18}分子/cm^3 (气球、喷气式飞机)
12	对流层	上层	-55℃ 8.6×10^{18}分子/cm^3
6	对流层	中层	(飞机)
2	对流层		C电离层
	对流层	下层	5~10℃ 2.7×10^{19}分子/cm^3 (一般飞机、气球)

图1-8 大气的垂直分布

大气成分主要有氮、氧、氩、二氧化碳、氦、甲烷、氧化氮、氢(这些气体在80km以下的相对比例保持不变,称不变成分)、臭氧、水蒸气、液态和固态水(雨、雾、雪、冰等)、盐粒、尘烟(这些气体的含量随高度、温度、位置而变,称为可变成分)等。

对流层,从地表到平均高度12km处,其主要特点是:

(1) 温度随高度的上升而下降,每上升1km下降6℃。

(2) 空气密度和气压也随高度的上升而下降,地面空气密度为$1.3\times10^{-3}g/cm^3$,气压10^5Pa。对流层顶部空气密度仅为$0.4\times10^{-3}g/cm^3$,气压下降到0.26×10^5Pa左右。

(3) 空气中不变成分的相对含量:氮占78.09%,氧占20.95%,氩等其余气体共占不到

1%。可变成分中，臭氧含量较少，水蒸气含量不固定，在海平面潮湿的大气中，水蒸气含量可高达2%，液态和固态水含量也随着气象而变化。在1.2～3.0km处的对流层中是最容易形成云的区域，近海面或盐湖上空含有盐粒，城市工业区和干旱无植被覆盖的地区上空有尘烟微粒。

平流层，在12～80km的垂直区间中。平流层又可分为同温层、暖层和冷层。空气密度继续随高度上升而下降。这一层中不变成分的气体含量与对流层的相对比例关系一样，只是绝对密度变小，平流层中水蒸气含量很少，可忽略不计。臭氧含量比对流层大，在这一层的25～30km处，臭氧含量较大，这个区间称为臭氧层，再向上又减少，至55km处趋近于零。

电离层，在80～1 000km为电离层。电离层空气稀薄，因太阳辐射作用而发生电离现象，分子被电离成离子和自由电子状态。电离层中气体成分为氧、氦、氢及氧离子，无线电波在电离层中发生全反射现象。电离层温度很高，上层600～800℃。

外大气层，1 000km以上为外大气层，1 000～2 500km间主要成分是氦离子，称氦层；2 500～25 000km间主要成分是氢离子，氢离子又称质子层。温度可达1 000℃。

2. 大气对太阳辐射的吸收、散射及反射作用

在可见光波段，引起电磁波衰减的主要原因是分子散射。在紫外、红外与微波波段，引起电磁波衰减的主要原因是大气吸收。引起大气吸收的主要成分是氧气、臭氧、水、二氧化碳等，它们吸收电磁辐射的主要波段有：

臭氧主要吸收0.3μm以下的紫外区的电磁波，另外9.6μm处有弱吸收；4.75μm和14μm处的吸收更弱，已不明显。

二氧化碳主要吸收带分别为2.60～2.80μm，其中吸收峰为2.70μm；4.10～4.45μm吸收峰为4.3μm；9.10～10.9μm吸收峰为10.0μm；12.9～17.1μm吸收峰为14.4μm，全在红外区。

水蒸气主要吸收带在0.70～1.95μm间，吸收最强处为1.38μm和1.87μm；2.5～3.0μm间，2.7μm处吸收最强；4.9～8.7μm间，6.3μm处吸收最强；15μm～1mm的超远红外区，以及微波中0.164cm和1.348cm处。

此外，氧气对微波中0.253cm及0.5cm处也有吸收现象。另外像甲烷、氧化氮，工业集中区附近的高浓度一氧化碳、氨气、硫化氢、氧化硫等都具有吸收电磁波的作用，但吸收率很低，可略而不计。

在15μm以下的红外、可见光和紫外区的吸收程度可见图1-9。

在可见光波段范围内，大气分子吸收的影响很小，主要是散射引起衰减。电磁波在传播过程中遇到小微粒而使传播方向发生改变，并向各个方向散开，称散射。太阳辐射到地面又反射到传感器的过程中，两次通过大气，传感器所接收到的能量除了反射光还增加了散射光。这两次影响增加了信号中的噪声部分，造成遥感影像质量的下降。

散射的方式随电磁波波长与大气分子直径、气溶胶微粒大小之间的相对关系而变，主要有米氏(Mie)散射、均匀散射、瑞利(Rayleigh)散射等。如果介质中不均匀颗粒的直径a与入射波长同数量级，发生米氏散射；当不均匀颗粒的直径$a \gg \lambda$时，发生均匀散射；而瑞利散射的条件是介质中的不均匀颗粒的直径a远小于入射电磁波波长λ。

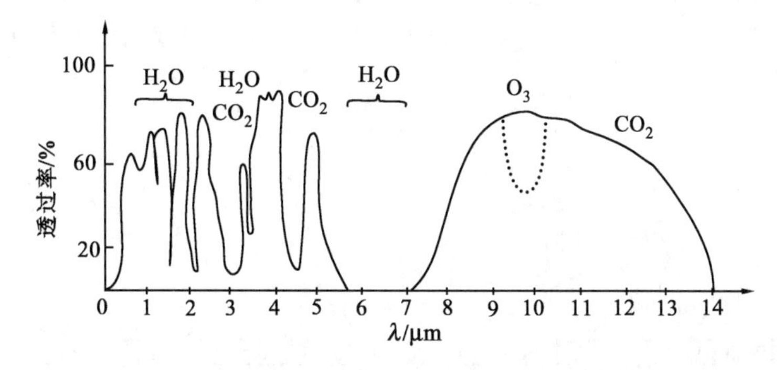

图 1-9 波长小于 15μm 的大气透射率图

瑞利散射的强度

$$I \propto E_s'^2 \propto \sin^2\theta/\lambda^4 \tag{1-24}$$

式中：E_s'——电磁波强度；

θ——入射电磁波振动方向与观察方向的夹角。

可以看出，散射强度 I 与波长的四次方成反比。由于蓝光波长比红光短，因而蓝光散射较强，而红光散射较弱。晴朗的天空，可见光中的蓝光受散射影响最大，所以天空呈蓝色。清晨太阳光通过较厚的大气层，直射光中红光成分多于蓝光成分，因而太阳呈现红色。大气中的瑞利散射对可见光影响较大，而对红外的影响很小，对微波基本没有多大影响。

对于同一物质来讲，电磁波的波长不同，表现的性质也不同。例如在晴好的天气可见光通过大气时发生瑞利散射，蓝光比红光散射的多；当天空有云层或雨层时，满足均匀反射的条件，各个波长的可见光散射强度相同，因而云呈现白色，此时散射较大，可见光难以通过云层，这就是阴天时不利于用可见光进行遥感探测地物的原因。而对于微波来说，微波波长比粒子的直径大得多，则又属于瑞利散射的类型，散射强度与波长的四次方成反比，波长越长散射强度越小，所以微波才可能有最小散射，最大透射，而被称为具有穿云透雾的能力。

由以上分析可知，散射造成太阳辐射的衰减，散射强度遵循的规律与波长密切相关。而太阳辐射几乎包括电磁辐射的各个波段，因此，对同一大气状况，会出现各种类型的散射。对于大气分子、原子引起的瑞利散射主要发生在可见光和近红外波段。对于大气微粒引起的米氏散射从近紫外到红外波段都有影响。

另外，电磁波与大气的相互作用还包括大气反射。由于大气中有云层，当电磁波到达云层时，就像到达其他物体界面一样，不可避免地要产生反射现象，这种反射同样满足反射定律。而且各波段受到不同程度的影响，削弱了电磁波到达地面的程度。因此应尽量选择无云的天气接收遥感信号。

3. 大气窗口

太阳辐射在到达地面之前穿过大气层，大气折射只是改变太阳辐射的方向，并不改变辐射的强度。但是大气反射、吸收和散射的共同影响却衰减了辐射强度，剩余部分才为透射部分。不同电磁波段通过大气后衰减的程度是不一样的，因而遥感所能够使用的电磁波是有限的。有些波段电磁波对大气透过率很小，甚至完全无法透过，称为“大气屏障”；反之，有些波段的电磁辐射通过大气后衰减较小，透过率较高，对遥感十分有利，这些波段通常称为“大气窗口”，如图 1-10 所示。研究和选择有利的大气窗口、最大限度地接收有用信息是遥感技术中的重要问题。

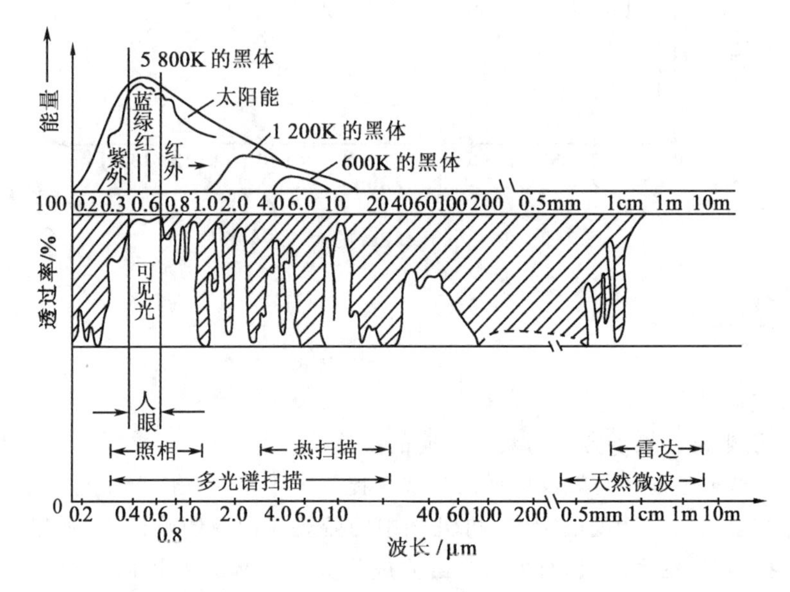

图 1-10　大气窗口

在目前的遥感实践中，典型的大气窗口有如下几个：

(1) 0.30 ～ 1.15μm 大气窗口，包括全部可见光波段、部分紫外波段和部分近红外波段，是遥感技术应用最主要的窗口之一。其中，0.3～0.4μm 近紫外窗口，透射率为 70%；0.4～0.7μm 可见光窗口，透射率约为 95%；0.7～1.10μm 近红外窗口，透射率约为 80%。该窗口的光谱主要是反映地物对太阳光的反射，通常采用摄影或扫描的方式在白天感测、收集目标信息成像。

(2) 1.3～2.5μm 大气窗口属于近红外波段。该窗口一般分为 1.40～1.90μm 以及 2.00～2.50μm 两个窗口，透射率在 60%～95%。其中 1.55～1.75μm 透过率较高，白天夜间都可应用，是以扫描的成像方式感测、收集目标信息，主要应用于地质遥感。

(3) 3.5～5.0μm 大气窗口属于中红外波段。透射率为 60%～70%。包含地物反射及发射光谱，用来探测高温目标，例如森林火灾、火山、核爆炸等。

(4) 8～14μm 热红外窗口，透射率为 80%左右，属于地物的发射波谱。常温下地物光谱辐射出射度最大值对应的波长是 9.7μm。所以此窗口是常温下地物热辐射能量最集中的波段，所探测的信息主要反映地物的发射率及温度。

(5) 1.0mm～1m 微波窗口，分为毫米波、厘米波、分米波。其中 1.0～1.8mm 窗口透射率为 35%～40%。2～5mm 窗口透射率为 50%～70%。8～1 000mm 微波窗口透射率为 100%。微波的特点是能穿透云层、植被及一定厚度的冰和土壤，具有全天候的工作能力，因而越来越受到重视。微波遥感中常采用被动式遥感(微波辐射测量)和主动式遥感,前者主要测量地物热辐射,后者是用雷达发射一系列脉冲,然后记录分析地物的回波信号。

1.2.4 一般物体的发射辐射

黑体热辐射由普朗克定律描述,它仅依赖于波长和温度。然而,自然界中实际物体的发射和吸收的辐射量都比相同条件下绝对黑体的低。而且,实际物体的辐射不仅依赖于波长和温度,还与构成物体的材料、表面状况等因素有关。我们用发射率 ε 来表示它们之间的关系:

$$\varepsilon = W' / W \tag{1-25}$$

即发射率 ε 就是实际物体与同温度的黑体在相同条件下辐射功率之比。

依据光谱发射率随波长的变化形式,将实际物体分为两类:一类是选择性辐射体,在各波长处的光谱发射率 ε_λ 不同,即 $\varepsilon = f(\lambda)$;另一类是灰体,在各波长处的光谱发射率 ε_λ 相等,即 $\varepsilon = \varepsilon_\lambda$,与绝对黑体、绝对白体相比较列于下面:

(1) 绝对黑体 $\varepsilon_\lambda = \varepsilon = 1$

(2) 灰体 $\varepsilon_\lambda = \varepsilon$ 但 $0 < \varepsilon < 1$

(3) 选择性辐射体 $\varepsilon = f(\lambda)$

(4) 理想反射体(绝对白体) $\varepsilon_\lambda = \varepsilon = 0$

发射率是一个介于 0 和 1 之间的数,用于比较此辐射源接近黑体的程度。各种不同的材料,表面磨光的程度不一样,发射率也不一样,并且随着波长和材料的温度而变化,表 1-2 列出一些材料在各自温度下的发射率。

表 1-2 几种主要地物的发射率表

材料	温度/℃	发射率 ε
人皮肤	32	0.98～0.99
土壤(干)	20	0.92
水	20	0.96
岩石(石英岩)	20	0.63
(大理石)	20	0.94
铝	100	0.05
铜	100	0.03
铁	40	0.21
钢	100	0.07
油膜(厚 0.050 8mm)	20	0.46
(厚 0.025 4mm)	20	0.27
沙	20	0.90
混凝土	20	0.92

同一种物体的发射率还与温度有关。表 1-3 列出了石英岩和花岗岩随温度变化时发射率的变化情况。

表 1-3 不同温度下两种岩石的发射率

岩 石	−20℃	0℃	20℃	40℃
石英岩	0.694	0.682	0.621	0.664
花岗岩	0.787	0.783	0.780	0.777

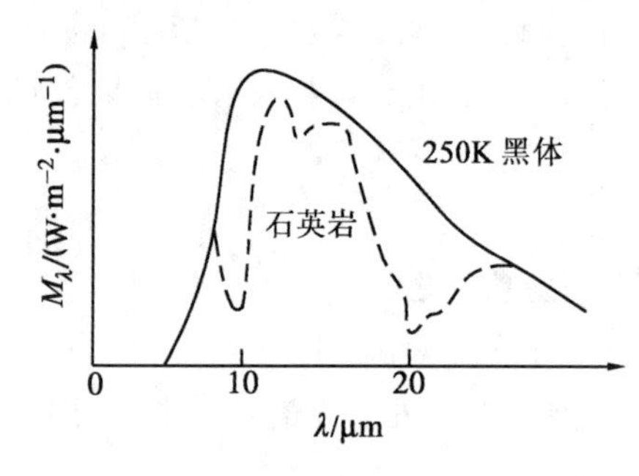

图 1-11 石英岩的辐射曲线和 250K 黑体的辐射曲线

大多数物体可以视为灰体，根据公式(1-25)可知

$$W' = \varepsilon W = \varepsilon \sigma T^4 \tag{1-26}$$

实际测定物体的光谱辐射通量密度曲线并不像描绘的黑体光谱辐射通量密度曲线那么光滑，如图 1-11 所示为石英岩的光谱辐射通量密度曲线，为了便于分析，常常用一个最接近灰体辐射曲线的黑体辐射曲线作为参照，这时的黑体辐射温度称为该灰体的等效黑体温度(或称辐射温度)，写为 $T_{等效}$(在光度学中称为色温)。等效黑体温度与辐射曲线温度不等，可近似地确定它们之间的关系为：

$$T_{等效} = \sqrt[4]{\varepsilon} T' \tag{1-27}$$

式中：T'——实际物体的温度。

基尔霍夫定律：在任一给定温度下，辐射通量密度与吸收率之比对任何材料都是一个常数，并等于该温度下黑体的辐射通量密度。即有

$$\frac{W'}{\alpha} = W \tag{1-28}$$

式中：α——吸收率。

将 $W'=\varepsilon\sigma T^4$ 和 $W'=\sigma T^4$ 代入上式得：$\varepsilon=\alpha$，说明任何材料的发射率等于其吸收率。

根据能量守恒定理，入射在地表面的辐射功率 E 等于吸收功率 E_α、透射功率 E_τ 和反射功率 E_ρ 三个分量之和，即 $E=E_\alpha+E_\tau+E_\rho$，等式两边分别除以 E，得：

$$1 = \frac{E_\alpha}{E} + \frac{E_\tau}{E} + \frac{E_\rho}{E} = \alpha + \tau + \rho \tag{1-29}$$

式中：α——吸收率；

τ——透射率；

ρ——反射率。

对于不透射电磁波的物体

$$\alpha + \rho = 1 \tag{1-30}$$

可以得到

$$\varepsilon = 1 - \rho \tag{1-31}$$

1.2.5 有关热传导理论

运用热红外波段对地物进行探测是我们获取地物信息的重要手段之一，而地物热性能以及热传导理论是研究热红外遥感的重要理论基础。

地物可以吸收、反射入射的能量，而吸收的能量又可以以一定的波长发射出来，这里我们引进热惯量这一概念。热惯量是物体阻碍其自身热量变化的物理量，它在研究地物尤其是土壤时特别重要。设物体的比热为 C，密度为 ρ，单位时间通过单位面积的热量为热导率 K，如果流入(或流出)该体积的热量为 K，它引起的这个单位体积物质温度的变化为热扩散率 κ，单位是 m^2/s。κ 是温度变化 ΔT 的量度，它表示在太阳加热期间，物体将热从表面传递到内部的能力，在夜晚表示物体将储存的热传递到表面的能力。根据热传导理论，有

$$\kappa = K/C\rho \tag{1-32}$$

一维热传导的牛顿定律表达式为：

$$F = -K\frac{\partial T}{\partial x} \tag{1-33}$$

式中：F——通过单位面积的热流，单位：$cal/cm^2 \cdot s$ 或 $J/m^2 \cdot s$；

K——物体的热导率；

T——物体的温度；

x——坐标。

对于地面的半无限大物体，其温度的表达式为：

$$T(x,t) = Ae^{-\sqrt{\frac{\omega}{2\kappa}}x}\cos\left(\omega t - \sqrt{\frac{\omega}{2\kappa}}x\right) \tag{1-34}$$

那么，通过地表($x=0$)的热流为：

$$F = AK\sqrt{\frac{\omega}{\kappa}}\cos\left(\omega t + \frac{\pi}{4}\right) \tag{1-35}$$

对于一个半无限空间，如果我们有一个周期性的温度场，那么就存在一个周期性传导的热流，反之亦然。设由于太阳日周期性的电磁辐射引起通过地表的热流是

$$F = F_0\cos\omega t \tag{1-36}$$

假设通过地表热流最大的瞬间(中午)作为计时起点 $t=0$，根据式(1-34)与式(1-35)，可得到与式(1-36)相对应的稳定的温度状态(即温度波)：

$$T(x,t) = \frac{F_0 e^{-\sqrt{\frac{\omega}{2\kappa}}x}}{K\sqrt{\frac{\omega}{\kappa}}}\cos\left(\omega t - \sqrt{\frac{\omega}{2\kappa}}x - \frac{\pi}{4}\right) \tag{1-37}$$

并且

$$K\sqrt{\frac{\omega}{\kappa}} = \sqrt{\omega}\sqrt{\kappa}C\rho \tag{1-38}$$

令

$$P = \sqrt{\kappa}C\rho \tag{1-39}$$

称 P 为红外热惯量，简称为热惯量、热惯性($cal/(m^2 \cdot s)$)，则式(1-37)变为：

$$T(x,t) = \frac{F_0 e^{-\sqrt{\frac{\omega}{2\kappa}}x}}{\sqrt{\omega}P}\cos\left(\omega t - \sqrt{\frac{\omega}{2\kappa}}x - \frac{\pi}{4}\right) \tag{1-40}$$

在同样的太阳电磁辐射情况下，不同地物由于其热性质不同，它们的温度振幅也不同，其振幅是 $\frac{F_0}{\sqrt{\omega}P}e^{-\sqrt{\frac{\omega}{2\kappa}}x}$，即地物温度振幅与热惯量 P 成反比，P 越大的物体，其温度振幅越小；

P越小的物体，其温度振幅越大。P是物体阻止其温度变化程度的一种量度，在地物温度变化中起着决定性作用。因此它是影响传感器接收亮度的因素。

地物表面($x=0$)的温度，即

$$T(0,t) = \frac{F_0}{\sqrt{\omega}P}\cos\left(\omega t - \frac{\pi}{4}\right) \tag{1-41}$$

这一温度是影响传感器接收亮度的因素。地面上的物体虽然同样受太阳周期性的影响(即通过地面的热流形式相同)，但地物表面温度是不同的，其物体温度的振幅取决于物体热惯量P，P小的物体，在白天温度较高(图像上较亮)，晚上温度较低(图像上较暗)；而P大的物体，虽然其白天温度仍高于晚上温度，但其温度在白天相对较低，夜间较高，温差较小。由于我们观察的是相对能量，因而，在白天的热红外图像上，P小的物体相对较亮，而在晚上的热红外图像上，P大的物体相对较亮(参见图6-26)。

热惯量是地物体内特性，不是表面特征，因此不能用一般的遥感方法直接测量。但它却可以通过测量地物的周日变化和反射特性，借助热模型计算出来。

1.3 地物的反射辐射

1.3.1 地物的反射类别

物体对电磁波的反射有三种形式：

(1) 镜面反射 是指物体的反射满足反射定律。当发生镜面反射时，对于不透明物体，其反射能量等于入射能量减去物体吸收的能量。自然界中真正的镜面很少，非常平静的水面可以近似认为是镜面。

(2) 漫反射 如果入射电磁波波长λ不变，表面粗糙度h逐渐增加，直到h与λ同数量级，这时整个表面均匀反射入射电磁波，入射到此表面的电磁辐射按照朗伯余弦定律反射。

(3) 方向反射 实际地物表面由于地形起伏，在某个方向上反射最强烈，这种现象称为方向反射。是镜面反射和漫反射的结合。它发生在地物粗糙度继续增大的情况下，这种反射没有规律可循。

从空间对地面进行观察时，对于平面地区，并且地面物体均匀分布，可以看成漫反射；对于地形起伏和地面结构复杂的地区，为方向反射。图1-12所示为三种反射的情况。

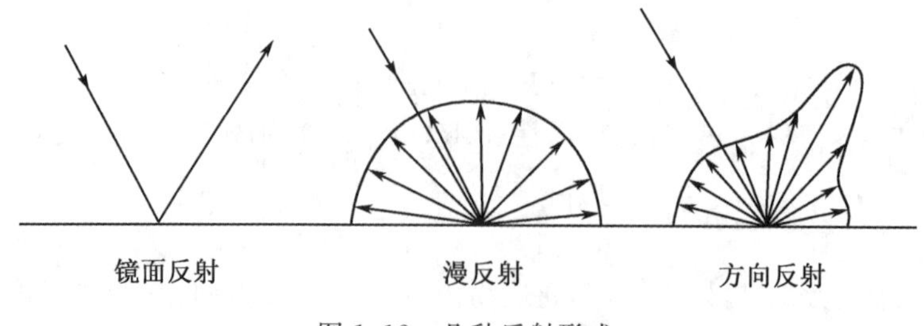

图1-12 几种反射形式

1.3.2 光谱反射率以及地物的反射波谱特性

1. 光谱反射率

反射率是物体的反射辐射通量与入射辐射通量之比，$\rho=E_\rho/E$，这个反射率是在理想的漫反射体的情况下，整个电磁波长的反射率。实际上由于物体固有的物理特性，对于不同波长的电磁波有选择的反射，例如绿色植物的叶子由表皮、叶绿素颗粒组成的栅栏组织和多孔薄壁细胞组织构成，如图 1-13 所示，入射到叶子上的太阳辐射透过上表皮，蓝、红光辐射能被叶绿素吸收进行光合作用；绿光也吸收了一大部分，但仍反射一部分，所以叶子呈现绿色；而近红外线可以穿透叶绿素，被多孔薄壁细胞组织所反射。因此，在近红外波段上形成强反射。我们定义光谱反射率为：

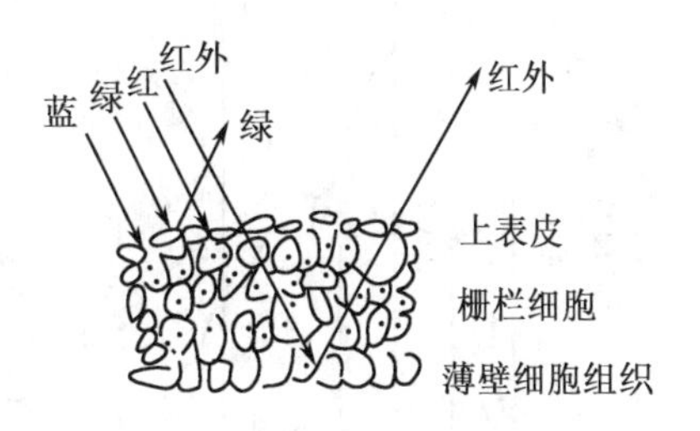

图 1-13　叶子的结构及其反射

$$\rho_\lambda = \frac{E_{\rho\lambda}}{E_\lambda} \tag{1-42}$$

2. 地物的反射波谱特性曲线

反射波谱是某物体的反射率(或反射辐射能)随波长变化的规律，以波长为横坐标，反射率为纵坐标所得的曲线即称为该物体的反射波谱特性曲线。

物体的反射波谱限于紫外、可见光和近红外，尤其是后两个波段。一个物体的反射波谱的特征主要取决于该物体与入射辐射相互作用的波长选择，即对入射辐射的反射、吸收和透射的选择性，其中反射作用是主要的。物体对入射辐射的选择性作用受物体的组成成分、结构、表面状态以及物体所处环境的控制和影响。在漫反射的情况下，组成成分和结构是控制因素。

如图 1-14 所示为四种地物的反射波谱特性曲线。从图中曲线可以看到，雪的反射波谱与太阳波谱最相似，在蓝光 0.49μm 附近有个波峰，随着波长增加反射率逐渐降低。沙漠的反射率在橙色 0.6μm 附近有峰值，但在长波范围中比雪的反射率要高。湿地的反射率较低，色调暗灰。小麦叶子的反射波谱与太阳波谱有很大差别，在绿波处有个反射波峰，在红外部分 0.7～ 0.9μm 附近有一个强峰值。

各种物体，由于其结构和组成成分不同，反射波谱特性是不同的。即各种物体的反射特性曲线的形状是不一样的，即便在某波段相似，甚至一样，但在另外的波段还是有很大的区别。例如图 1-15 所示的柑橘、番茄、玉米、棉花四种地物的反射波谱特性曲线，在 0.6～0.7μm波段很相似，而其他波长(例如 0.75～1.25μm 波段)的反射波谱特性曲线形状则不同，有很大差别。不同波段地物反射率不同，这就使人们很容易想到用多波段进行地物探测。例如在地物的光谱分析以及识别上用多光谱扫描仪、成像光谱仪等传感器。

正因为不同地物在不同波段有不同的反射率这一特性，物体的反射特性曲线才作为判读和分类的物理基础，广泛地应用于遥感影像的分析和评价中。下面分别举例说明物体的反射特性曲线在影像判读和识别时是如何应用的。

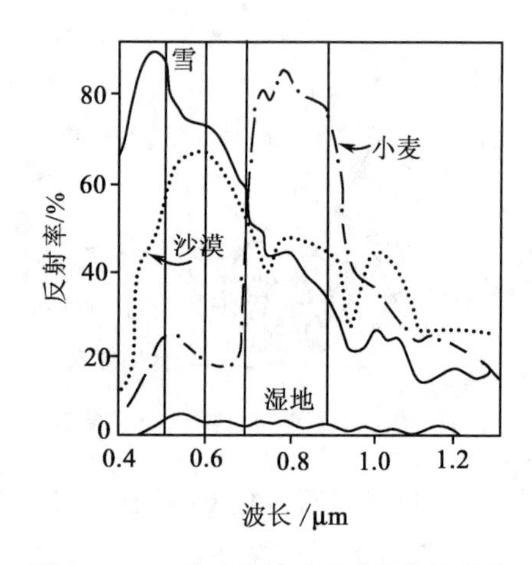

图 1-14 四种地物的反射波谱特性曲线

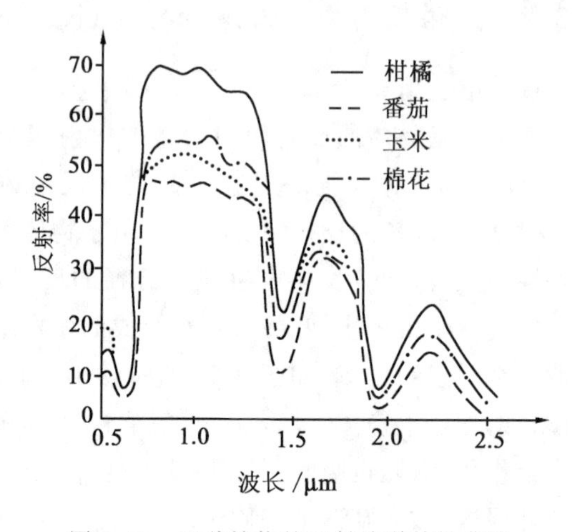

图 1-15 四种植物的反射波谱特性曲线

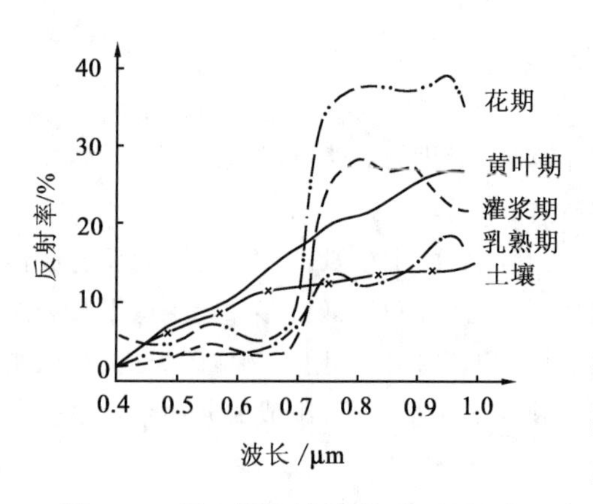

图 1-16 同一作物(春小麦)在不同生长阶段的波谱特性曲线

1) 同一地物的反射波谱特性

地物的波谱特性一般随时间季节变化，这称为时间效应；处在不同地理区域的同种地物具有不同的光谱响应，这称为空间效应。图1-16显示同一春小麦在花期、灌浆期、乳熟期、黄叶期的光谱测试所得的结果。从图中可以看出，花期的春小麦反射率明显高于灌浆期和乳熟期。至于黄叶期，由于不具备绿色植物特征，其反射光谱近似于一条斜线。这是因为黄叶的水含量降低，导致在 1.45μm，1.95μm，2.7μm 附近 3 个水吸收带的减弱。当叶片有病虫害时，也有与黄叶期类似的反射率。

2) 不同地物的反射波谱特性

(1) 城市道路、建筑物的反射波谱特性。在城市遥感影像中，通常只能看到建筑物的顶部或部分建筑物的侧面，所以掌握建筑材料所构成的屋顶的波谱特性是我们研究的主要内容之一。从图 1-17 中可以看出，铁皮屋顶表面呈灰色，反射率较低而且起伏小，所以曲线较平缓。石棉瓦反射率最高，沥青粘砂屋顶，由于其表面铺着反射率较高的砂石而决定了其反射率高于灰色的水泥屋顶。绿色塑料棚顶的波谱曲线在绿波段处有一反射峰值，与植被相似，但它在近红外波段处没有反射峰值，有别于植被的反射波谱。军事遥感中常用近红外波段区分在绿色波段中不能区分的绿色植被和绿色的军事目标。

城市中道路的主要铺面材料为水泥沙地和沥青两大类，少部分有褐色地，它们的反射波谱特性曲线(图 1-18)形状大体相似，水泥沙路在干爽状态下呈灰白色，反射率最高，沥青路反射率最低。

(2) 水体的反射波谱特性。我们知道，水体的反射主要在蓝绿光波段，其他波段吸收率

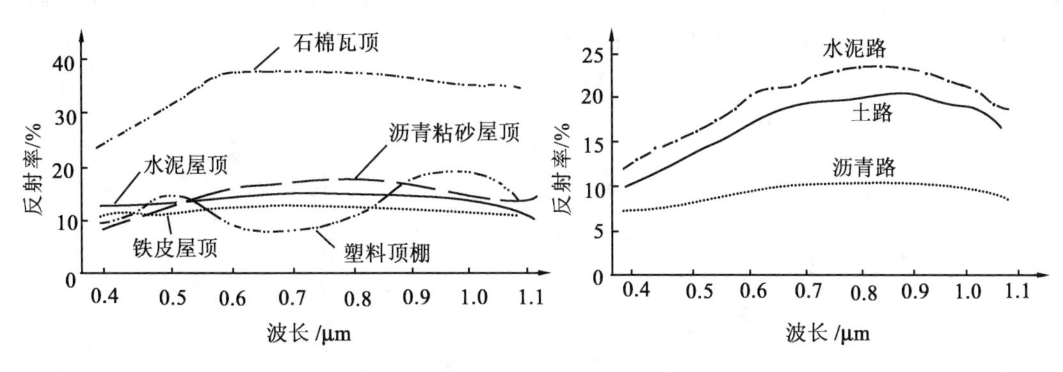

图 1-17　各种建筑物屋顶的波谱特性　　图 1-18　各种道路的波谱特性

很强，特别在近红外、中红外波段有很强的吸收带，反射率几乎为零，因此在遥感中常用近红外波段确定水体的位置和轮廓，在此波段的黑白图像上，水体的色调很黑，与周围的植被和土壤有明显的反差，很容易识别和判读。但是当水中含有其他物质时，反射波谱曲线会发生变化。水含泥沙时，由于泥沙的散射作用，可见光波段反射率会增加，峰值出现在黄红区。水中含有叶绿素时(图 6-13)，近红外波段明显抬升，这些都是影像分析的重要依据。

(3) 土壤的反射波谱特性。自然状态下土壤表面的反射率没有明显的峰值和谷值，一般来讲土壤的波谱特性曲线与以下因素有关，即土壤类别、含水量、有机质含量、砂、土壤表面的粗糙度、粉砂相对百分含量等。此外肥力也对反射率有一定的影响。潮湿土壤反射波谱特性曲线较平滑，因此在不同波谱段的遥感影像上，土壤的亮度区别不明显。

(4) 植物的反射波谱特性。由于植物均进行光合作用，所以各类绿色植物具有很相似的反射波谱特性，其特征是：在可见光波段 0.55μm(绿光)附近有反射率为 10%～20%的一个波峰，两侧 0.45μm(蓝)和 0.67μm(红)则有两个吸收带。这一特征是由于叶绿素的影响造成的，叶绿素对蓝光和红光吸收作用强。在近红外波段 0.8～1.0μm有一个反射的陡坡，至 1.1μm 附近有一峰值，形成植被的独有特征。这是由于植被叶的细胞结构的影响，除了吸收和透射的部分，形成的高反射率。在近红外波段(1.3～2.5μm)受到绿色植物含水量的影响，吸收率大增，反射率大大下降，特别是以 1.45μm、1.95μm和2.7μm为中心是水的吸收带，形成低谷，如图1-19 所示。

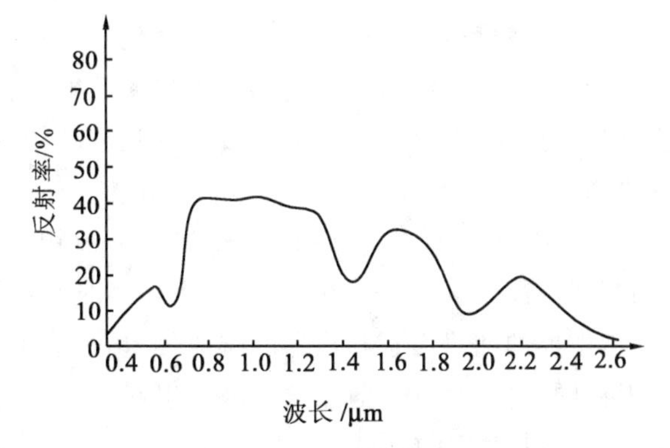

图 1-19　绿色植物反射波谱特性曲线

植物波谱在上述基本特征下仍有细部差别，这种差别与植物种类、季节、病虫害影响、含水量多少有关系。

(5) 岩石的反射波谱特性。岩石成分、矿物质含量、含水状况、风化程度、颗粒大小、色泽、表面光滑程度等都影响反射波谱特性曲线的形态。在遥感探测中可以根据所测岩石的具体情况选择不同的波段。几种岩石的反射波谱特性曲线如图 1-20 所示。

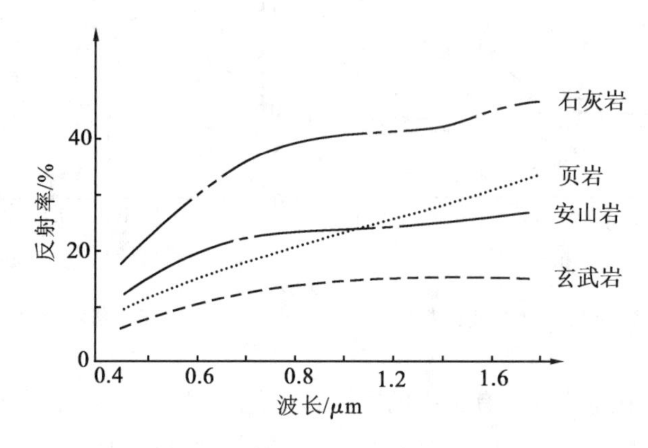

图 1-20　几种岩石的反射波谱特性曲线

1.3.3　影响地物光谱反射率变化的因素

有很多因素会引起反射率的变化，如太阳位置、传感器位置、地理位置、地形、季节、气候变化、地面湿度变化、地物本身的变异、大气状况等。

太阳位置主要是指太阳高度角和方位角，改变太阳高度角和方位角，则地面物体入射照度也就发生变化。为了减小这两个因素对反射率变化的影响，遥感卫星轨道大多设计在同一地方时间通过当地上空，但由于季节的变化和当地经纬度的变化，造成太阳高度角和方位角的变化是不可避免的。

传感器位置指传感器的观测角和方位角，一般空间遥感用的传感器大部分设计成垂直指向地面，这样影响较小，但由于卫星姿态引起的传感器指向偏离垂直方向，仍会造成反射率变化。

不同的地理位置，太阳高度角和方位角、地理景观等都会引起反射率变化，还有海拔不同，大气透明度改变也会造成反射率变化。

地物本身的变异，如植物的病害将使反射率发生较大变化，土壤的含水量也直接影响着土壤的反射率，含水量越高红外波段的吸收越严重。反之，水中的含沙量增加将使水的反射率提高。

随着时间的推移、季节的变化，同一种地物的光谱反射率特性曲线也发生变化。比如新雪和陈雪(图 1-21)，不同月份的树叶等。即使在很短的时间内，由于各种随机因素的影响(包括外界的随机因素和仪器的响应偏差)也会引起反射率的变化。这种随机因素的影响还表现在同一幅影像中，但是这种因素引起的光谱反射率变化，将在某一个区间中出现，如图 1-22 所示为大豆反射率变化的区间。

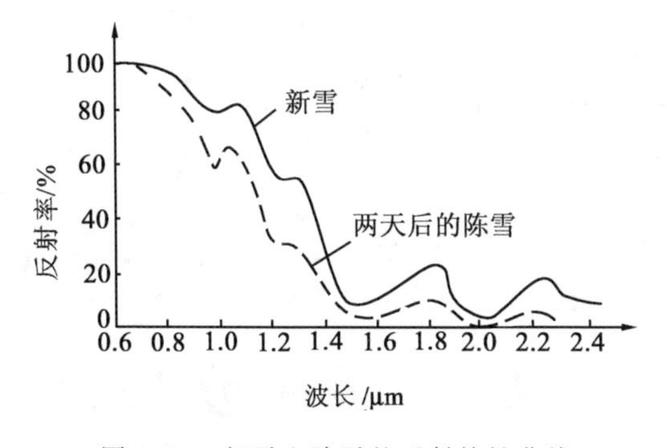

图 1-21 新雪和陈雪的反射特性曲线

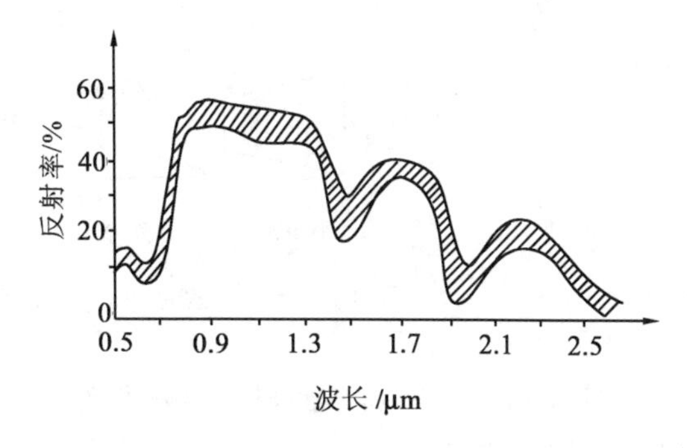

图 1-22 大豆反射率变化范围

1.4 地物反射波谱特性的测定

1.4.1 地物波谱特性的概念

在遥感技术的发展过程中,世界各国都十分重视地物波谱特征的测定。1947 年苏联学者克里诺夫就测试并公开了自然物体的反射光谱。美国测试了七八年的地物光谱才发射陆地资源卫星。遥感图像中灰度与色调的变化是遥感图像所对应的地面范围内电磁波谱特性的反映。对于遥感图像的三大信息内容(波谱信息、空间信息、时间信息),波谱信息用得最多。

在遥感中,测量地物的反射波谱特性曲线主要有以下三种作用:第一,它是选择遥感波谱段、设计遥感仪器的依据;第二,在外业测量中,它是选择合适的飞行时间的基础资料;第三,它是有效地进行遥感图像数字处理的前提之一,是用户判读、识别、分析遥感影像的基础。

1.4.2 地物反射波谱特性的测定原理

地物反射波谱特性测定的原理是:用光谱测定仪器(置于不同波长或波谱段)分别探测地物和标准板,测量、记录和计算地物对每个波谱段的反射率,其反射率的变化规律即为该地物的波谱特性。

对可见光和近红外波段的波谱反射特征,在限定的条件下,可以在实验室内对采回来的样品进行测试,精度较高。但它不可能逼真地模拟自然界千变万化的条件,一般以实验室所测的数据作为参考。因此,进行地物波谱反射特性的野外测量是十分重要的,它能反映测量瞬间地物实际的反射特性。

测定地物反射波谱特性的仪器分为分光光度计、光谱仪、摄谱仪等。其一般的结构如图 1-23 所示。仪器由收集器、分光器、探测器和显示或记录器组成。其中收集器的作用是收集来自物体或标准板的反射辐射能量。它一般由物镜、反射镜、光栏(或狭缝)组成;分光器的作用是将收集器传递过来的复色光进行分光(色散),它可选用棱镜、光栅或滤光片;探测器的类型有光电管、硅光电二极管、摄影负片等;显示或记录器是将探测器上的输出信号显示或记录下来，或驱动 $X—Y$ 绘图仪直接绘成曲线。摄影类型则须经摄影处理得到摄谱片。

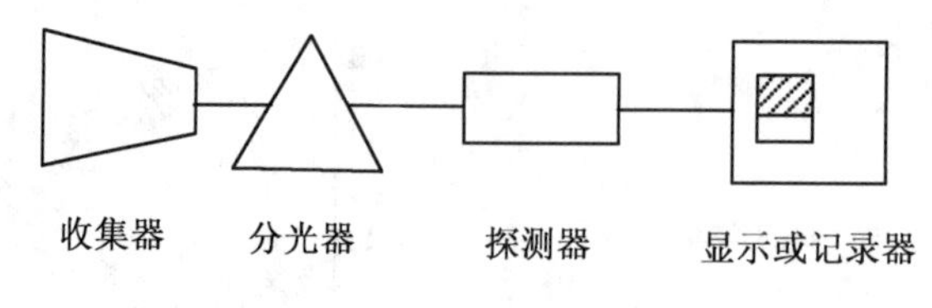

图 1-23　分光光度计一般结构

图 1-24 为一种典型的野外用分光光度计——长春光学仪器厂的 302 型野外分光光度计的结构原理图。

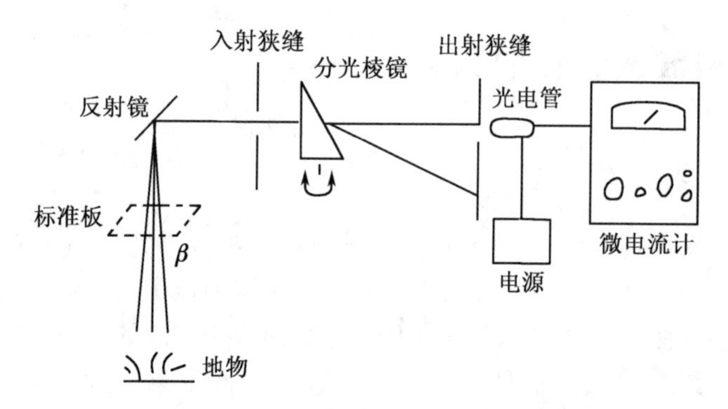

图 1-24　302 型野外分光光度计结构原理图

地物或标准板的反射光能量经反射镜和入射狭缝进入分光棱镜产生色散，由分光棱镜旋转螺旋和出射狭缝控制使单色光逐一进入光电管，最后经微电流计放大后在电表上显示光谱反射能量的测量值。其测量的原理是：先测量地物的反射辐射通量密度，在分光光度计视场中收集到的地物反射辐射通量密度为：

$$\phi_\lambda = \frac{1}{\pi}\rho_\lambda E_\lambda \tau_\lambda \beta G \Delta\lambda \tag{1-43}$$

式中：ϕ_λ——物体的光谱反射辐射通量密度；

ρ_λ——物体的光谱反射率；

E_λ——太阳入射在地物上的光谱照度；

τ_λ——大气光谱透射率；

β——光度计视场角；

G——光度计有效接收面积；

$\Delta\lambda$——单色光波长宽度。

经光电管转变为电流强度在电表上指示读数 I_λ，它与 ϕ_λ 的关系为：

$$I_\lambda = k_\lambda \phi_\lambda \tag{1-44}$$

式中：k_λ——仪器的光谱辐射响应灵敏度。

接着测量标准板的反射辐射通量密度。标准板为一种理想的漫反射体，它一般由硫酸钡或石膏之类做成。最理想的标准板的反射率为1，称绝对白体，但一般只能做出灰色的标准板，它的反射率 ρ_λ^0 预先经过严格测定并经鉴定，用仪器观察标准板时所观察到的光谱辐射通量密度为：

$$\phi_\lambda^0 = \frac{1}{\pi}\rho_\lambda^0 E_\lambda \tau_\lambda \beta G \Delta\lambda \tag{1-45}$$

同理，电表读数为：

$$I_\lambda^0 = k_\lambda \phi_\lambda^0 \tag{1-46}$$

将地物的电流强度与标准板的电流强度相比，并将式(1-44)和式(1-46)代入：

$$\frac{I_\lambda}{I_\lambda^0} = \frac{k_\lambda \phi_\lambda}{k_\lambda \phi_\lambda^0} = \frac{\phi_\lambda}{\phi_\lambda^0} \tag{1-47}$$

再将式(1-40)和式(1-42)代入式(1-47)，得：

$$\frac{I_\lambda}{I_\lambda^0} = \frac{\frac{1}{\pi}\rho_\lambda E_\lambda \tau_\lambda \beta G \Delta\lambda}{\frac{1}{\pi}\rho_\lambda^0 E_\lambda \tau_\lambda \beta G \Delta\lambda} = \frac{\rho_\lambda}{\rho_\lambda^0} \tag{1-48}$$

则求得地物的光谱反射率为：

$$\rho_\lambda = \frac{I_\lambda}{I_\lambda^0}\rho_\lambda^0 \tag{1-49}$$

然后在以波长为横轴、反射率为纵轴的直角坐标系中，绘制出地物的反射波谱特性曲线。

1.4.3　地物反射波谱特性的测定步骤

地物反射波谱特性的测定，通常按以下步骤进行：

(1) 架设好光谱仪，接通电源并进行预热；

(2) 安置波长位置，调好光线进入仪器的狭缝宽度；

(3) 将照准器分别照准地物和标准板，并测量和记录地物、标准板在波长 $\lambda_1, \lambda_2, \cdots, \lambda_n$ 处的观测值 I_λ 和 I_λ^0；

(4) 按照式(1-49)计算 $\lambda_1, \lambda_2, \cdots, \lambda_n$ 处的 ρ_λ；

(5) 根据所测结果，以 ρ_λ 为纵坐标轴，λ 为横坐标轴画出地物反射波谱特性曲线。

由于地物反射波谱特性的变化与太阳和测试仪器的位置、地理位置、时间环境（季节、气候、温度等）和地物本身有关，所以应记录观测时的地理位置、自然环境（季节、气温、湿度等）和地物本身的状态，并且测定时要选择合适的光照角，正因为波谱特性受多种因素的影响，所测的反射率定量但不唯一。

第2章 遥感平台及运行特点

2.1 遥感平台的种类

遥感中搭载传感器的工具统称为遥感平台。按平台距地面的高度大体上可分为三类:地面平台、航空平台、航天平台。表2-1中汇总了遥感中可能利用的平台的高度及其使用目的。

地面遥感平台指用于安置遥感器的三脚架、遥感塔、遥感车等,高度在100m以下。在上面放置地物波谱仪、辐射计、分光光度计等,可以测定各类地物的波谱特性。航空平台指高度在100m以上,100km以下,用于各种资源调查、空中侦察、摄影测量的平台。航天平台一般指高度在240km以上的航天飞机和卫星等,其中高度最高的要数气象卫星GMS所代表的静止卫星,它位于赤道上空36 000km的高度上,Landsat、SPOT、MOS等地球卫星高度也在700~900km之间。遥感平台种类还可按其他方式分,如航天的还可分为载人的(宇宙飞船、空间站、航天飞机等)和非载人的(一般的卫星);从重量来分,有小卫星和其他卫星。

表2-1 可应用的遥感平台

遥感平台	高 度	目的与用途	其 他
静止卫星	36 000km	定点地球观测	气象卫星
圆轨道卫星 (地球观测卫星)	500~1 000km	定期地球观测	Landsat,SPOT,MOS等
小卫星	400km左右	各种调查	
航天飞机	240~350km	不定期地球观测 空间实验	
天线探空仪	0.1m~100km	各种调查 (气象等)	
高高度喷气式飞机	10 000~12 000m	侦察,大范围调查	
中低高度飞机	500~8 000m	各种调查,航空摄影测量	
飞艇	500~3 000m	空中侦察,各种调查	
直升机	100~2 000m	各种调查,摄影测量	
系留气球	800m以下	各种调查	
遥控飞机	500m以下	各种调查,摄影测量	飞机,直升机
牵引飞机	50~500m	各种调查,摄影测量	牵引滑翔机
索道	10~40m	遗址调查	
吊车	5~50m	近距离摄影测量	
地面测量车	0~30m	地面实况调查	车载升降台

2.2　卫星轨道及运行特点

2.2.1　轨道参数

卫星轨道在空间的具体形状位置，可由六个轨道参数来确定。

1. 升交点赤经 Ω

如图 2-1 所示，升交点赤经 Ω 为卫星轨道的升交点与春分点之间的角距。所谓升交点为卫星由南向北运行时，与地球赤道面的交点。反之，轨道面与赤道面的另一个交点称为降交点。春分点为黄道面与赤道面在天球上的交点。

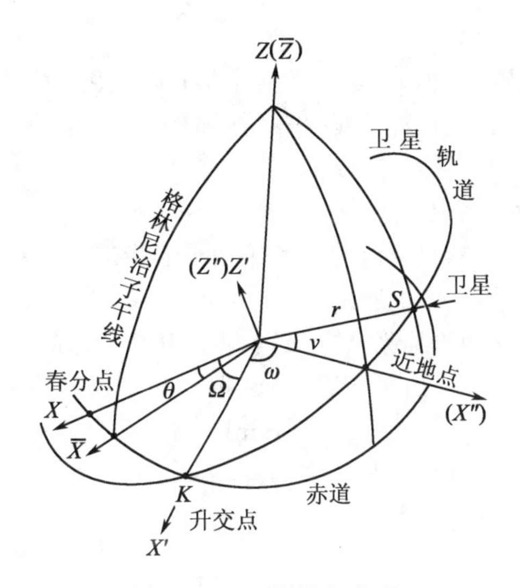

图 2-1　卫星的空间轨道

2. 近地点角距 ω

ω 是指卫星轨道的近地点与升交点之间的角距。

3. 轨道倾角 i

i 是指卫星轨道面与地球赤道面之间的两面角。也即升交点一侧的轨道面至赤道面的夹角。

4. 卫星轨道的长半轴 a

a 为卫星轨道远地点到椭圆轨道中心的距离。

5. 卫星轨道的偏心率(或称扁率)e

$$e = \frac{c}{a} \tag{2-1}$$

式中：c——卫星椭圆轨道的焦距。

6. 卫星过近地点时刻 T

卫星经过近地点的时刻，通常以年、月、日、时、分、秒表示。

以上六个参数可以根据地面观测来确定。在六个轨道参数中，Ω、ω、i 和 T 决定了卫星轨道面与赤道面的相对位置，而 a 和 e 则决定了卫星轨道的形状。其中 e 越大时，则轨道越扁，e 越小时，轨道越接近圆形。圆形轨道有利于在全球范围内获取影像时比例尺趋近一致。当 e 固定时，a 越大则轨道离地高度 H 越大。H 与传感器的地面分辨率和总视场宽度有密切关系。倾角 i 决定了轨道面与赤道面，或与地轴之间的关系。$i=0$ 时轨道面与赤道面重合；$i=90°$时轨道面与地轴重合；$i \approx 90°$时轨道面接近地轴，这时的轨道称近极地轨道。轨道近极地有利于扩大卫星对地球的观测范围。

2.2.2　卫星坐标的测定和解算

1. 星历表法解算卫星坐标

上面已介绍了卫星轨道可用六个轨道参数来描述，这些参数又可通过地面对卫星的观测来确定。已知六个参数后，要计算卫星某一瞬间的坐标，还须测定卫星在该瞬间的精确时间。计算方法如下：

1）卫星在地心直角坐标系中的坐标

地心直角坐标系是以地心为坐标原点，X 轴由地心指向春分点，Y 轴在赤道面内且与 X 轴垂直，Z 轴垂直赤道面。如图 2-1 所示。

先以卫星轨道面上建立的坐标系 $X''Y''Z''$来解算卫星 S 点的坐标为：

$$\left.\begin{aligned} X'' &= r\cos V \\ Y'' &= r\sin V \\ Z'' &= 0 \end{aligned}\right\} \tag{2-2}$$

式中，r 为卫星向径，可用下式来计算：

$$r = \frac{a(1-e^2)}{1+e\cos V} \tag{2-3}$$

V 为卫星的真近点角，与卫星运行时刻有关，可用下式计算：

$$\tan\frac{V}{2} = \sqrt{\frac{1+e}{1-e}}\tan\frac{E}{2} \tag{2-4}$$

式中，E 为偏近点角，其与卫星运行时刻 t 的关系为：

$$E - e\sin E = n(t-T) \tag{2-5}$$

式中，n 为卫星的平均角速度。

绕 Z''轴旋转坐标系 $X''Y''Z''$，则卫星在 $X'Y'Z'$坐标系中的坐标为：

$$\begin{aligned} X' &= r\cos(\omega+V) \\ Y' &= r\sin(\omega+V) \\ Z' &= 0 \end{aligned} \tag{2-6}$$

$X'Y'Z'$坐标系绕 X'轴旋转 i 角，绕 Z 轴旋转 Ω 角至 XYZ 坐标系，则卫星坐标为：

$$\begin{bmatrix} X \\ Y \\ Z \end{bmatrix} = r\begin{bmatrix} \cos(V+\omega)\cos\Omega - \sin(V+\omega)\sin\Omega\cos i \\ \cos(V+\omega)\sin\Omega + \sin(V+\omega)\cos\Omega\cos i \\ \sin(V+\omega)\sin i \end{bmatrix} \tag{2-7}$$

2）卫星在大地地心直角坐标系中的坐标

大地地心直角坐标仍以地心为坐标原点，但 $\overline{X}$ 轴指向格林尼治子午圈与赤道面的交点，$\overline{Y}$ 轴也在赤道面内垂直 $\overline{X}$，$\overline{Z}$ 轴仍垂直赤道面。这个坐标系随地球的自转与地心直角坐标系之间做相对运动，对于卫星在某一个瞬间时，大地地心直角坐标 $\overline{X}$ 轴与地心直角坐标 X 轴之间移位一个时角 θ。因此，卫星在大地地心直角坐标系中的坐标可以表示为：

$$\begin{bmatrix} \overline{X} \\ \overline{Y} \\ \overline{Z} \end{bmatrix} = R_\theta \begin{bmatrix} X \\ Y \\ Z \end{bmatrix} \tag{2-8}$$

R_θ 为时角 θ 的旋转矩形阵，$R_\theta = \begin{bmatrix} \cos\theta & \sin\theta & 0 \\ -\sin\theta & \cos\theta & 0 \\ 0 & 0 & 1 \end{bmatrix}$。

3）卫星的地理坐标

根据高等测量学上推导的换算公式，大地地心直角坐标可以直接换算成地理坐标，其换算公式如下：

$$\left.\begin{aligned} \overline{X} &= (N + H_D)\cos B\cos L \\ \overline{Y} &= (N + H_D)\cos B\sin L \\ \overline{Z} &= [N(1 - e^2) + H_D]\sin B \end{aligned}\right\} \tag{2-9}$$

式中：B——纬度；

L——经度；

N——卯酉圈半径；

H_D——卫星大地高程。

一般将卫星轨道参数代入上面的式子，并预先编制成卫星星历表，以后只要以卫星的运行时刻为参数，就可以在星历表上查出卫星的地理坐标。如果星历表存放在计算机中，卫星的时刻参数输入后就能输出星历坐标。

2. 用卫星定位和导航系统测定卫星坐标

全球导航卫星系统（Global Navigation Satellite System，GNSS）可提供快速而精确的定位方法。美国的全球定位系统（Global Positioning System，GPS）、中国的北斗卫星导航系统（BeiDou Navigation Satellite System，BDS）、俄罗斯的格洛纳斯（GLObalnaya NAvigatsionnaya Sputnikovaya Sistema，GLONASS）系统、欧盟的伽利略（GALILEO）系统并称全球四大卫星导航系统。

1）全球定位系统

全球定位系统（GPS）可用于导航、授时校频及地面和卫星的精确定位测量。通过对 GPS 卫星的观测，可以求得接收机所在点三维坐标和时钟改正数，如果进行多普勒测量还能求出接收机的三维运动速度。

（1）系统组成

整个系统由三部分组成：

① 地面控制部分。负责卫星控制、时间同步、卫星的跟踪和监测。由主控站、地面天

线、监测站和通信辅助系统组成。

② 空间部分。GPS 正式运行后，空间将由 21 颗工作卫星和 3 颗备用卫星组成，星体形状如图 2-2 所示。

每 4 颗工作卫星在同一轨道平面内运行，彼此相距 90°，24 颗卫星分布在 6 个轨道平面中，这 6 个轨道平面彼此在赤道处相差 60°，轨道平面倾角都为 55°，卫星离地高度为 20 200km，按圆形轨道运行，运行周期 0.5 恒星日（11h58m2.05s），相邻轨道平面上的卫星离升交点的角距（$\omega+V$）互相差 30°，目的是保证在任一瞬间任一地点至少有 4 颗卫星出现在用户视场中。工作卫星的轨道分布如图 2-3 所示。

图 2-2　GPS 卫星外形图

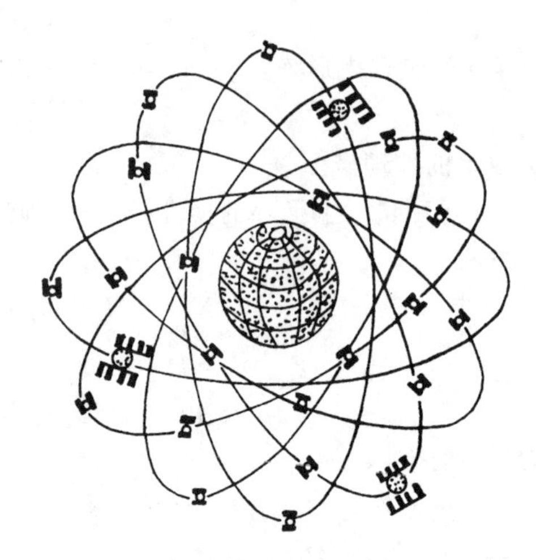

图 2-3　GPS 卫星轨道分布图

每颗工作卫星上载有两台铷原子钟和两台铯原子钟，每颗卫星发射两个频率的信号，分别是 L_1 频段（1 575.42MHz）和 L_2 频段（1 227.6MHz）。L_1 信号受 P 码（精码）和 C/A 码（粗码）调制，L_2 信号只受 P 码调制。

③ 用户部分。主要由天线、接收机、微处理机和输入输出设备组成。

整个全球定位系统的工作原理如图 2-4 所示。

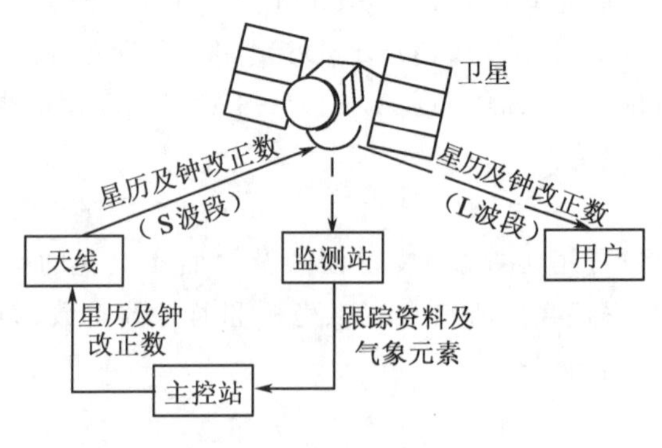

图 2-4　GPS 工作原理图

(2) 定位

GPS进行精密大地定位方法很多,这里以伪距法为例介绍GPS定位的原理和方法。伪距法定位是在某一瞬间利用GPS接收机至少测定4颗卫星的伪距,根据已知的GPS卫星位置和伪距观测值,采用距离交会法即可求得接收机的二维坐标和时钟改正数。

物理方法测距,如使用电磁场波或声波测距,分主动式和被动式两种。主动式测距,像雷达、声呐及一些测距仪,是主动发射信号,然后接收反射信号,根据信号的往返距离,可测出往返距离 $2D$,不存在接收机与目标之间的时钟同步问题。被动式测距是发射站精确地按规定瞬间发出信号,用户根据自己的时钟记录接收信号的时间,依据两者之间的时间差,求出单程距离 D。由于这种方法测定的距离中包含有两台钟不同步误差和大气延迟误差的影响,所以被称为伪距测量。伪距测量原理为:

① 接收机可以测定GPS卫星信号发射时间和接收机接收到信号的时间,根据时间差 Δt 计算距离:

$$\widetilde{R} = c\Delta t \tag{2-10}$$

假定接收机与GPS上的时钟完全同步,一样精确,并且不考虑大气介质的影响,则只要测定接收机到GPS中的3颗卫星的距离 P_i,就能确定接收机的 X,Y,Z 坐标。

$$R_i = \sqrt{(x_i - X)^2 + (y_i - Y)^2 + (z_i - Z)^2} \tag{2-11}$$

式中:$x_i, y_i, z_i (i=1,2,3)$ 为第 i 颗GPS卫星的坐标,是已知的。

② 实际上数以万计的接收机不可能都装上与GPS卫星一样的高精度原子钟。这样接收机时钟改正数是一个未知数 V_{tj},这个未知数可用增加观测1颗卫星的方法来求解(上面一再强调观测至少4颗卫星就在于此),这样伪距法定位的数学模型为:

$$\sqrt{(x_i - X)^2 + (y_i - Y)^2 + (z_i - Z)^2} - CV_{tj} = \widetilde{R}_i + (\delta R_i)_{i0} + (\delta R_i)_{tr} - CV_{ti} \tag{2-12}$$

其中,$\widetilde{R}_i$ 为 i 颗GPS卫星至接收机的伪距,由式(2-10)求得。

式中:$(\delta R_i)_{i0}$——电离层延迟改正;

$(\delta R_i)_{tr}$——对流层延迟改正;

V_{ti}——GPS卫星的时钟改正数;

V_{tj}——接收机观测瞬间的时钟改正数。

$i=1,2,3,4$。如果 $i>4$,存在多余观测值,可用最小二乘法平差后求得 X,Y,Z 和 V_{tj} 的最或是值。

③ 测距误差:经校正后的残余误差有5项,它们的等效距离误差和总的测距误差列于表2-2。

以上精度对于目前各类资源卫星测定瞬时坐标已足够了,Landsat-4卫星首先使用了GPS进行定位,为影像的几何定位和校正提供了必要的数据。

表 2-2　校正后 GPS 的残余误差

残余误差源(校正后)	等效距离误差/m
卫星星历和时钟误差	1.5
大气延迟误差	2.4～5.2
群延迟误差	1.0
多路径误差	1.2～2.7
接收机误差	1.5
测距误差 σ	3.6～6.3

2）北斗卫星导航系统

北斗卫星导航系统(BDS)由空间端、地面端和用户端三部分组成。

空间端包括 5 颗静止轨道卫星和 30 颗非静止轨道卫星，如图 2-5(彩图见附录)和图 2-6(彩图见附录)所示。2000 年 10 月 31 日至 2007 年 2 月 3 日发射了 4 颗北斗一号导航定位试验卫星。从 2007 年 4 月 14 日发射第 1 颗北斗二号导航卫星开始至 2012 年 2 月 25 日发射第 11 颗北斗二号导航卫星，已具备覆盖亚太地区的定位、导航和授时以及短报文通信服务能力。2020 年 6 月已建成覆盖全球的北斗卫星导航系统。截至 2023 年 7 月，北斗卫星导航系统已服务全球 200 多个国家地区用户。

图 2-5　北斗二号导航卫星

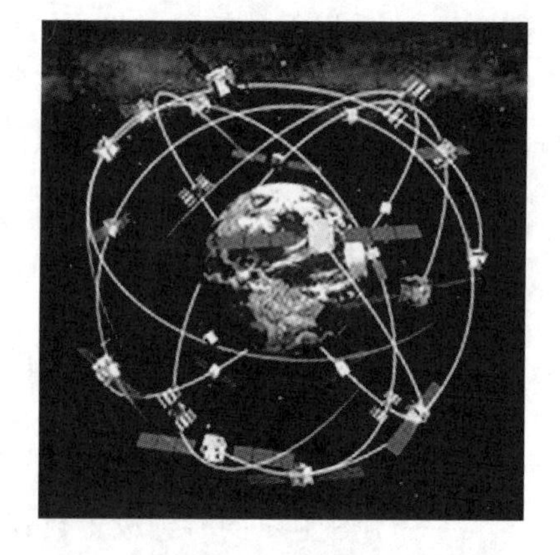

图 2-6　北斗卫星导航系统示意图

地面端包括主控站、注入站和监测站等若干个地面站。

用户端由北斗用户终端以及与美国全球定位(GPS)、俄罗斯格洛纳斯(GLONASS)、欧盟伽利略(GALILEO)等其他卫星导航系统兼容的终端组成。

北斗导航系统一期工程可以提供导航定位服务，其精度可以达到重点地区水平 10m，高程 10m，其他大部分地区水平 20m，高程 20m；测速精度优于 0.2m/s。这和美国 GPS 的水平是差不多的。在二期工程完成之后，北斗导航系统服务范围将由我国及周边地区向全球扩展，导航定位精度将提高，全球区域达到水平 5m，高程 8m。此外，系统安全性能将进一步提高，短报文通信性能也将得到进一步改善。“北斗”除了具备定位和导航功能，还具有短信通信功能,这是 GPS 所没有的。

2.2.3　卫星姿态角

影像几何变形与卫星姿态角也有直接的关系。为了进行几何校正,必须提供卫星姿态角参数。现定义卫星质心为坐标原点,沿轨道前进的切线方向为 x 轴,垂直轨道面的方向为 y 轴,垂直 xy 平面的方向为 z 轴,则卫星的姿态有三种情况:绕 x 轴旋转的姿态角,称滚动;绕 y 轴旋转的姿态角,称俯仰;绕 z 轴旋转的姿态角,称航偏。

姿态角可以用姿态测量仪测定。用于空间的姿态测量仪有红外姿态测量仪、星相机、陀螺仪等。像美国在 Landsat 卫星上使用的 AMS(Attitude Measurement Sensor)姿态测量传感器,就属于红外姿态测量。航天飞机则使用星相机测定姿态。也可用 3 个 GPS 测定姿态。

红外线测量仪的基本原理是利用地球与太空温差达 287K 这一特点,以一定的角频率,周期性地对太空和地球作圆锥扫描,根据热辐射能的相位变化来测定姿态角。图 2-7(a)说明卫星姿态角为 0°时,时基准信号至地球脉冲边界的相位 $\varphi_A=\varphi_B$。图 2-7(b)说明在姿态角发生变化时,地球脉冲信号相对时基准信号发生偏移,这时相位差 $\varphi=\varphi_A-\varphi_A'$,显然 φ 就是姿态角。波长 15μm 处为二氧化碳吸引带,是姿态仪工作的理想波段,在这个波段附近的红外辐射,受纬度、季节、地理、气象、昼夜等变化的影响最小,能克服冷云的影响,因而能提供较高的定位精度,太阳的影响在这个波段里也很小。姿态仪的精度,主要取决于地面辐射的稳定性和对地球的非球性进行校正的程度。

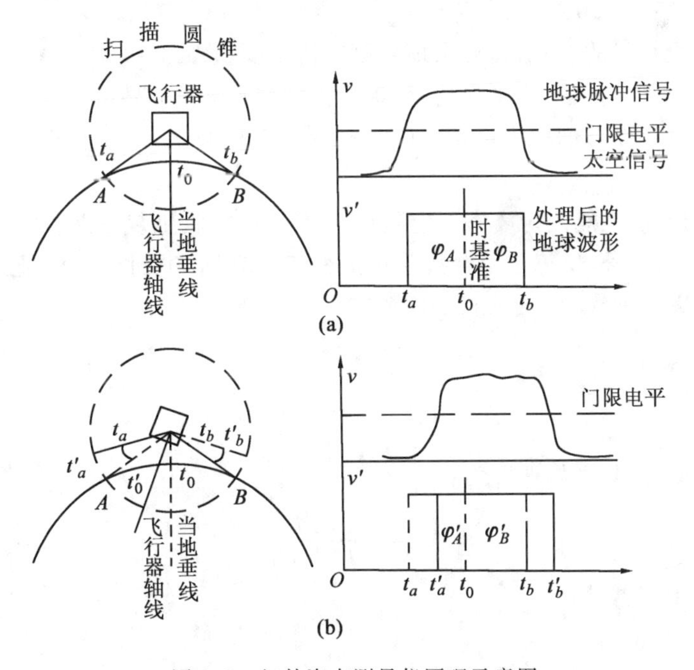

图 2-7　红外姿态测量仪原理示意图

一台这样的仪器只能测定一个姿态角,对于俯仰 φ 和滚动 ω 两个姿态角,需用两台姿态测量仪测定。航偏可用陀螺仪测定。Landsat-1 上的 AMS，测定姿态角的精度为±0.07°。卫星姿态变化速率在 0.05(°)/s 以内，最大的姿态角由地面控制在 0.4°以内。Landsat-4三轴指向准确度为 0.01°，稳定度为 10^{-6}(°)/s。

使用恒星摄影机测定姿态角的方法，是将恒星摄影机与对地摄影机组装在一起，两者的光轴交角在 90°～150°之间的某一个角度上。如图 2-8 所示。

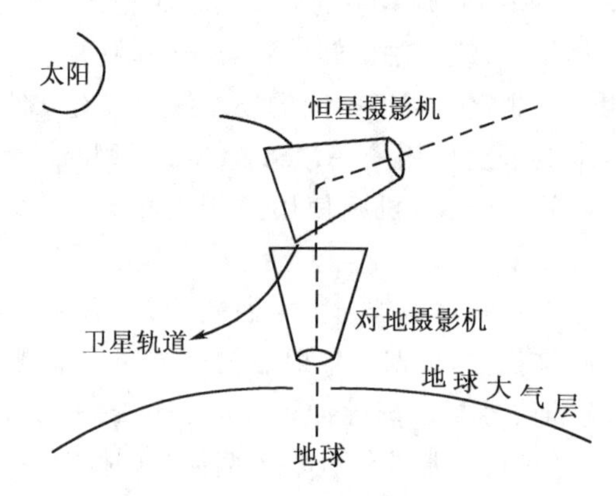

图 2-8　恒星摄影机与对地摄影机

为防止太阳光照射遮光罩内壁，射进恒星摄影机物镜，要求恒星摄影机指向地球阴影方向摄影，另外应考虑防止地球大气的反射光和散射光进入星相机物镜，一般恒星摄影机与对地摄影机光轴交角选在 100°～120°之间较宜。

为解求对地摄影机的姿态角，要求恒星摄影机至少摄取 3～5 颗五等以上的恒星，并精确记录卫星运行时刻，再根据恒星星历表、摄影机标称光轴指向数据等解算姿态角。

恒星摄影机测定姿态的精度可达±(10″～15″)，美国在 Apollo 上使用的恒星摄影机测定姿态的精度达 5″。

使用 GPS 的方法也能测定姿态。它是将 3 台 GPS 接收机装在摄影机组上，同时接收 4 颗以上 GPS 卫星的信号，反算出每台接收机上的三维坐标，进而解算出摄影机的 3 个姿态角。为了提高解算精度，GPS 接收机之间要有一定距离要求。

2.2.4　其他一些常用参数

1. 卫星速度

当轨道为圆形时，其平均速度为：

$$V = \sqrt{\frac{GM}{R + H}}$$

式中：G——万有引力常数；

M——地球质量；

R——平均地球半径；

H——卫星平均离地高度。

星下点的平均速度(地速)为：

$$V_N = \frac{R}{R+H}V \tag{2-13}$$

2. 卫星运行周期

卫星运行周期是指卫星绕地一圈所需要的时间,即从升交点开始运行到下次过升交点时的时间间隔。

根据开普勒第三定律,卫星运行周期与卫星的平均高度有关。开普勒第三定律为:

$$\frac{T^2}{(R+H)^3} = C$$

则运行周期为:

$$T = \sqrt{C(R+H)^3} \tag{2-14}$$

例如,高度 H=915km 的卫星,其运行周期 T 为 103.267min。

3. 卫星高度

依据开普勒第三定律,同样可解求卫星的平均高度,即

$$H = \sqrt[3]{\frac{T^2}{C}} - R \tag{2-15}$$

例如,地球同步静止卫星的运行周期与地球自转周期一致,则代入上式解算出卫星的平均高度为 35 860km。

4. 同一天相邻轨道间在赤道处的距离

$$L = 2\pi R_a \frac{T}{24 \times 60} \tag{2-16}$$

式中:R_a——地球长轴半径。

例如 Landsat-1 的 L=2 873.95km,再减去卫星每天修正 Ω=0.986 3°(即进动角,为满足与太阳同步而做的修正),则 L=2 865.918km。

5. 每天卫星绕地圈数

$$n = \frac{2\pi R_a}{L} = \frac{24 \times 60}{T} \tag{2-17}$$

6. 重复周期

卫星重复周期是指卫星从某地上空开始运行,经过若干时间的运行后,回到该地上空时所需要的天数。它与运行周期的关系为:

$$D = \frac{d}{n - n_{\text{int}}} \tag{2-18}$$

式中:n_{int}=Integer(n);d 为偏移系数,某天某一轨道相对于上一天同号轨道偏移的轨道数,若向西偏移为负值,向东偏移为正值,$d=\pm 1$ 时为顺序排列,$|d|>1$ 时为交错偏移。

2.3 典型遥感卫星及轨道特征

典型的遥感卫星有多种类型,按综合分类可分为陆地卫星类、高分辨率卫星、高光谱卫星、合成孔径雷达、地球同步轨道卫星等。本章主要对这些卫星的发展、轨道参数及探测器

技术性能做一些介绍。

2.3.1　陆地卫星类

陆地卫星类包括美国Landsat系列、法国SPOT系列、中国资源卫星和高分多光谱卫星等。这类卫星的特点是多波段扫描，地面分辨率多为5～30m。在现阶段，这类卫星仍然是陆地卫星的主体。

1. Landsat 系列卫星

1972年7月23日美国发射了第一颗气象卫星TIROS-1，后来又发射了Nimbus（雨云号），在此基础上设计了第一颗地球资源技术卫星（ERTS-1），后改名为Landsat-1。从1972年至今美国共发射了9颗Landsat系列卫星，已连续观测地球近40年，Landsat-9卫星于2021年9月27日发射。Landsat系列卫星发射时间见表2-3。

表2-3　Landsat系列卫星发射时间表

Landsat	Landsat-1	Landsat-2	Landsat-3	Landsat-4	Landsat-5
发射日期	1972.7.23	1975.1.22	1978.3.5	1982.7.16	1984.3.1
终止日期	1978.1.6	1982.2.5	1983.3.31	2001.6.15	2013.6.5
探测器	RBV，MSS	RBV，MSS	RBV，MSS	MSS，TM	MSS，TM
Landsat	Landsat-6	Landsat-7	Landsat-8	Landsat-9	
发射日期	1993.10.5	1999.4.15	2013.2.11	2021.9.27	
终止日期	失败	运行	运行	运行	
探测器	ETM	ETM＋	OLI，TIRS	OLI2，TIRS2	

1）Landsat-1～3卫星

Landsat-1～3三颗卫星的星体形状和结构基本相同，形似蝴蝶状，如图2-9所示。卫星分服务舱和仪器舱两大类。

仪器舱内安装有反束光导管摄像机（RBV）、多光谱扫描仪（MSS）、宽带视频记录机（WBVTR）和数据收集系统（DCS）等四种有效负载。有关这些仪器的详细介绍见第3章。

卫星轨道及其运行特点：卫星轨道平均高度H设计在915km上，依据式（2-14）计算其运行周期为103.267min。每天绕地球13.944圈，倾角$i=99.125°$，每天修正卫星轨道进动角为0.986°。这样的设计产生以下几个特点：

（1）近圆形轨道：实际轨道高度变化在905～918km之间，偏心率为0.000 6。因此为近圆形轨道。轨道趋于圆形的主要目的是使在不同地区获取的图像比例尺一致。此外近圆形轨道使得卫星的速度也近于匀速，便于扫描仪用固定扫描频率对地面扫描成像，避免造成扫描行之间不衔接的现象。

（2）近极地轨道：这颗卫星的轨道倾角设计为99.125°，因此是近极地轨道。轨道近极地有利于扩大卫星对地面总的观测范围。这颗卫星最北和最南分别能到达北纬81°和南纬81°，利用地球自转并结合轨道运行周期和图像刈幅宽度的设计，可以观测到南北纬81°之间的广大地区。

(3) 与太阳同步轨道：所谓卫星轨道与太阳同步，是指卫星轨道面与太阳地球连线之间在黄道面内的夹角，不随地球绕太阳公转而改变。如图 2-10 所示。

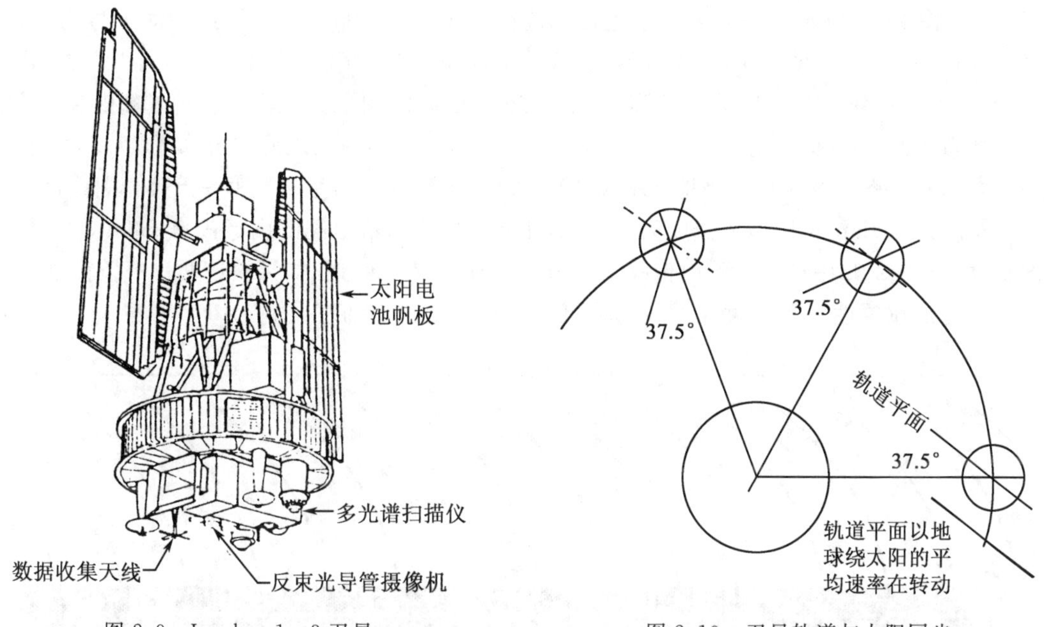

图 2-9　Landsat-1～3 卫星　　　　图 2-10　卫星轨道与太阳同步

对于一般轨道(除了与黄道面重合的轨道外)，地球绕太阳作公转时，这个角会随之改变，如图 2-10 中虚线所示。由于这个角与传感器观测地面时的太阳光照角度有关，因此称为光照角。任一时刻的光照角等于起始光照角加上地球对太阳的进动角。地球对太阳的进动角一年为 360°。因此平均每天的进动角为 0.985 6°。为了使光照角保持固定不变，必须对卫星轨道加以修正，平均每圈的修正量为：

$$\Delta\Omega = \frac{0.9856^\circ}{n} \tag{2-19}$$

式中：n——一天中卫星运行的轨道数。

从图 2-10 中可以看出，实现卫星轨道与太阳同步，只要轨道面绕地轴旋转 $\Delta\Omega$，也就是修正轨道参数 Ω。Landsat-1～5 卫星的光照角都为 37°30′。卫星与太阳同步，使卫星以同一地方时间通过地面上空。由于光照角为 37°30′，所以降轨运行时为当地时间 09：42 通过赤道上空。由于全世界按 24 个离散时区划分地方时，上述 09：31 是一个平均太阳时，它并不意味着对于在给定相同纬度上所有各点的当地时间保持不变。

与太阳同步轨道有利于卫星在相近的光照条件下对地面进行观测。但是由于季节和地理位置的变化，太阳高度角并不是任何时间都是一致的。

与太阳同步还有利于卫星在固定的时间飞临地面接收站上空，并使卫星上的太阳电池得到稳定的太阳照度。

(4) 可重复轨道：上一节中已讲到轨道的重复周期可由式(2-18)计算。与卫星的运行周期关系密切。陆地卫星运行周期为 103.267min,卫星每绕地面一圈,地球赤道由西往东旋转了约 2 874km,去掉卫星进动修正,为 2 866km,也即第二条运行轨迹相对前一条运行轨迹在地面上(赤道处)西移2 866km。一天 24h 绕地 13.944 圈,第 14 圈时已进入第二天,称为第二天第一条轨道,这一条轨道与前一天第一条轨道之间差 0.056 圈,在地面上赤道处为 159km。图 2-11 所示为一天内卫星运行轨迹在地面上的分布。第一天第一圈编号为①,则第二天第一圈编号为⑮。图 2-12 所示为在第一天第一圈和第一天第二圈之间 18 天的轨迹分布,上面注的圈号是顺序编排的圈号,下面是以天号编的圈号。第一天第二圈和第一天第三圈之间亦如此,依此类推。但第一天第十四圈与第一天第一圈之间只分布了 17 条轨迹,因为只有 0.944 圈。18 天总共绕地 251 圈,第 252 圈即第 19 天第一圈与第一天第一圈重合。圈间的距离为 159km,但图像的宽度为 185km,在赤道处相邻轨道间的图像尚有 26km(占 14%)的重叠。从图2-12中还可以看出偏移系数为−1,即下一天轨迹比当天轨迹西移一条轨道。

轨道的重复性有利于对地面地物或自然现象的变化作动态监测。

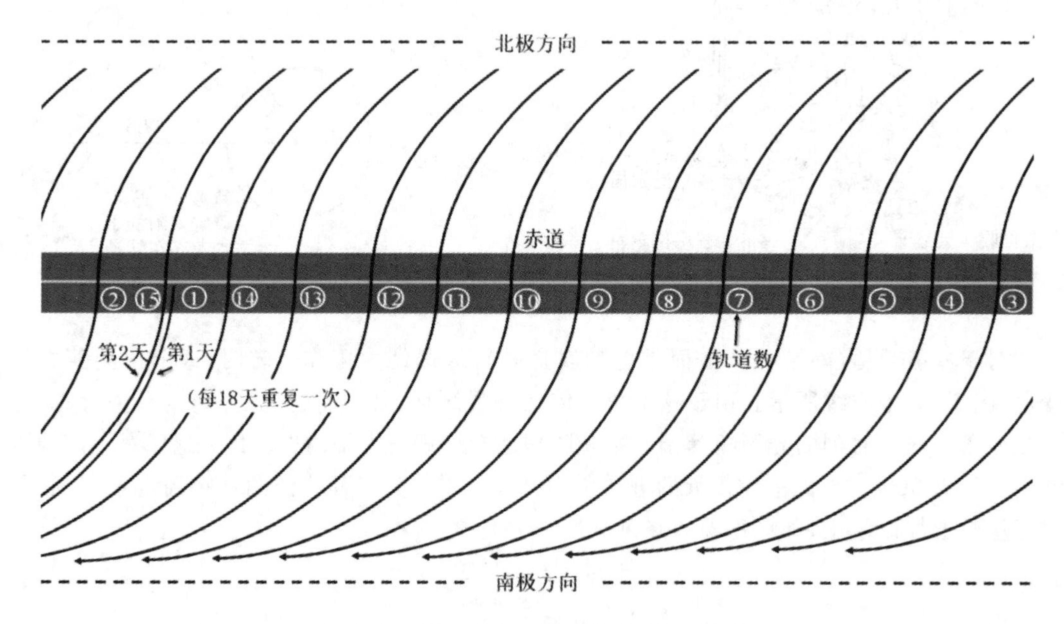

图 2-11　第一天典型的陆地卫星地面轨迹

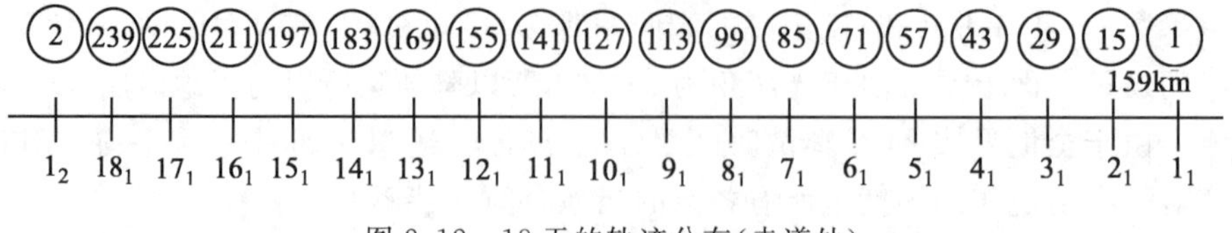

图 2-12　18 天的轨迹分布(赤道处)

2) Landsat-4/5 卫星

1982 年美国在 Landsat-1～3 卫星的基础上,改进设计了 Landsat-4 卫星,并发射成功。1984 年又发射了 Landsat-5 卫星,与 Landsat-4 卫星完全一样。

Landsat-4/5 卫星的形状如图 2-13 所示。卫星主体由 NASA 的标准多用途飞行器组合体和陆地卫星仪器舱组成。多用途飞行器组合体包括姿态控制,通信及数据处理,电源和推进器等子系统。仪器舱装有 TM 传感器,MSS 多光谱扫描仪,宽带波段通信子系统,高增益 TDRSS(数据中继卫星系统)天线和其他天线,以及一个能产生 2kW 功率的太阳能帆板。这种卫星可设计成由航天飞机进行修复。

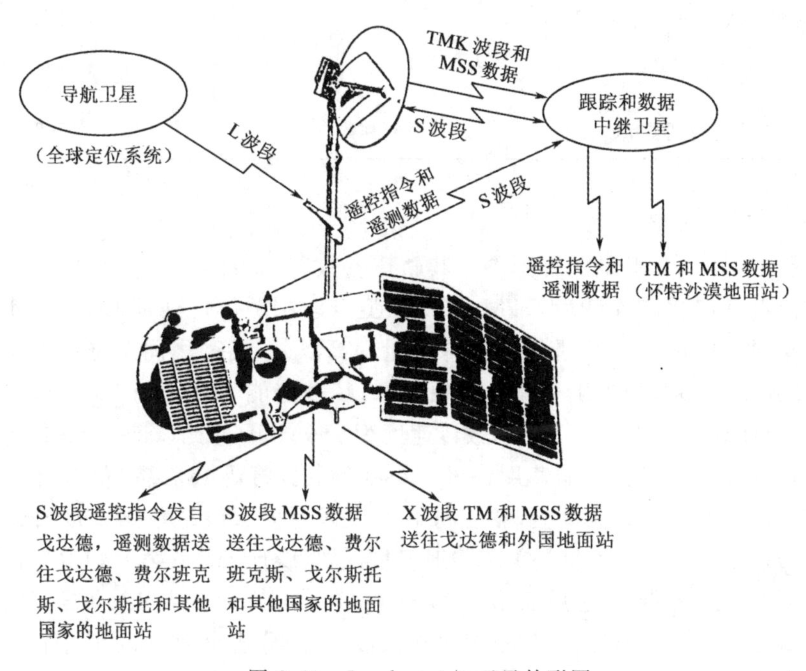

图 2-13　Landsat-4/5 卫星外形图

Landsat-4/5 卫星也是近圆形、近极地、与太阳同步和可重复的轨道。它的轨道高度下降为 705km,对于地面分辨率为 30m 的 TM 专题制图仪而言是必要的,为此运行周期也减为 98.9min,重复周期为 16d,偏移系数为−7,它与 Landsat-1～3 卫星参数的比较如表 2-4 所示。

表 2-4　Landsat-1～3 卫星与 Landsat-4/5 卫星轨道参数

Landsat 系列卫星	Landsat-1～3	Landsat-4/5
轨道高度 H/km	915	705
轨道倾角 I/(°)	99.125	98.22
运行周期 T/min	103.267	98.9
长半轴 a/km	7 285.438	7 083.465
降交点时间 (过赤道平均太阳时)	9:31a.m.(Landsat-3)	9:45a.m./9:30a.m.

续表

Landsat 系列卫星	Landsat-1～3	Landsat-4/5
重复周期/d(圈)	18(251)	16(233)
偏移系数 d	−1	−7
在赤道上两相邻轨迹间距离/km	159	172
图像幅宽/km	185	185
相邻轨道间赤道处重叠度/km(%)	26(14)	13(7)

3) Landsat-7～9 卫星

图 2-14 是 Landsat-7 卫星的外形图。其轨道参数与 Landsat-4/5 卫星基本相同(见表 2-5),其主要特点是传感器改型为 ETM+(增强型专题制图仪),这是 Landsat-6 卫星上的 ETM 的改进型号。Landsat-7 卫星除了图像质量提高以外,还利用固态寄存器使星上数据存储能力提高到 380Gbit,相当于存储 100 幅影像,其存储能力远大于 Landsat-4/5 卫星上的磁带记录器。此外,Landsat-7 卫星的数传速度为 150Mbit/s,比以前卫星的 75Mbit/s 提高了 1 倍。由于存储能力强,传输速度快,Landsat-7 卫星将不必依靠"跟踪与数据中继卫星"系统。它可以把数据存储在星上,然后利用 X 波段万向天线把数据直接发送给进入卫星视线的地面站。Landsat-8 卫星是美国陆地卫星计划(Landsat)的第 8 颗卫星,于 2013 年 2 月 11 日发射成功,携带陆地成像仪(Operational Land Imager,OLI)和热红外传感器(Thermal Infrared Sensor,TIRS)。OLI 包括 9 个波段,空间分辨率为 30m,其中包括一个 15m 的全色波段,成像宽幅为 185km×185km。TIRS 包括 2 个单独的热红外波段,分辨率为 100m。2021 年 9 月 27 日,Landsat-9 卫星发射成功,携带二代陆地成像仪(Operational Land Imager 2,OLI-2)和二代热红外传感器(Thermal Infrared Sensor 2,TIRS-2)。

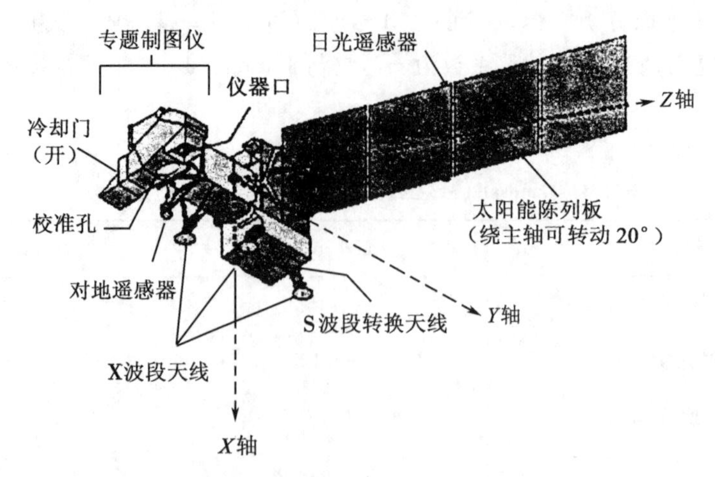

图 2-14　Landsat-7 卫星外形图

表 2-5 Landsat 系列卫星轨道参数表

Landsat 系列卫星	Landsat-4/5	Landsat-7	Landsat-8	Landsat-9
轨道类型	太阳同步极轨			
高度/km	705			
倾角/(°)	98.2			
降交点时间 t	9:45a.m./9:30a.m.	10:00a.m.		
周期/min	99			
覆盖天数/d	16			
刈幅/km	185			

2. SPOT 系列卫星

法国于 1986 年 2 月发射了第一颗陆地卫星，主要用于地球资源遥感，其外形如图 2-15 所示，其轨道参数如表 2-6 所示。至今已发射了 7 颗，即 SPOT-1～7。SPOT-1～4 卫星装载了 2 台相同探测器 HRV(High Resolution Visible)或 HRVIR(High Resolution Visible and Infrared)成像仪，HRV 的平面反射镜可绕卫星前进方向滚动轴(X 轴)旋转，平面向左、右两侧偏离垂直方向最大可达±27°，从天底点向轨道任意一侧可观测到 450km 附近的景物，这样在邻近的许多轨道间都可以获取立体影像。在赤道附近，分别在 7 条轨道间可进行立体观测，立体图像的基高比在 0.5～1.0。SPOT 系列卫星发射时间如表 2-7 所示。表 2-8 列出了 HRV(HRVIR)和 VI 的技术指标。

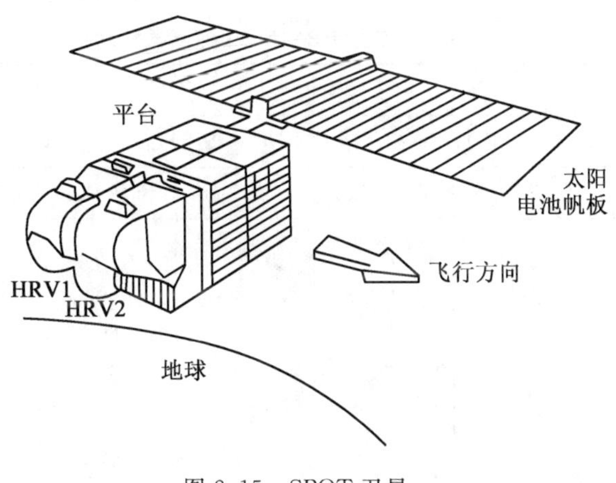

图 2-15 SPOT 卫星

表 2-6　SPOT 卫星轨道参数表

轨道高度 H/km	832(SPOT-1～5)　695(SPOT-6/7)
运行周期 T/min	101.4
轨道倾角 i/(°)	98.7
重复周期/d(圈)	26(369)
偏移系数	+5
卫星过降交点时间	10:30a.m.
轨迹间间隔/km(赤道处)	108
所载仪器	2 台 HRV 推扫描仪(多光谱和全色)
单台 HRV 图像幅宽/km	60
两台 HRV 图像幅宽/km	117(重叠 3)

表 2-7　SPOT 系列卫星发射时间表

SPOT	SPOT-1	SPOT-2	SPOT-3	SPOT-4	SPOT-5	SPOT-6	SPOT-7
发射日期	1986.2.22	1990.1.22	1993.9.26	1998.3.24	2002.5.3	2012.9.9	2014.6.30
终止日期	1990.12.31	运行	1996.11.14	2013.6.29	2015.3.31	运行	运行
探测器	HRV	HRV	HRV	HRVIR VI Poam3	HRG/S VI	NAOMI	NAOMI

其中,VI 为植被测量仪,Poam3 是极地臭氧和气溶胶测量仪。

表 2-8　SPOT 卫星 HRV 和 VI 探测器技术指标

探测器	HRV		HRVIR		VI	
卫星	SPOT-1～3		SPOT-4		SPOT-4	
波段/μm	分辨率/m	刈幅/km	分辨率/m	刈幅/km	分辨率/km	刈幅/km
0.43～0.47					1	2 250
0.50～0.59	20	60	20	60		
0.61～0.68	20	60	20	60	1	2 250
0.79～0.89	20	60	20	60	1	2 250
1.58～1.75			20	60	1	2 253
PAN 0.51～0.73	10	60	10	60		
辐射灵敏度 ΔP_{NE}	≤0.05		≤0.05		≤0.003	
动态范围	$0.1\leqslant\rho\leqslant0.6$		$0.1\leqslant\rho\leqslant0.6$		$0.1\leqslant\rho\leqslant0.6$	
绝对辐射精度/%	9		9		5	
覆盖天数/d	26		26		1	

SPOT-5 卫星已于 2002 年 5 月发射成功，平台与 SPOT-1～4 卫星相同，探测器地面分辨率见表 2-9。

表 2-9 SPOT-5 卫星探测器地面分辨率

波段/μm	HRS/G(SPOT-5)分辨率/m	VI(SPOT-5)分辨率/km
0.43～0.47		1
0.50～0.59	10	
0.61～0.68	10	1
0.79～0.89	10	1
1.58～1.75	20	1
PAN 0.51～0.73	5(2.5)	

2012 年 9 月 9 日，SPOT-6 卫星发射，2014 年 6 月 30 日，SPOT-7 卫星发射，轨道高度为 695km。SPOT-6/7 卫星各搭载"新型 AstroSat 平台光学模块化设备"(NAOMI)相机 2 台，具有 60km 大幅宽和 1.5m 分辨率，能够确保与 SPOT-4/5 卫星的连续性。法国 Pléiades 卫星是 SPOT 卫星家族的后续卫星。Pléiades-1 卫星已于 2011 年 12 月 17 日成功发射并开始商业运营；Pléiades-2 卫星于 2012 年 12 月 1 日成功发射并已成功获取第一幅影像，分辨率为 0.5m，幅宽达到了 20km×20km。SPOT-6/7 卫星和 Pléiades 系列卫星一起构成光学卫星星座，具备每日两次的重访能力。

3. 中国资源卫星

中国与巴西合作，于 1999 年 10 月发射了资源一号 01 卫星 ZY-01 (CBERS-01)。表 2-10 所示是卫星轨道参数。2003 年 10 月又发射了资源一号 02 卫星 ZY-02，卫星轨道参数与传感器参数两者完全一样。我国分别在 2007 年 9 月 19 日和 2011 年 12 月 22 日成功发射升空了资源一号 02B 卫星 ZY-02B 和资源一号 02C 卫星 ZY-02C，轨道参数与 ZY-01/02 基本相同。

表 2-10 ZY-01 卫星轨道参数

卫星	ZY-01(CBERS-01)
轨道类型	标称圆形太阳同步轨道
高度/km	778
倾角/(°)	98.5
降交点时间	10:30a.m.
周期/min	100.26
重复周期/d	26/相邻地面轨迹间隔时间 3
姿控	三轴

我国还在 2008 年 9 月 6 日同时成功发射升空了环境卫星 1A/1B(HJ-1A/1B)，其轨道高度为 650km，轨道倾角为 97.95°，轨道重复周期为 31 天。所载传感器及其参数如表 2-11 和表 2-12 所示。

表 2-11　HJ-1A 卫星所载传感器的主要技术参数

传感器	编号	波段/μm	分辨率/m	幅宽/km	侧摆	重访时间/d
CCD 相机	1	0.43～0.52	30	700		4
	2	0.52～0.60				
	3	0.63～0.69				
	4	0.76～0.90				
高光谱成像仪		0.45～0.95 110～128	100	50	±30°	4

表 2-12　HJ-1B 卫星所载传感器的主要技术参数

传感器	编号	波段/μm	分辨率/m	幅宽/km	侧摆	重访时间/d
CCD 相机	同 1A	同 1A	同 1A	同 1A		同 1A
红外多光谱相机	5	0.75～1.10	150	720		4
	6	1.55～1.75	150			
	7	3.50～3.90	150			
	8	10.5～12.5	300			

我国资源三号(ZY-3)卫星(也称测绘卫星)于 2012 年 1 月 9 日成功发射,是一颗三轴稳定的太阳同步轨道卫星,轨道参数如表 2-13 所示。该卫星利用三线阵相机和多光谱相机获取高分辨率立体影像和多光谱影像,卫星外形如图 2-16 所示。

表 2-13　ZY-3 卫星轨道参数

卫星	ZY-3
轨道类型	太阳同步轨道
轨道高度/km	505.984
轨道倾角/(°)	97.421
偏心率	0
降交点地方时	10:30a.m.
交点周期/min	94.716
最大重访周期/d	5

ZY-3 卫星的三线阵全色影像分辨率前视和后视都为 3.5m,正视为 2.1m,多光谱影像分辨率为 5.8m,传感器主要参数如表 2-14 所示。该卫星是首颗民用高分辨率光学传输型

图 2-16 ZY-3 卫星外形示意图

立体测绘卫星，如图 2-17 所示，可实现沿轨道立体观测，集测绘和资源调查功能于一体。ZY-3 卫星填补了中国卫星立体测图这一领域空白，在空间分辨率、定位精度与时效性等方面代表了同时期我国自主民用遥感卫星的领先水平，可以服务于基础测绘、国土、农业、环境、减灾、规划等各行业对影像数据的需求。

表 2-14 ZY-3 卫星传感器主要参数

平台	有效载荷	波段号	光谱范围/μm	空间分辨率/m	幅度/km	侧摆能力	重访时间/d
资源三号	前视相机	—	0.50～0.80	3.5	52	±32°	3～5
	后视相机	—	0.50～0.80	3.5	52	±32°	3～5
	正视相机	—	0.50～0.80	2.1	51	±32°	3～5
	多光谱相机	1	0.45～0.52	6	51	±32°	5
		2	0.52～0.59				
		3	0.63～0.69				
		4	0.77～0.89				

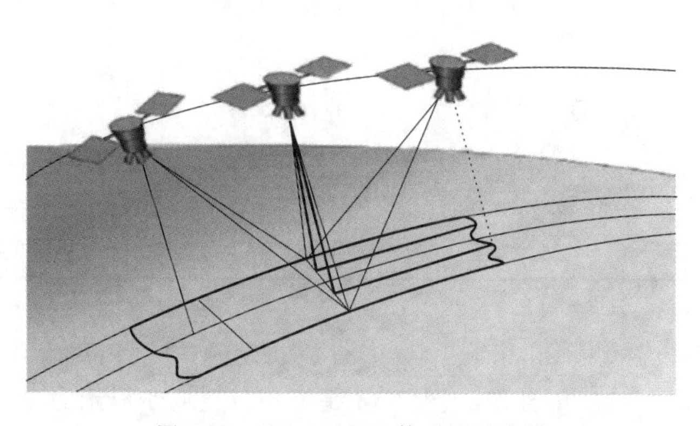

图 2-17 ZY-3 卫星立体观测示意图

2016 年 5 月 30 日，我国成功将资源三号 02 卫星(ZY3-02)发射升空。资源三号 02 卫星前后视立体影像分辨率由 01 卫星的 3.5m 提升到 2.5m，实现了 2m 分辨率级别的三线阵立体影像高精度获取能力。这是我国首次实现自主民用立体测绘双星组网运行，形成了业务观测星座，缩短了重访周期。

2020 年 7 月 25 日，我国资源三号 03 卫星(ZY3-03)发射升空，与已发射在轨的资源三号 02 卫星等卫星组网运行。资源三号 03 卫星的突出优势在于通过三相机立体观测和激光测高仪获取高程控制点，直接生成三维立体影像，为实景三维中国建设、地理国情监测、耕地保护、地质灾害防治等提供高精度数据产品。

4. 中国高分系列卫星

中国高分系列卫星同属“高分辨率对地观测系统重大专项”(高分专项)，是《国家中长期科学和技术规划发展纲要(2006—2020 年)》确立的 16 个国家重大科技专项之一。目的是建立一整套高时间分辨率、高空间分辨率、高光谱分辨率的自主可控卫星系列。从 2010 年项目实施到 2022 年，已累计发射数十颗相关卫星(表 2-15)。党的二十大报告强调要“加快实现高水平科技自立自强”，高分专项是我国遥感领域科技自立自强的重要代表。

表 2-15　高分卫星家族谱简表

卫星名	发射日期(以第一颗计时)	停止工作	卫星类型
高分一号	2013.4.26	至今	光学遥感卫星
高分二号	2014.8.19	至今	光学遥感卫星
高分三号	2016.8.10	至今	雷达卫星
高分四号	2015.12.29	至今	同步轨道的光学遥感卫星
高分五号	2018.5.9	至今	陆地、大气的光学遥感卫星
高分六号	2018.6.2	至今	光学遥感卫星
高分七号	2019.11.3	至今	光学遥感卫星
高分八号	2015.6.26	至今	光学遥感卫星
高分九号	2015.9.14	至今	光学遥感卫星
高分十号	2019.10.5	至今	雷达卫星
高分十一号	2018.7.31	至今	光学遥感卫星
高分十二号	2019.11.28	至今	雷达卫星
高分十三号	2020.10.12	至今	光学遥感卫星
高分十四号	2020.12.6	至今	光学立体测绘卫星
高分多模	2020.7.3	至今	光学遥感卫星

高分一号(GF-1)卫星于 2013 年 4 月 26 日成功发射，牵头用户为自然资源部，其他用户包括农业农村部、生态环境部等。图 2-18 是 GF-1 卫星外形示意图，其轨道参数见表 2-16。

图 2-18 GF-1 卫星外形示意图

表 2-16 GF-1 卫星轨道参数

项目	参数
轨道类型	太阳同步回归轨道
轨道高度/km	645(标称值)
倾角/(°)	98.0506
降交点地方时	10:30a.m.
侧摆能力(滚动)	±25°,机动 25°的时间≤200s,具有应急侧摆(滚动)±35°的能力

GF-1 卫星突破了高空间分辨率、多光谱与高时间分辨率结合的光学遥感技术,多载荷图像拼接融合技术,高精度高稳定度姿态控制技术,单星上同时实现高分辨率与大幅宽结合,2m 高分辨率实现大于 60km 的成像幅宽,16m 分辨率实现大于 800km 的成像幅宽,适应多种空间分辨率、多种光谱分辨率、多源遥感数据综合需求,满足不同应用要求,在国内民用小卫星上首次具备中继测控能力,可实现境外时段的测控与管理。表 2-17 列出了 GF-1 卫星的传感器技术参数。

表 2-17 GF-1 卫星传感器技术参数

参数	高分相机		宽幅相机	
光谱范围	全色	0.45～0.90μm	全色	—
	多光谱	0.45～0.52μm	多光谱	0.45～0.52μm
		0.52～0.59μm		0.52～0.59μm
		0.63～0.69μm		0.63～0.69μm
		0.77～0.89μm		0.77～0.89μm

续表

参数	高分相机		宽幅相机	
空间分辨率	全色	2m	全色	—
	多光谱	8m	多光谱	16m
幅宽	60km(2 台相机组合)		800km(4 台相机组合)	
重访周期(侧摆时)	4d		—	
覆盖周期(不侧摆)	41d		4d	

高分六号(GF-6)卫星于 2018 年 6 月 2 日成功发射,主要应用于精准农业观测、林业资源调查等行业。该星实现了 8 谱段 CMOS 探测器的国产化研制,国内首次增加了能够有效反映作物特有光谱特性的“红边”波段,大幅提高了农业、林业、草原等资源监测能力。图 2-19是 GF-6 卫星外形示意图,其轨道参数见表 2-18。

图 2-19　GF-6 卫星外形示意图

表 2-18　GF-6 卫星轨道参数

项　　目	参　　数
轨道类型	太阳同步轨道
轨道高度/km	644.547 2
倾角/(°)	97.9597
轨道周期/min	97.4658
降交点地方时	10:30a.m.
回归周期/d	41
偏心率	0

GF-6 卫星配置 2m 全色/8m 多光谱高分辨率相机、16m 多光谱中分辨率宽幅相机，2m 全色/8m 多光谱相机观测幅宽 90km，16m 多光谱相机观测幅宽 800km。GF-6 卫星与 GF-1 卫星组网运行后，使遥感数据获取的时间分辨率从 4 天缩短到 2 天，将为农业农村发展、生态文明建设等重大需求提供遥感数据支撑。GF-6 卫星传感器技术参数如表 2-19 所示。

表 2-19 GF-6 卫星传感器技术参数

参数	高分相机		宽幅相机	
光谱范围	全色	0.45～0.90μm	全色	—
	蓝	0.45～0.5μm	B1	0.45～0.52μm
	绿	0.52～0.60μm	B2	0.52～0.59μm
	红	0.63～0.69μm	B3	0.63～0.69μm
	近红外	0.76～0.90μm	B4	0.77～0.89μm
	—		B5	0.69～0.73μm（红边Ⅰ）
	—		B6	0.73～0.77μm（红边Ⅱ）
	—		B7	0.40～0.45μm
	—		B8	0.59～0.63μm
空间分辨率	全色	2m	全色	—
	多光谱	8m	多光谱	≤16m(不侧摆视场中心)
幅宽	≥90km		≥800km	
信噪比	全色	≥47dB(太阳高度角 70°，地物反射率 0.65)	全色	—
		≥28dB(太阳高度角 30°，地物反射率 0.03)		
	多光谱	≥46dB(太阳高度角 70°，地物反射率 0.65)	多光谱	≥46dB(太阳高度角 70°，地物反射率 0.65)
		≥20dB(太阳高度角 30°，地物反射率 0.03)		≥20dB(太阳高度角 30°，地物反射率 0.03)
绝对辐射定标精度	优于 7%		优于 7%	
相对辐射定标精度	优于 3%		优于 3%	

2.3.2　高空间分辨率陆地卫星

空间分辨率越高越有利于显示地表更清晰的细节，高空间分辨率卫星对于民用和军用均具有重要意义。美国、日本、俄罗斯和法国都在不断提升本国高分辨率卫星水平，我国的高分二号、高分七号等卫星也体现出自身技术优势。表 2-20 列出了这类卫星的代表。表 2-21是美国三个系列卫星轨道参数和探测器指标。

表 2-20　高空间分辨率卫星

国家	卫星	分辨率/m（全色/多色/高色）	拥有者	发射时间
美国	IKONOS	1/4	Space Imaging	1999 年 4 月 27 日发射失败，同年 9 月 24 日发射成功
	QuickBird	0.61/2.44	Digital Globe	2001 年 10 月 18 日发射成功
	OrbView-3	1/4	Orbital Imaging	2003.6
	GeoEye-1	0.4/1.64	GeoEye	2008.8
	WorldView-1	0.5	Digital Globe	2007.9
	WorldView-2	0.5/1.8	Digital Globe	2009.10
	WorldView-3	0.31/1.24	Digital Globe	2014.8
	WorldView-4	0.3/1.24	Digital Globe	2016.11
日本	ALOS	2.5/10	JAXA	2006.1
以色列	EROS-A EROS-B	1.8 0.7/2.9	IAI IAI	2000.12 2006.6
俄罗斯	Resurs DK1	0.9/1.5		2006.6
印度	IRS-P7	1		2007.1
法国	SPOT-5	2.5/10		2002.5
中国	ZY-02B	2.36		2007.9
	ZY-02C	2.36		2011.12
	GF-2	0.8/3.2		2014.8
	GF-7	后视 0.65，前视 0.8/后视 2.6		2019.11

表 2-21 美国三个系列卫星轨道参数

卫星	IKONOS	QuickBird	GeoEye-1
公司	Space Imaging	Earth Watch	GeoEye
发射时间	1999	2001	2008
轨道高度/km	680	450	684
类型	太阳同步	太阳同步	太阳同步
倾角/(°)	98.1	98	98
最大重访周期/d	14	1～6	<3
降交点时间	10:30a.m.	10:30a.m.	10:30a.m.
波段/μm	PAN 0.45～0.90 0.45～0.52 0.52～0.60 0.60～0.69 0.76～0.90	PAN 0.45～0.90 0.45～0.52 0.52～0.60 0.63～0.69 0.76～0.90	PAN 0.45～0.80 0.45～0.51 0.51～0.58 0.655～0.69 0.78～0.92
地面分辨率/m	0.82(PAN) 4(MS)	0.61(PAN) 2.44(MS)	0.41(PAN) 1.65(MS)
刈幅/km	11	16.5	15
量化/bit	11	11	11
星上存储/GB	64	137	1000
测轨	GPS	GPS	GPS

注:由于 IKONOS 是三线阵 CCD 推扫成像,具有同轨立体的特点,可以构成准核线的立体图像,而且中间图像与前后图像组成不同立体,提供三维同时测量的可能性。

高分二号(GF-2)卫星于 2014 年 8 月 19 日成功发射,是我国自主研制的首颗空间分辨率优于 1m 的宽幅民用光学遥感卫星。卫星搭载两台高分辨率 1m 全色、4m 多光谱相机实现拼幅成像。GF-2 卫星在设计上具有诸多创新特点,突破了亚米级、大幅宽成像技术;宽覆盖、高重访率轨道优化设计可使卫星在侧摆±23°的情况下,实现全球任意地区重访周期不大于 5 天;在卫星侧摆±35°的情况下,重访周期还将进一步缩小;高稳定度快速姿态侧摆机动控制技术在轨实现了 150s 之内侧摆机动 35°并稳定;卫星无控制点定位精度达到 20～35m,还具有智能化的星上自主管理能力。GF-2 卫星下点空间分辨率可达 0.8m,标志着我国遥感卫星进入了亚米级"高分时代"。

高分七号(GF-7)卫星于 2019 年 11 月 3 日成功发射,运行于太阳同步轨道,设计寿命 8 年,搭载的两线阵立体相机可有效获取 20km 幅宽、优于 0.8m 分辨率的全色立体影像和 3.2m分辨率的多光谱影像。搭载的两波束激光测高仪以 3Hz 的观测频率进行对地观测,地面足印直径小于 30m,并以高于 1GHz 的采样频率获取全波形数据。卫星通过立体相机和激光测高仪复合测绘的模式,实现 1∶10 000 比例尺立体测图,服务于自然资源调查监测、基础测绘、全球地理信息资源建设等应用需求,并为住房和城乡建设、国家调查统计等领域提供高精度的卫星遥感影像。表 2-22 为 GF-2、GF-7 卫星轨道参数。

表 2-22　我国 GF-2、GF-7 卫星轨道参数

卫星	GF-2	GF-7
发射时间 轨道高度/km 轨道类型 倾角/(°)	2014 631 太阳同步 97.9080	2019 约 500 太阳同步 前相机倾角：+26 后相机倾角：-5
波段/μm	PAN 0.45～0.90 0.45～0.52 0.52～0.59 0.63～0.69 0.77～0.89	PAN 0.45～0.90 0.45～0.52 0.52～0.59 0.63～0.69 0.77～0.89
分辨率	0.8 (PAN) 3.2(MS)	后 0.65，前 0.8(PAN) 后 2.6(MS)

2.3.3　高光谱类卫星

这类卫星的主要特点是采用高分辨率成像光谱仪，波段数为 36～256 个，光谱分辨率为 5～10nm，地面分辨率为 30～1 000m。这类卫星主要用于大气、海洋和陆地探测。表 2-23 列出了近年来发射的高光谱类卫星。

表 2-23　高光谱类卫星

卫星	国家	探测器	光谱分辨率	发射时间(计划)
EOS-AM1 EOS-PM1	美国	MODIS	0.42～14.24μm min 5～10nm 36Bands	1999.12 2000.12
EOS-AM1	美国	ASTER	0.52～11.65μm min 60nm 14Bands	1999.12
EO-1	美国	Hyperion	0.4～2.5μm min 10nm 233～309Bands	2000

续表

卫星	国家	探测器	光谱分辨率	发射时间(计划)
ARIES-1	澳大利亚	ARIES	0.4～2.5μm min 10nm 64Bands	2000
HJ-1A	中国	高光谱成像仪	0.45～0.95 110～128Bands	2008.9
GF-5	中国	AHSI	0.4～2.5μm VNIR 5nm SWIR 10nm 330Bands	2018.5

MODIS是EOS-AM1系列卫星的主要探测仪器。它属于波段不连续(光谱范围0.4～14.5μm),数量少(波段36个),地面分辨率较低(星下点离间分辨率为250m,500m,1 000m)的一类高光谱类传感器,图2-20是其外形。它是美国于2000年初发射成功的,每1～2d可覆盖全球一遍。每一台MODIS仪器使用寿命为5年,计划发射4颗卫星。

图2-20 MODIS卫星外形图

高分五号(GF-5)卫星于2018年5月9日发射,首次搭载了大气痕量气体差分吸收光谱仪、大气主要温室气体探测仪、大气多角度偏振探测仪、大气环境红外甚高分辨率探测仪、可见短波红外高光谱相机、全谱段光谱成像仪共6台载荷。高分五号卫星所搭载的可见短波红外高光谱相机是国际上首台同时兼顾宽覆盖和宽谱段的高光谱相机,在60km幅宽和30m空间分辨率下,可以获取从可见光至短波红外(400～2 500nm)光谱颜色范围里,330个光谱颜色通道,其可见光谱段光谱分辨率为5nm。表2-24为GF-5传感器技术参数。

表 2-24 GF-5 卫星传感器技术参数

项目		参数	
卫星标识		GF-5	GF-5B
大气痕量气体差分吸收光谱仪(EMI)	光谱范围	240～315nm 311～403nm 401～550nm 545～710nm	240～311nm 311～401nm 401～550nm 550～710nm
	空间分辨率	48(穿轨方向)×13km(沿轨方向)	24(穿轨方向)×13km(沿轨方向)
大气主要温室气体探测仪(GMI)	中心波长	0.765μm 1.575μm 1.65μm 2.05μm	0.764μm 1.576μm 2.047μm 1.65μm
	光谱范围	0.759～0.769μm 1.568～1.583μm 1.642～1.658μm 2.043～2.058μm	0.759～0.769μm 1.568～1.583μm 1.642～1.658μm 2.043～2.05μm
	光谱分辨率	0.6cm^{-1} 0.27cm^{-1}	0.6cm^{-1} 0.27cm^{-1}
大气多角度偏振探测仪(DPC)	光谱范围	433～453nm 480～500nm(P) 555～575nm 660～680nm(P) 758～768nm 745～785nm 845～885nm(P) 900～920nm	433～453nm 480～500nm(P) 555～575nm 660～680nm(P) 758～768nm 745～785nm 845～885nm(P) 900～920nm
	星下点空间分辨率	优于 3.5km	优于 3.5km
大气环境红外甚高分辨率探测仪(AIUS)	光谱范围	750～4 100cm (2.4～13.3μm)	—
	光谱分辨率	0.03cm	
可见短波红外高光谱相机(AHSI)	光谱范围	0.4～2.5μm	0.4～2.5μm
	空间分辨率	30m	30m
	幅宽	60km	60km
	光谱分辨率	VNIR:5nm SWIR:10nm	VNIR:≤5nm SWIR:≤10nm

续表

项目		参数	
卫星标识		GF-5	GF-5B
全谱段光谱成像仪(VIMS/VIMI)	光谱范围	0.45～0.52μm 0.52～0.60μm 0.62～0.68μm 0.76～0.86μm 1.55～1.75μm 2.08～2.35μm 3.50～3.90μm 4.85～5.05μm 8.01～8.39μm 8.42～8.83μm 10.3～11.3μm 11.4～12.5μm 共12个通道	0.45～12.5μm 共12个通道
	空间分辨率	20m(0.45～2.35μm) 40m(3.5～12.5μm)	20m/40m
	幅宽	60km	60km
吸收性气溶胶探测仪(AAS)	光谱范围	—	33～920nm,8个谱段,其中480～500nm、660～680nm、845～885nm为偏振谱段,每个谱段包含3个偏振方向,共14个通道
高精度偏振扫描仪(POSP)	光谱范围	—	370～2290nm,9个谱段,每个谱段包括4个偏振方向,共36个通道
	空间分辨率		优于6.41km
	幅宽		优于1850km

2.3.4 SAR类卫星

合成孔径雷达(Synthetic Aperture Radar,SAR)是一种高分辨率、二维成像雷达,适于大面积的地表成像。自1978年6月美国发射了第一颗载有SAR的卫星Seasat以后,加拿大、中国、日本、俄罗斯等国都分别发射了许多SAR卫星,用于海洋和陆地探测,用于军事的高分辨率SAR卫星(例如美国的Lacrosse长曲棍球卫星)地面分辨率≤1m。一般民用星载SAR卫星地面分辨率为10～30m,大多为单参数,也有多参数,即多频、多视角和多极化的SAR。表2-25是已发射的典型SAR类卫星。

表 2-25　已发射的典型 SAR 卫星

发射者	星载 SAR	发射时间
美国	Seasat SIR-A SIR-B SIR-C Light SAR	1978.6 1981.11(航天飞机) 1984.10(航天飞机) 1994.9(航天飞机) 2002.9
俄罗斯	KOSMOS 1870 Almaz-1 Almaz-1A Almaz-1B Almaz-2	1987 1991.3 1993 1997 2004
ESA(欧空局)	ERS-1 ERS-2 Envisat-1	1991.7 1995.4 2002.3
日本	JERS-1 ALOS	1992.2 2006.1
加拿大	Radarsat-1 Radarsat-2	1995.11 2007.12
德国	TerraSAR-X	2007.6
意大利	COSMO-Sky Med	2007.6
中国	GF-3	2016.8

1. Radarsat 系列卫星

加拿大的 Radarsat-1 卫星是世界上第一个商业化的 SAR 运行系统，由加拿大太空署、美国政府、加拿大私有企业于 1995 年 11 月 4 日合作发射。其地面分辨率为 8.5m，卫星高度为790～800km，倾角 98.5°，重复周期 24d，与太阳同步，SAR 在 C 波段(波长 5.6cm)，采用 HH 极化，波长入射角在 0°～60°范围可调。主要探测目标对海洋是海冰、海浪和海风等，对陆地是地质和农业。图 2-21、图 2-22 分别是其卫星外形图和其工作模式图。

Radarsat-1 的特点为：

(1) 具有 50km、75km、100km、150km、300km 和 500km 多种扫描宽度和从 10～100m 的不同分辨率。

(2) 带宽分别为 11.6MHz、17.3MHz 和 30MHz，使分辨率可调。

(3) 每天可覆盖 73°N 至北极全部地区，3d 可覆盖加拿大及北欧地区，24d 可覆盖全球一次。为了获取全南极影像，Radarsat 公司在 1997 年 9 月 9 日至 11 月 3 日期间，将 SAR 原

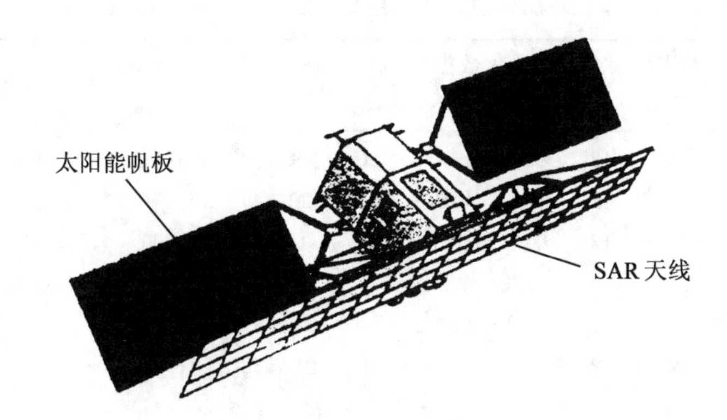

图 2-21 Radarsat-1 卫星示意图

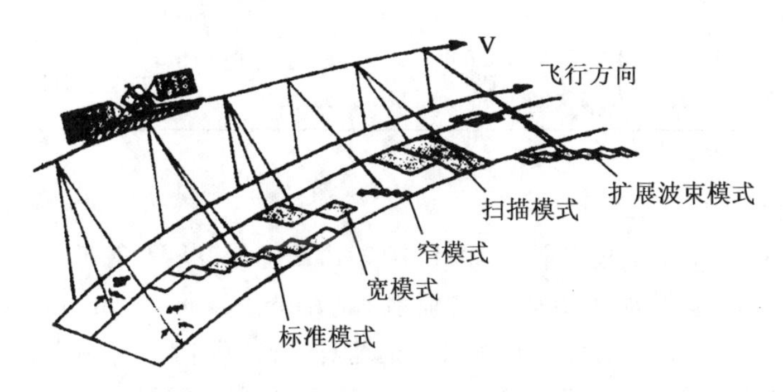

图 2-22 Radarsat-1 卫星工作模式图

设计右侧视状态转 180°呈左侧视状态，顺利完成了南极成图使命。

表 2-26 为 Radarsat-1 星载雷达的工作模式。

表 2-26 Radarsat-1 星载雷达工作模式

工作模式	分辨率距离×方位/(m×m)	扫描宽度/km	入射角范围/(°)
标准波束	25×28	100	20～50
宽幅波束	25×35	150	20～40
精细波束	8×10	50	37～48
窄幅 Scan SAR	50×50	300	20～40
宽幅 Scan SAR	100×100	500	20～50
超高入射角波束	25×28	75	50～60
超低入射角波束	25×28	75	10～23

Radarsat-2 于 2007 年 12 月 14 日发射，设计寿命为 7 年，预计可达 12 年。表 2-27 为 Radarsat-2 的主要工作性能，它除延续了 Radarsat-1 的拍摄能力和成像模式外，还增加了 3m 分辨率超精细模式和 8m 全极化模式。

表 2-27　Radarsat-2 卫星不同成像模式下的雷达参数和性能值

成像模式	PRF /Hz	脉宽 /μs	带宽 /MHz	数据率 /Mbps	幅宽 /km	分辨率 /m	入射角 /(°)	极化方式	
超精细波束	1 688	42	100	426.3	20	3×3	30～40	HH 或 HV	单极化
多视精细波束	1 300	42	100	445.4	50	11×9	30～50	VH 或 VV	
全极化精细波束	2 800	42	30	54.7	25	11×9	20～41	HH、VV、HV 和 VH	四极化
全极化标准波束	2 800	21	17.28	26.2	25	25×28	20～41		
精细波束	1 330	42	30	113.9	50	8×8	30～50		可单选或双极化
标准波束	1 300	42	11.58	75.3	100	25×28	20～49		
宽幅波束	1 324	42	11.58	87.1	150	25×28	20～45		
扫描 SAR(窄)	—	42	—	79.5	300	50×50	20～46		可单选或双极化
扫描 SAR(宽)	—	42	—	77.3	500	100×100	20～49		
扩展波束(高入射角)	1 370	42	11.58	66.8	75	20×28	49～60	HH	单极化
扩展波束(低入射角)	1 375	42	17.28	88.7	170	40×28	10～23		

2. ERS 系列

欧洲空间局的 ERS-1 卫星发射于 1991 年 7 月，ERS-2 卫星发射于 1995 年 4 月，ERS-2 与 ERS-1 基本一致，但增加了沿轨扫描辐射计(Along-Track Scanning Radiometer and Microware Sounder，ATSR)的可视通道以及全球臭氧监测实验(Global Ozone Monitoring Experiment，GOME)，高度增加到 824km。ERS 系列卫星主要用于海洋、极地冰层、陆地生态、地质学、森林学、大气物理、气象学等研究。

ERS-1 卫星外形如图 2-23 所示，轨道倾角 98.52°，高 785km，辐照宽度 80km(100km)。星上载有有源微波仪(AMI)、雷达高度计(RA)、沿轨扫描辐射计/微波探测器(ATSR/M)、激光测距设备(LRR)、精确测距测速设备(PRARE)。

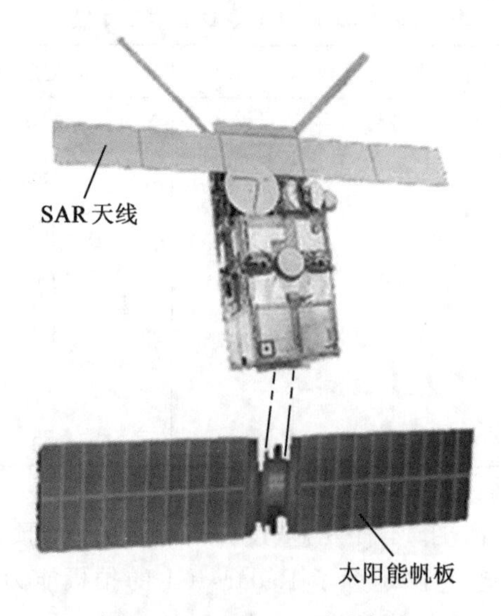

图 2-23　ERS-1 卫星示意图

AMI上有两部独立的雷达，一个用来“成像和监视海浪”，另一个用来计量“风的状态”。AMI能以三种模式工作：①成像模式。采用C波段（频率5.3GHz，带宽15.55MHz），极化方式VV。②海浪监测模式。图像大小5km×5km，可显示海浪的方向和长度，本模式工作频段也是C波段（频率5.3GHz），极化方式HV，入射角23°，监测海浪角度范围为0°～180°，分辨率30m，数据传输率370kb/s。③风监测模式。本模式使用三个独立的天线来测量海平面的风速和风向，测量风向范围0°～360°，精度±20°，风速4～24m/s，空间分辨率50km，辐射宽度500km，AMI工作频率5.3GHz（C波段），极化方式HV，数据传输速率500kb/s。雷达高度计（RA-1）工作在K波段，是一种低重复频率雷达（nadir-pointing pulse radar），用来对海洋和冰面进行精确测量，工作频率13.8GHz，脉宽20μm，脉冲重复频率1020Hz，调频带宽330MHz（海洋）和82.5MHz（冰面），提供海面高度、浪高、洋面风速、不同的冰的参数。ATSR用来测量云层温度、大气中水汽含量、海洋表面温度。

ERS-1卫星上精密的测高设备，可在成像的同时，获取相应区域高精度的高度值及精密的卫星轨道测量值。

ERS-1卫星和ERS-2卫星可构成相干雷达影像，其双星串联式成像模式可以将时间基线缩短为1d，能消除相干雷达（InSAR）中的去相关（decorrelation）现象。

3. ENVISAT卫星

ENVISAT卫星是欧空局于2002年3月1日发射的对地观测卫星。ENVISAT卫星上载有多个传感器，分别对陆地、海洋、大气进行观测，其中最主要的就是先进合成孔径雷达（Advanced Synthetic Aperture Radar，ASAR）。与ERS的SAR一样，ASAR工作在C波段，波长为5.6cm，但ASAR有许多独特的性质，如多极化、可变观测角度、宽幅成像等。表2-28是其工作模式的特性。前三种模式供国际地面站接收，低速率的后两种模式仅供欧空局地面站接收。

表2-28 ASAR工作模式特性

特性	工作模式描述				
	成像	交叉极化	宽幅	全球监测	波谱
成像宽度	100km	100km	400km	400km	5km
极化方式	VV或HH	VV/HH或 VV/VH或 HH/HV	VV或HH	VV或HH	VV或HH
分辨率	30m	30m	150m	1000m	10m
下行数据率	100Mbit/s	100Mbit/s	100Mbit/s	0.9Mbit/s	0.9Mbit/s

4. ALOS卫星

ALOS卫星是2006年1月24日日本发射的先进陆地观测卫星，载有三种传感器：全色遥感立体测绘仪（PRISM）、先进可见光与近红外辐射计-2（AVNIR-2）、相控阵型L波段合成孔径雷达（PALSAR）。ALOS卫星采用了高速大容量数据处理技术与卫星精确定位和姿态控制技术。表2-29～表2-32是其基本参数。

表 2-29　ALOS 卫星基本参数

发射时间	2006 年 1 月 24 日
卫星质量	约 4 000kg
设计寿命	3～5 年
轨　道	太阳同步 重复周期　46d 重访时间　2d 高度　691.65km 倾角　98.16°
姿态控制精度	2.0×10^{-4}°(配合地面控制点)
定位精度	1m
数据速率	240Mbps(通过中继卫星) 120Mbps(直接下传)
星载数据存储器	固态数据记录仪(90GB)

表 2-30　PRISM 参数

波长	0.52～0.77cm(全色)
观测镜	3(星下点、前视、后视成像)
基高比	1.0(前、后视之间)
空间分辨率	2.5m(星下点)
幅宽	70km(星下点) 35km(联合成像)
信噪比	＞70
模式数	8 种

表 2-31　AVNIR-2 参数

波段数	4
波长	波段 1：0.42～0.50μm 波段 2：0.52～0.60μm 波段 3：0.61～0.69μm 波段 4：0.76～0.89μm
空间分辨率	10m(星下点)
幅宽	70km(星下点)
信噪比	＞200
侧摆角	－44°～44°

表 2-32 PALSAR 工作模式

模式	高分辨模式		扫描合成孔径雷达	极化(试验模式)
中心频率	1 270MHz(L 波段)			
线性调频宽度	28MHz	14MHz	14MHz、28MHz	14MHz
极化方式	HH or VV	HH+HV or VV+VH	HH or VV	HH+HV+VH+VV
入射角	8°～60°	8°～60°	18°～43°	18°～30°
空间分辨率	7～44m	14～88m	100m(多视)	24～89m
幅宽	40～70km	40～70km	250～350km	20～65km
量化长度	5bit	5bit	5bit	3bit 或 5bit
数据传输速度	240Mbps	240Mbps	120Mbps 240Mbps	240Mbps

5. TerraSAR-X 卫星

TerraSAR-X 是由德国政府机构德国航空空间公司和民营企业 EADS Astrium 公司及 Infoterra公司于 2007 年 6 月共同开发、运用的 SAR 卫星。表 2-33 是其传感器的主要工作模式。

表 2-33 TerraSAR-X 传感器的主要工作模式

工作模式	SpotLight	StripMap	ScanSAR
波长	X 波段(3.11cm)		
极化方式	单极化(VV or HH) 双极化(VV & HH)	单极化(VV or HH) 双极化(VV & HH or HH & HV or VV & VH) 四极化(VV、HH、HV、VH)	单极化(VV or HH)
空间分辨率	1～2m	3m	16m
幅宽	10km	30km	100km
入射角	20°～55°	20°～45°	

6. COSMO-Sky Med 卫星星座

COSMO-Sky Med 卫星星座是意大利航天局和意大利国防部共同研制的高分辨率雷达卫星，由 4 颗 X 波段 SAR 卫星组成，2007 年 6 月 8 日发射了第一颗，其空间分辨率为 1m，扫描宽度为 10km，是一个军民两用的对地观测系统。表 2-34 是其传感器的主要参数，工作模式如表 2-35 所示。

表 2-34 COSMO-Sky Med 卫星轨道参数

发射时间	2007年6月8日
轨道类型	近极地太阳同步
倾角	97.86°
每天圈数	14.8125圈
轨道周期	16d
卫星高度	619.6km
偏心率	0.00118
长半轴	7003.52km

表 2-35 COSMO-Sky Med 工作模式

波长	X波段				
极化模式	单极化HH、VV、HV或VH				任选2种HH、VV、HV or VH
	SpotLight or Frame	HMage or Stripmap	Wide Regin or Scan SAR	Huge Regin or Scan SAR	Ping Pong or Stripmap
空间分辨率	1m	3～15m	30m	100m	15m
幅宽	10km	40km	100km	200km	30km

7. HJ-1C 环境卫星

中国2012年11月19日发射了载有合成孔径雷达的HJ-1C环境卫星，轨道高度500km，轨道倾角97.37°，重复周期31天。所载传感器及其参数如表2-36所示。

表 2-36 HJ-1C 卫星所载传感器的主要技术参数

传感器	波　段	分辨率/m	幅宽/km	侧视	重访时间/d
合成孔径雷达	S波段	20(4视，扫描模式) 5(单视，条带模式)	100(扫描模式) 40(条带模式)	31° 44.5°	4 4

HJ-1C合成孔径雷达数据产品：

0级产品：原始影像产品，未经成像处理的原始信号数据，以复数形式存储。

1A级产品：单视复型产品，经成像处理和辐射校正，保留幅度和相位信息，以复数形式存储。条带模式提供，斜距和地距可选。

1B级产品：多视复型产品，经成像处理、辐射校正和距离向四视处理，保留平均幅度和相位信息，以复数形式存储。扫描模式提供，斜距和地距可选。

2 级产品:系统几何校正产品,经成像处理、辐射校正和系统几何校正,形成具有地图投影的图像产品。

3 级产品:几何精校正产品,在 2 级产品基础上用地面控制点进行的几何精校正产品。

4 级产品:高程校正影像产品,在 3 级产品基础上加地形校正的产品。

8. 中国高分三号卫星

高分三号(GF-3)卫星于 2016 年 8 月 10 日成功发射,是我国首颗分辨率达到 1m 的 C 频段多极化合成孔径雷达(SAR)卫星。其分辨率可以达到 1m,是世界上分辨率最高的 C 频段、多极化卫星。同时卫星获取的微波图像性能高,不仅可以得到目标的几何信息,还可以支持用户的高定量化反演应用;GF-3 卫星在系统设计上进行了全面优化,具有高分辨率、大成像幅宽、多成像模式、长寿命运行等特点,主要技术指标达到或超过同期国际同类卫星水平,是高分专项工程实现时空协调、全天候、全天时对地观测目标的重要基础。表 2-37 为 GF-3 卫星轨道参数。

表 2-37 GF-3 卫星轨道参数

发射时间	2016 年 8 月 10 日
发射地点	中国太原卫星发射中心
卫星重量	2 779kg
设计寿命	8 年
轨道类型	太阳同步回归晨昏轨道
轨道倾角	98.5°
轨道高度	755km

GF-3 卫星具备 12 种成像模式,涵盖传统的条带成像模式和扫描成像模式,以及面向海洋应用的波成像模式和全球观测成像模式;功率达万瓦级,可以获取高性能的微波图像,同时是我国首颗连续成像时间达到近小时量级的合成孔径雷达卫星;卫星成像幅宽大,与高空间分辨率优势相结合,既能实现大范围普查,也能详查特定区域,可满足不同用户对不同目标成像的需求。表 2-38 为 GF-3 卫星技术指标。

表 2-38 GF-3 卫星技术指标

波段	C 波段
天线类型	波导缝隙相控阵
平面定位精度	无控优于 230m(入射角 20°~50°,3σ)
常规入射角	20°~50°
扩展入射角	10°~60°

续表

成像模式名称		分辨率/m	幅宽/km	极化方式
滑动聚束(SL)		1	10	单极化
条带成像模式	超精细条带(UFS)	3	30	单极化
	精细条带 1(FSⅠ)	5	50	双极化
	精细条带 2(FSⅡ)	10	100	双极化
	标准条带(SS)	25	130	双极化
	全极化条带 1(QPSⅠ)	8	30	全极化
	全极化条带 2(QPSⅡ)	25	40	全极化
扫描成像模式	窄幅扫描(NSC)	50	300	双极化
	宽幅扫描(WSC)	100	500	双极化
	全球观测(GLO)	500	650	双极化
波成像模式(WAV)		10	5	全极化
扩展入射角(EXT)	低入射角	25	130	双极化
	高入射角	25	80	双极化

2.3.5　地球同步轨道遥感卫星

地球同步轨道卫星的轨道周期与地球的自转周期相同，且卫星运行方向与地球自转方向相同，其轨道高度约为 35 786km。地球同步轨道卫星的轨道倾角为 0°时，即为地球静止轨道卫星。地球静止轨道卫星在任何时刻都处于地面上同一地点的上方，其星下点轨迹接近一个点。当地球同步轨道卫星采用倾斜轨道时，其星下点轨迹是“8”字形，可对固定的一大片区域进行相对持续的观测。

地球同步轨道卫星具有观测重访周期短、成像幅宽大的特点，常用于通信、气象、导航以及军事情报搜集等。我国风云二号/风云四号卫星、高分四号卫星是目前在轨运行的典型地球同步轨道卫星。

1. 风云二号/四号卫星

风云卫星是目前世界上在轨数量最多、种类最全的气象卫星星座，是我国独立自主研制的一套完整的气象卫星系统，使我国成为世界上少数同时拥有极轨和静止气象卫星的国家之一。风云气象卫星已被世界气象组织纳入全球业务应用气象卫星序列，成为全球综合地球观测系统的重要成员。

从 1977 年至 2021 年年底，我国已成功发射了共 19 颗风云气象卫星，其中，风云一号和风云三号属于极轨卫星，通过南北两极围绕地球飞行，能够进行全球观测；风云二号和风云四号属于地球静止轨道卫星，能够始终和地面相对静止，用于对我国及周边区域进行气象探测。

风云二号共 8 颗星，主要任务是收集气象监测等数据，为天气预报、灾害预警和环境监测等提供参考资料。目前，FY-2F、FY-2G、FY-2H 在轨运行并提供应用服务。风云四号共 2 颗星，充分考虑海洋、农业、林业、水利以及环境、空间科学等领域需求，加强空间天气监测预警，实现综合利用。风云四号搭载的静止轨道辐射成像仪相比风云二号，在通道数和辐射分辨率指标方面均有大幅度提高，三轴稳定卫星平台实现了稳定技术的飞跃，实现了缩短帧时和小区域扫描，卫星配置有干涉式大气垂直探测仪，可在垂直方向上对大气结构实现高精度探测。FY-4A 主要技术指标如表 2-39 所示。目前，FY-4A、FY-4B 实现双星组网，进一步满足我国及“一带一路”沿线国家和地区气象监测预报、应急防灾减灾等服务需求。

表 2-39 FY-4A 主要技术指标

名称		指标要求
扫描辐射计	空间分辨率	0.5～1.0km(可见光)，2.0～4.0km(红外)
	成像时间	15min(全圆盘)，3min(1 000km×1 000km)
	定标精度	0.5～1.0K
	灵敏度	0.2K
干涉式大气垂直探测仪	空间分辨率	2.0km(可见光)，16.0km(红外)
	光谱分辨率	700～1 130cm^{-1}；0.8cm^{-1}；1 650～2 250cm^{-1}；1.6cm^{-1}
	探测时间	35min(1 000km×1 000km)；67min(5 000km×5 000km)
闪电成像仪	空间分辨率	7.8km
	成像时间	2ms(4 680km×3 120km)
轨道及精度要求		地球同步轨道，东/西±0.2°，南/北±0.2°
姿态测量精度		优于 $3''(3\sigma)$(轨道系、东南系可选，具备调头工作能力)
三轴姿态控制精度		指向：优于 $0.01°(3\sigma)$；稳定度：优于 $5\times10^{-4}(°)/s(3\sigma)$
图像导航配准精度		1 像元
扫描控制精度		优于 1″
星敏支架在轨热变形		优于 1″(15min 内)
星敏支架温控精度		优于 0.1℃
横向质心确定精度		优于 1mm(帆板展开时)
遥感仪安装面响应		不大于 2mg，敏感频段不大于 1mg

2. 高分四号卫星

我国高分四号(GF-4)卫星于 2015 年 12 月 29 日成功发射，是国际上首颗地球同步轨道分辨率优于 50m 的对地观测卫星，用以满足减灾、气象、地震、林业等多领域对地球同步轨道遥感数据的需求。卫星搭载 1 台 50m 分辨率大面阵凝视光学相机，具有全色/多光谱 50m、红外 400m 分辨率的成像能力，通过卫星小角度快速指向机动，可实现对中国及周边地区的近实时观测。

第3章 遥感传感器及其成像原理

遥感传感器是遥感系统的重要组成部分,它配合遥感平台获取不同类型的遥感数据。本章首先介绍遥感传感器的组成、分类和传感器性能参数,根据现代遥感传感器的发展,重点介绍框幅式摄影机、红外扫描仪、MSS扫描仪、TM专题制图仪、SPOT HRV、资源三号三线阵相机和合成孔径雷达的成像原理,并简要介绍各传感器的图像特点。

3.1 传感器的组成与特性

由于设计和获取数据的特点不同,传感器的种类繁多。按电磁波辐射来源的不同分为主动式传感器和被动式传感器。主动式传感器本身向空间目标发射电磁波,然后收集从目标反射回来的电磁波信息。被动式传感器收集的是地面目标反射的来自太阳光的能量或目标本身辐射的电磁波能量。按数据记录的方式可分为成像型传感器和非成像型传感器。非成像型传感器以数据、曲线等形式记录物体反射或发射的电磁辐射的各种物理参数,主要包括光谱计、高度计、测深仪以及激光高度计等;成像型传感器以二维图像的方式记录物体反射或发射的电磁辐射的各种物理参数,主要包括框幅式相机、扫描式成像仪、成像光谱仪和雷达成像仪等。此外,按传感器获取波段的范围分为紫外、可见光、红外和微波传感器;按获取波段的数量可分为多光谱、高光谱传感器等。目前,遥感传感器主要是电磁波类传感器,除此之外,还有声波(如声呐)、场(重力场、磁力场)等传感器,本章主要讨论电磁波类成像传感器。目前遥感常用的传感器分类如表3-1所示。

表3-1 遥感常用的传感器分类

传感器名称 / 信源与方式 / 波型(波长)	无源(被动式)传感器			有源(主动式)传感器	
	框幅式成像	扫描式成像	非成像式	成像式	非成像式
近紫外波段(0.3~0.4μm)	紫外照相机	紫外扫描仪			
可见光波段(0.38~0.76μm)	常规照相机(全色、彩色)多光谱相机	全色、多光谱扫描仪	可见光辐射计	激光扫描仪	激光高度计
红外波段(0.7~14μm)	红外多光谱相机	红外扫描仪	红外辐射计		
微波波段(1mm~100cm)		微波扫描辐射仪	微波辐射计	真实孔径雷达 合成孔径雷达	微波散射计 微波高度计

一般来说，无论哪一种成像传感器，它们基本包含收集系统、探测系统、信息转化与记录系统三部分。

(1) 收集系统主要是利用收集元件对探测范围内的物体信息进行聚集。不同的传感器使用的收集元件不同，通常是透镜(组)、反射镜(组)或天线等。对于有些传感器的收集系统还包括扫描组件、分光元件(滤光片、棱镜、光栅)等。

(2) 探测系统是对收集到的物体电磁波(场)信息进行探测，它是利用探测元件把接收到的地物电磁波(场)能量转换成电信号的器件，常用的探测元件有光电敏感元件、固体敏感元件和波导等。

(3) 信号转化与记录系统是对探测元件的电信号进行放大、量化、压缩等，并以一定的格式记录下来。

衡量传感器性能指标的参数包括：

(1) 视场角：传感器可感知的角度，包括垂直视场角、水平视场角、瞬时视场角和总视场角等。

(2) 灵敏度：传感器在稳态工作情况下输出量变化与输入量变化的比值。通常，在传感器的线性范围内，灵敏度越高，与被测量变化对应的输出信号的值就越大，越有利于信号处理。

(3) 信噪比：传感器接收的信号量与噪声量的比值，是表示传感器检测微弱信号能力的一种评价指标。

(4) 线性范围：指输出与输入成正比的范围。从理论上讲，在此范围内，灵敏度保持定值，传感器的线性范围越宽，其量程越大，并且能保证一定的测量精度。但实际上，任何传感器都不能保证绝对的线性，其线性度也是相对的。

(5) 稳定性：传感器使用一段时间后，其性能保持不变的能力称为稳定性。影响传感器长期稳定性的因素除传感器本身的结构外，主要是传感器的使用环境。因此，要使传感器具有良好的稳定性，传感器必须有较强的环境适应能力。

(6) 采样频率：是指传感器在单位时间内可以采样的测量结果的多少，反映了该传感器的快速反应能力。

(7) 分辨率：是指传感器在规定测量范围内能够检测出的被测量的最小变化量。对于遥感图像传感器，分辨率又分为空间分辨率、光谱分辨率、时间分辨率和辐射分辨率。

① 空间分辨率是指传感器每个探测单元所对应的物面尺寸大小，它表征了传感器分辨目标细节的能力。对于扫描影像，通常用瞬时视场角的大小来表示，即像元，是扫描影像中能够分辨的最小面积，空间分辨率数值在地面上的实际尺寸称为地面分辨率，通常也可以用图像中的像元大小来表征，例如：Landsat TM 图像的空间分辨率为 30m。传感器的空间分辨率一般相对固定，但由于搭载传感器平台高度的不同，传感器的地面分辨率会因为航高的变化而变化。

另外，空间分辨率所表示的尺寸、大小，在图像上是离散的、独立的，它反映了图像的空间详细程度，一般来说，空间分辨率越高，其识别物体的能力越强。但是实际上，空间分辨率的大小仅表明影像细节的可见程度，每一目标在图像上的可分辨程度并不完全取决于空间分辨率，而是与目标的形状、大小及它与周围物体的亮度、结构的相对差异以及光谱特性等有关。

② 光谱分辨率指传感器接收目标辐射波谱时能分辨的最小波长间隔，在相同的波谱宽度范围内，当间隔较小时，波段数就多，光谱分辨率相应就越高，如高光谱影像往往比多光谱影像具有更高的光谱分辨率。一般来说，光谱分辨率越高，传感器获取的影像表征物体光谱能力越强，地面物体的信息越容易被区分和识别。因此，高光谱分辨率对于影像地物的分类识别等具有重要意义。

此外，对于特定的目标，并不一定光谱分辨率越高，识别的效果就越好，而要根据目标的光谱特性和必需的地面分辨率来综合考虑。

③ 时间分辨率是传感器对同一目标进行重复探测时，相邻两次探测的时间间隔，通常也称为重访周期或覆盖周期，但随着传感器技术的发展，有些传感器具有侧摆能力，时间分辨率往往小于卫星的重访周期。例如 Landsat 8 的重访周期为 16 天，时间分辨率是 16 天；SPOT 卫星的 HRV 重访周期是 16 天，但最短的时间分辨率可以达到 5 天。

④ 辐射分辨率指遥感器探测元件在接收波谱辐射信号时，能分辨的最小辐射度差，也称为传感器的灵敏度。传感器的辐射分辨率越高，其对地物反射或发射辐射能量的微小变化的探测能力越强，传感器接收到的能量转换为数字信号后，遥感图像上表现为像元的辐射量化级越大。一般来说，辐射分辨率越高，越能准确识别地物的微小变化。

传感器的不同分辨率之间是相互关联的，对于某一个传感器来说，特别是空间分辨率和光谱分辨率之间相互制约。例如，从能量的角度来看，如果空间分辨率高，意味着像素对应的地面范围小，地面范围内的物体反射和发射的能量就小，传感器接收系统接收到的能量也就小，如果需要提高光谱分辨率，就必须对接收到的能量进行分光，这样就导致每个波段的探测单元接收到的能量更小，致使信噪比降低，从而制约了辐射分辨率。反之，如果要满足高光谱的能量要求，就必须通过增大地面单元的大小来增加能量，也即空间分辨率就变低。所以，通常我们看到传感器的全色波段的空间分辨率都高于多光谱和高光谱的空间分辨率。时间分辨率与空间分辨率之间也存在关联，如果空间分辨率高，传感器每次成像的幅宽变小，重访周期将变长，也即时间分辨率变低。辐射分辨率变高，量化的级数变大，数据量变大，在空间分辨率高或光谱分辨率高的时候，传感器记录与传输能力一定的条件下，它们之间也相互制约。

总之，尽管传感器的四个分辨率是评估遥感系统性能的关键因素，但我们要根据不同的应用目的，合理地选择和平衡这些指标，从而让遥感数据更好地满足用户需求，提高遥感技术的应用效果。

3.2　框幅式传感器成像原理

框幅式（画幅式）传感器（通常称为相机）是用摄影方式成像，它由物镜收集电磁波，并聚焦到感光元件（胶片）上，通过探测与记录，得到数字或模拟影像。这类传感器的成像是在某一个成像瞬间获得一幅完整的影像，一幅影像上的所有像点都是在同一个摄影中心，同一幅像片面具有相同的成像姿态，成像的几何示意图如图 3-1 所示。

我们日常使用的相机和手机的照相系统大部分是采用这种方式成像，而用于专业的传

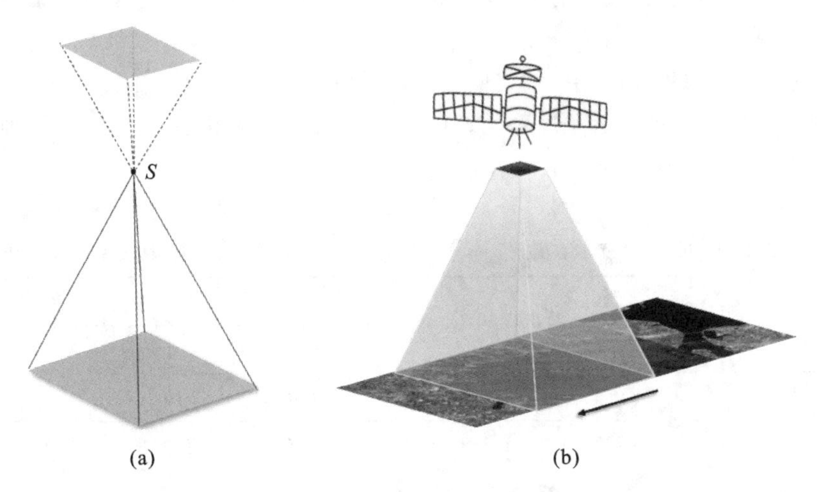

图 3-1 框幅式传感器成像几何示意图

感器为了提高观测范围、高空间分辨率和较小畸变差的要求，通常在收集系统、探测系统、姿态控制稳定性和自动化等方面有更高的要求。例如：四维公司的 SWDC、Vexcel 公司的 UC 系列和 Z/I 公司的 DMC 系列等。随着传感器的发展，传统的框幅式传感器由单一的全色波段发展到多光谱或高光谱，目前主流的多光谱框幅式传感器大多采用红、绿、蓝和近红外波段，它的成像原理和全色一样，只是把几个相机集成到一个平台，不同相机获取不同波段的图像，这类相机也称为多镜头型多光谱相机。

SWDC(Si Wei Digital Camera)航空相机是我国四维公司自主知识产权产品，SWDC 主体由 4 个高档民用相机（单机像素数为 3900 万，像元大小 6.8μm，辐射分辨率为 8/12bit 真彩色）组成。SWDC 相机在我国西部测图等大型工程中得到应用验证，作为航空遥感的重要技术手段，填补了国内空白。

图 3-2 SWDC 相机及拼接四镜头结构

Z/I 公司的 DMC 由 4 台黑白影像的全色相机和 4 台多光谱相机组成，摄影时相机同时曝光。4 台全色相机倾斜安装，互成一定的角度，影像间有 1%的重叠度，提供给用户的是经过辐射与几何纠正的、拼接成的有效(Virtual)影像。DMC 的主要技术参数见表 3-2，DMC 航空数码相机见图 3-3。

Vexcel 公司的 UCD 相机由 8 台独立的相机组成，包括 4 台黑白影像的全色相机和 4 台多光谱相机，摄影时，是先后顺序曝光。UCD 的主要技术指标见表 3-3，UCD 航空数码相机见图 3-4。

表 3-2　DMC 主要技术参数

参数	数　值
焦距(f)	120mm
像元尺寸	12μm
影像尺寸	7 680×13 824
波段	黑白全色+多光谱
视场角	69.3°/42°
最大连拍速度	2 秒/幅

表 3-3　UCD 主要技术参数

参　数	数　值
焦距(f)	100mm
像元尺寸	9μm
影像尺寸	11 500×7 500
波段	黑白全色+多光谱
视场角	55°/37°

图 3-3　DMC 航空数码相机

图 3-4　UCD 航空数码相机

目前，随着低空无人机的普及，小型多光谱(高光谱)相机也广泛采用这种将多个相机集成到一个平台的机制。

此外，还有采用分光机制的多光谱相机，它由一个镜头收集电磁波，采用分光方法把收集的电磁波分到不同的探测单元上进行探测，实现一次成像得到不同波段图像的相机。图 3-5 是这类相机示意图。

航空相机还有另外的成像模式，例如：Leica 公司推出的 ADS 系列 (Airborne Digital Sensor)航空数码相机，能够同时获取立体影像和彩色多光谱影像，能同时提供 3 个全色与 4 个多光谱波段数字影像。该相机全色波段的前视、下视和后影像可以构成 3 个立体像对。彩色成像部分由 R、G、B 和近红外 4 个波段，经融合处理获得真彩色影像和彩红外多光谱影像，它采用线阵列推扫成像。

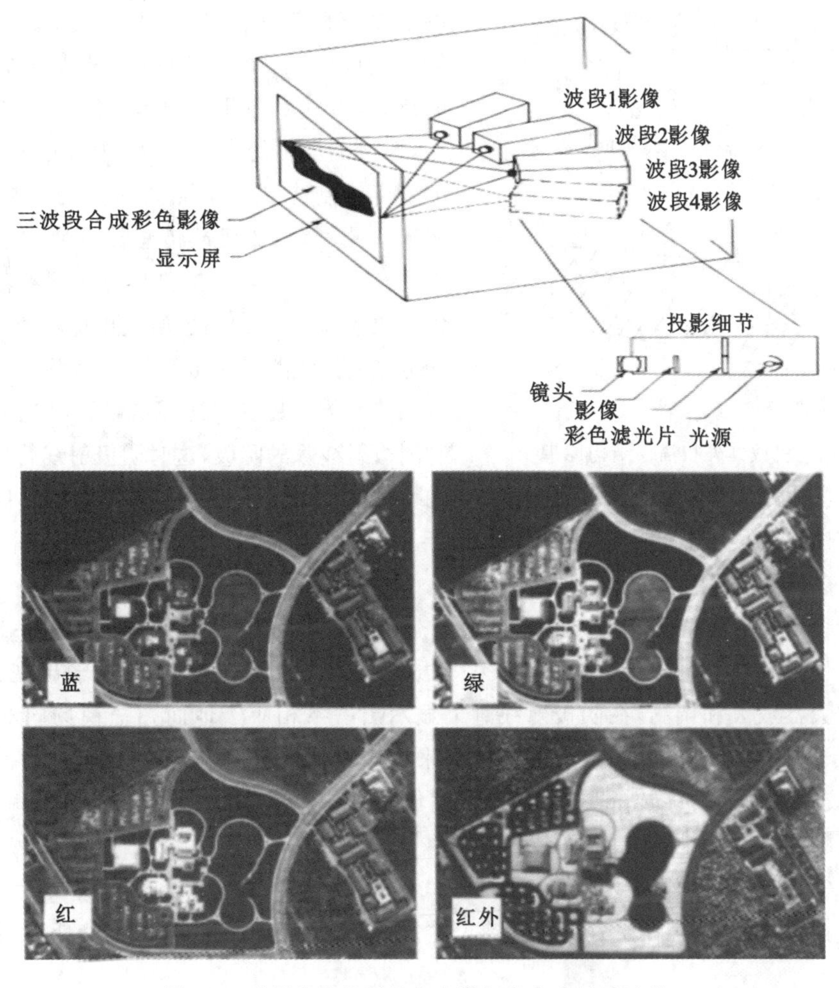

图 3-5 采用分光机制的多光谱相机合成显示过程

3.3 摆扫式扫描传感器成像原理

摆扫式扫描传感器通常采用扫描镜摆动，获取地面不同点(线)的光谱信息，利用平台的运动获取地面一定幅宽的条带影像。代表性的传感器有机载红外扫描仪、MSS 多光谱扫描仪、TM 专题制图仪和 ETM 增强型专题制图仪等。

1. 红外扫描仪

1）红外扫描仪结构

一种典型的机载红外扫描仪的结构如图 3-6 所示。它由本节前言中所叙述的几个部件组成。具体结构元件有旋转扫描镜、反射镜系统、探测器、制冷设备、电子处理装置和输出装置。

旋转扫描镜的作用是实现对地面垂直航线方向的扫描，并将地面辐射来的电磁波反射

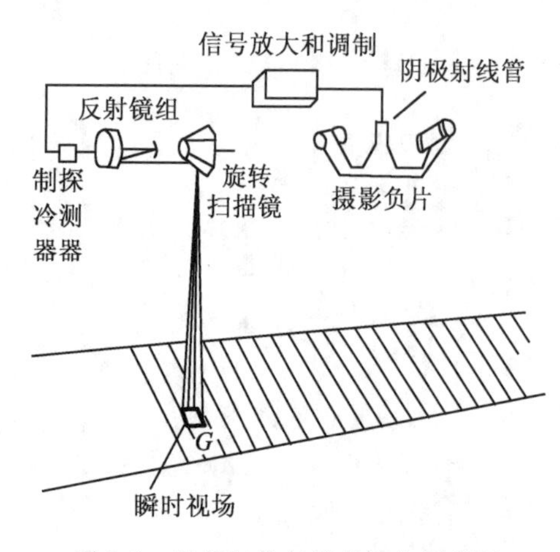

图 3-6　机载红外扫描仪结构原理图

到反射镜组。反射镜组的作用是将地面辐射来的电磁波聚焦在探测器上。探测器则是将辐射能转变成电能。探测器通常做成一个很小面积的点元，有的小到几个微米。随输入辐射能的变化，探测器输出的电流强度（视频信号）发生相应的变化。制冷器为了隔离周围的红外辐射直接照射探测器，一般机载传感器可使用液氧或液氮制冷。电子处理装置主要是对探测器输出的视频信号放大和进行光电变换，它由低噪声前置放大器和电光变换线路等组成。输出端是一个阴极射线管和胶片传动装置。视频信号经电光变换线路调制阴极射线管的阴极，这时阴极射线管屏幕上扫描线的亮度变化相应于地面扫描现场内的辐射量变化。胶片曝光后得到扫描线的影像。

2）扫描成像过程及图像特征

（1）扫描成像过程：

如图 3-6 所示，当旋转棱镜旋转时，第一个镜面对地面横越航线方向扫视一次，在扫描视场内的地面辐射能，由刈幅的一边到另一边依次进入传感器，经探测器输出视频信号，再经电子放大器放大和调制，在阴极射线管上显示出一条相应于地面扫描视场内的景物的图像线，这条图像线经曝光后在底片上记录下来。接着第二个扫描镜面扫视地面，由于飞机向前运动，胶片也作同步旋转，记录的第二条图像正好与第一条衔接。依次下去，就得到一条与地面范围相应的二维条带图像。

（2）红外扫描仪的分辨率：

红外扫描仪的瞬时视场 β，与探测器尺寸 d（直径或宽度）和扫描仪的焦距 f 的关系为：

$$\beta = d/f \tag{3-1}$$

红外扫描仪垂直指向地面的空间分辨率 a，则由瞬时视场和航高决定，即

$$a = \beta H \tag{3-2}$$

将式(3-1)代入式(3-2)：

$$a = \frac{d}{f}H \tag{3-3}$$

β 在设计仪器时已确定，所以对于一个使用着的传感器，其地面分辨率的变化只与航高有关。航高值大，a 值自然就大，则地面分辨率差。式(3-3)是指垂直指向地面观测时的空间分辨率，当观测视线倾斜时，即在某一个不等于 0 的扫描角下观测时，其地面分辨率将发生变化。现设垂直指向观测时，扫描角 θ 为 0，航高为 H_0，地面分辨率为 a_0。当扫描角为 θ 时，仪器至观测点中心的距离为 H_θ，其地面分辨率平行于航线方向的为 a_θ，垂直于航线方向的为 a_θ'。如图 3-7 所示。

$$H_\theta = H_0/\cos\theta = H_0\sec\theta \tag{3-4}$$

$$a_\theta = \beta H_\theta = a_0\sec\theta \tag{3-5}$$

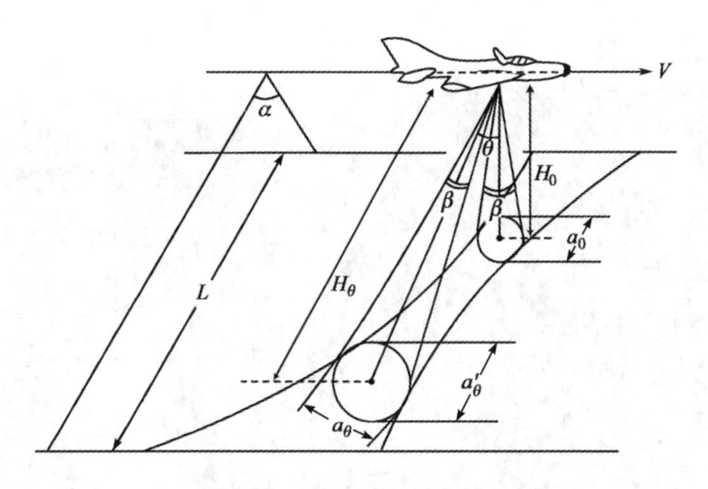

图 3-7 扫描仪的地面分辨率

对于垂直航线方向，由于传感器观测视线与地面不垂直，倾斜一个 θ 角，因此

$$a'_\theta = a_\theta \sec\theta = a_0 \sec^2\theta \tag{3-6}$$

由于地面分辨率随扫描角发生变化，而使红外扫描影像产生畸变，这种畸变通常称为全景畸变，其形成的原因是像距保持不变，总在焦面上，而物距随 θ 角发生变化而致。图3-8是取一段红外扫描仪图像与同一地区航空像片比较，可明显看出全景畸变的影响。

红外扫描仪还存在一个温度分辨率的问题，温度分辨率与探测器的响应率 R 和传感器系统内的噪声 N 有直接关系。为了获得较好的温度鉴别力，红外系统的噪声等效温度限制在 0.1～0.5K。而系统的温度分辨率一般为等效噪声温度的 2～6 倍。

(3) 扫描线的衔接：

当扫描镜的某一个反射镜面扫完一次后，第二个反射镜面接着重复扫描，飞机的飞行使得两次扫描衔接。如何让每相邻两条带很好地衔接，可由以下的关系式来确定。假定旋转棱镜扫描一次的时间为 t，一个探测器地面分辨率为 a，若要使两条扫描带的重叠度为零，但又不能有空隙，则必须

$$W = \frac{a}{t} \tag{3-7}$$

式中：W 为飞机的地速。

当 $Wt > a$ 时，将出现扫描漏洞，当 $Wt < a$ 时，则有部分重叠。将 $a = \beta H$ 代入式(3-7)，得

$$Wt = \beta H \tag{3-8}$$

经移项后，得

$$\frac{W}{H} = \frac{\beta}{t} \tag{3-9}$$

其中瞬时视场和扫描周期都为常数，所以只要速度 W 与航高 H 之比为一常数，就能使扫描线正确衔接，不出现条纹图像。

(4) 热红外像片的色调特征：

热红外像片上的色调变化与相应地物的辐射强度变化呈函数关系。第 1 章中已讲到，

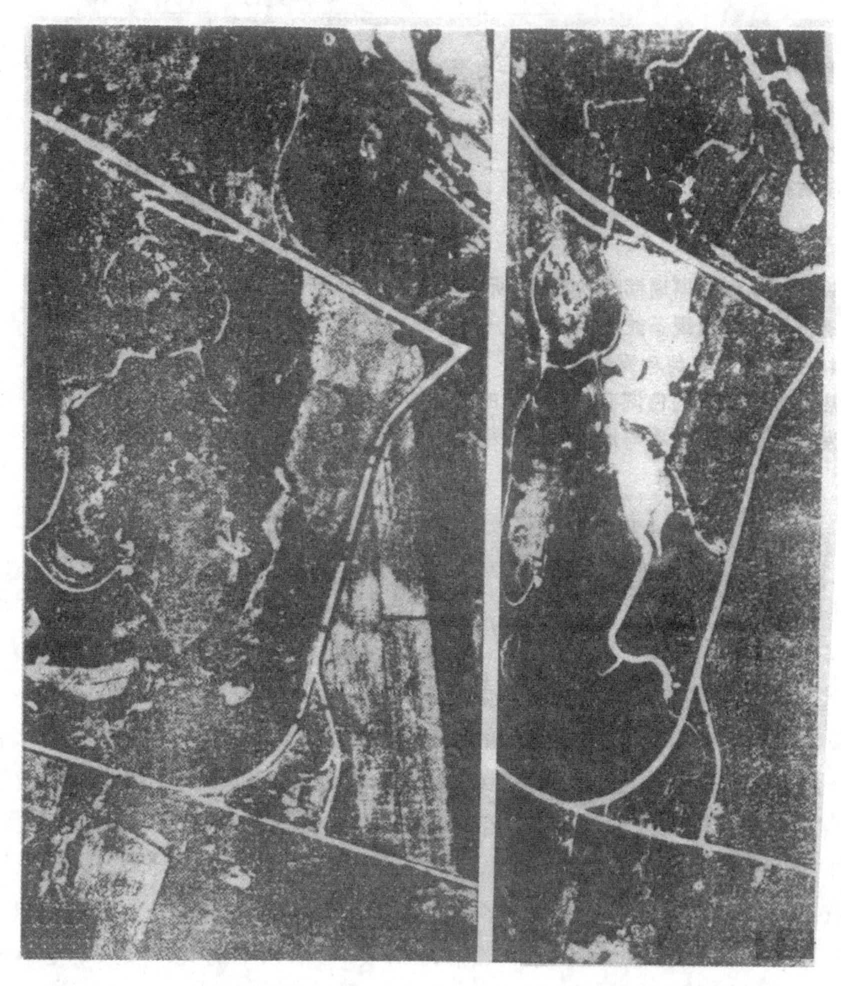

(a)航空像片　　(b)红外扫描像片

图 3-8　红外扫描像片与普通航片的比较

地物发射电磁波的功率和地物的发射率 ε 成正比，与地物温度的四次方成正比，因此图像上的色调也与这两个因素呈相应关系。图 3-9 是拍摄一个机场的停机坪的热红外像片，像片中飞机已发动的发动机温度较高，色调很浅，显得亮。尾喷温度更高，色调显得更亮。未发动的飞机发动机，温度较低，显得很暗。水泥跑道发射率较高，出现灰色调。飞机的金属蒙皮，发射率很低，显得很黑。从像片上可以看出，热红外扫描仪对温度比对发射本领的敏感性更高，因为总辐射通量密度与温度的四次方成正比，温度的变化能产生较高的色调差别。

2. MSS 多光谱扫描仪

陆地卫星上的 MSS(Multispectral Scanner)多光谱扫描仪的结构和实体如图 3-10 和图 3-11所示。它由扫描反射镜、校正器、聚光系统、旋转快门、成像板、光学纤维、滤光器和探测器等组成。

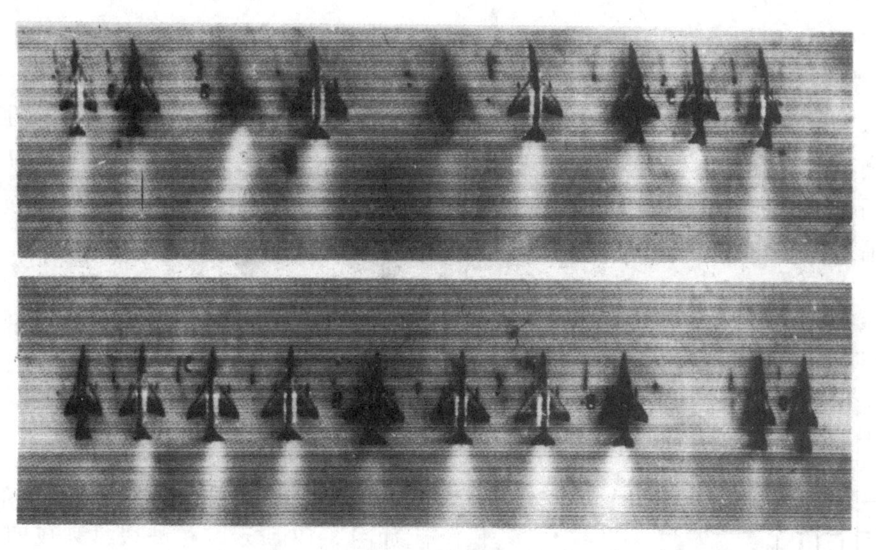

图 3-9 热红外像片

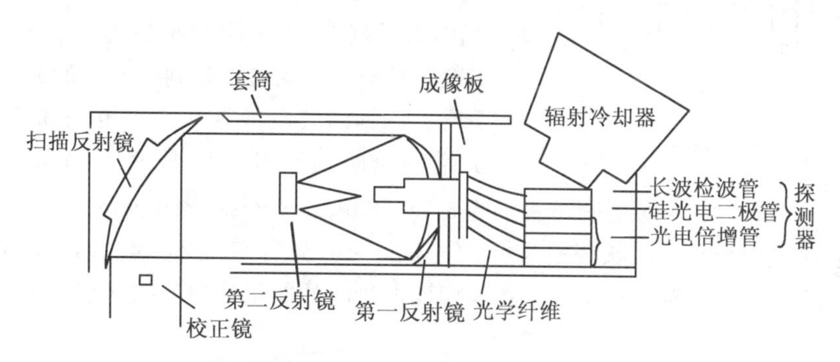

图 3-10 MSS 多光谱扫描仪结构

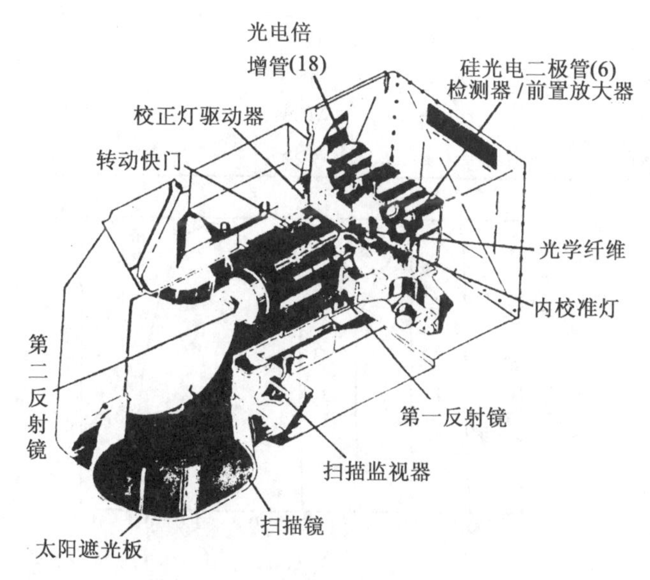

图 3-11 MSS 多光谱扫描仪

1）扫描仪的结构

（1）扫描反射镜：扫描反射镜是一个表面镀银的椭圆形的铍反射镜，长轴为33cm，短轴为23cm。当仪器垂直观察地面时，来自地面的光线与进入聚光镜的光线成90°。扫描镜摆动的幅度为±2.89°，摆动频率为13.62Hz，周期为73.42ms，它的总观测视场角为11.56°。扫描镜的作用是获取垂直飞行方向两边共185km范围内的来自景物的辐射能量，配合飞行器的往前运行获得地表的二维图像。

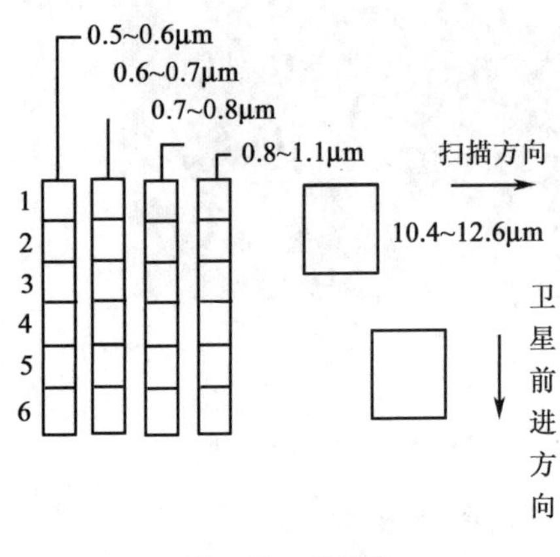

图3-12　成像板

（2）反射镜组：反射镜组由主反射镜和次反射镜组成，焦距为82.3cm，第一反射镜的孔径为22.9cm，第二反射镜的孔径为8.9cm，相对孔径为3.6。反射镜组的作用是将扫描镜反射进入的地面景物聚集在成像面上。

（3）成像板：成像板上排列有24＋2个玻璃纤维单元，如图3-12所示。按波段排列成四列，每列有6个纤维单元，每个纤维单元为扫描仪的瞬时视场的构像范围，由于瞬时视场为86μrad，而卫星高度为915km，因此它观察到地面上的面积为79m×79m。四列的波段编号和光谱范围如表3-4所示。光谱响应曲线如图3-13所示。Landsat-4的轨道高度下降为705km，其MSS的瞬时视场为83m×83m。Landsat-2和Landsat-3上增加一个热红外通道，编号MSS-8，波长范围为10.4～12.6μm，分辨率为240m×240m，仅由两个纤维元构成。纤维单元后面有光学纤维将成像面上接收的能量传递到探测器上去。

表3-4　MSS波段编号和范围

Landsat-1～3	Landsat-4/5	波长范围/μm
MSS-4	MSS-1	0.5～0.6
MSS-5	MSS-2	0.6～0.7
MSS-6	MSS-3	0.7～0.8
MSS-7	MSS-4	0.8～1.1

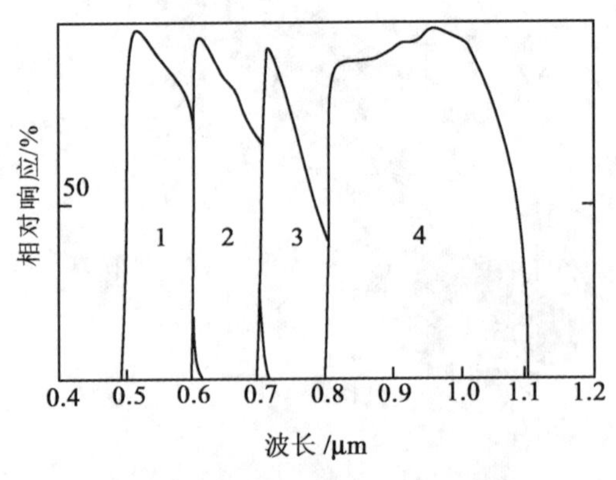

图3-13　MSS探测器光谱响应曲线

(4) 探测器:探测器的作用是将辐射能转变成电信号输出。它的数量与成像板上的光学纤维单元的个数相同,所使用的类型与响应波长有关,MSS-4～6 采用 18 个光电倍增管,MSS-7 使用 6 个硅光电二极管,Landsat-2,3 上的 MSS-8 采用 2 个汞镉碲热敏感探测器。其制冷方式采用辐射制冷器制冷。经探测器检波后输出的模拟信号进入模数变换器进行数字化,再由发射机内调制器调制后向地面发送或记录在宽带磁带记录仪上。

2) 成像过程

扫描仪每个探测器的瞬时视场为 86μrad,卫星高为 915km,因此扫描瞬间每个像元的地面分辨率为 79m×79m,每个波段由 6 个相同大小的探测单元与飞行方向平行排列,这样在瞬间看到的地面大小为 474m×79m。又由于扫描总视场为 11.56°,地面宽度为 185km,因此扫描一次每个波段获取 6 条扫描线图像,其地面范围为 474m×185km。又因扫描周期为 73.42ms,卫星速度(地速)为 6.5km/s,在扫描一次的时间里卫星往前正好移动 474m,因此扫描线恰好衔接,如图 3-14 所示。

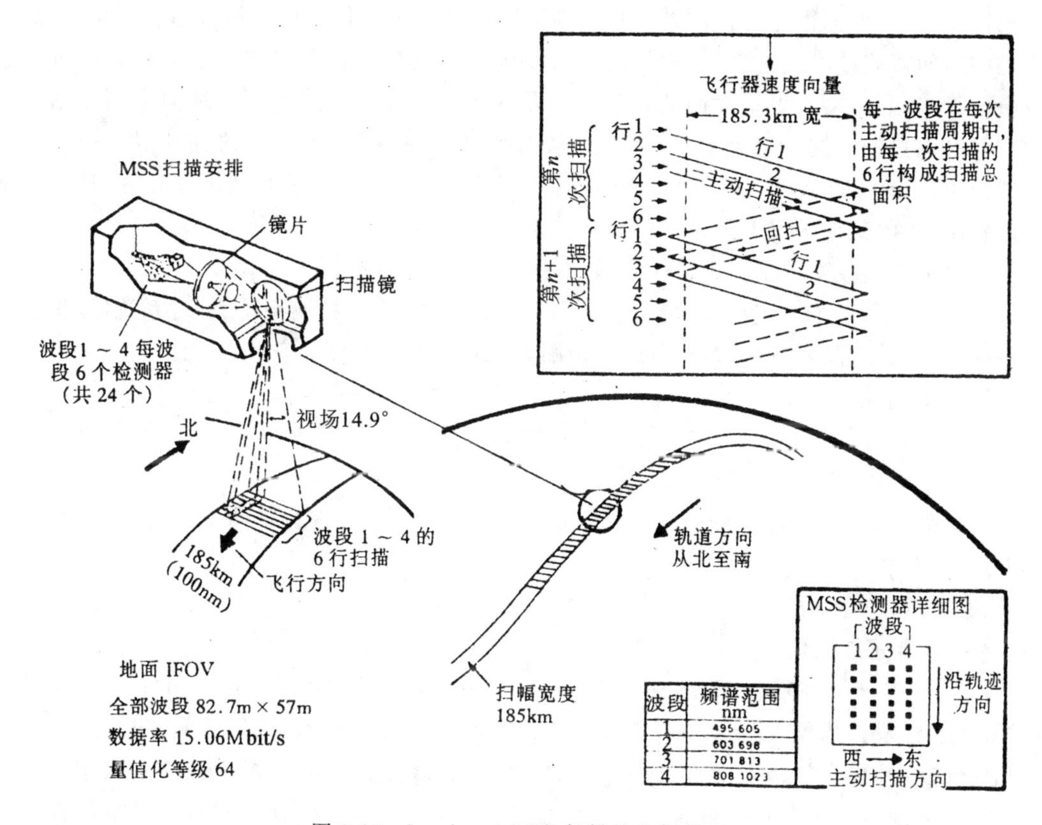

图 3-14 Landsat-4 MSS 扫描的几何关系

实际上在扫描的同时地球自西往东自转,下一次扫描所观测到的地面景象相对上一次扫描应往西移位,其移位量 $\Delta Y = V_E t$,V_E 为地面的自转线速度,它是纬度的函数;t 为扫描一次的时间。具体计算方法见几何处理一章。

成像板上的光学纤维单元接收的辐射能,经光学纤维传递至探测器,探测器对信号检波后有 24 路输出，采用脉码多路调制方式，每 9.958μs 对每个信道作一次抽样，由于扫描镜频率为 13.62Hz，周期为 73.42ms，而自西往东对地面的有效扫描时间为 33ms（即在 33ms 内扫描地面的宽度为 185km），按以上宽度计算，每 9.958μs 内扫描镜视轴仅在地面上移动了 56m，因此采样后的 MSS 像元空间分辨率为 56m×79m（Landsat-4 为 68m×83m）。采样后对每个像元（每个信道的一次采样）采用 6bit 进行编码（像元亮度值在 0～63），24 路输出共需 144bit，都在 9.958μs 内生成，反算成每个字节（6bit）所需的时间为 0.398 3μs（其中包括同步信号约占0.398 3μs），每个 bit 为 0.066 4μs，因此，bit 速率约为 15Mbit/s（15MHz）。采样后的数据用脉码调制方式以 2 229.5MHz 或 2 265.5MHz 的频率馈入天线向地面发送。

3）地面接收及产品

遥感数据的地面接收站主要接收卫星发下来的遥感图像信息及卫星姿态、星历参数等，将这些信息记录在高密度数字磁带上，然后送往数据中心处理成可提供给用户使用的胶片和数字磁带等。发射卫星的国家除了在本土建立接收站以外，还可根据本土和其他有关国家的需要，在其他国家建立接收站。那些地面接收站的主要任务仅仅接收遥感图像信息，本土上的地面接收站除了这项任务外，还负担发送控制中心的指令，以指挥星体的运行和星上设备的工作，同时接收卫星发回的有关星上设备工作状态的遥感数据和地面遥测数据收集站发射给卫星的数据。每个接收站都有一个跟踪卫星的大型天线，一般陆地卫星接收站的天线张角为±85°，接收站除了接收本国卫星发回的信息，还可以经其他国家允许，每年交纳一定费用，接收其他国家卫星发送的图像信息。

一般地面接收站包括以下几个部分：

天线及伺服系统、接收分系统、记录分系统、计算机、模拟检测系统、定时系统（以格林尼治时间为准）、信标塔（用来校检天线自动跟踪性能和调节自动跟踪相位）等。

MSS 产品有以下几种类别：

（1）粗加工产品，它是经过了辐射校准（系统噪声改正）、几何校正（系统误差改正）、分幅注记（28.6s 扫描 390 次分一幅）。

（2）精加工产品，它是在粗加工的基础上，用地面控制点进行了纠正（去除了系统误差和偶然误差）。

（3）特殊处理产品。

3. TM 专题制图仪

Landsat-4/5 上的 TM（Thematic Mapper）是一个高级的多波段扫描型的地球资源敏感仪器，与多波段扫描仪 MSS 性能相比，它具有更高的空间分辨率，更好的频谱选择性，更好的几何保真度，更高的辐射准确度和分辨率。仪器的结构如图 3-15 所示。它的太阳遮光板安装在指向地球的一个水平位置上，其上面装有扫描镜，扫描镜周围是驱动机构，即控制电子设备及扫描监视器硬件。主镜装在望远镜轴线的下方，在光学挡板和二次镜的后面。主镜的后面是扫描行改正器、内部校正器以及可见光谱检测器聚焦平面和它的安装硬件与对准机构，在仪器的尾端安装有辐射冷却室（内装有冷焦平面装配件）、中继镜片和红外检测器阵列。在望远镜上方的一个楔形箱体内，装有作为插件形式的电子设备、多路转换器、电源、信号放大器以及各波道的滤波器。

TM 中增加一个扫描改正器，使扫描行垂直于飞行轨道（MSS 扫描不垂直于飞行轨

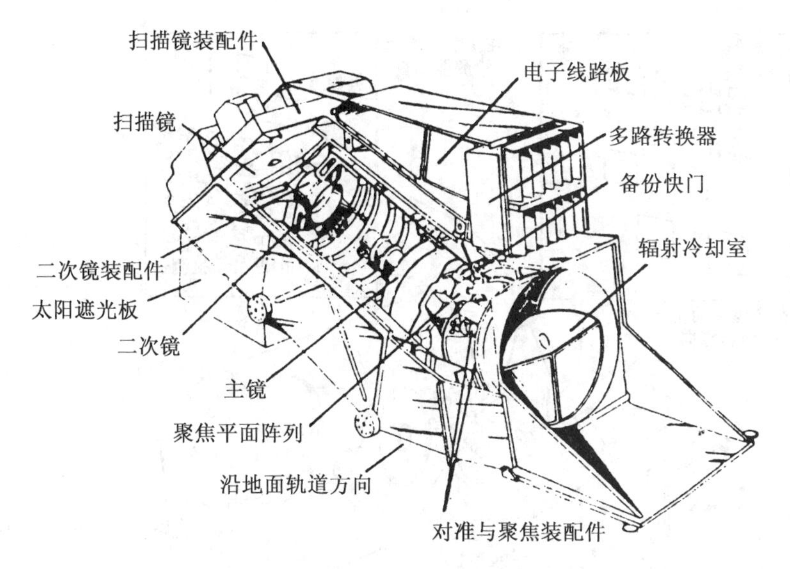

图 3-15 TM 截面视图

道)，另外使往返双向都对地面扫描(MSS 仅仅从西向东扫描时收集图像数据，从东向西时，关闭望远镜与地面之间的光路)。

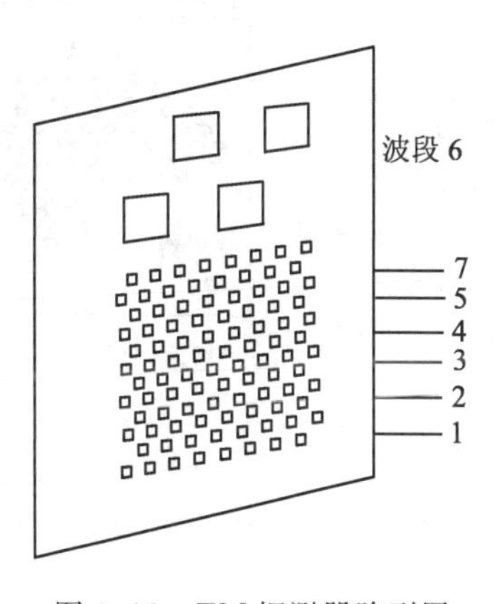

图 3-16 TM 探测器阵列图

TM 的探测器共有 100 个，分 7 个波段，采用带通滤光片分光，滤光片紧贴于探测器阵列的前面。探测器每组 16 个，呈错开排列，如图 3-16 所示。TM1～4 用硅探测器(即 CCD 探测阵列)，TM5 和 TM7 各用 16 个锑化铟红外探测器，其排列同 TM1～4 一样。TM6 用 4 个汞镉碲热红外探测器，也呈两行排列，制冷温度为 95K。TM1～5 及 TM7 每个探测器的瞬时视场在地面上为 30m×30m，TM6 为 120m×120m。扫描瞬间 16 个探测器(TM6 为 4 个)观测地面的长度为 480m，扫描线的长度仍为 185km，一次扫描成像为地面的 480m × 185km。半个扫描周期，即单向扫描所用的时间为 71.46ms，卫星正好飞过地面 480m，下半个扫描周期获取的 16 条图像线正好与上半个扫描周期的图像线衔接。由于 TM5～7 的波长较长，因此焦深加长，采用分光折光镜，使其在红外焦平面上构像，如图 3-17 所示。

为作辐射校正，扫描仪内设有一个白炽灯作可见光和近红外波段的标准源，TM6 的校正源，是一个按地面指令控制温度的黑体源。

扫描仪中的电子处理器件，对全部波段的探测器输出信号作前置放大、编码和传输，每个像元的亮度值用 2^8 bit 编码。卫星向地面传送数据是通过中继通信卫星作实时发送，星上不再带磁带记录仪，数据传输率为 84×10^8 bit/s。TM 七个波段的波长范围、辐射灵敏度和图像特征见表 3-5。TM 探测器技术指标见表 3-6。

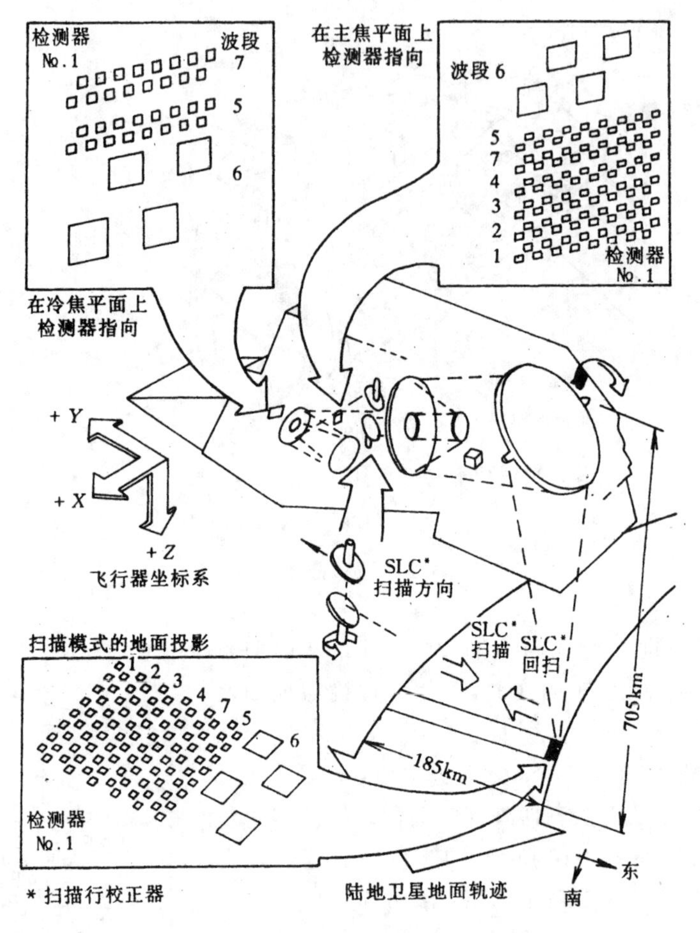

图 3-17 检测器元件的相互位置

表 3-5 TM 各波段的图像特征

通道	波长范围 /μm	辐射灵敏度 ΔP_{NE}/%	特征
TM1	0.45～0.52（蓝）	0.8	这个波段的短波段相应于清洁水的峰值，长波段在叶绿素吸收区，这个蓝波段对针叶林的识别比 Landsat-1,2,3 的能力更强
TM2	0.52～0.60(绿)	0.5	这个波段在两个叶绿素吸收带之间，因此相应于健康植物的绿色。波段 1 和波段 2 合成，相似于水溶性航空彩色胶片 SO-224，它显示水体的蓝绿比值，能估测可溶性有机物和浮游生物

续表

通道	波长范围/μm	辐射灵敏度 ΔP_{NE}/%	特　征
TM3	0.63～0.690(红)	0.5	这个波段为红色区，在叶绿素吸收区内。在可见光中这个波段是识别土壤边界和地质界线的最有利的光谱区，在这个区段，表面特征经常展现出高的反差，大气蒙雾的影响比其他可见光谱段低。这样影像的分辨能力较好
TM4	0.76～0.90(红外)	0.5	这个波段相应于植物的反射峰值，它对于植物的鉴别和评价十分有用。TM2 与 TM4 的比值对绿色生物量和植物含水量敏感
TM5	1.55～1.75(红外)	1.0	在这个波段中叶面反射强烈地依赖于叶湿度。一般来说，这个波段在对收成中干旱的监测和植物生物量的确定是有用的，另外，1.55～1.75μm 区段水的吸收率很高，所以区分不同类型的岩石，区分云、地面冰和雪就十分有利。湿土和土壤的湿度从这个波段上也很容易看出
TM6	10.4～12.6 (热红外)	ΔT_{NE}/K 0.5	这个波段对于植物分类和估算收成很有用。这个波段来自表面发射的辐射量，按照发射本领和温度(表面的)来测定，这个波段可用于热制图和热惯量制图实验
TM7	2.08～2.35(红外)	ΔT_{NE}/K 2.0	这个波段主要的价值是用于地质制图，特别是热液变岩环的制图，它同样可用于识别植物的长势

表 3-6　TM 探测器技术指标

探测器	波段/μm	分辨率/m	量化/bit	扫幅/km	像元数	信噪比
TM	0.45～0.52 0.52～0.60 0.63～0.69 0.76～0.90 1.55～1.75 10.40～12.50 2.08～2.35	30 30 30 30 30 120 30	8	185	6 320	52～143 60～279 48～248 35～342 40～194 0.1～0.28KΔT_{NE} 21～164

4. ETM十增强型专题制图仪

ETM＋由Raytheon公司制造，它比TM灵敏度更高。ETM＋是一台8谱段的多光谱扫描辐射计，其探测器技术指标见表3-7。

表3-7　ETM十探测器技术指标

探测器	波段/μm	分辨率/m	量化/bit	扫幅/km	像元数	信噪比
ETM＋	PAN0.50～0.90	15	8	185	13 200	15～88
	0.45～0.52	30			6 600	32～103
	0.52～0.60	30			6 600	33～137
	0.63～0.68	30			6 600	25～115
	0.76～0.90	30			6 600	28～194
	1.55～1.75	30			6 600	24～134
	10.40～12.50	60			3 300	
	2.08～2.35	30			6 600	18～96

ETM＋与TM相比在以下三方面作了改进：

(1) 增加PAN(全色)波段，分辨率为15m，因而使数据速率增加；

(2) 采用双增益技术使热红外波段6分辨率提高到60m，也增加了数据率；

(3) 改进后的太阳定标器使卫星的辐射定标误差小于5％，及其精度比Landsat-5约提高1倍。辐射校正有了很大改进。

3.4　推扫式传感器成像原理

推扫式传感器通常是利用垂直于飞行方向线阵排列的探测单元进行成像，每次成像获取垂直于飞行方向的一条影像，借助于平台飞行获取连续的地面影像。代表性的传感器有法国SPOT卫星的HRV、中国资源三号卫星的三线制扫描仪等。图3-18是推扫式传感器的成像几何关系和示意图。

1. SPOT卫星HRV传感器

1) HRV的结构和成像原理

法国SPOT卫星上装载的HRV(High Resolution Visible Range Instrument)是一种线阵列推扫式扫描仪。其简单的结构如图3-19所示。仪器中有一个平面反射镜，将地面辐射来的电磁波反射到反射镜组，然后聚焦在CCD线阵列元件上，CCD的输出端以一路时序视频信号输出。由于使用线阵列的CCD元件作探测器，在瞬间能同时得到垂直航线的一条图像线，不需要用摆动的扫描镜，以“推扫”方式获取沿轨道的连续图像条带。

CCD(Charge Coupled Device)称电荷耦合器件，是一种由硅等半导体材料制成的固体

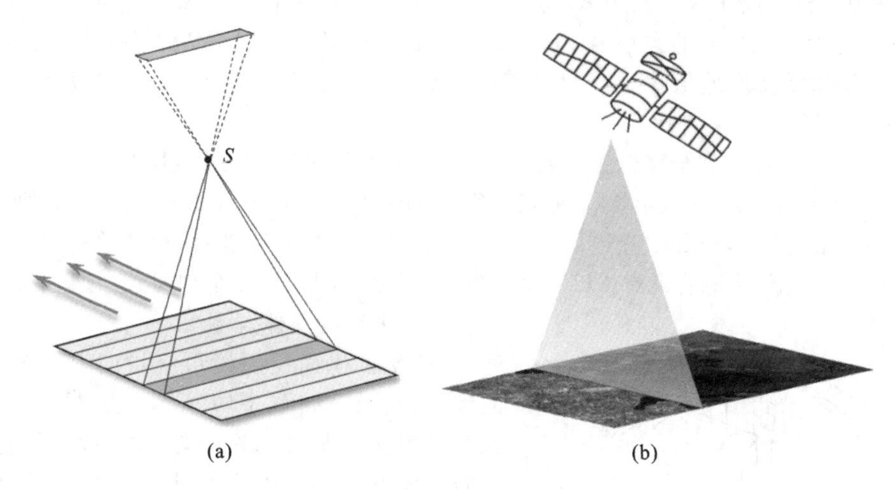

图 3-18　推扫式传感器的成像几何关系和示意图

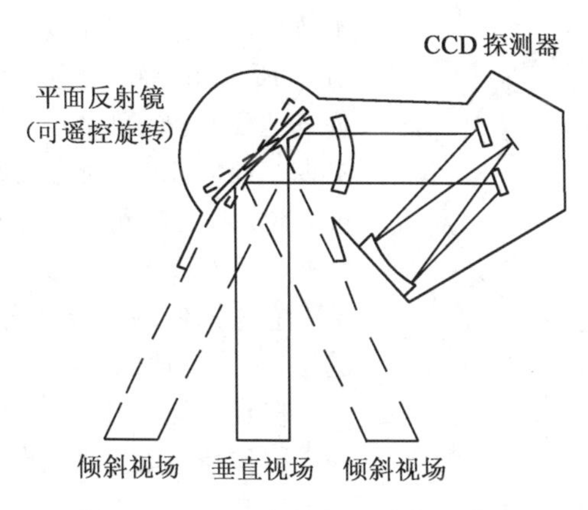

图 3-19　HRV 扫描仪的结构原理图

器件,受光或电激发产生的电荷靠电子或空穴运载,在固体内移动,达到一路时序输出信号。

由于 CCD 的光谱灵敏度的限制,只能在可见光和近红外(1.2μm 以内)区直接响应地物辐射来的电磁波。对于热红外区没有反应。但如果与多元阵列热红外探测器结合使用,则可使多路输出信号变成一路时序信号,因为它对电能的强度有响应。

SPOT 卫星上的 HRV 分成两种形式。一种是多光谱型的 HRV,共分三个谱段,分别为:

波段 1　　0.5～0.59μm

波段 2　　0.61～0.68μm

波段 3　　0.79～0.89μm

每个波段的线阵列探测器组,由 3 000 个 CCD 元件组成。每个元件形成的像元,相对地面上为 20m×20m。因此一行 CCD 探测器形成的图像线,相对地面上为 20m×60km。每个像元用 8bit 对亮度进行编码。

另一种是全色的 HRV，它由 6 000 个 CCD 元件组成一行。地面上总的视场宽度仍为 60km，因此每个像元地面的大小为 10m×10m。编码采用相邻像元亮度差进行，以压缩数据量，由于相邻像元亮度差值很小，因此只需要 6bit 的二进制数进行编码。波段范围 0.51～0.73μm。

为了在 26 天内达到全球覆盖一遍，SPOT 卫星上平排安装两台 HRV 仪器。每台仪器视场宽都为 60km，两者之间有 3km 重叠，因此总的视场宽度为 117km，如图 3-20 所示。相邻轨道间的间隔约为 108km（赤道处），垂直地面观测时，相邻轨道间的影像约有 9km 重叠。这样共观测 369 圈，全球在北纬 81.3°和南纬 81.3°之间的地表面全部覆盖一遍。

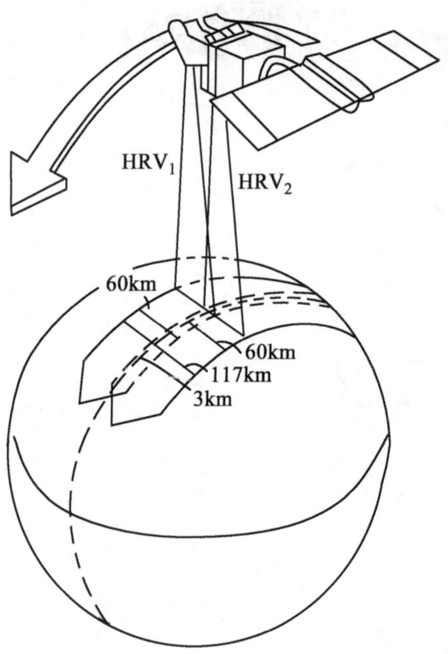

2）HRV 的立体观测

HRV 的平面反射镜可绕指向卫星前进方向的滚动轴旋转，如图 3-19 所示。从而在不同的轨道间实现立体观测。平面镜向左右两侧偏离垂直方向最大可达 27°，从天底点向轨道任意一侧可观测到 450km 附近的景物。这样在邻近的许多轨道间都可以获取立体影像。在赤道附近，分别在 7 条轨道间可进行立体观测。由于轨道的偏移系数为 5，所以相邻轨道差 5 天，也就是说，如果第一天垂直地面观测，则第一次立体观测要待到第 6 天实现。纬度 45°处轨道间距变小，因此重复观测的机会增多，这时可在 11 条轨道间进行立体观测。另外在 SPOT-5 上已实现了同轨立体观测。

立体图像的基线高度比在 0.5～1.0。不同轨道间，对同一地区进行重复观测，除了建立立体模型，进行立体量测外，主要用来获取多时相图像，分析图像信息的时间特性，监视地表的动态变化。

图 3-20　SPOT-4 卫星的 HRV 扫描仪扫描过程

2. 高分一号/二号推扫式传感器

总体来看，推扫式传感器对结构复杂度、光学系统以及平台稳定性等方面的要求具有一定的优势，从 20 世纪 80 年代开始推扫式传感器出现，大部分光学卫星传感器采用这种方式，包括我国高分系列中高分一号和高分二号。

我国高分一号卫星传感器采用线阵推扫式成像，主要技术特点包括：①单星上并列安置 2 台高分相机实现大于 60km 成像幅宽，并列安置 4 台宽幅相机实现大于 800km 成像幅宽，适应多种空间分辨率、多种光谱分辨率、多源遥感数据综合需求，满足不同应用要求；②实现无地面控制点 50m 图像定位精度，满足用户精细化应用需求，达到国内同类卫星最高水平；③在小卫星上实现 2×450Mbps 数据传输能力，满足大数据量应用需求，达到同类卫星规模最高水平；④具备高的姿态指向精度和稳定度，并具有 35°侧摆成像能力，满足在轨遥感的灵活应用。高分一号传感器结构示意图如图 3-21 所示。

我国高分二号卫星采用线阵推扫方式获取优于 1m 的空间分辨率。高分二号卫星传感器技术特点包括：①在实现上做到完全自主可控，关键单机全部自研，是部件、单机国产化程

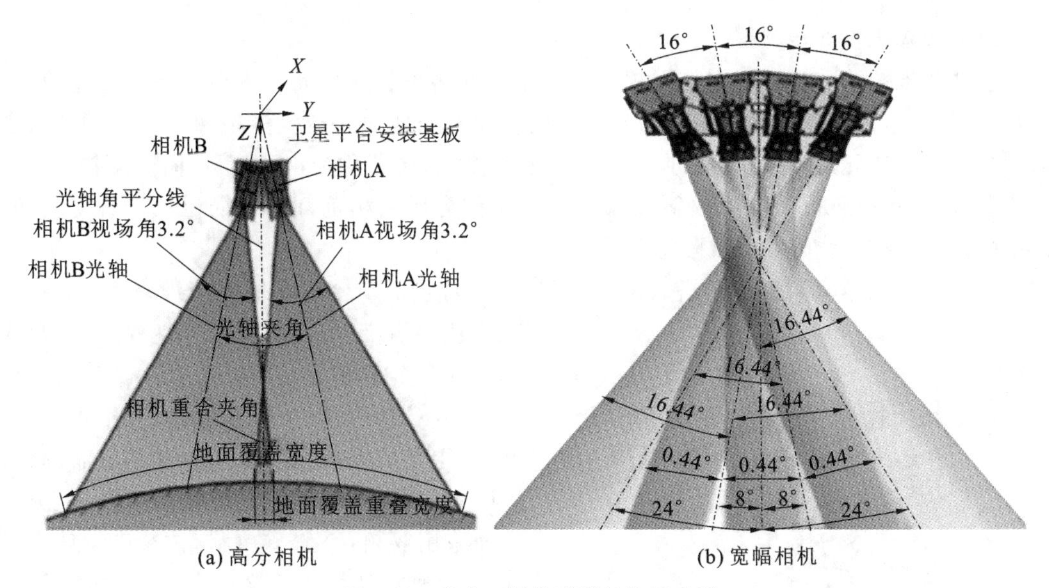

(a) 高分相机　　　　(b) 宽幅相机

图 3-21　高分一号传感器结构示意图

度最高的遥感卫星，国产化率在 98%以上；②卫星配置的 2 台相机，采用长焦距、轻小型化光学系统设计，焦距达到 7.8m，均为我国在轨遥感卫星中最大值；③采用全色和多光谱五谱合一的 TDI CCD 器件，以推扫的方式实现对地面景物成像，以器件拼接方式实现单台相机 2.1°的视场角，使星下点地面像元空间分辨率达到全色 0.81m、多光谱 3.24m，观测幅宽达到 45.3km，在亚米级高分辨率卫星中幅宽达到世界最高水平。图 3-22 为高分二号 2 台相机拼幅成像示意图。

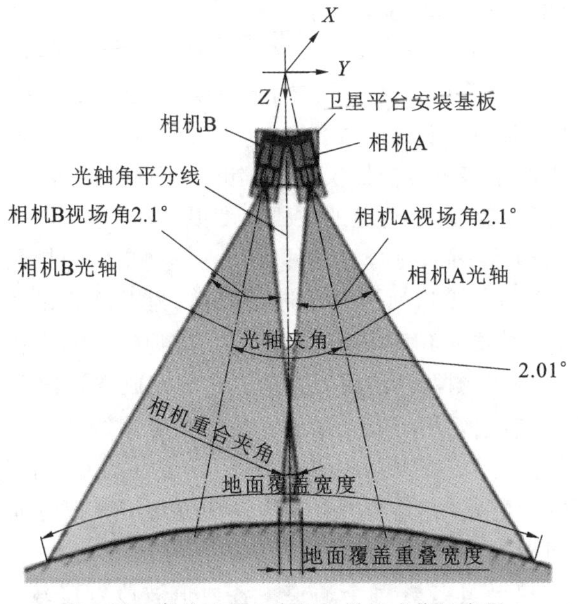

图 3-22　高分二号 2 台相机拼幅成像示意图

3. 多线阵推扫式传感器

多线阵推扫式传感器通常采用相互平行排列的多条探测单元与平台飞行方向垂直，当平台飞行时，每条探测单元以一个同步的周期连续扫描地面并产生多条相互交叠的条带图像。多条探测单元的成像角度不同，垂直对地成像的传感器称为正视相机；向前倾斜成像的传感器称为前视相机；而向后倾斜成像的传感器称为后视相机，前、后视相机具有交会角。常用的多线阵有二线阵和三线阵等。

我国资源三号(ZY-3)卫星搭载了三线阵传感器，包括 1 台线阵地面分辨率 2.1m 的正视全色扫描仪，TDI CCD 大小为 7μm，2 台线阵地面分辨率 3.5m 的前视和后视全色扫描仪，TDI CCD 大小为 10μm，基高比为 0.89。此外，卫星的姿态主要由 3 台星敏感器、高精度陀螺、太阳敏感器和红外敏感器控制，卫星定轨采用双频 GNSS，在轨定位精度设计优于 10m，测速精度优于 0.2m/s。通过确定每个扫描时刻三线阵相机的外方位元素，即相机坐标系的原点在地球坐标系中的位置和姿态角，以及三线阵相机的内方位元素，即相机的主距、主点位置和交会角，从而可以确定地面上任一物点在三个不同时刻时在三条线阵探测单元上的像点坐标。图 3-23 为三线阵推扫式传感器成像示意图。

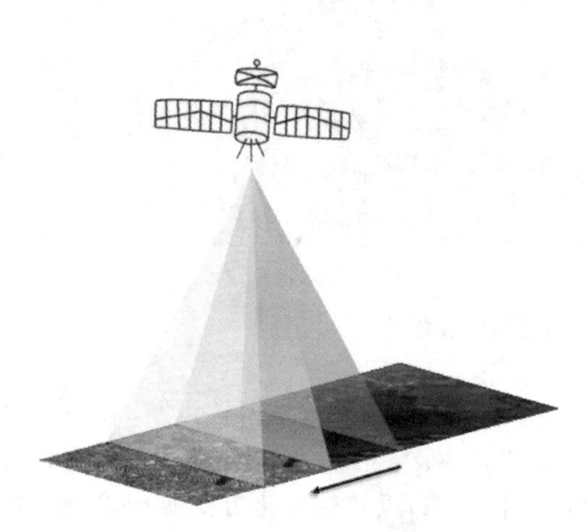

图 3-23　三线阵推扫式传感器成像示意图

4. 成像光谱仪(Imaging Spectrometer)

目前国际上正在迅速发展的一种新型传感器称为成像光谱仪，它是以多路、连续并具有高光谱分辨率方式获取图像信息的仪器。通过将传统的空间成像技术与地物光谱技术有机地结合在一起，可以实现对同一地区同时获取几十个到几百个波段的地物反射光谱图像。

成像光谱仪基本上属于多光谱扫描仪，其构造与 CCD 线阵列推扫式扫描仪和多光谱扫描仪相同，区别仅在于通道数多，各通道的波段宽度很窄。

成像光谱仪按其结构的不同，可分为两种类型。一种是面阵探测器加推扫式扫描仪的成像光谱仪(图 3-24)，它利用线阵列探测器进行扫描，利用色散元件将收集到的光谱信息分散成若干个波段后，分别成像于面阵列的不同行。这种仪器利用色散元件和面阵探测器完成光谱扫描，利用线阵列探测器及沿轨道方向的运动完成空间扫描，它具有空间分辨率高(不低于 10～30m)等特点，主要用于航天遥感。另一种是用线阵列探测器加光机扫描仪的成像光谱仪(图 3-25)，它利用点探测器收集光谱信息，经色散元件后分成不同的波段，分别成像于线阵列探测器的不同元件上，通过点扫描镜在垂直于轨道方向的面内摆动以及沿轨道方向的运行完成空间扫描，而利用线探测器完成光谱扫描。

目前机载成像光谱仪已具备数百个通道。各通道波段宽度较窄，波谱分辨率要求在 10nm 以下，甚至是接近于连续的光谱分辨率。其空间分辨率也较高，在 10m 以内。在这种情况下，它与一般的像面扫描仪(如 SPOT 上的 HRV)或物面扫描仪(如 Landsat 上的 MSS

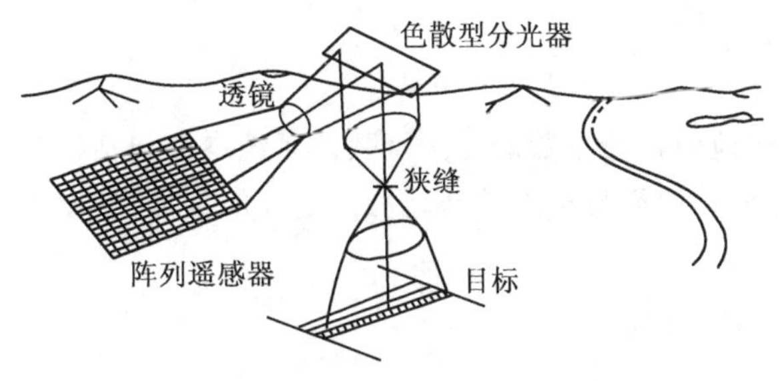

图 3-24 带面阵的成像光谱仪

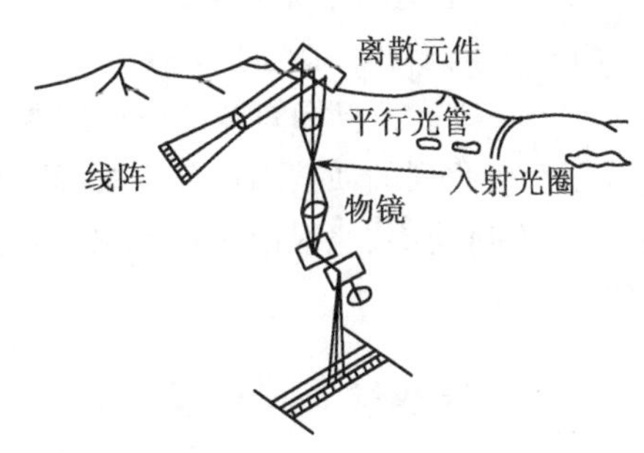

图 3-25 带线阵的成像光谱仪

和 TM)相比,要有更高的技术要求。一是集光系统要求尽量使用反射式光学系统,并且要求具有消去球面像差、像散差及畸变像差的非球面补偿镜头的光学系统。二是分光系统使用目前的分色滤光片和干涉滤光片已行不通,必须使用由狭缝、平行光管、棱镜以及绕射光栅组成的分光方式,绕射光栅能对由光导纤维导入的各波谱带的入射光进行高精度的分光,能用于从紫外至红外范围,绕射光栅可用全息技术精确制作。三是探测器敏感元件,要求由成千上万个探测元件组成的线阵,并且能够感受可见光和红外谱区的电磁波。图 3-26 所示为机载成像光谱仪结构图。

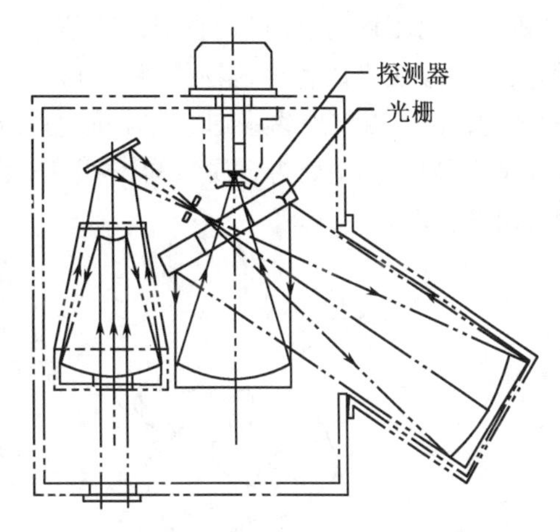

图 3-26 机载成像光谱仪结构图

3.5 雷达成像仪

侧视雷达成像与航空摄影不同,航空摄影利用太阳光作为照明源,而侧视雷达利用发射的电磁波作为照射源。它与普通脉冲式雷达的结构大体上相近。图 3-27 为脉冲式雷达的一般组成格式。它由一个发射机、一个接收机、一个转换开关和一根天线等构成。

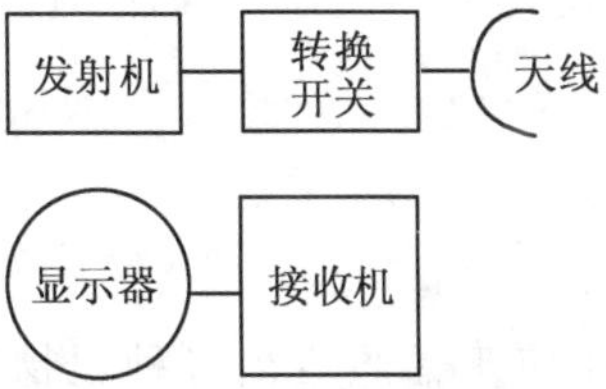

发射机 — 转换开关 — 天线

显示器 — 接收机

图 3-27 脉冲式雷达的一般结构

发射机产生脉冲信号,由转换开关控制,经天线向观测地区发射。地物反射脉冲信号,也由转换开关控制进入接收机。接收的信号在显示器上显示或记录在磁带上。

雷达接收到的回波中,含有多种信息。如雷达到目标的距离、方位,雷达与目标的相对速度(即做相对运动时产生的多普勒频移),目标的反射特性等。其中距离信息可用下式表示:

$$R = \frac{1}{2}vt \tag{3-10}$$

式中：R——雷达到目标的距离；

v——电磁波传播速度；

t——雷达和目标间脉冲往返的时间。

雷达接收到的回波强度是系统参数和地面目标参数的复杂函数。系统参数包括雷达波的波长、发射功率、照射面积和方向、极化等。地面目标参数与地物的复介电常数、地面粗糙度等有关。

3.5.1　真实孔径雷达

真实孔径侧视雷达的工作原理如图 3-28 所示。天线装在飞机的侧面，发射机向侧向面内发射一束窄脉冲，地物反射的微波脉冲，由天线收集后，被接收机接收。由于地面各点到飞机的距离不同，接收机接收到许多信号，以它们到飞机距离的远近，先后依序记录。信号的强度与辐照带内各种地物的特性、形状和坡向等有关。如图 3-28 中的 a、b、c、d、e 等各处的地物。a 处由于地物隆起，反射面朝向天线，出现强反射；b 处为阴影，无反射；c 处为草地，是中等反射；d 处为金属结构，导电率大，出现最强的反射；e 处为平滑表面，出现镜面反射，回波很弱。

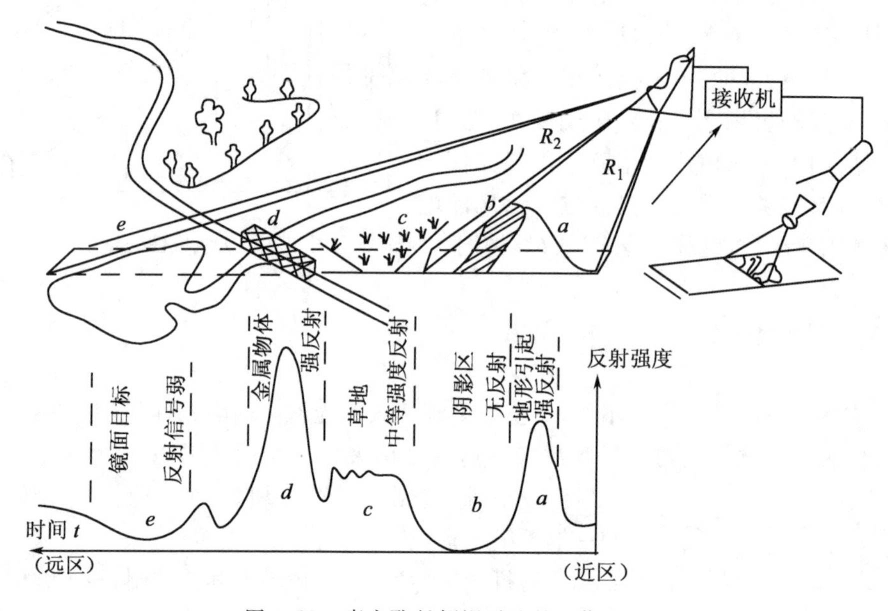

图 3-28　真实孔径侧视雷达的工作原理

回波信号经电子处理器的处理，在阴极射线管上形成一条相应于辐照带内各种地物反射特性的图像线，记录在胶片上。飞机向前飞行时，对一条一条辐照带连续扫描，在阴极射线管处的胶片与飞机速度同步转动，就得到沿飞机航线侧面的由回波信号强弱表示的条带图像。

真实孔径侧视雷达的分辨率包括距离分辨率（图 3-29）和方位分辨率（图 3-30）两种。距离分辨率是在脉冲发射的方向上，能分辨两个目标的最小距离，它与脉冲宽度有关，可用下式表示：

$$R_r = \frac{\tau c}{2}\sec\varphi \quad 或 \quad R_d = \frac{\tau c}{2} \tag{3-11}$$

式中：R_r——地距分辨率；

R_d——斜距分辨率；

τ——脉冲宽度；

φ——俯角。

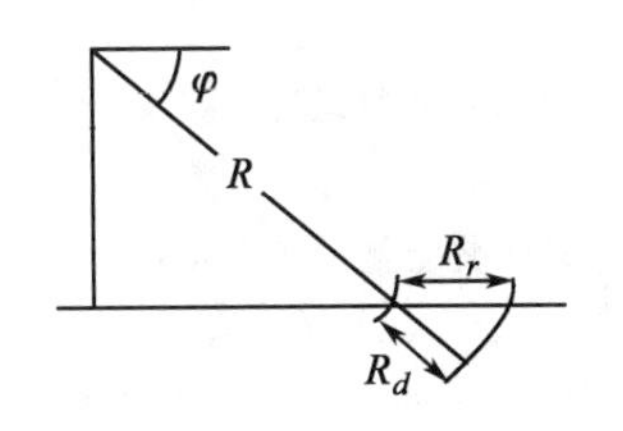

图 3-29　距离分辨率

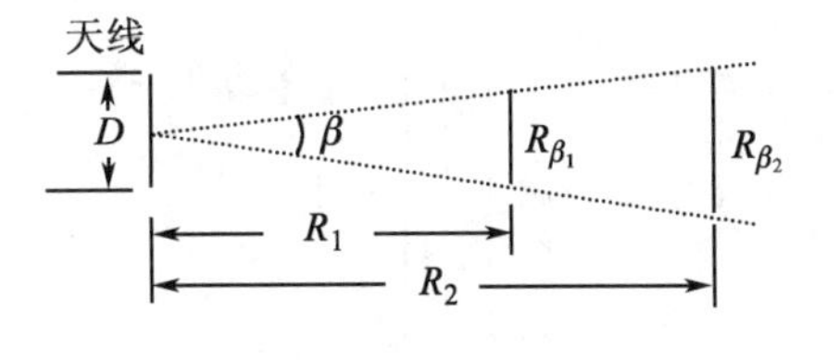

图 3-30　方位分辨率

式(3-11)还说明距离分辨率与距离无关。从式中可以看出，若要提高距离分辨率，需减小脉冲宽度，但这样将使作用距离减小。为了保持一定的作用距离，这时需加大发射功率，造成设备庞大，费用昂贵。目前一般是采用脉冲压缩技术来提高距离分辨率。

方位分辨率是在雷达飞行方向上，能分辨两个目标的最小距离。它与波瓣角 β 有关，这时的方位分辨率为：

$$R_\beta = \beta R \tag{3-12}$$

式中：β——波瓣角；

R——斜距。

波瓣角 β 与波长 λ 成正比，与天线孔径 D 成反比，因此方位分辨率又为：

$$R_\beta = \frac{\lambda}{D}R \tag{3-13}$$

从式(3-13)中看出，要提高方位分辨率，需采用波长较短的电磁波，加大天线孔径和缩短观测距离。这几项措施无论在飞机上或卫星上使用时都受到限制。目前是利用合成孔径侧视雷达来提高侧视雷达的方位分辨率。

3.5.2 合成孔径雷达

合成孔径雷达(SAR)通过发射脉冲雷达信号并接收回波来获取地表信息。与真实雷达系统不同，SAR 利用平台的运动以及信号处理技术来合成一个比实际天线孔径更大的虚拟孔径，从而获得高分辨率的雷达图像。

1. 合成孔径雷达成像

合成孔径雷达是用一个小天线作为单个辐射单元，将此单元沿一直线不断移动，在移动中选择若干个位置，在每个位置上发射一束脉冲信号，接收相应发射位置的回波信号的幅度和相位信息并记录下来。雷达信号发射和接收的示意图如图 3-31 所示。

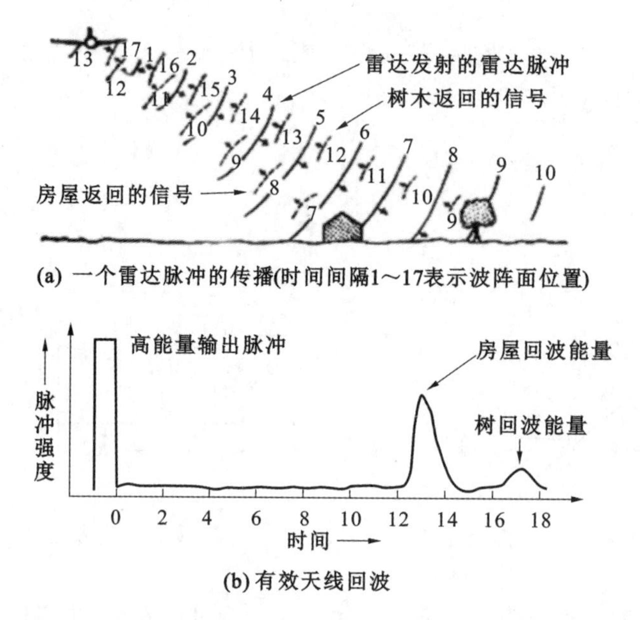

(a) 一个雷达脉冲的传播(时间间隔1～17表示波阵面位置)

(b) 有效天线回波

图 3-31　合成孔径雷达距离向信号发射与接收示意图

在方位向上，合成孔径的小单元发射的脉冲“照射”到地面的范围是 L_s，随着平台的运动，合成孔径的小单元在不同时刻发射的脉冲照射到地面物体 A 上，对于地面物体 A，它的“曝光”长度也是 L_s，如图 3-32 所示。

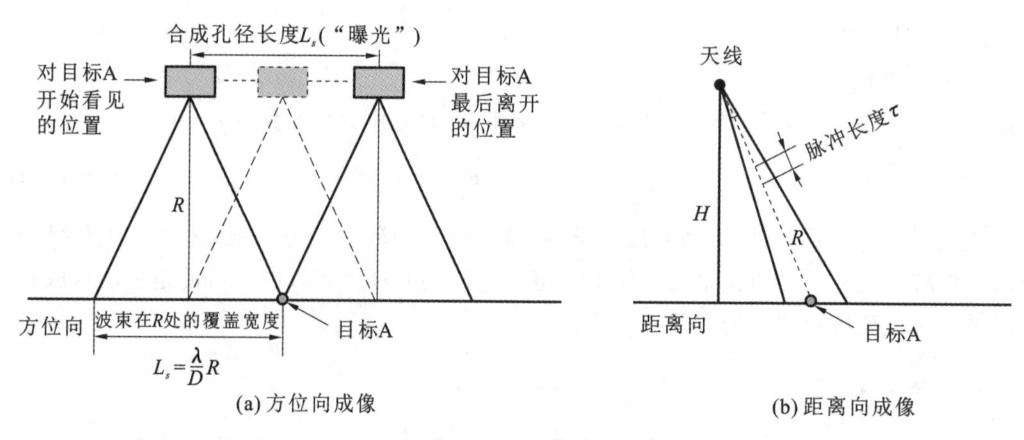

(a) 方位向成像　　(b) 距离向成像

图 3-32　合成孔径雷达在方位向和距离向的构象示意图

由于运动的天线与地面物体之间存在相对运动，所以雷达在不同位置接收到的回波信号具有不同的相位。SAR 将多次接收到的回波信号叠加在一起，以合成一个虚拟孔径，最后利用某种合成孔径雷达成像算法生成雷达图像。图 3-33 是 SAR 信号采集地面点目标的回波模型示意图。

图 3-33 中，平台高度为 h，斜距为 R，发射的脉冲长度为 τ，点目标的散射系数为 $\sigma(x,$

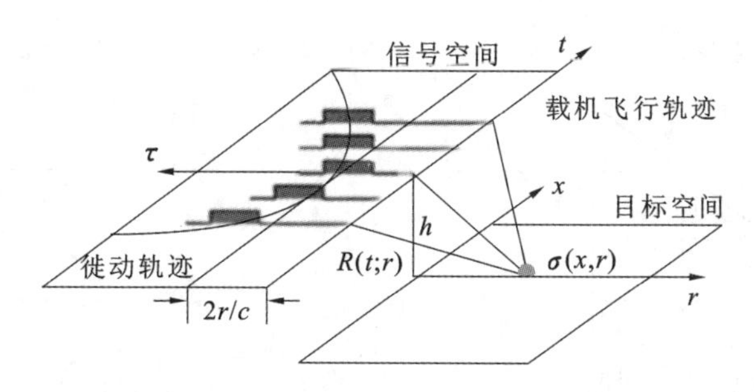

图 3-33　SAR 系统点目标回波模型

r),由于物体的散射与微波的入射角有关,合成孔径的天线在不同位置发射的微波并接收的后向散射的强度会发生变化。图 3-34 是点目标在方位向、距离向(目标空间)收集信号(信号空间)的示意图以及相应的数据记录矩阵(记录空间)示意图。

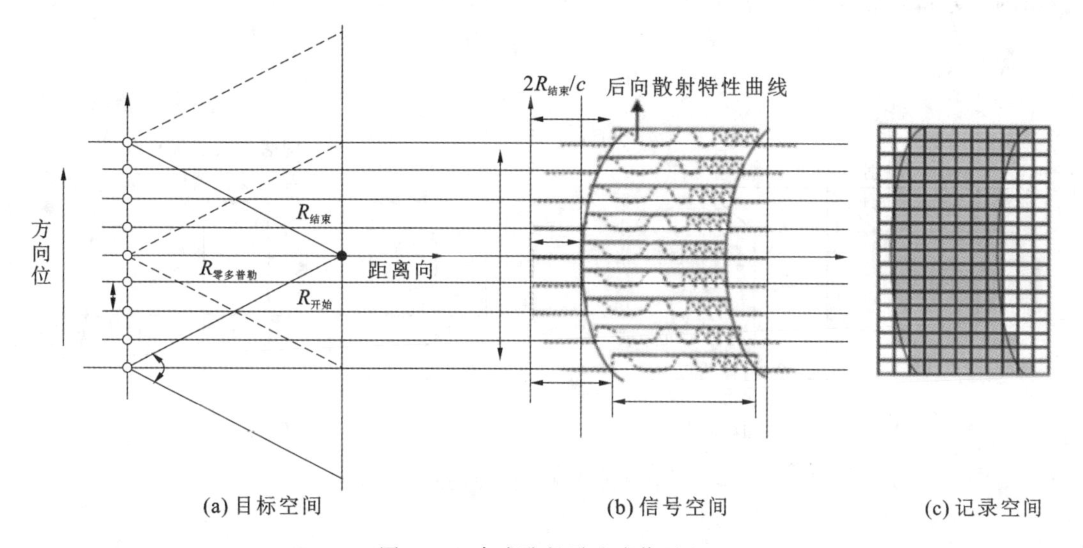

图 3-34　合成孔径雷达成像过程

对于目标点,合成孔径雷达在整个成像过程中,从天线开始"曝光"到结束"曝光",分别对应的距离为 $R_{开始}$ 和 $R_{结束}$,某点处于与目标垂直的位置,也称为零多普勒点,对应的距离为 $R_{零多普勒}$。图 3-34 是在整个 SAR 成像中获得的目标点所有信号的记录,在此基础上,利用成像处理算法计算出目标点的强度与相位信息并记录。

2. 脉冲压缩

合成孔径雷达发射的信号是一串线性调频脉冲,如果发射脉冲的持续时间为 τ,在该时间内脉冲的振幅不变,频率在 f_1 到 f_2 的频带范围内随时间线性增加(图 3-35(a))或减少(图 3-35(b)),频率变化的范围($f_1 \sim f_2$)称为带宽,用 B 表示。

雷达发射脉冲的持续时间为 τ,在该时间内脉冲的振幅不变。频率在 f_1 到 f_2 的频带范围内随时间线性增加。这种信号经过雷达到目标的往返距离后,经过时延 T 到达天线,

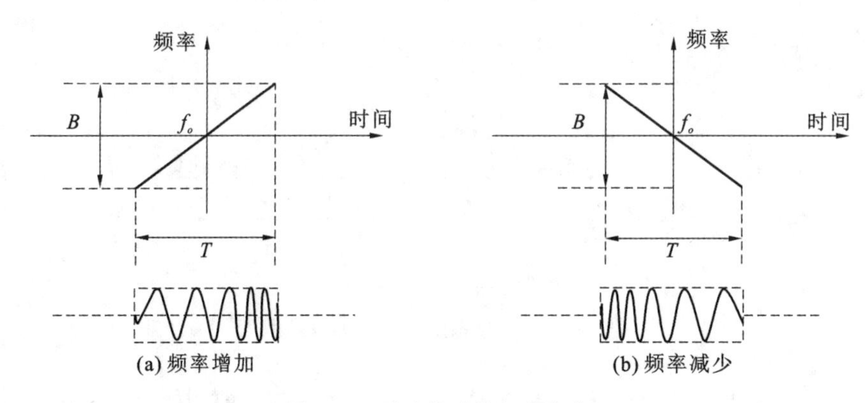

图 3-35 雷达脉冲的频率变化

对于点目标接收信号的波形与发射脉冲的波形相同，如果对接收到的信号进行压缩处理，则输出的信号将发生变化，见图 3-36。

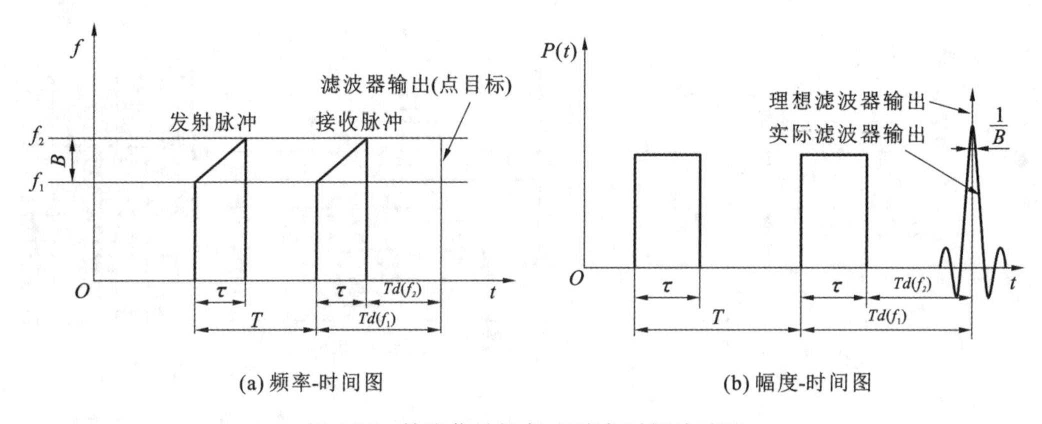

图 3-36 输出信号频率、幅度与时间关系图

脉冲压缩技术利用线性调频脉冲的调制特性，将接收到的信号输入匹配滤波器，该匹配滤波器对所得到的信号进行延时，最先发射的频率延时最长，而最后发射的频率延时最短。这样使得在不同频率上接收到的信号正好各自延迟相应的时间，并能在同一时刻在匹配滤波器输出端叠加，形成一个甚大的峰值。也就是说，通过匹配滤波器，接收到脉冲的能量被集中在很短的时间间隔内且振幅比接收脉冲的振幅要高。根据信号处理原理，理想情况的输出持续时间为零，振幅无限大。事实上只有接收信号脉冲的持续时间为无限长，也即扫描的带宽 B 为无限大时，才有可能由匹配滤波器输出一个随时间做 δ 函数变化的输出信号。实际上，雷达接收信号脉冲持续时间为 τ，扫描的带宽为 B，通过匹配滤波器后的输出信号波形变为 $\sin x/x$，零点到零点的波形宽度为 $2/B$，有效宽度近似 $1/B$，振幅由输入信号的单位值为 1 增加到 $\sqrt{B\tau}$。

3. 多普勒频率

由于雷达和目标的相对运动，使得在不同位置对同一目标观测的雷达信号产生相位的差别，且差别大小正比于目标与雷达之间的相对速度。这就是所谓的多普勒效应。合成孔径雷达图像方位向的分辨率就是通过对多普勒频率的测量和识别，对同一目标的雷达回波信号进行相干处理而形成高分辨率。

令发射信号的角频率 ω_c 为相应的波长 λ_c，目标与雷达 S 的距离为 R（图 3-37），c 为光速，不计反射过程中的相位变化，则 t 时刻接收信号的瞬时相位为：

$$\varphi = \omega_c\left(t - \frac{2R}{c}\right) = \omega_c t - \frac{\omega_c 2R}{c}$$

又

$$\omega_c = 2\pi f_c = 2\pi \frac{c}{\lambda_c}$$

故

$$\varphi = \omega_c t - \frac{2R}{c} \cdot 2\pi \frac{c}{\lambda_c} = \omega_c t - \frac{4\pi R}{\lambda_c} \tag{3-14}$$

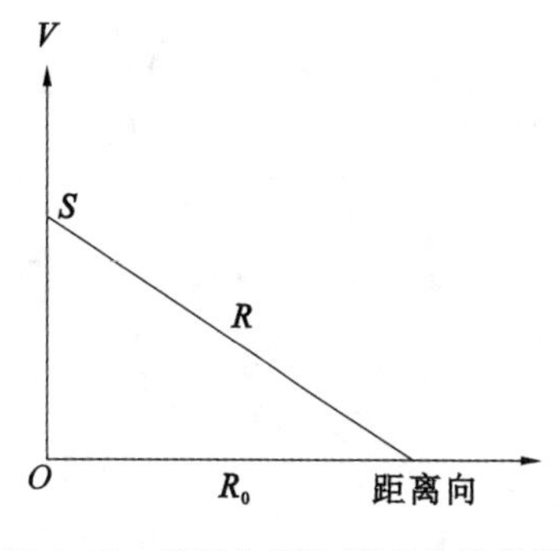

图 3-37　目标与雷达距离向示意图

由式(3-14)可知，相位角的变化是由于 R 的变化而产生的。故不同的 R 有不同的相位。

接收信号的瞬时角频率 ω 是相位变化的时变率，即

$$\omega = 2\pi f = \frac{\mathrm{d}\varphi}{\mathrm{d}t}$$

对于式(3-14)，如果 R 随时间的变化而变化，则

$$\omega = \frac{\mathrm{d}\varphi}{\mathrm{d}t} = \omega_c - \frac{4\pi}{\lambda_c}\frac{\mathrm{d}R}{\mathrm{d}t}$$

接收信号的频率

$$f = \frac{\omega_c}{2\pi} - \frac{2}{\lambda_c}\frac{\mathrm{d}R}{\mathrm{d}t} = f_c - \frac{2}{\lambda_c}\frac{\mathrm{d}R}{\mathrm{d}t}$$

由于目标与雷达之间的相对位置变化而引起接收信号之间的频率变化，这种频率变化的差称为多普勒频率，记为 f_D。

$$f_D = f - f_c = \left(f_c - \frac{2\mathrm{d}R}{\lambda_c \mathrm{d}t}\right) - f_c = -\frac{2\mathrm{d}R}{\lambda_c \mathrm{d}t} \tag{3-15}$$

从图 3-37 中可以看出

$$R^2 = R_0^2 + v^2 t^2$$

两边对 t 求导

$$2R\mathrm{d}R = 2v^2 t\mathrm{d}t$$

$$\frac{\mathrm{d}R}{\mathrm{d}t} = \frac{v^2 t}{R}$$

代入式(3-15)，$f_D = -\dfrac{2v^2 t}{\lambda R}$，考虑到 $R \approx R_0$，

$$f_D \approx \frac{-2v^2 t}{\lambda R_0}$$

调频速率为

$$f_r = \frac{\mathrm{d}f_D}{\mathrm{d}t} = -\frac{2v^2}{\lambda R_0}$$

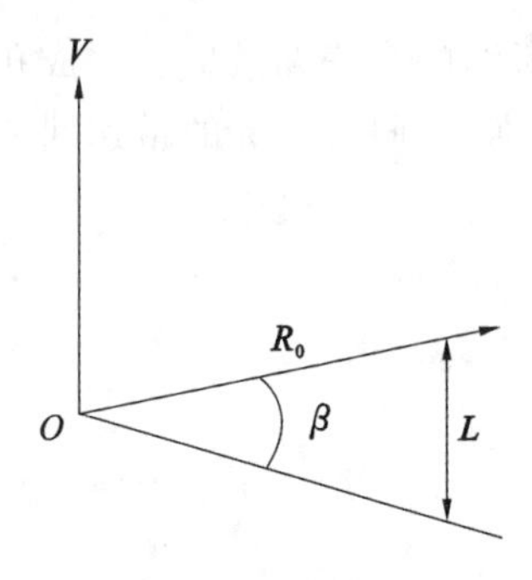

图3-38　雷达方位向覆盖宽度示意图

如图3-38所示，方位向雷达波在地面的覆盖宽度为

$$L = \beta R_0 \quad 其中\ \beta = \frac{\lambda}{D}$$

故

$$L = \frac{\lambda}{D} R_0$$

式中，λ为波长，D为天线孔径长度。

该范围内某一目标的曝光时间$T = \frac{L}{v} = \frac{\lambda R_0}{Dv}$，则目标从开始到最后获得的所有信号的多普勒带宽为

$$B_{Df} = f_r \cdot T = \frac{2v^2}{\lambda R_0} \cdot \frac{\lambda R_0}{Dv} = \frac{2v}{D} \tag{3-16}$$

4. SAR的分辨率

SAR的分辨率是以测量来自不同角度、不同距离和相对于传感器不同速度的目标回波信号的精确程度为基础的。根据它的成像特点，又可分为方位向分辨率和距离向分辨率。

1）方位向分辨率

由式(3-16)可知，目标与天线相对运动引起的多普勒带宽为

$$B_{Df} = \frac{2v}{D}$$

经过压缩处理后可得时间分辨率

$$\delta_r = \frac{1}{B_{Df}} = \frac{D}{2v}$$

方位向的分辨率等于卫星飞行的速度v与时间分辨率的乘积：

$$\delta_a = v\delta_r = \frac{D}{2v}v = \frac{D}{2} \tag{3-17}$$

由此可知，SAR的方位向分辨率与目标离天线的距离、入射角、波长无关。理论上最佳分辨率是雷达天线长度的一半。

2）距离向分辨率

调频脉冲距离向分辨率是指能测量出的在距离向两目标的最小距离。而距离的测量是通过两目标点回波信号的时差来计算的。

如图3-39所示，微波到地面两目标点总往返时间分别为

$$t_a = \frac{2(R + \Delta R_s)}{c}$$

$$t_1 = \frac{2R}{c}$$

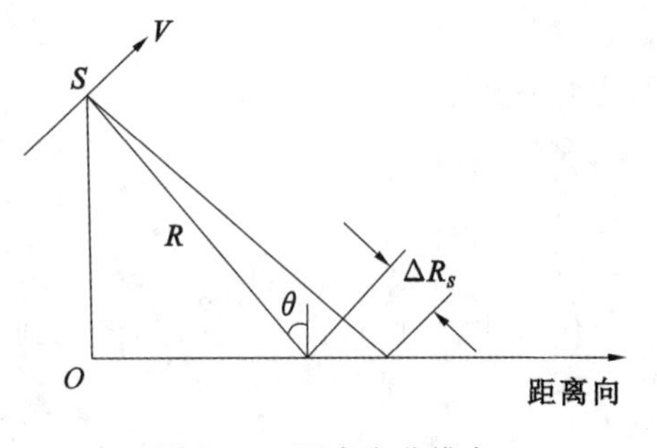

图3-39　距离向分辨率

则两目标点回波信号的时差Δt为

$$\Delta t = \frac{2(R + \Delta R_s)}{c} - \frac{2R}{c} = \frac{2\Delta R_s}{c}$$

因为系统能分辨不同信号的最小时间单位是脉冲长度 τ，所以斜距分辨率为

$$\delta_{rs}=\Delta R_{\mathrm{SMIN}}=\frac{c\tau}{2}$$

对于合成孔径雷达，发射的是线性调频脉冲并进行压缩，原发射脉冲的带宽为 B，压缩后的有效宽度为 $\frac{1}{B}$，即时间分辨率为 $\frac{1}{B}$，也就是把 τ 变成了 $\frac{1}{B}$，所以距离向分辨率 $\delta_{rs}=\frac{c}{2B}$。

由图 3-39 可知，相应的地距分辨率 $\delta_{g}=\frac{\delta_{rs}}{\sin\theta}=\frac{c}{2B\sin\theta}$，可见距离向地距分辨率随入射角的变化而变化。

5. SAR 不同成像模式

目前，国内外已发射多个系列的雷达卫星，如 Seasat SAR，Almaz SAR，JERS-1 SAR，ERS-1/2 SAR，Radarsat，高分三号等。不同的卫星搭载的 SAR 传感器的成像原理是一致的，但在成像模式上存在一定的差别，目前，星载 SAR 卫星传感器成像模式通常有聚束模式、条带模式和扫描模式三种成像模式，配合波段种类、扫描角大小、波瓣角和极化方式等可以组合多种数据模式。下面简单介绍 SAR 传感器不同成像模式的成像几何。

(1) 聚束模式。这种模式是通过控制天线改变方位角，使天线波束始终指向固定的成像区域，从而获取成像区域的多次信息，使合成孔径积累时间得以延长，从而提高方位向分辨率。图 3-40 所示是聚束模式的成像几何示意图。

(2) 条带模式。这种模式雷达天线在某个固定仰角下发射脉冲并接收回波，进行成像处理获得本仰角下的平行于飞行方向的条带影像。在这种模式下，可以改变天线的仰角获得不同成像幅宽的条带影像。如图 3-41(彩图见附录)中 1(蓝线)、2(红线)、3(绿线)、4(蓝线)位置处，天线的仰角都不变，传感器本次成像只能获得 #1 的条带影像。

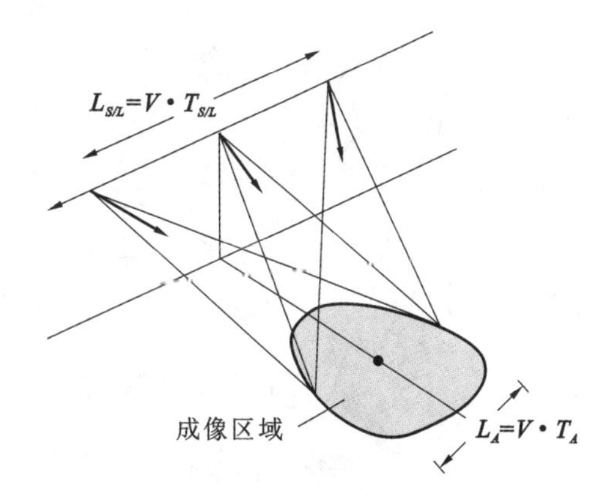

图 3-40　SAR 聚束模式的成像几何示意图

(3) 扫描模式。这种模式雷达天线在扫描时按照要求对仰角进行改变，在每个仰角下获取部分影像，把在不同仰角下获得的影像拼接到一起，获得更大区域的影像。如图 1、2、3、4 位置处，天线的仰角都发生变化，天线在 1 处，获取 #1 条带的部分影像；当天线运动到 2 处时，仰角改变，获取 #2 条带的部分影像；当天线运动到 3 处时，仰角改变，获取 #3 条带的部分影像；当天线运动到 4 处时，仰角改变，回到获取 #1 条带的部分影像。依次往复，获取区域的图像。

中国高分三号卫星是 C 频段多极化合成孔径雷达成像卫星，空间分辨率达 1m，它有 12 种工作模式，包括聚束、超精细条带、精细条带 1、精细条带 2、标准条带、窄幅扫描、宽幅扫描、全极化条带 1、全极化条带 2、波成像模式、全球观测成像模式、扩展入射角模式。目前世界上工作模式最多的是合成孔径雷达卫星。多模式成像几何示意见图 3-42。

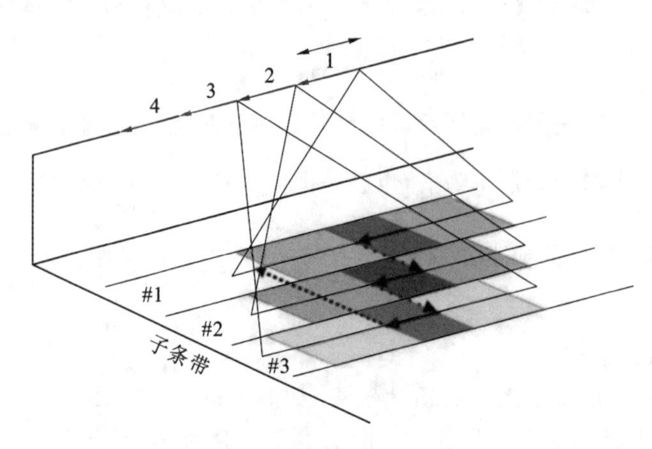

图 3-41　SAR 条带模式和扫描模式成像几何示意图

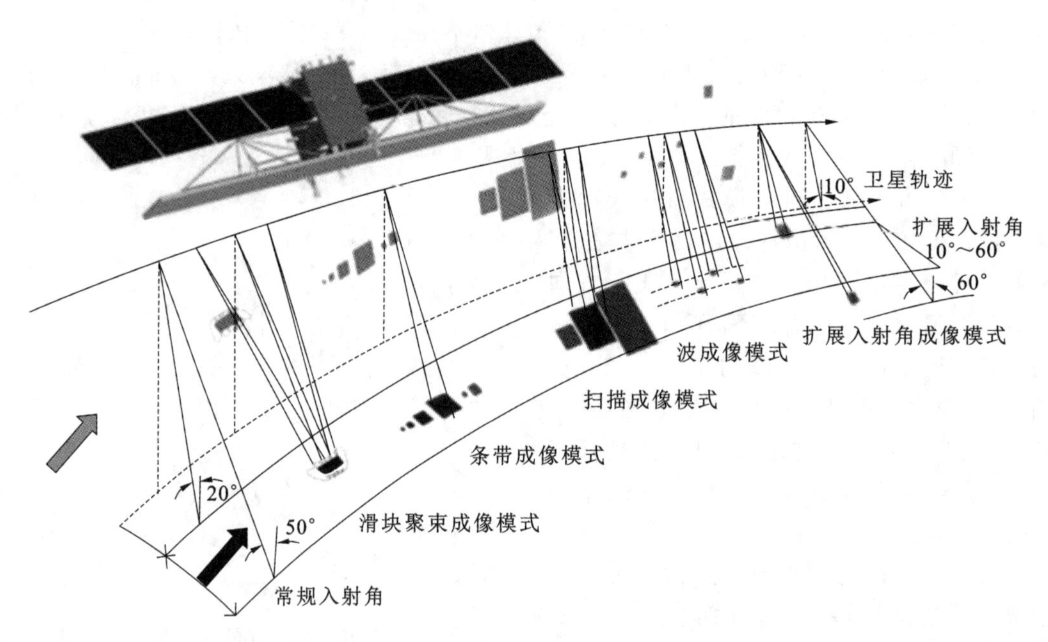

图 3-42　高分三号卫星 SAR 传感器各种成像模式示意图

3.5.3　侧视雷达图像的几何特征

侧视雷达图像在垂直飞行方向(y)的像点位置是以飞机与目标的斜距来确定，如图 3-43 所示，称之为斜距投影。图像点的斜距至地面距离为：

$$G = R\cos\varphi = \sqrt{R^2 - H^2} \tag{3-18}$$

飞行方向(x)则与推扫式扫描仪相同。由于斜距投影的特性，产生以下几种图像的几何特点：

(1) 垂直飞行方向(y)的比例尺由小变大，如图 3-44 所示。地面上 A,B,C 三段距离相

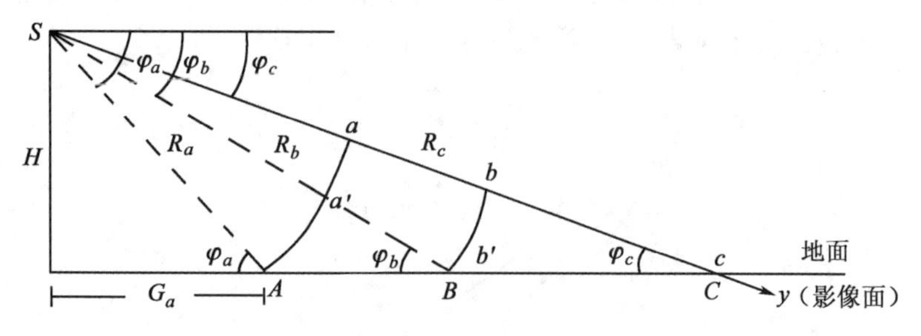

图 3-43　斜距投影

等，投影至雷达图像上分别为 a,b,c。由于 $c>b>a$，因此$\frac{1}{m_c}>\frac{1}{m_b}>\frac{1}{m_a}$。显然这是由于 $\cos\varphi$ 的作用造成的。从图 3-43 中可知，地面上 AB 线段投影到影像上为 ab，比例尺为：

$$\frac{1}{m_{ab}}=\frac{ab}{AB}=\frac{a'b'}{AB} \tag{3-19}$$

弧线 $Aa'\perp SB$。假定弧线近似为直线段，并且$\angle Aa'B$ 也近似为直角，则$\frac{a'b'}{AB}=\cos\varphi_b$，所以 $\frac{1}{m_{ab}}=\cos\varphi_b$。同理$\frac{1}{m_{bc}}=\cos\varphi_c$。变成通式即

$$\frac{1}{m}=\cos\varphi \tag{3-20}$$

考虑到实测的斜距是按$\frac{1}{m_r}$比例尺缩小为影像，因此在侧视方向上的比例尺为：

$$\frac{1}{m_y}=\frac{1}{m_r}\cos\varphi \tag{3-21}$$

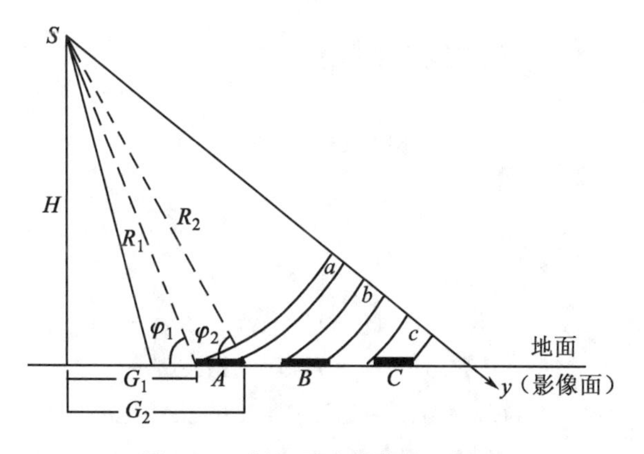

图 3-44　侧视雷达影像的比例尺

可见，$\varphi\to0°$，$\cos\varphi\to1$，即 φ 趋于 0°时比例尺大；而 $\varphi\to90°$，$\cos\varphi\to0$ ，即 φ 趋于 90°时比例尺小。

(2) 造成山体前倾，朝向传感器的山坡影像被压缩，而背向传感器的山坡被拉长，与中心投影相反，还会出现不同地物点重影现象。如图 3-45 所示，地物点 AC 之间的山坡在雷

达图像上被压缩，在中心投影像片上是拉伸，CD 之间的山坡出现的现象正好相反。地物点 A 和 B 在雷达图像上出现重影，在中心投影像片中不会出现这种现象。

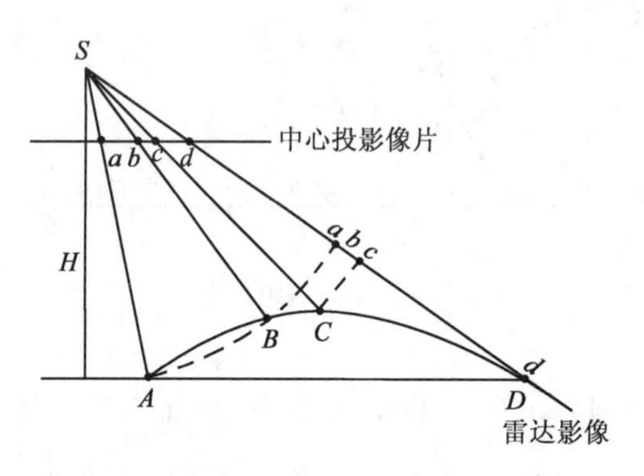

图 3-45　重影现象

(3) 高差产生的投影差亦与中心投影影像投影差位移的方向相反，位移量也不同，如图 3-46 所示。

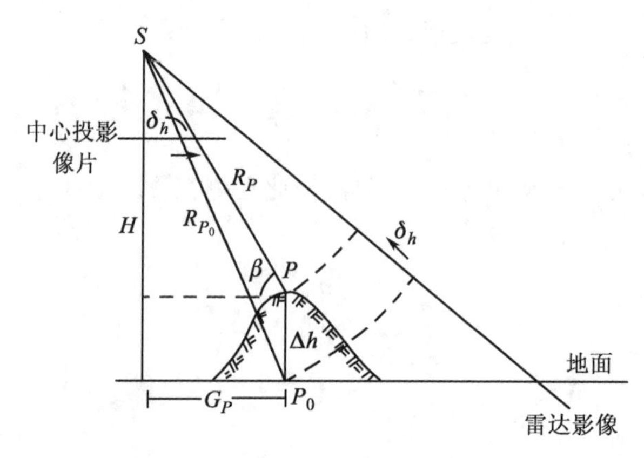

图 3-46　投影差

投影差 $\delta_h = R_{P_0} - R_P$，而

$$G_P^2 = R_{P_0}^2 - H^2 = R_P^2 - (H - \Delta h)^2 \tag{3-22}$$

$$R_{P_0}^2 - R_P^2 = - H^2 + 2H\Delta h - \Delta h^2 + H^2 \tag{3-23}$$

$$(R_{P_0} - R_P)(R_{P_0} + R_P) = 2H\Delta h - \Delta h^2$$

$$\delta_h(R_{P_0} - R_P + 2R_P) = 2H\Delta h - \Delta h^2$$

$$\delta_h^2 + 2R_P\delta_h + (\Delta h^2 - 2H\Delta h) = 0$$

$$\delta_h = \frac{-2R_P \pm \sqrt{4R_P^2 - 4\Delta h^2 + 8H\Delta h}}{2}$$

$$= - R_P \pm \sqrt{R_P^2 - \Delta h^2 + 2H\Delta h}$$

由于 $\delta_h \ll R_P$

所以取
$$\delta_h = -R_p + \sqrt{R_p^2 - \Delta h^2 + 2H\Delta h} \tag{3-24}$$
当 $\Delta h > 0$ 时，δ_h 也大于 0 为正值，反之为负值。投影差改正时用加法：
$$R_{P_0} = R_P + \delta_h$$

(4) 雷达立体图像的构像特点。

从不同摄站对同一地区获取的雷达图像也能构成立体影像。由于是侧视，所以同一侧或异侧都能获取和构成立体像对。对同侧获取的雷达图像立体对，由于高差引起的投影差与中心投影片方向相反，如果按摄影位置放置像片进行立体观测，看到的将是反立体图像。图 3-47 已将左右立体图像换位放置，看到的是正立体。

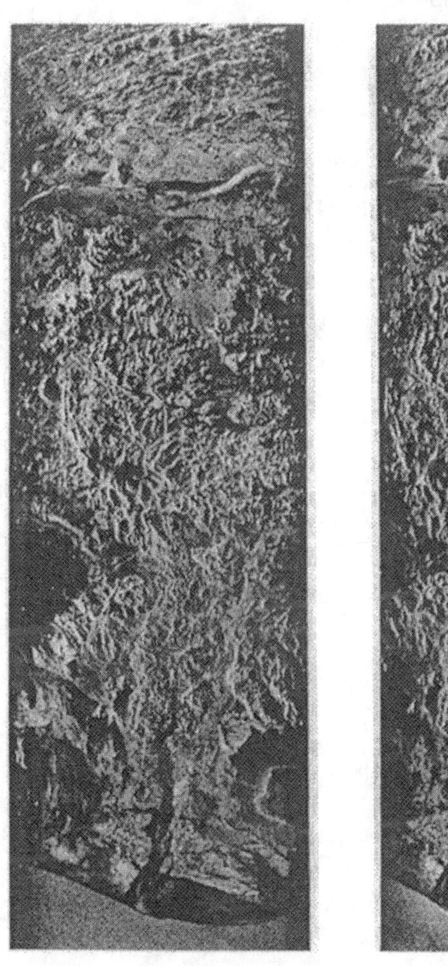
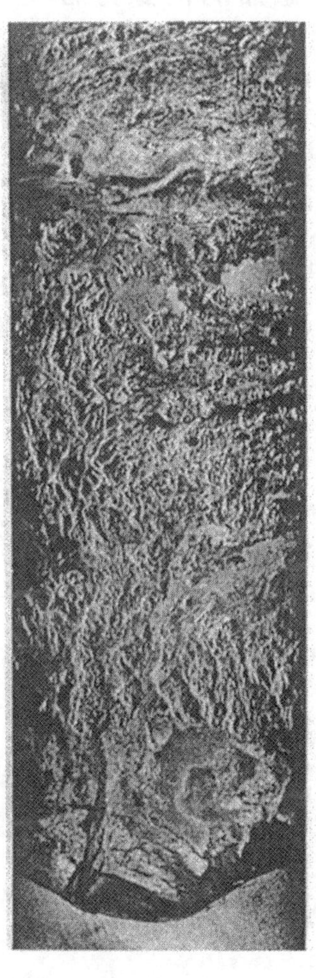

图 3-47　雷达图像立体对(冰岛，同侧立体影像)

第4章　遥感图像的几何处理

4.1　遥感传感器的构像方程

遥感图像的构像方程是指地物点在图像上的图像坐标(x,y)和其在地面对应点的大地坐标(X,Y,Z)之间的数学关系。根据摄影测量原理，这两个对应点和传感器成像中心呈共线关系，可以用共线方程来表示。这个数学关系是对任何类型传感器成像进行几何纠正和对某些参量进行误差分析的基础。

4.1.1　遥感图像通用构像方程

为建立图像点和对应地面点之间的数学关系，需要在像方和物方空间建立坐标系，如图4-1所示。

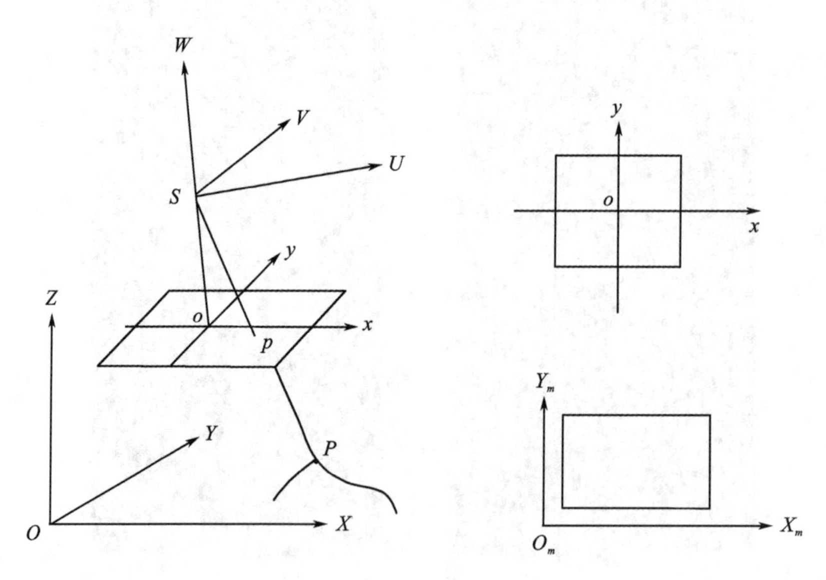

图4-1　构像方程中的坐标系

其中主要的坐标系有：

(1) 传感器坐标系$S\text{-}UVW$，S为传感器投影中心，作为传感器坐标系的坐标原点，U轴的方向为遥感平台的飞行方向，W轴为传感器指向地底点方向的负方向，V轴垂直于WU平面，该坐标系描述了像点在空间的位置。

(2) 地面坐标系 $O\text{-}XYZ$，主要采用地心坐标系统。当传感器对地成像时，Z 轴与原点处的天顶方向一致，XY 平面与 Z 轴垂直。

(3) 图像(像点)坐标系 $o\text{-}xyf$，(x,y)为像点在图像上的平面坐标，f 为传感器成像时的等效焦距，其方向与 $S\text{-}UVW$ 方向一致。

上述坐标系统都是三维空间坐标系，而最基本的坐标系统是图像坐标系统 $o\text{-}xy$ 和地图坐标系统 $O_m\text{-}X_mY_m$，它们是二维的平面坐标系统，是遥感图像几何处理的出发点和归宿。

在地面坐标系与传感器坐标系之间建立的转换关系称为通用构像方程。设地面点 P 在地面坐标系中的坐标为$(X,Y,Z)_P$，P 在传感器坐标系中的坐标为$(U,V,W)_P$，传感器投影中心 S 在地面坐标系中的坐标为$(X,Y,Z)_S$，A 为传感器坐标系相对地面坐标系的旋转矩阵，则通用构像方程为：

$$\begin{bmatrix} X \\ Y \\ Z \end{bmatrix}_P = \begin{bmatrix} X \\ Y \\ Z \end{bmatrix}_S + A\begin{bmatrix} U \\ V \\ W \end{bmatrix}_P \tag{4-1}$$

4.1.2 中心投影构像方程

根据中心投影特点，图像坐标$(x,y,-f)$和传感器系统坐标$(U,V,W)_P$之间有如下关系：

$$\begin{bmatrix} U \\ V \\ W \end{bmatrix}_P = \lambda_P\begin{bmatrix} x \\ y \\ -f \end{bmatrix} \tag{4-2}$$

式中：λ_P 为成像比例尺分母，f 为摄影机主距，中心投影像片坐标与地面点大地坐标的关系即构像方程为：

$$\begin{bmatrix} X \\ Y \\ Z \end{bmatrix}_P = \begin{bmatrix} X \\ Y \\ Z \end{bmatrix}_S + \lambda_P\mathbf{A}\begin{bmatrix} x \\ y \\ -f \end{bmatrix} \tag{4-3}$$

其中

$$\mathbf{A} = \begin{bmatrix} a_{11} & a_{12} & a_{13} \\ a_{21} & a_{22} & a_{23} \\ a_{31} & a_{32} & a_{33} \end{bmatrix}$$

具体表达式为：

$$\begin{aligned}
a_{11} &= \cos\varphi\cos\kappa - \sin\varphi\sin\omega\sin\kappa \\
a_{12} &= -\cos\varphi\sin\kappa - \sin\varphi\sin\omega\cos\kappa \\
a_{13} &= -\sin\varphi\cos\omega \\
a_{21} &= \cos\omega\sin\kappa \\
a_{22} &= \cos\omega\cos\kappa \\
a_{23} &= -\sin\omega \\
a_{31} &= \sin\varphi\cos\kappa + \cos\varphi\sin\omega\sin\kappa \\
a_{32} &= -\sin\varphi\sin\kappa + \cos\varphi\sin\omega\cos\kappa \\
a_{33} &= \cos\varphi\cos\omega
\end{aligned}$$

由像点坐标可以解算大地(平面)坐标,称为正算公式:

$$
\begin{aligned}
X_P &= X_S + (Z_P - Z_S)\,\frac{a_{11}x + a_{12}y - a_{13}f}{a_{31}x + a_{32}y - a_{33}f} \\
Y_P &= Y_S + (Z_P - Z_S)\,\frac{a_{21}x + a_{22}y - a_{23}f}{a_{31}x + a_{32}y - a_{33}f}
\end{aligned}
\tag{4-4}
$$

当已知大地坐标,可以反求像点坐标,称为反算公式:

$$
\begin{aligned}
x &= -f\,\frac{a_{11}(X_P - X_S) + a_{21}(Y_P - Y_S) + a_{31}(Z_P - Z_S)}{a_{13}(X_P - X_S) + a_{23}(Y_P - Y_S) + a_{33}(Z_P - Z_S)} \\
y &= -f\,\frac{a_{12}(X_P - X_S) + a_{22}(Y_P - Y_S) + a_{32}(Z_P - Z_S)}{a_{13}(X_P - X_S) + a_{23}(Y_P - Y_S) + a_{33}(Z_P - Z_S)}
\end{aligned}
\tag{4-5}
$$

公式(4-5)为描述像点、对应地物点和传感器投影中心之间关系的共线方程。为表达方便,设

$$
\begin{aligned}
(X) &= a_{11}(X_P - X_S) + a_{21}(Y_P - Y_S) + a_{31}(Z_P - Z_S) \\
(Y) &= a_{12}(X_P - X_S) + a_{22}(Y_P - Y_S) + a_{32}(Z_P - Z_S) \\
(Z) &= a_{13}(X_P - X_S) + a_{23}(Y_P - Y_S) + a_{33}(Z_P - Z_S)
\end{aligned}
\tag{4-6}
$$

则共线方程可以简写为:

$$
\begin{aligned}
x &= -f\,\frac{(X)}{(Z)} \\
y &= -f\,\frac{(Y)}{(Z)}
\end{aligned}
\tag{4-7}
$$

共线方程的几何意义:当地物点 P、对应像点 p 和投影中心 S 位于同一条直线上时,式(4-5)和式(4-7)成立。

4.1.3　全景摄影机的构像方程

全景摄影机图像是由一条曝光缝隙沿旁向扫描而成,对于每条缝隙图像的形成,其几何关系等效于中心投影沿旁向倾斜一个扫描角 θ 后,以中心线成像的情况,此时像点坐标为 $(x, 0, -f)$,所以其构像方程为:

$$
\begin{bmatrix} X \\ Y \\ Z \end{bmatrix}_P = \begin{bmatrix} X \\ Y \\ Z \end{bmatrix}_{S_t} + \lambda A_t R_\theta \begin{bmatrix} x \\ 0 \\ -f \end{bmatrix}
\tag{4-8}
$$

式中:

$$
R_\theta = \begin{bmatrix} 1 & 0 & 0 \\ 0 & \cos\theta & -\sin\theta \\ 0 & \sin\theta & \cos\theta \end{bmatrix}
$$

其共线方程为:

$$
\begin{aligned}
(x) &= \frac{x}{\cos\theta} = -f\,\frac{(X)}{(Z)} \\
(y) &= f\tan\theta = -f\,\frac{(Y)}{(Z)}
\end{aligned}
\tag{4-9}
$$

式中:(x),(y)为等效的中心投影图像坐标。$\theta = y_p / f$,y_p 是在全景像片展开后,以 $\theta = 0$ 时

为原点，像点 p 的 y 值。

式(4-8)的投影中心的坐标和姿态角是相对于一条扫描线而言的，一幅图像内每条图像线的投影中心的坐标和姿态角是变化的，它们是时间 t 的函数，故用 S_t，A_t 加以区别。全景摄影机的几何关系见图 4-2，S-UVW 为成像瞬间的坐标系。

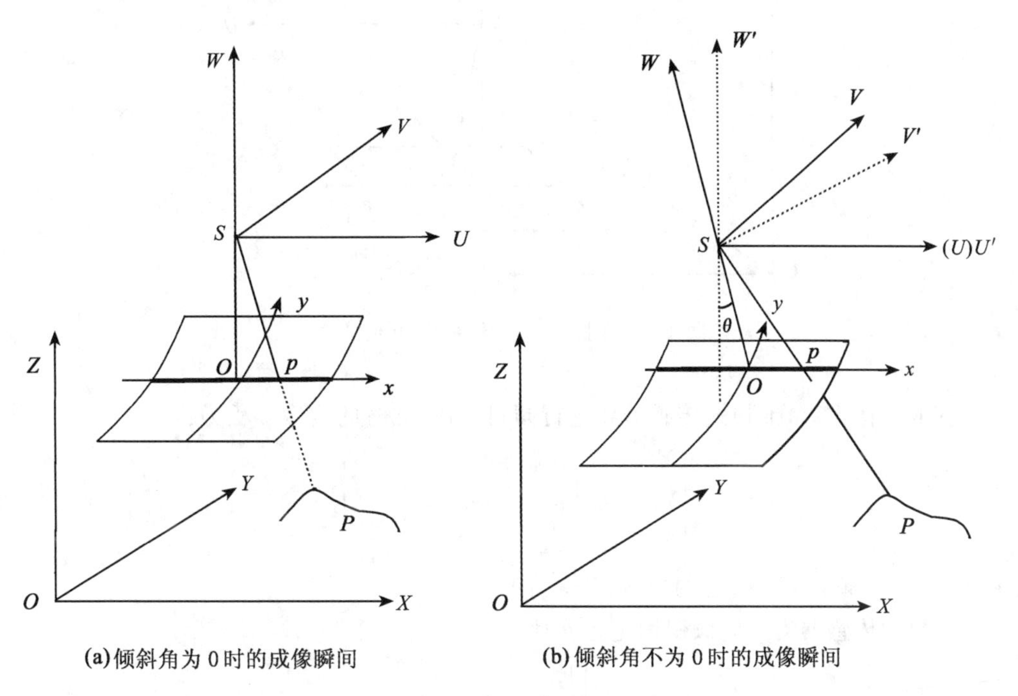

图 4-2 全景摄影机成像瞬间的几何关系

4.1.4 推扫式传感器的构像方程

推扫式传感器是行扫描动态传感器。在垂直成像的情况下，每一条线的成像属于中心投影，在时刻 t 时像点 p 的坐标为$(0, y, -f)$，因此推扫式传感器的构像方程为：

$$\begin{bmatrix} X \\ Y \\ Z \end{bmatrix}_P = \begin{bmatrix} X \\ Y \\ Z \end{bmatrix}_{S_t} + \lambda A_t \begin{bmatrix} 0 \\ y \\ -f \end{bmatrix} \tag{4-10}$$

在一幅图像内，每条扫描线的投影中心大地坐标和姿态角是随时间变化的。上式可表达为：

$$\begin{aligned} (x) &= 0 = -f\frac{(X)}{(Z)} \\ (y) &= y = -f\frac{(Y)}{(Z)} \end{aligned} \tag{4-11}$$

推扫式传感器的构像几何关系见图 4-3。

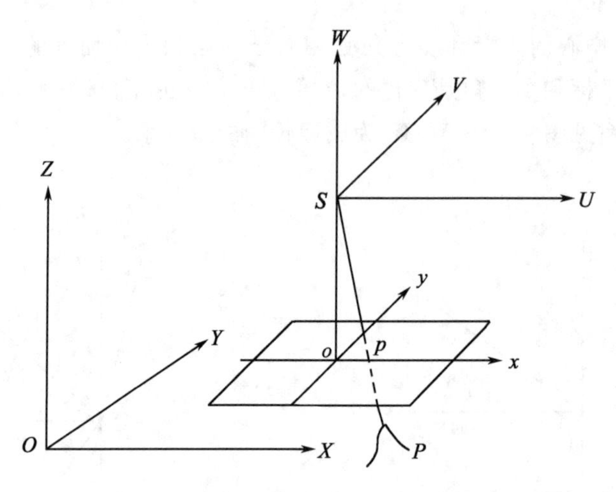

图 4-3　推扫式传感器的构像几何关系

为获取立体像对,推扫式传感器要进行倾斜扫描,此时的构像方程为:

$$\begin{bmatrix} X \\ Y \\ Z \end{bmatrix}_P = \begin{bmatrix} X \\ Y \\ Z \end{bmatrix}_{S_t} + \lambda A_t \boldsymbol{R}_\theta \begin{bmatrix} 0 \\ y \\ -f \end{bmatrix} \tag{4-12}$$

式中:$\boldsymbol{R}_\theta$ 即为由倾斜角 θ 引起的旋转矩阵。

当推扫式传感器沿旁向倾斜固定角 θ 时,

$$\boldsymbol{R}_\theta = \begin{bmatrix} 1 & 0 & 0 \\ 0 & \cos\theta & -\sin\theta \\ 0 & \sin\theta & \cos\theta \end{bmatrix}$$

则式(4-11)可表示为:

$$(x) = 0 = -f\frac{(X)}{(Z)}$$

$$(y) = f\frac{y\cos\theta + f\sin\theta}{f\cos\theta - y\sin\theta} = -f\frac{(Y)}{(Z)} \tag{4-13}$$

当推扫式传感器作前后视成像,前(后)视角为 θ 时,

$$\boldsymbol{R}_\theta = \begin{bmatrix} \cos\theta & 0 & -\sin\theta \\ 0 & 1 & 0 \\ \sin\theta & 0 & \cos\theta \end{bmatrix}$$

则式(4-11)可表示为:

$$(x) = f\tan\theta = -f\frac{(X)}{(Z)}$$

$$(y) = y/\cos\theta = -f\frac{(Y)}{(Z)} \tag{4-14}$$

推扫式传感器前(后)视、侧视成像方式见图 4-4。

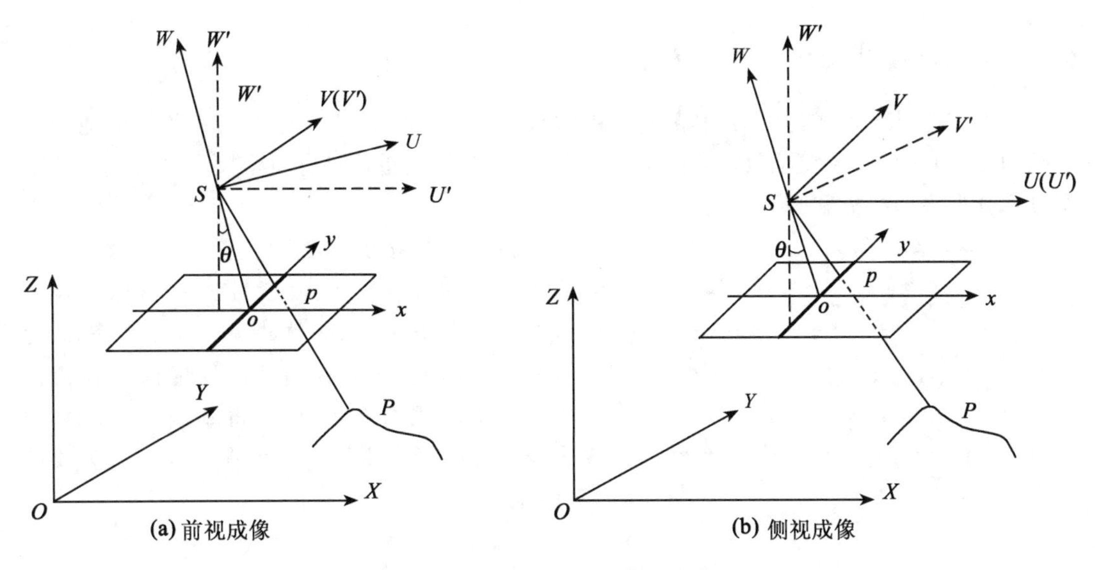

图 4-4 推扫式传感器立体成像方式

4.1.5 扫描式传感器的构像方程

扫描式传感器获得的图像属于多中心投影，每个像元都有自己的投影中心，随着扫描镜的旋转和平台的前进来实现整幅图像的成像。由于扫描式传感器的光学聚焦系统有一个固定的焦距，因此地面上任意一条线的图像是一条圆弧，整幅图像是一个等效的圆柱面，所以该类传感器成像亦具有全景投影成像的特点。任意一个像元的构像，等效于中心投影朝旁向旋转了扫描角 θ 后，以像幅中心（$x=0, y=0$）成像的几何关系。所以扫描式传感器的构像方程为：

$$\begin{bmatrix} X \\ Y \\ Z \end{bmatrix}_P = \begin{bmatrix} X \\ Y \\ Z \end{bmatrix}_{S_t} + \lambda A_t \boldsymbol{R}_\theta \begin{bmatrix} 0 \\ 0 \\ -f \end{bmatrix} \tag{4-15}$$

式中：
$$\boldsymbol{R}_\theta = \begin{bmatrix} 1 & 0 & 0 \\ 0 & \cos\theta & -\sin\theta \\ 0 & \sin\theta & \cos\theta \end{bmatrix}$$

扫描式传感器的共线方程可表达为：

$$\begin{aligned} (x) &= 0 = -f\frac{(X)}{(Z)} \\ (y) &= f\tan\theta = -f\frac{(Y)}{(Z)} \end{aligned} \tag{4-16}$$

扫描式传感器的构像关系见图 4-5。

属于扫描式成像的传感器有红外扫描仪（IRS）和多光谱扫描仪（MSS）。

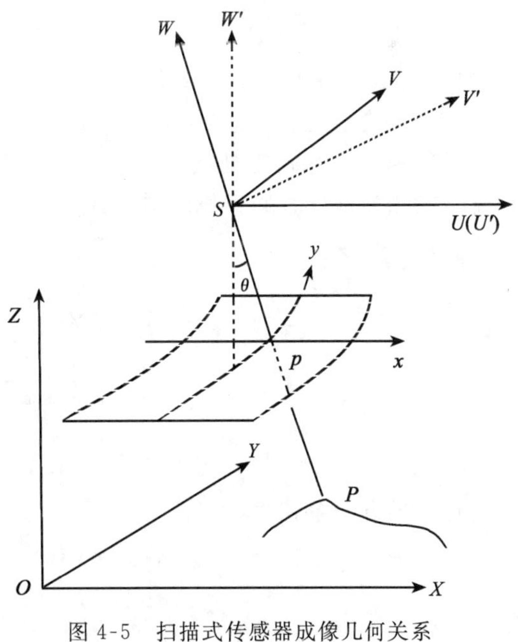

图 4-5 扫描式传感器成像几何关系

4.1.6　侧视雷达图像的构像方程

侧视雷达是主动式传感器，其侧向的图像坐标取决于雷达波往返于天线和相应地物点之间的传播时间，即天线至地物点的空间距离 R，所以侧视雷达具有斜距投影的性质。其工作方式分为平面扫描和圆锥扫描。

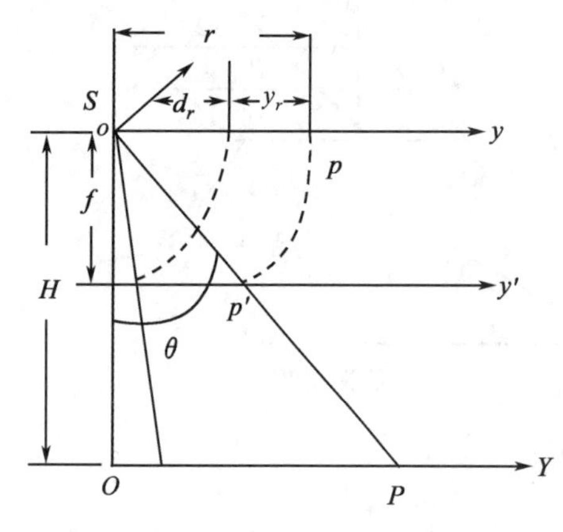

图 4-6　雷达成像的平面扫描几何关系图

当侧视雷达按侧向平面扫描方式工作时，其成像方式见图 4-6。图中 θ 为雷达往返脉冲与铅垂线之间的夹角，oy 为等效的中心投影图像，f 为等效焦距。因此，将侧视雷达图像成像方式归化为中心投影的成像方式，可以得到侧视雷达的构像方程。此时像点坐标为 $x=0, y=r\sin\theta$，等效焦距 $f=r\cos\theta$。

$$\begin{bmatrix} X \\ Y \\ Z \end{bmatrix}_P = \begin{bmatrix} X \\ Y \\ Z \end{bmatrix}_{S_t} + \lambda A_t \begin{bmatrix} 0 \\ r\sin\theta \\ -r\cos\theta \end{bmatrix} \tag{4-17}$$

式中：$r=R/m_r$，m_r 为距离向上雷达图像比例尺分母。$r=d_r+y_r$，d_r 为仪器常数(近似等于雷达成像的焦距)，是雷达图像上的扫描延迟，y_r 是在雷达图像上实际可以量测的坐标。

共线方程可表达为：

$$\begin{aligned} 0 &= -f\frac{(X)}{(Z)} \\ r\sin\theta &= -f\frac{(Y)}{(Z)} \end{aligned} \tag{4-18}$$

应根据具体情况使用上述方程。如果是真实孔径雷达情况，式(4-16)中的 (X)、(Y)、(Z) 项内包含的各方向余弦 $a_{ij}(i、j=1,2,3)$ 与式(4-3)的 a_{ij} 相同。

如果是合成孔径雷达(相干雷达)情况，则由于它的成像物理过程是以雷达相对于地物点的运行速度为基础的，与雷达的姿态角关系不大。此时，由式(4-5)所表达的方向余弦已不能反映雷达成像投影方式的实质，而需要重新定义。可令传感器坐标系三轴的单位向量为 $\boldsymbol{i}, \boldsymbol{j}, \boldsymbol{k}$，并定义为：

$$\begin{aligned} \boldsymbol{i} &= \frac{\boldsymbol{V}_S}{|\boldsymbol{V}_S|} = (i_x, i_y, i_z) \\ \boldsymbol{j} &= \frac{\boldsymbol{S}\times\boldsymbol{i}}{|\boldsymbol{S}\times\boldsymbol{i}|} = (j_x, j_y, j_z) \\ \boldsymbol{k} &= \frac{\boldsymbol{i}\times\boldsymbol{j}}{|\boldsymbol{i}\times\boldsymbol{j}|} = (k_x, k_y, k_z) \end{aligned} \tag{4-19}$$

则新定义的方向余弦为：

$$\begin{bmatrix} a_{11} & a_{12} & a_{13} \\ a_{21} & a_{22} & a_{23} \\ a_{31} & a_{32} & a_{33} \end{bmatrix} = \begin{bmatrix} i_x & j_x & k_x \\ i_y & j_y & k_y \\ i_z & j_z & k_z \end{bmatrix} \tag{4-20}$$

这里，$\boldsymbol{i}$ 为标准化的速度矢量 $\boldsymbol{V}_S$，$\boldsymbol{i}=(i_x,i_y,i_z)=(v_x,v_y,v_z)$ 与方向余弦 (a_{11},a_{21},a_{31}) 对应。这时式(4-18)可由下式来代替：

$$
\begin{aligned}
0 &= \boldsymbol{i}\cdot(\boldsymbol{P}-\boldsymbol{S}) \\
R &= |\boldsymbol{P}-\boldsymbol{S}|
\end{aligned}
\tag{4-21}
$$

其中，$\boldsymbol{P}=(X_P,Y_P,Z_P)$ 为地物点 A 的坐标矢量；$\boldsymbol{S}=(X_S,Y_S,Z_S)$ 为天线 S 的坐标矢量；$R=m_r(d_r+y_r)$ 为天线 S 到地物点 A 的空间距离。式(4-21)的第一式表示侧向扫描平面恒垂直于航行速度矢量方向；第二式反映了斜距投影的特点。其展开式为：

$$
\begin{aligned}
0 &= V_X(X_P-X_S)+V_Y(Y_P-Y_S)+V_Z(Z_P-Z_S) \\
r &= d_r+y_r=\frac{1}{m_r}\sqrt{(X_P-X_S)^2+(Y_P-Y_S)^2+(Z_P-Z_S)^2}
\end{aligned}
\tag{4-22}
$$

4.1.7 基于多项式的构像模型

这种模型的基本思想是，回避成像的空间几何过程，直接对图像变形的本身进行数学模拟。遥感图像的几何变形由多种因素引起，其变化规律十分复杂。为此把遥感图像的总体变形看作平移、缩放、旋转、偏扭、弯曲以及更高次的基本变形的综合作用结果，难以用一个严格的数学表达式来描述，而是用一个适当的多项式来描述纠正前后图像相应点之间的坐标关系。

常用的多项式模型有：

$$
\begin{aligned}
x &= \sum_{i=0}^{m}\sum_{j=0}^{n}a_{ij}X^iY^j \\
y &= \sum_{i=0}^{m}\sum_{j=0}^{n}b_{ij}X^iY^j
\end{aligned}
\tag{4-23}
$$

$$
\begin{aligned}
x &= \sum_{i=0}^{m}\sum_{j=0}^{n}\sum_{k=0}^{p}a_{ijk}X^iY^jZ^k \\
y &= \sum_{i=0}^{m}\sum_{j=0}^{n}\sum_{k=0}^{p}b_{ijk}X^iY^jZ^k
\end{aligned}
\tag{4-24}
$$

式中：(x,y) 为像点坐标，(X,Y) 为对应的地面点坐标，Z 为点 (X,Y) 的高程，(a,b) 为多项式系数。多项式的阶数一般不大于三次，高于三阶的多项式往往不能提高精度，反而会引起参数的相关，造成模型定向精度的降低。

多项式函数只是对地面和相应图像的拟合，不能真实描述图像形成过程中的误差来源以及地形起伏引起的变形，因此，其应用只限于变形很小的图像如垂直下视图像、图像覆盖范围小或者地形相对平坦的地区图像。基于多项式的传感器模型，其定向精度与地面控制点的精度、分布和数量及实际地形有关。采用多项式纠正时，在控制点上的位置拟合很好，在其他点的内插值可能有明显的偏离，而与相邻控制点不协调，即在某点处产生振荡现象。

多项式模型与具体的传感器无关，数学模型形式简单、计算速度快。三维多项式是二维多项式的扩展，增加了与地形起伏有关的 Z 坐标。

4.1.8 基于有理函数的构像模型

随着传感器技术的发展，一些高分辨率商业遥感卫星如 IKONOS、QuickBird 等的传感器信息暂时并不向用户公开，只向用户提供有理函数模型系数，在不知道其轨道参数和成像有关参数的情况下，使用严格的成像几何模型处理其图像是不可能的。因此，传感器参数的保密性、成像几何模型的通用性和更高的处理速度要求使用与具体传感器无关的、形式简单的通用成像几何模型取代严格成像几何模型完成遥感图像处理。

有理函数模型(Rational Function Model，RFM)是 Space Imaging 公司提供的一种广义的新型传感器成像模型，是一种能够获得与严格成像模型近似一致精度的、形式简单的概括模型。

共线方程描述图像的成像关系，理论上是严密的。需要知道传感器物理构造以及成像方式，但是有些高性能的传感器参数，成像方式卫星轨道不公开。

因此需要有与具体传感器无关的、形式简单的传感器模型来取代共线方程模型。

有理函数模型是多项式模型的比值形式，是各种传感器成像几何模型的一种更广义的表达，同多项式模型比较起来有理函数模型是对不同的传感器模型更为精确的表达形式。有理多项式模型具有独立于具体传感器、形式简单等特点，能满足传感器参数透明化、成像几何模型通用化和处理高速智能化的要求。它在遥感方面有相当大的应用，而且已经成为构筑真实传感器模型的一种计算方法，它能适用于各类传感器，包括最新的航空和航天传感器。

RFM 将地面点大地坐标 D(Latitude，Longitude，Height)与其对应的像点坐标 d(Line，Sample)用比值多项式关联起来。为了增强参数求解的稳定性，将地面坐标和影像坐标正则化到 -1.0 和 1.0 之间。对于一个影像，定义如下比值多项式：

$$
\begin{aligned}
Y &= \frac{\mathrm{Num}_L(P,L,H)}{\mathrm{Den}_L(P,L,H)} \\
X &= \frac{\mathrm{Num}_S(P,L,H)}{\mathrm{Den}_S(P,L,H)}
\end{aligned}
\tag{4-25}
$$

式中，多项式的形式如下：

$$
\begin{aligned}
\mathrm{Num}_L(P,L,H) = {} & a_1+a_2L+a_3P+a_4H+a_5LP+a_6LH+a_7PH+a_8L^2+a_9P^2+a_{10}H^2+a_{11}PLH+a_{12}L^3+a_{13}LP^2+a_{14}LH^2+a_{15}L^2P+a_{16}P^3+a_{17}PH^2+a_{18}L^2H+a_{19}P^2H+a_{20}H^3 \\
\mathrm{Den}_L(P,L,H) = {} & b_1+b_2L+b_3P+b_4H+b_5LP+b_6LH+b_7PH+b_8L^2+b_9P^2+b_{10}H^2+b_{11}PLH+b_{12}L^3+b_{13}LP^2+b_{14}LH^2+b_{15}L^2P+b_{16}P^3+b_{17}PH^2+b_{18}L^2H+b_{19}P^2H+b_{20}H^3 \\
\mathrm{Num}_S(P,L,H) = {} & c_1+c_2L+c_3P+c_4H+c_5LP+c_6LH+c_7PH+c_8L^2+c_9P^2+c_{10}H^2+c_{11}PLH+c_{12}L^3+c_{13}LP^2+c_{14}LH^2+c_{15}L^2P+c_{16}P^3+c_{17}PH^2+c_{18}L^2H+c_{19}P^2H+c_{20}H^3 \\
\mathrm{Den}_S(P,L,H) = {} & d_1+d_2L+d_3P+d_4H+d_5LP+d_6LH+d_7PH+d_8L^2+d_9P^2+d_{10}H^2+d_{11}PLH+d_{12}L^3+d_{13}LP^2+d_{14}LH^2+d_{15}L^2P+d_{16}P^3+d_{17}PH^2+d_{18}L^2H+d_{19}P^2H+d_{20}H^3
\end{aligned}
$$

式中：多项式中的系数 a_i，b_i，c_i，d_i 称为有理函数的系数 RFC(Rational Function Coefficient)。b_1 和 d_1 通常为 1，(P,L,H)为正则化的地面坐标，(X,Y)为正则化的影像坐标，表达式为：

$$P = \frac{\text{Latitude} - \text{LAT\_OFF}}{\text{LAT\_SCALE}}$$

$$L = \frac{\text{Longitude} - \text{LONG\_OFF}}{\text{LONG\_SCALE}} \tag{4-26}$$

$$H = \frac{\text{Height} - \text{HEIGHT\_OFF}}{\text{HEIGHT\_SCALE}}$$

$$X = \frac{\text{Sample} - \text{SAMP\_OFF}}{\text{SAMP\_SCALE}}$$

$$Y = \frac{\text{Line} - \text{LINE\_OFF}}{\text{LINE\_SCALE}} \tag{4-27}$$

式中：LAT_OFF、LAT_SCALE、LONG_OFF、LONG_SCALE、HEIGHT_OFF 和 HEIGHT_SCALE 为地面坐标的正则化参数。SAMP_OFF、SAMP_SCALE、LINE_OFF 和 LINE_SCALE 为影像坐标的正则化参数。

在 RFM 中，光学投影系统产生的误差用有理多项式中的一次项来表示，地球曲率、大气折射和镜头畸变等产生的误差能很好地用有理多项式中二次项来模型化，其他一些未知的具有高阶分量的误差如相机振动等，用有理多项式中的三次项来表示。

式(4-25)中 RFM 有 9 种不同的形式，如表 4-1 所示：

表 4-1 RPC 模型形式

形式	分母	阶数	待求解 RFM 参数个数	需要的最小控制点数目
1	$Den_L \neq Den_S$	1	14	7
2		2	38	19
3		3	78	39
4	$Den_L = Den_S$！$=1$	1	11	6
5		2	29	15
6		3	59	30
7	$Den_L = Den_S = 1$	1	8	4
8		2	20	10
9		3	40	20

表 4-1 给出了在 9 种情况下待求解 RFM 参数的形式和需要的最少控制点。当 $Den_L = Den_S = 1$ 时，RFM 退化为一般的三维多项式模型；当 $Den_L = Den_S$！$=1$ 并且在一阶多项式的情况下，RFM 退化为 DLT 模型，因此 RFM 是一种广义的成像模型。

4.2 遥感图像的几何变形

当处理遥感图像时，我们将它表达在某个规定的图像投影参照系统中。遥感图像成图时，由于各种因素的影响，图像本身的几何形状与其对应的地物形状往往是不一致的。遥感图像的几何变形是指原始图像上各地物的几何位置、形状、尺寸、方位等特征与在参照系统中的表达要求不一致时产生的变形。研究遥感图像几何变形的前提是必须确定一个图像投影的参照系统，即地图投影系统。本书采用切平面坐标系作为图像变形的参照系统。

遥感图像的变形误差可分为静态误差和动态误差两大类。静态误差是在成像过程中，传感器相对于地球表面呈静止状态时所具有的各种变形误差。动态误差主要是在成像过程中由于地球的旋转等因素所造成的图像变形误差。变形误差又可分为内部误差和外部误差两类。内部误差主要是由于传感器自身的性能技术指标偏移标称数值所造成的。内部误差随传感器的结构不同而异，其数据和规律可以在地面通过检校的方式测定，其误差值不大，本书不予讨论。外部变形误差是在传感器本身处在正常工作的条件下，由传感器以外的各种因素所造成的误差，如传感器的外方位元素变化、传播介质不均匀、地球曲率、地形起伏以及地球旋转等因素引起的变形误差。本节主要讨论外部误差对图像变形的影响。此外把某些传感器特殊的成像方式所引起的图像变形，如全景变形、斜距变形等也加以讨论。

4.2.1　传感器成像方式引起的图像变形

传感器的成像方式有中心投影、全景投影、斜距投影以及平行投影等几种。中心投影可分为点中心投影、线中心投影和面中心投影三种。由于中心投影图像在垂直摄影和地面平坦的情况下，地面物体与其图像之间具有相似性(并不考虑摄影本身产生的图像变形)，不存在由成像方式所造成的图像变形，因此把中心投影的图像作为基准图像来讨论其他方式投影图像的变形规律。

1. 全景投影变形

全景投影的图像面不是一个平面，而是一个圆柱面，如图 4-7 所示的圆柱面 MON，相当于全景摄影的投影面，称为全景面。地物点 P 在全景面上的像点为 p，则 p 在扫描线方向上的坐标 y_p' 为：

$$y_p' = f\frac{\theta}{\rho} \tag{4-28}$$

式中：f 是焦距，θ 是以度为单位的成像角，$\rho = 57.2957(°)/\text{rad}$ 。

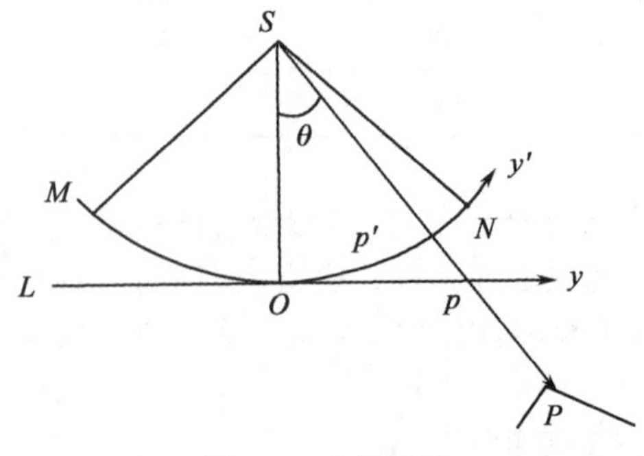

图 4-7　全景投影

设 L 是一个等效的中心投影成像面(如图 4-7 中的 Oy)，P 点在 Oy 上的像点为 p，其坐标为 y_p，则有：

$$y_p = f\tan\theta \tag{4-29}$$

从而可以得到全景变形公式：

$$dy = y_p' - y_p = f\left(\frac{\theta}{\rho} - \tan\theta\right) \tag{4-30}$$

全景投影变形的图形变化情况如图 4-8(b)所示。

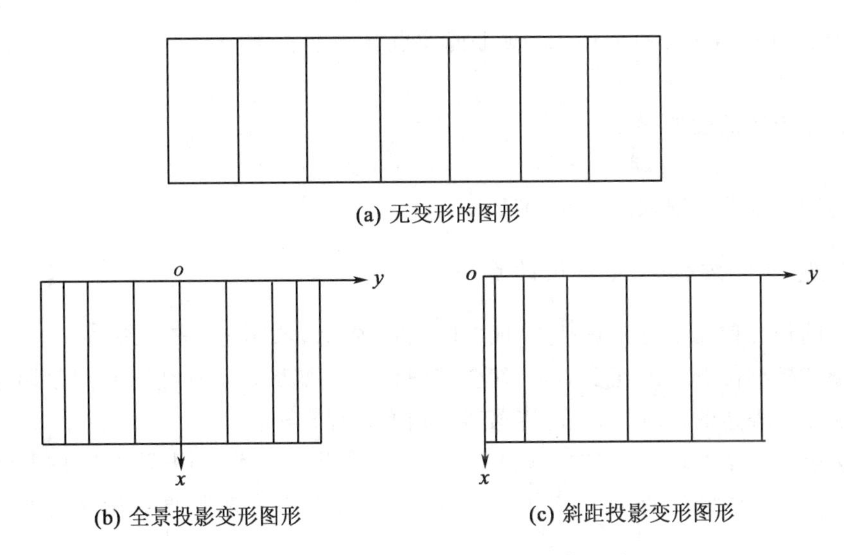

图 4-8 成像几何形态引起的图像变形

2. 斜距投影变形

侧视雷达属斜距投影类型传感器，如图 4-9 所示，S 为雷达天线中心，S_y 为雷达成像面，地物点 P 在斜距投影图像上的图像坐标为 y_p，它取决于斜距 R_P 以及成像比例 λ。

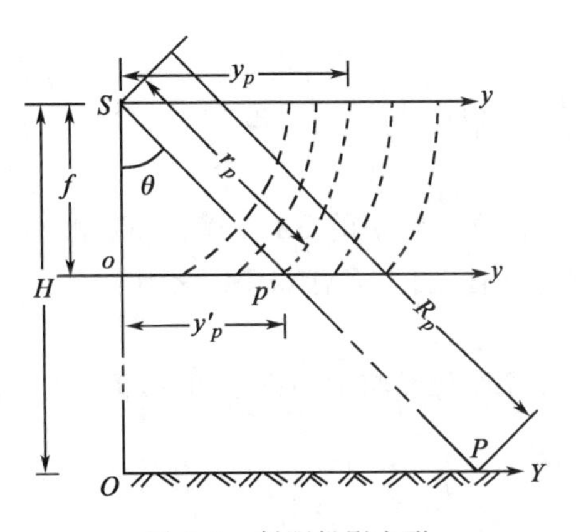

图 4-9 斜距投影变形

$$\lambda = \frac{2V}{C} = \frac{f}{H}$$

式中：V 为雷达成像阴极射线管上亮点的扫描速度，C 为雷达波速，H 为航高，f 为等效焦距。斜距 R_P 可由下式得到：

$$R_P = \frac{H}{\cos\theta}$$

因而可以得到斜距投影图形上的图像坐标 y_P 为：

$$y_p = \lambda R_P = \frac{\lambda H}{\cos\theta} = \frac{f}{\cos\theta} \tag{4-31}$$

而地面上 P 点在等效中心投影图像 Oy' 上的像点 p' 的坐标 y_p' 为：

$$y_p' = f\tan\theta \tag{4-32}$$

可以得到斜距投影的变形误差：

$$\mathrm{d}y = y_p - y_p' = f(\sec\theta - \tan\theta) \tag{4-33}$$

斜距变形的图形变形情况如图 4-8(c)所示。

4.2.2　传感器外方位元素变化的影响

传感器的外方位元素，是指传感器成像时的位置(X_S, Y_S, Z_S)和姿态角(φ, ω, κ)。当外方位元素偏离标准位置而出现变动时，就会使图像产生变形。这种变形一般是由地物点图像的坐标误差来表达的，并可以通过传感器的构像方程推出。

根据摄影测量学原理，常规的框幅摄影机的构像几何关系可用式(4-5)的共线方程来表达，以外方位元素为自变量，对式(4-5)微分，同时考虑到在竖直摄影条件下，$\varphi=\omega=\kappa\approx 0$，有：

$$\boldsymbol{A} \approx \begin{bmatrix} 1 & -\kappa & -\varphi \\ \kappa & 1 & -\omega \\ \varphi & \omega & 1 \end{bmatrix} \tag{4-34}$$

可以得到外方位元素变化所产生的像点位移为：

$$\left.\begin{aligned} \mathrm{d}x &= -\left(\frac{f}{H}\right)\mathrm{d}X_S - \left(\frac{x}{H}\right)\mathrm{d}Z_S - \left[f\left(1+\frac{x^2}{f^2}\right)\right]\mathrm{d}\varphi - \left(\frac{xy}{f}\right)\mathrm{d}\omega + y\mathrm{d}\kappa \\ \mathrm{d}y &= -\left(\frac{f}{H}\right)\mathrm{d}Y_S - \left(\frac{y}{H}\right)\mathrm{d}Z_S - \left(\frac{xy}{f}\right)\mathrm{d}\varphi - \left[f\left(1+\frac{y^2}{f^2}\right)\right]\mathrm{d}\omega - x\mathrm{d}\kappa \end{aligned}\right\} \tag{4-35}$$

式中：H 为航高。

由式(4-35)可知，6 个外方位元素中的 $\mathrm{d}X_S$、$\mathrm{d}Y_S$、$\mathrm{d}Z_S$ 和 $\mathrm{d}\kappa$ 对整幅图像的综合影响是使其产生平移、缩放和旋转等线性变化，只有 $\mathrm{d}\varphi$、$\mathrm{d}\omega$ 才使图像产生非线性变形，变形规律如图 4-10 所示。

对推扫式成像仪图像，一条图像线与中心投影相同，但 $x=0$，因此可以得到推扫式成像仪的像点位移公式：

$$\begin{aligned} \mathrm{d}x &= -\frac{f}{H}\mathrm{d}X_S - f\mathrm{d}\varphi + y\mathrm{d}k \\ \mathrm{d}y &= -\frac{f}{H}\mathrm{d}Y_S - \frac{y}{H}\mathrm{d}Z_S - f\left(1+\frac{y^2}{f^2}\right)\mathrm{d}\omega \end{aligned} \tag{4-36}$$

不同的行，其外方位元素是不同的，随时间变化，因而产生很复杂的动态变形。

对于扫描式成像仪图像，其外方位元素对图像的影响为 $x\to 0$，$y=f\tan\theta$ 时的误差方程

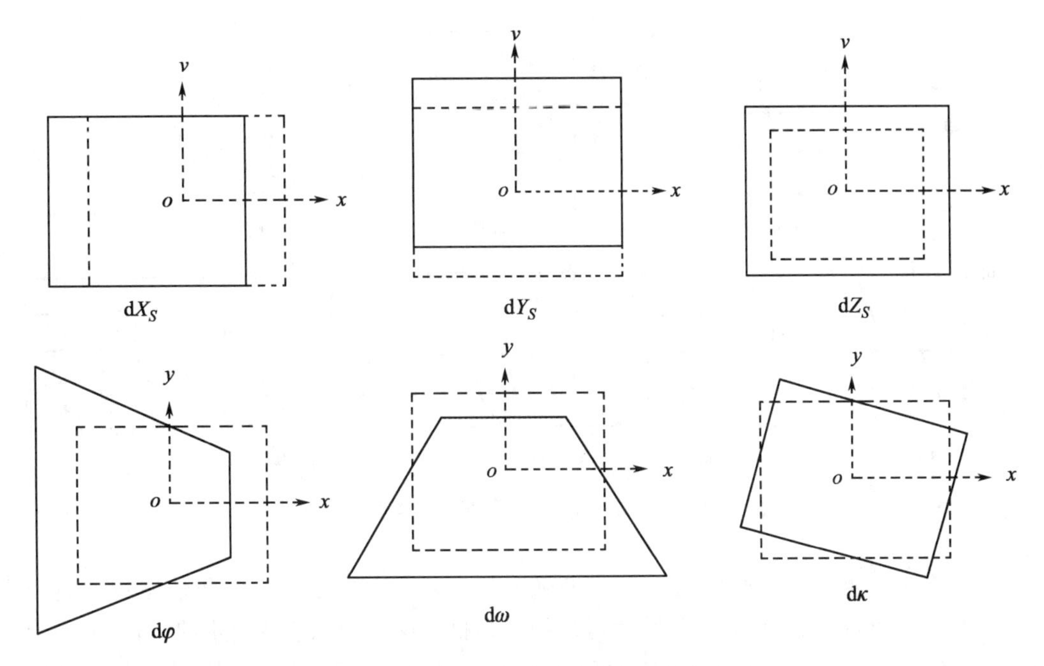

图 4-10 各单个外方位元素引起的图像变形

式,代入式(4-35)可以得到像点位移公式,它与推扫式成像的像点位移公式类似。实际上由于扫描式成像存在全景畸变,因此其像点位移与推扫式像点位移有如下关系:

$$\left.\begin{aligned} d\overline{x} &= dx\cos\theta \\ d\overline{y} &= dy\cos^2\theta \end{aligned}\right\} \tag{4-37}$$

故可以得到扫描式成像的像点位移公式:

$$\left.\begin{aligned} d\overline{x} &= -\left(\frac{f}{H}\right)\cos\theta dX_S - f\cos\theta d\varphi + f\sin\theta dk \\ d\overline{y} &= -\left(\frac{f}{H}\right)\cos^2\theta dY_S - \left(\frac{f}{H}\right)\sin\theta\cos\theta dZ_S - f d\omega \end{aligned}\right\} \tag{4-38}$$

式中:θ 为对应于某像点的扫描角。

需要注意的是,动态扫描时的构像方程都是对应于一个扫描瞬间(相应于某一像素或某一条扫描线)而建立的,不同成像瞬间的传感器外方位元素可能各不相同,因而相应的变形误差方程式只能表达为该扫描瞬间像幅上相应点、线所在位置的局部变形,整个图像的变形将是所有瞬间局部变形的综合结果。例如在一幅多光谱扫描图像内,假设各条扫描行所对应的各外方位元素,是从第一扫描行起按线性递增的规律变化的,则地面上一个方格网图 4-11(a)成像后,将出现如图 4-11(b)所示的综合变形。各个外方位元素单独造成的图像变形将分别如图 4-11(c)~图 4-11(h)所示。可见它与常规框幅摄影机的情况不同,它的每个外方位元素变化都可能使整幅图像产生非线性的变形,而且这种变形通常不能由常规的航测光学纠正仪来得到严格的纠正,只有数字纠正法才能满足解析上的严密性要求。

对于真实孔径侧视雷达,它的侧向图像坐标取决于雷达天线中心到地物点之间的斜距。由于雷达发射波沿侧向呈现细长波瓣状(图 4-12(a)),形成一条细长的照射带(如图中 AB

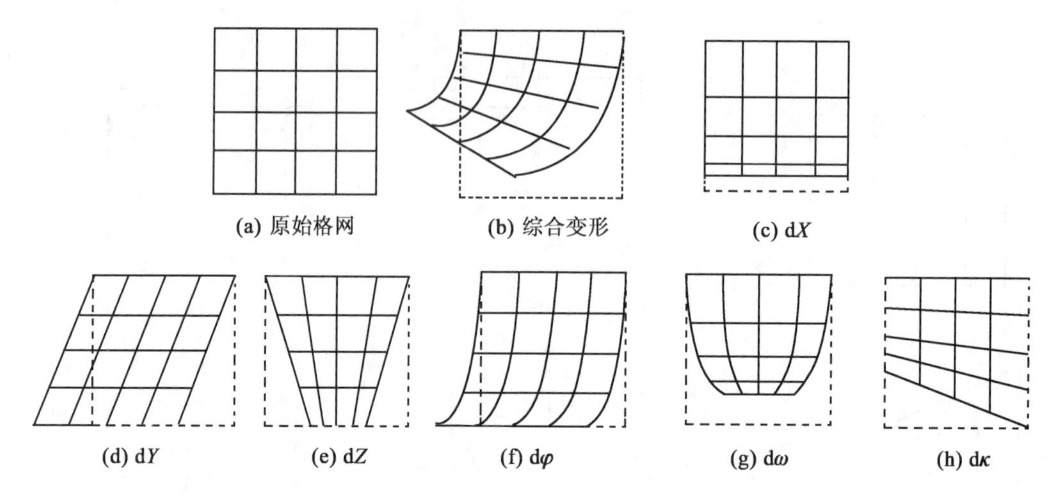

图 4-11　外方位元素引起的动态扫描图像的变形

所示)，当雷达天线的姿态角发生变化时，其航向倾角 $d\varphi$ 和方位旋角 $d\kappa$ 将使雷达波瓣产生沿航向的平移和指向的旋转，引起雷达对地物点扫描时间上的偏移和斜距的变化，因而造成图像变形(图 4-12(b)、(c))。而旁向倾角 $d\omega$ 不会改变斜距，只是地物反射信号的强度发生改变，并且使照射带的范围发生变化。

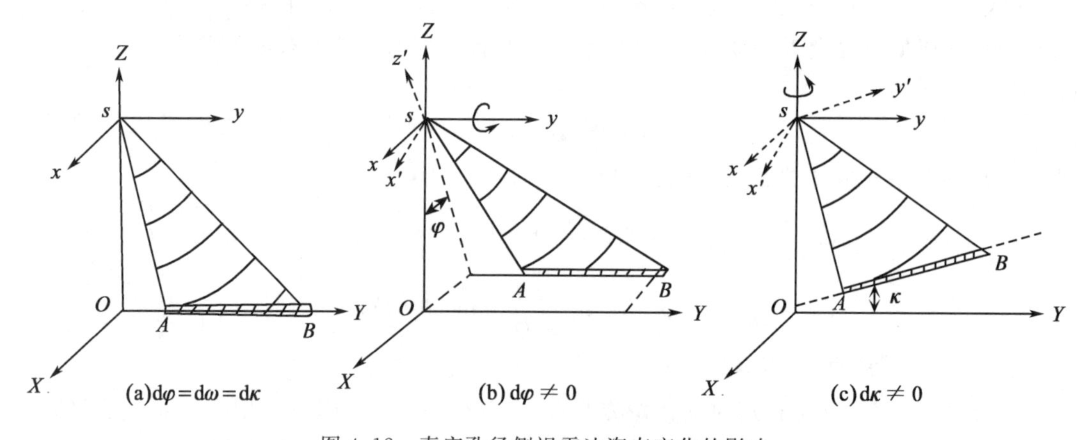

图 4-12　真实孔径侧视雷达姿态变化的影响

所以对于真实孔径侧视雷达成像，外方位元素变化所引起的像点位移可表示为：

$$
\begin{aligned}
dx &= -\frac{r}{H}\cos\theta dX_S - r\cos\theta d\varphi + r\sin\theta dk \\
dy &= -\frac{r}{H}\cos\theta dY_S - \frac{r}{H}\sin\theta dZ_S
\end{aligned}
\tag{4-39}
$$

4.2.3　地形起伏引起的像点位移

投影误差是由地面起伏引起的像点位移，当地形有起伏时，对于高于或低于某一基准面的地面点，其在像片上的像点与其在基准面上垂直投影点在像片上的构像点之间有直线位移，如图 4-13 所示。

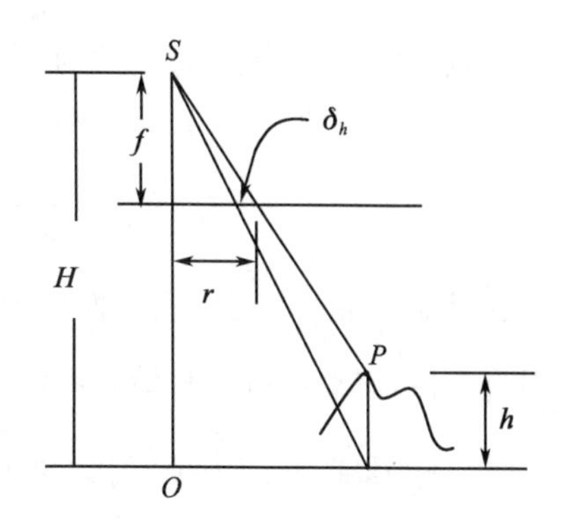

图 4-13 垂直摄影时地形起伏的影响

对中心投影，在垂直摄影的条件下，$\varphi,\omega,\kappa\to 0$，地形起伏引起的像点位移为：

$$\delta_h = \frac{r\cdot h}{H} \tag{4-40}$$

式中：h 为像点所对应地面点与基准面的高差，H 为平台相对于基准面的高度，r 为像点到底点的距离。在像片坐标系中，在 x、y 两个方向上的分量为：

$$\delta_{h_x} = \frac{x}{H}h$$

$$\delta_{h_y} = \frac{y}{H}h$$

式中：x、y 为地面点对应的像点坐标，δ_{h_x}，δ_{h_y} 为由地形起伏引起的在 x，y 方向上的像点位移。

由以上两式可以看出，投影误差的大小与底点至像点的距离，地形高差成正比，与平台航高成反比。投影差发生在底点辐射线上，对于高于基准面的地面点，其投影差离开底点；对于低于基准面的地面点，其投影差朝向底点。

对于推扫式成像仪，由于 $x=0$，所以 $\delta_{h_x}=0$，而在 y 上方有：

$$\delta_{h_y} = \frac{y\cdot h}{H} \tag{4-41}$$

即投影差只发生在 y 方向(扫描方向)上。

对于逐点扫描仪成像，因地形起伏引起的图像变形发生在 y 方向，如图 4-14 所示，得到地形起伏引起的逐点扫描仪图像的投影差公式：

$$\begin{aligned} \delta_{h_x} &= 0 \\ \delta_{h_y} &= \delta_{h_{\bar{y}}}\cos^2\theta = \frac{\bar{y}}{H}\cdot\cos^2\theta h - \frac{f\tan\theta}{H}\cos^2\theta h = \frac{f\sin\theta\cos\theta}{H}h \end{aligned} \tag{4-42}$$

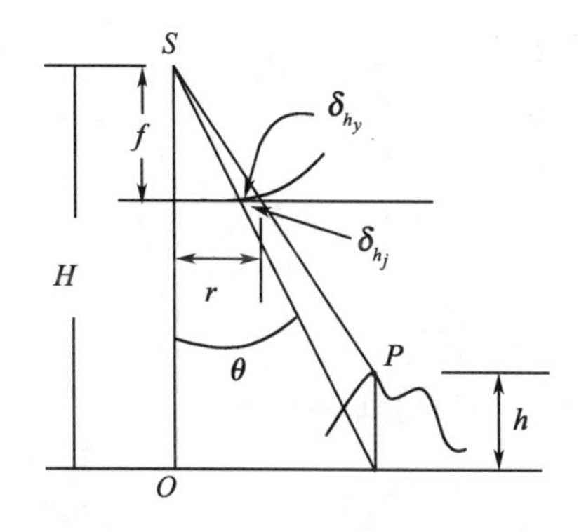

图 4-14 逐点扫描仪图像的地形起伏影响

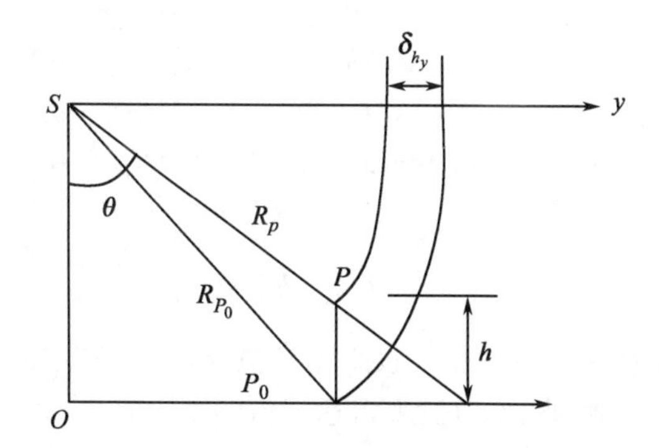

图 4-15 侧视雷达影像的地形起伏影响

对于侧视雷达成像，因地形起伏引起的图像变形如图 4-15 所示，对图像的影响只发生

在 y 方向上，其投影差近似公式为：

$$\left.\begin{aligned} \delta_{h_x} &= 0 \\ \delta_{h_y} &= \frac{1}{m_r}(R_P - R_{P_0}) = -\frac{1}{m_r}h \cdot \cos\theta \end{aligned}\right. \tag{4-43}$$

式中：θ 为侧视角，$\frac{1}{m_r}$为雷达图像的比例尺因子。地形起伏对侧视雷达图像的影响发生在 y 方向上，且投影差的方向与中心投影相反。严格的投影差公式见式(3-23)。

4.2.4　地球曲率引起的图像变形

地球曲率引起的像点位移与地形起伏引起的像点位移类似。只要把地球表面(把地球表面看成球面)上的点到地球切平面的正射投影距离看作一种系统的地形起伏，就可以利用前面介绍的像点位移公式来估计地球曲率所引起的像点位移，如图 4-16 所示。

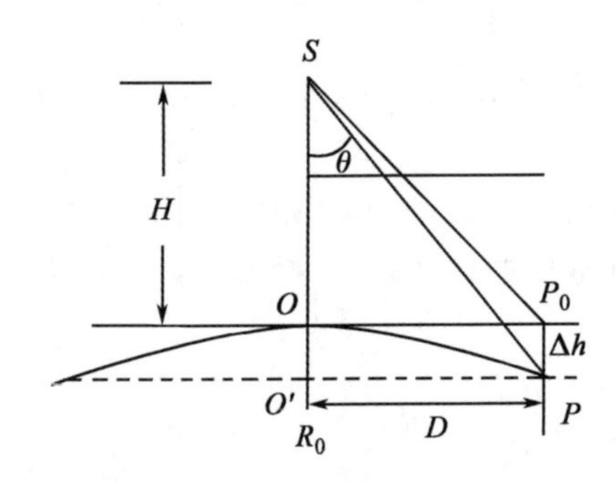

图 4-16　地球曲率的影响

设地球的半径为 R_0，P 为地面点，地面点 P 到传感器与地心连线的投影距离为 D，P 点在地球切平面上的点为 P_0，并且弧 OP 的长度 D 等于 OP_0 的长度。考虑到 R_0 很大，把 PP_0O 看作直角，$OO' = PP_0$。根据圆的直径与弦线交割线的数学关系可得：

$$D^2 = (2R_0 - \Delta h)\Delta h$$

因为 $\Delta h \ll 2R_0$，上式可简化为：

$$\Delta h = \frac{D^2}{2R_0}$$

将 Δh 代入相应投影误差公式，就可以得到地球曲率对各种图像影响的表达式。由于地球曲面总是低于其切平面，因此 h 代入相应公式计算时，需将 Δh 反号。

地球曲率对中心投影图像的影响有：

$$\begin{bmatrix} h_x \\ h_y \end{bmatrix} = \begin{bmatrix} -\Delta h_x \\ -\Delta h_y \end{bmatrix} = -\frac{1}{2R}\begin{bmatrix} D_{x^2} \\ D_{y^2} \end{bmatrix} = \frac{1}{2R_0} \cdot \frac{H^2}{f^2}\begin{bmatrix} x^2 \\ y^2 \end{bmatrix} \tag{4-44}$$

式中：$D_x = X_P - X_S$，$D_y = Y_P - Y_S$，$H = -(Z_P - Z_S)$。

地球曲率对多光谱扫描仪图像的影响有：

$$\begin{aligned} h_x &= 0 \\ h_y &= -\frac{H^2 \cdot y^2}{2R_0 \cdot f^2} = H^2 \cdot \frac{\tan^2(y'/f)}{2R_0} \end{aligned} \tag{4-45}$$

式中：y 为等效中心投影图像坐标，y'为全景图像坐标。

地球曲率对侧视雷达图像的影响有：

$$\left.\begin{aligned} h_x &= 0 \\ h_y &= -\frac{H^2}{2R_0} \cdot \frac{y^2}{f^2} = -\frac{H^2}{2R_0}\tan^2\theta \end{aligned}\right\} \tag{4-46}$$

式中：θ 是相应于地面点 P 的扫描角。

在考虑遥感图像的图像变形时，地球曲率引起的像点位移一般是不能忽略的。当利用共线方程进行几何校正时，由于已知控制点的大地坐标是以平面作为水准面的，而地球是个椭球体，所以需按上述方法对像点坐标进行改正，以解决两者之间的差异，使改正后的像点位置，投影中心和地面控制点坐标之间满足共线关系。

4.2.5 大气折射引起的图像变形

大气层不是一个均匀的介质，它的密度随离地面高度的增加而递减，因此电磁波在大气层中传播时的折射率也随高度而变化，使得电磁波的传播路径不是一条直线而变成了曲线，从而引起像点的位移，这种像点位移就是大气层折射的影响。

对于中心投影图像，其成像点的位置取决于地物点入射光线的方向。在无大气折射时，地物点 A 以直线光线 AS 成像于 a_0 点；当有大气折射影响时，A 点通过曲线光线 AS 成像于 a_1 点，由此而引起像点位移 $\Delta r = a_1a_0$，如图 4-17 所示。

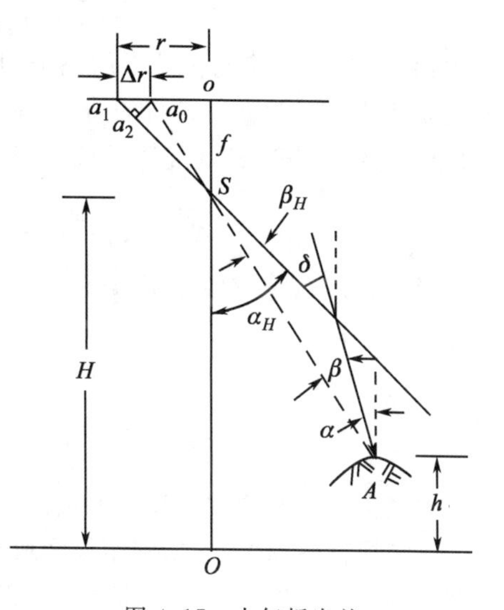

图 4-17 大气折光差

从图中可知：

$$\Delta r = a_0a_2 \cdot \sec\alpha_H$$

且

$$a_0a_2 = \frac{f \cdot \sin\beta_H}{\cos(\alpha_H - \beta_H)}$$

综合以上两式，并考虑到 β_H 是一个小角，于是有：

$$\Delta r = \frac{f \cdot \beta_H}{\cos^2\alpha_H} = f \cdot (1 + \tan^2\alpha) \cdot \beta_H \tag{4-47}$$

式中：α_H 是实际光线离开最后一层大气层时的出射角，β_H 是实际光线在最后一层大气层时具有的折光角差。下面讨论它们的具体表达式。

设实际像点 a_1 与像幅中心的距离为 r，则

$$\tan\alpha_H = \frac{r}{f} \tag{4-48}$$

若大气层底层（高程为 h）和大气高层（航高为 H）的折射率分别为 n 和 n_H，并设实际光线离开底层大气时出射角和折光角分别为 α 和 β。根据折射定理，有：

$$n \cdot \sin a = \cdots = n_i \cdot \sin a_i = \cdots = n_H \cdot \sin\alpha_H \tag{4-49}$$

于是有：

$$\sin\alpha_H = \left(\frac{n}{n_H}\right)\sin\alpha \tag{4-50}$$

若出自 A 点的光线与进入 S 点的光线方向间的夹角为 δ，从图 4-17 可以看出：

$$\begin{aligned} \alpha &= \alpha_H - \delta \\ \delta &= \beta_H + \beta \end{aligned} \tag{4-51}$$

把上式第一式代入式(4-50)中，由于 δ 是一个小角，于是，

$$\delta = \frac{n - n_H}{n} \tan\alpha_H \tag{4-52}$$

把此式代入(4-51)第二式，并考虑到以下近似关系

$$\frac{\beta_H}{\beta} \approx \frac{n_H}{n} \tag{4-53}$$

可得：

$$\beta_H = \left[\frac{n_H}{(n + n_H)}\right] \cdot \delta = \left[\frac{n_H(n - n_H)}{n(n + n_H)}\right] \cdot \tan\alpha_H \tag{4-54}$$

把该式和式(4-48)代入式(4-47)，便得到：

$$\Delta r = \frac{n_H(n - n_H)}{n(n + n_H)} \cdot r\left(1 + \frac{r^2}{f^2}\right) = K\left(r + \frac{r^3}{f}\right) \tag{4-55}$$

式中：系数 K 是一个与传感器航高 H 和地面点高程 h 有关的大气条件常数。许多学者对 K 的实用表达式都做过各自的研究，其中 Bertram 博士于 1966 年根据 1959 年 ARDC 大气模型导出的 K 表达式，可以方便地用于图像的解析处理：

$$K = \frac{2\ 410H}{H^2 - 6H + 250} - \frac{2\ 410H}{h^2 - 6h + 250} \cdot \frac{h}{H} \tag{4-56}$$

当需要在 x、y 方向分别考察大气折射影响时，可按下式分别计算

$$\begin{aligned} dx &= k \cdot X \cdot \left(1 + \frac{r^2}{f^2}\right) \\ dy &= k \cdot Y \cdot \left(1 + \frac{r^2}{f^2}\right) \end{aligned} \tag{4-57}$$

大气折射对框幅式像片上像点位移的影响在量级上要比地球曲率的影响小得多。

对侧视雷达图像，它是斜距投影成像。雷达电磁波在大气中传播时，会因大气折射率随高度的改变而产生路径的弯曲。大气折射的影响体现在两个方面。第一是大气折射率的变化使得电磁波的传播路径改变；第二是电磁波的传播速度减慢，而改变了电磁波传播时间。如图 4-18 所示，在无大气折射影响时，地面点 P 的斜距为 R，当有大气折射影响时，电磁通过弧距 R_c 到达 P 点，其等效的斜距为 $R' = R_c$，相应的图像点从 P 位移到 P'，即 $\Delta y = PP'$。显然，由于雷达波路径长度改变引起的像点位移误差为：

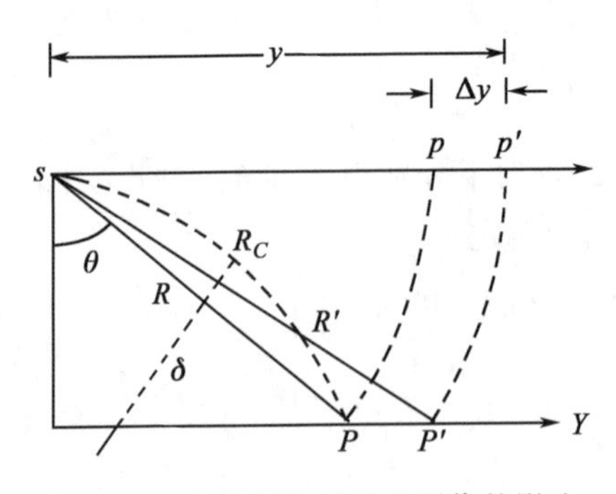

图 4-18　大气折射对雷达图像的影响

$$\Delta y = \lambda(R' - R) \tag{4-58}$$

其中，路径的长度改变 $\Delta R = (R' - R)$ 可用弧长 R_c 与弦长 R 的差来表达。设弧线 R_c 的曲率半径为 δ，则有：

$$\Delta R = R_c - 2\delta \sin\left(\frac{R_c}{2\delta}\right) \approx \frac{1}{24} \frac{R_c^3}{\delta^2} \tag{4-59}$$

式中，δ 可用下式来估计：

$$\delta = \frac{n}{\left|\frac{\partial n}{\partial H}\right| \sin\theta} \tag{4-60}$$

式中：$n=1.000\ 35$，是海平面上的大气折射系数；θ 为 P 点的成像角，$\sin\theta\approx\frac{f}{y}$；$\frac{\partial n}{\partial H}=-4\times10^{-8}$，是折射率随高度变化的梯度。

把式(4-59)和式(4-60)代入式(4-58)后可得像点位移的估计公式$\left(\text{同时考虑到 } y=\lambda R_c;\lambda=\frac{f}{H}\right)$：

$$\Delta y=\frac{H^2}{24}\left(\frac{4\times10^{-8}}{1.000\ 35}\right)^2 y \tag{4-61}$$

大气折射对电磁波传播的影响还体现在传播时间的增加，由此引起的斜距变化为：

$$\Delta R_t=R'(\bar{n}-1) \tag{4-62}$$

式中：$\bar{n}\approx n+\left(\frac{H}{2}\right)\left(\frac{\partial n}{\partial H}\right)$，$\bar{n}$ 为大气层中的平均折射系数。

由此引起的像点位移为

$$\Delta y=\lambda\Delta R_t\approx(0.000\ 35-2\times10^{-8}H)y \tag{4-63}$$

通过式(4-61)和式(4-63)的比较计算，发现由大气折射引起的路程变化的影响极小，可忽略不计。而时间变化的影响，不能忽略，需加以改正。

4.2.6 地球自转的影响

在常规框幅摄影机成像的情况下，地球自转不会引起图像变形，因为其整幅图像是在瞬间一次曝光成像的。地球自转主要是对动态传感器的图像产生变形影响，特别是对卫星遥感图像。当卫星由北向南运行的同时，地球表面也在由西向东自转，由于卫星图像每条扫描线的成像时间不同，因而造成扫描线在地面上的投影依次向西平移，最终使得图像发生扭曲，见图 4-19。

图 4-19 显示了地球静止的图像($oncba$)与地球自转的图像($onc'b'a'$)在地面上投影的情况。由图可见，由于地球自转的影响，产生了图像底边中点的坐标位移 Δx 和 Δy，以及平均航偏角 θ。显然有：

$$\Delta x=bb'\sin\alpha\cdot\lambda_x$$
$$\Delta y=bb'\cos\alpha\cdot\lambda_x \tag{4-64}$$
$$\theta=\frac{\Delta y}{l}$$

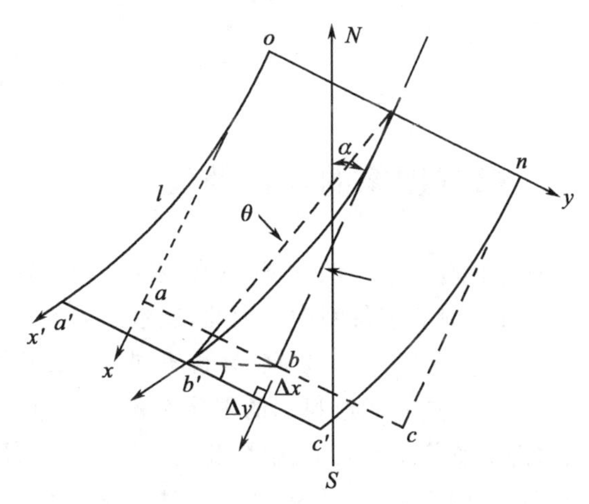

图 4-19 地球自转的影响

式中：bb'是地球自转引起的图像底边的中点的地面偏移；α 是卫星运行到图像中心点位置时的航向角；l 是图像 x 方向边长；λ_x 和 λ_y 是图像 x 和 y 方向的比例尺。

首先求 bb'。

设卫星从图像首行到末行的运行时间为 t，则

$$t = \frac{\left(\frac{l}{\lambda_x}\right)}{R_e \cdot \omega_s} \tag{4-65}$$

式中：R_e 为地球平均曲率半径；ω_s 为卫星沿轨道面运行的角速度。

于是，

$$bb' = (R_e \cos\varphi) \cdot \omega_e t = \left(\frac{l}{\lambda_x}\right) \cdot \left(\frac{\omega_e}{\omega_s}\right) \cdot \cos\varphi \tag{4-66}$$

式中：ω_e 是地球自转角速度；φ 是图像底边中点的地理纬度。

下面求 α。

设卫星轨道面的偏角为 ε，则由图 4-20 的球面三角形 SQP 可见：

$$\sin\alpha = \frac{\sin\varepsilon}{\cos\varphi} \tag{4-67}$$

故：

$$\cos\alpha = \frac{\sqrt{\cos^2\varphi - \sin^2\varepsilon}}{\cos\varphi} \tag{4-68}$$

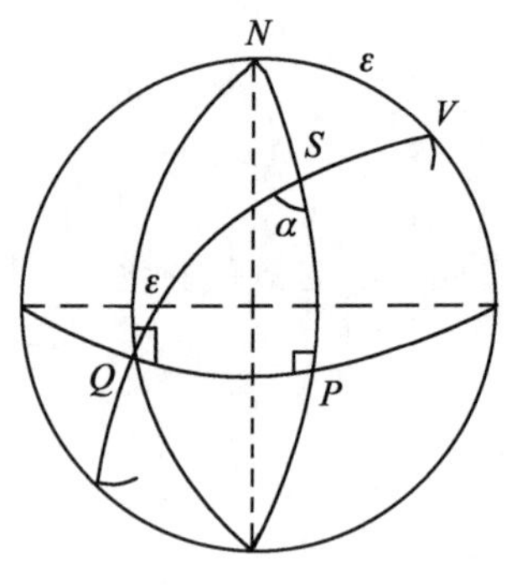

图 4-20　球面三角形 SQP

将式(4-65)～式(4-68)代入式(4-64)中，并令 $l=x$(或 y)，则得到由地球自转引起的图像变形误差公式：

$$\begin{aligned} \Delta x &= \frac{\omega_e}{\omega_s} \cdot \sin\varepsilon \cdot x \\ \Delta y &= \frac{\lambda_y}{\lambda_x} \cdot \frac{\omega_e}{\omega_s} \cdot \sqrt{\cos^2\varphi - \sin^2\varepsilon} \cdot y \\ \theta &= \frac{\lambda_y}{\lambda_x} \cdot \frac{\omega_e}{\omega_s} \cdot \sqrt{\cos^2\varphi - \sin^2\varepsilon} \end{aligned} \tag{4-69}$$

4.3　遥感图像的几何处理

遥感图像作为空间数据，具有空间地理位置的概念。在应用遥感图像之前，必须将其投影到需要的地理坐标系中。因此，遥感图像的几何处理是遥感信息处理过程中的一个重要环节。随着遥感技术的发展，来自不同空间分辨率、不同光谱分辨率和不同时相的多源遥感数据，形成了空间对地观测的图像金字塔。当处理、分析和综合利用这些多尺度的遥感数据、多源遥感信息的表示、融合及混合像元的分解时，必须保证各不同数据源之间几何的一致性，进行图像间的几何配准。同时高分辨率遥感图像的出现对几何处理提出更高要求。

遥感图像的几何处理包括两个层次：第一是遥感图像的粗加工处理，第二是遥感图像的精加工处理。

4.3.1　遥感图像的粗加工处理

遥感图像的粗加工处理也称为粗纠正，它仅做系统误差改正。当已知图像的构像方式时，就可以把与传感器有关的测定的校正数据，如传感器的外方位元素等代入构像公式对原始图像进行几何校正。如多光谱扫描仪 MSS,其中一个产品就是粗加工产品,经过了系统噪声、几何校正和分幅标记,这里所说的几何校正就是系统误差的改正。MSS 成像的公式为:

$$\begin{bmatrix} X \\ Y \\ Z \end{bmatrix}_P = \begin{bmatrix} X \\ Y \\ Z \end{bmatrix}_{S_t} + \lambda \mathbf{A}_t R_\theta \begin{bmatrix} 0 \\ 0 \\ -f \end{bmatrix}$$

对其图像的纠正就需要得到成像时投影中心的大地坐标[X,Y,Z]、扫描仪姿态角以确定旋转矩阵 $\mathbf{A}_t$、扫描角 θ 以及焦距 f。

1. 投影中心坐标的测定和解算。

为了确定投影中心的坐标,首先要确定卫星的坐标,卫星与传感器之间的相对位置是固定的,可以在地面测得。测定卫星坐标的方法有卫星星历表解算和全球定位系统测定两种方法。

卫星星历表解算的依据是卫星轨道的 6 个轨道参数。当 6 个轨道参数确定后,根据坐标系之间的变换关系,可以预先编制成卫星星历表,当已知卫星的运行时刻时,就可以通过星历表查找卫星的地理坐标。

全球定位系统测定卫星坐标,是利用 GPS 接收机在卫星上直接测定卫星的地理坐标。用全球定位系统测定卫星坐标的精度要优于星历表解算。具体测定方法见 2.2.2 节。

2. 传感器姿态角的测定

卫星姿态角的测定可以用姿态测量仪器测定,如红外姿态测量仪、星相机、陀螺仪等,也可以通过 3 个安装在卫星上 3 个不同位置的 GPS 接收机测得的数据来解求姿态角。具体测定方法见 2.2.3 节。

3. 扫描角 θ 的测定

根据传感器扫描周期 T,扫描视场 α,可以计算平均扫描角速度 $\overline{\omega}$:

$$\overline{\omega} = \frac{\alpha}{\frac{T}{2}}$$

则平均扫描角:

$$\overline{\theta} = \overline{\omega} \cdot t$$

式中:t 为扫描时刻。

由于扫描仪速度的不均匀性,按下式计算扫描角的误差:

$$\Delta\theta = k_1 \sin(k_2 t)$$

式中:k_1,k_2 为地面上对仪器测定的已知常数。

因此,扫描角可用下式求得:

$$\theta = \overline{\theta} + \Delta\theta$$

扫描仪的焦距 f 可以在地面测定,是已知值。

粗加工处理对传感器内部畸变的改正很有效。但处理后图像仍有较大的残差(偶然误差和系统误差)。因此必须对遥感图像做进一步的处理(即精加工处理)。

4.3.2　遥感图像的精纠正处理

遥感图像的精纠正是指消除图像中的几何变形，产生一幅符合某种地图投影或图形表达要求的新图像。它包括两个环节：一是像素坐标的变换，即将图像坐标转变为地图或地面坐标；二是对坐标变换后的像素亮度值进行重采样。数字图像纠正主要处理过程如下：

(1) 根据图像的成像方式确定图像坐标和地面坐标之间的数学模型。

(2) 根据地面控制点和对应像点坐标进行平差计算变换参数，评定精度。

(3) 对原始图像进行几何变换计算，像素亮度值重采样。

目前的纠正方法有多项式法、共线方程法和有理函数模型法等。

1. 基于多项式的遥感图像纠正

多项式纠正回避成像的空间几何过程，直接对图像变形的本身进行数学模拟。多项式法对各种类型传感器图像的纠正是适用的。利用地面控制点的图像坐标和其同名点的地面坐标通过平差原理计算多项式中的系数，然后用该多项式对图像进行纠正。

常用的多项式有一般多项式、勒让德多项式以及双变量分区插值多项式等。

一般多项式纠正变换公式为：

$$\left.\begin{aligned} x &= a_0 + (a_1X + a_2Y) + (a_3X^2 + a_4XY + a_5Y^2) \\ &\quad + (a_6X^3 + a_7X^2Y + a_8XY^2 + a_9Y^3) + \cdots \\ y &= b_0 + (b_1X + b_2Y) + (b_3X^2 + b_4XY + b_5Y^2) \\ &\quad + (b_6X^3 + b_7X^2Y + b_8XY^2 + b_9Y^3) + \cdots \end{aligned}\right\} \tag{4-70}$$

式中：x，y 为某像素原始图像坐标；X，Y 为同名像素的地面(或地图)坐标。

多项式的项数(即系数个数)N 与其阶数 n 有着固定的关系：

$$N = \frac{(n+1)(n+2)}{2}$$

多项式的系数 a_i，b_i($i,j=0,1,2,\cdots,N-1$)一般可由两种办法求得：

(1) 用可预测的图像变形参数构成。

(2) 利用已知控制点的坐标值按最小二乘法原理求解。

根据纠正图像要求的不同选用不同的阶数，当选用一次项纠正时，可以纠正图像因平移、旋转、比例尺变化和仿射变形等引起的线性变形。当选用二次项纠正时，则在改正一次项各种变形的基础上，还改正二次非线性变形。如选用三次项纠正则改正更高次的非线性变形。对参加计算的同名点的要求：

(1) 在图像上为明显的地物点，易于判读；

(2) 在图像上均匀分布；

(3) 数量要足够。

1) 利用已知地面控制点求解多项式系数

(1) 列误差方程式：

$$V_x = A\Delta a - L_x$$
$$V_y = A\Delta b - L_y$$

式中：

$$V_x = [V_{x_1} \quad V_{x_1} \quad \cdots]^{\mathrm{T}}$$
$$V_y = [V_{y_1} \quad V_{y_1} \quad \cdots]^{\mathrm{T}}$$
为改正数向量；

$$A = \begin{bmatrix} 1 & X_1 & Y_1 & X_1Y_1 & \cdots \\ \vdots & & & & \vdots \\ 1 & X_m & Y_m & X_mY_m & \cdots \end{bmatrix}$$
为系数矩阵；

$$\Delta a = [a_0 \quad a_1 \quad a_2 \quad \cdots]$$
$$\Delta b = [b_0 \quad b_1 \quad b_2 \quad \cdots]$$
为所求的变换系数；

$$L_x = [x_0 \quad x_1 \quad x_2 \quad \cdots]$$
$$L_y = [y_0 \quad y_1 \quad y_2 \quad \cdots]$$
为像点坐标。

（2）构成法方程：

$$(A^{\mathrm{T}}A)\Delta a = A^{\mathrm{T}}L_x$$
$$(A^{\mathrm{T}}A)\Delta b = A^{\mathrm{T}}L_y$$

（3）计算多项式系数：

$$\Delta a = (A^{\mathrm{T}}A)^{-1}A^{\mathrm{T}}L_x$$
$$\Delta b = (A^{\mathrm{T}}A)^{-1}A^{\mathrm{T}}L_y$$

（4）精度评定：

$$\delta x = \pm\left(\frac{[V_x^{\mathrm{T}}V_x]}{n-N}\right)^{1/2}$$
$$\delta y = \pm\left(\frac{[V_y^{\mathrm{T}}V_y]}{n-N}\right)^{1/2}$$

式中：n 为控制点个数；N 为系数个数；$n-N$ 为多余观测。

设定一个限差 ε 作为评定精度的标准。若 $\delta>\varepsilon$，则说明存在粗差，精度不可取，应对每个控制点上的平差残余误差 V_{x_i}，V_{y_i} 进行比较检查，视最大者为粗差，将其剔除或重新选点后再进行平差，直至满足 $\delta<\varepsilon$ 为止。限差 ε 按成图比例尺规范执行。

2）遥感图像的纠正变换

当用上述方法解求变换参数后，就可以对遥感图像进行几何纠正。

（1）纠正后数字图像的边界范围的确定

纠正后图像的边界范围，指的是在计算机存储器中为输出图像所开出的储存空间大小，以及该空间边界（首行、首列、末行和末列）的地图（或地面）坐标定义值。图 4-21(a)为一幅原始图像（$abcd$），定义在图像坐标系 a-xy 中，图 4-21(b)中 O-XY 是地图坐标系，（$a'b'c'd'$）为纠正后的图像，（$ABCD$）表示在计算机中为纠正后图像开出的储存范围及相应的地面位置。显然，由于图像边界定义得不恰当，造成了纠正后图像未被全部包括，以及出现了过多空白图像空间的不合理现象。因而，输出图像边界范围的确定原则，应是图 4-22 所示那样，既包括了纠正后图像的全部内容，又使空白图像空间尽可能地少。

纠正后图像边界范围的确定过程如下：

① 把原始图像的四个角点 a,b,c,d 按纠正变换函数投影到地图坐标系统中去，得到 8 个坐标值：

$$(X_a',Y_a'),(X_b',Y_b'),(X_c',Y_c'),(X_d',Y_d')$$

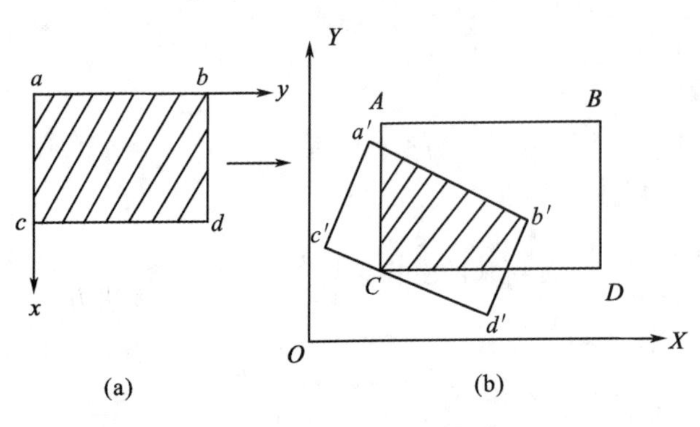

图 4-21　不正确边界范围

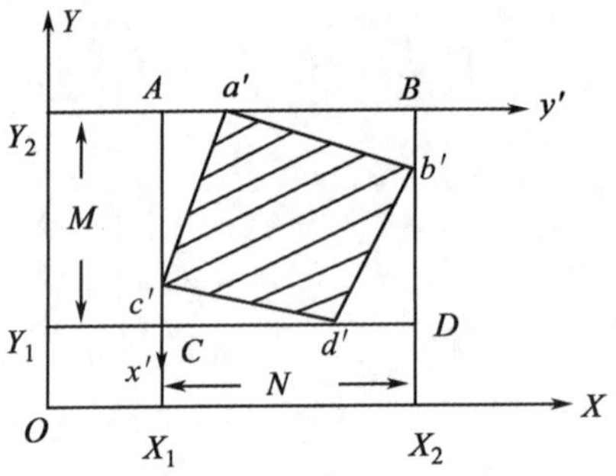

图 4-22　正确边界范围

② 对这 8 个坐标值按 X 和 Y 两个坐标组分别求其最小值(X_1, Y_1)和最大值(X_2, Y_2)：

$$X_1 = \min(X_a', X_b', X_c', X_d')$$

$$X_2 = \max(X_a', X_b', X_c', X_d')$$

$$Y_1 = \min(Y_a', Y_b', Y_c', Y_d')$$

$$Y_2 = \max(Y_a', Y_b', Y_c', Y_d')$$

并令 X_1, Y_1, X_2, Y_2 为纠正后图像范围四条边界的地图坐标值。

③ 为了把该边界范围转换为计算机中纠正后图像的储存数组空间，必须在其中划分出格网，每个网点代表一个输出像素，为此，要根据精度要求定义输出像素的地面尺寸 ΔX 和 ΔY。与此同时，以边界范围左上角（见图 4-22）A 点为输出数字图像的坐标原点，以 AC 边为 x'坐标轴，表示图像行号，以 AB 边为 y'坐标轴，表示图像列号，图像总的行列数 M 和 N 由下式确定：

$$M = \frac{Y_2 - Y_1}{\Delta Y} + 1$$

$$N = \frac{X_2 - X_1}{\Delta X} + 1$$

至此，在输出图像坐标系 $A\text{-}x'y'$ 中，每个像素都可以其所在的行列号来确定其位置。行列号的取值范围可为：

$$x' = 1, 2, \cdots, M$$

$$y' = 1, 2, \cdots, N$$

④ 由于图像纠正变换函数一般只表达原始图像坐标(x, y)和地面坐标(X, Y)之间的关系，为了进一步表达原始图像与输出图像坐标间的关系，则需要把地面坐标转换为输出图像坐标(x_p', y_p')：

$$x_p' = \frac{Y_2 - Y_p}{\Delta Y} + 1$$

$$y_p' = \frac{X_p - X_1}{\Delta X} + 1$$

或

$$X_p = X_1 + (y_p' - 1)\Delta X$$
$$Y_p = Y_2 - (x_p' - 1)\Delta Y$$

式中：X_p, Y_p——纠正后像素 P 的地面坐标；

x_p', y_p'——纠正后像素 p 的图像坐标(行列号)。

(2) 直接法和间接法纠正方案

在输出图像边界及其坐标系统确立后，就可以按照选定的纠正变换函数把原始数字图像逐个像素变换到图像储存空间中去。这里有两种可供选择的纠正方案，即直接法方案和间接法方案，如图 4-23 所示。

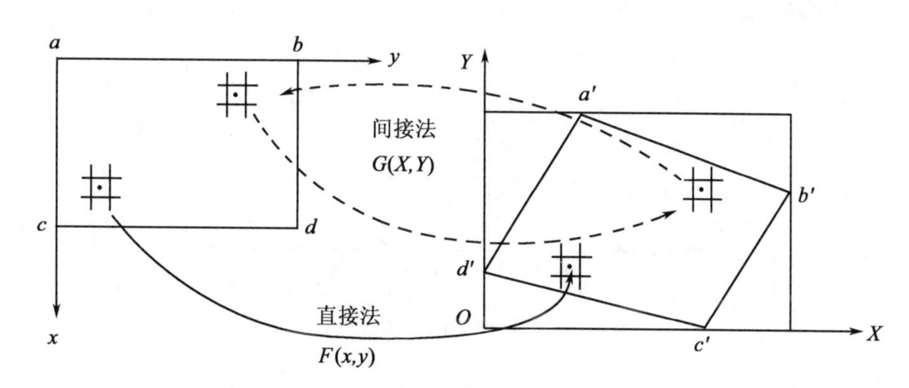

图 4-23 直接法和间接法纠正方案

所谓直接法方案，是从原始图像阵列出发，按行列的顺序依次对每个原始像素点位求其在地面坐标系(也是输出图像坐标系)中的正确位置：

$$X = F_x(x, y)$$
$$Y = F_y(x, y) \tag{4-71}$$

式中：F_x 和 F_y 为直接纠正变换函数。同时，把该像素的亮度值移置到由式(4-71)算得的输出图像中的相应点位上去。

所谓间接法方案，是从空白的输出图像阵列出发，亦按行列的顺序依次对每个输出像素点位反求原始图像坐标中的位置：

$$x = G_x(X, Y)$$
$$y = G_y(X, Y) \tag{4-72}$$

式中：G_x 和 G_y 是间接纠正变换函数。然后把由式(4-72)所算得的原始图像点位上的亮度值取出填回到空白图像点阵中相应的像素点位上去。

这两种方案本质上并无差别，主要不同仅在于所用的纠正变换函数不同，互为逆变换；其次，纠正后像素获得的亮度值的办法，对于直接法方案，称为亮度重配置，而对间接法方案，称为亮度重采样。由于直接法纠正方案要进行像元的重新排列，要求内存空间大一倍，计算时间也长，所以在实践中通常使用的方案是间接法方案。

3) 数字图像亮度(或灰度)值的重采样

以间接法纠正方案为例，假如输出图像阵列中的任一像素在原始图像中的投影点位坐标值为整数时，便可简单地将整数点位上的原始图像的已有亮度值直接取出填入输出图像。但若该投影点位的坐标计算值不为整数时，原始图像阵列中该非整数点位上并无现成的亮度存在，于是就必须采用适当的方法把该点位周围邻近整数点位上亮度值对该点的亮度贡献累积起来，构成该点位的新亮度值。这个过程即称为数字图像亮度（或图像灰度）值的重采样。

图像亮度（或图像灰度）值重采样时，周围像素亮度值对被采样点（非整数点位）贡献的权可用重采样函数来表达。理想的重采样函数是如图 4-24 所示的辛克（SINC）函数，其横轴上各点的幅值代表了相应点对其原点（O）处亮度贡献的权。但由于辛克函数是定义在无穷域上的，又包括三角函数的计算，实际使用不方便，因此人们采用了一些近似函数代替它，据此产生了三种常用的重采样算法。

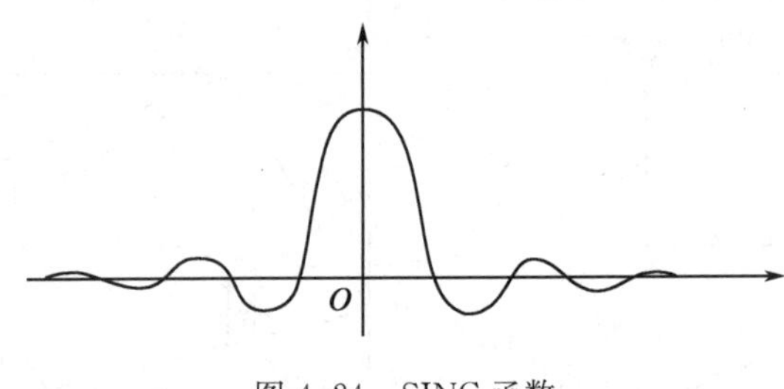

图 4-24　SINC 函数

（1）最邻近像元采样法

该法实质是取距离被采样点最近的已知像素元素的（N）亮度 I_N 作为采样亮度。采样函数为：

$$W(x_c, y_c) = 1 \quad (x_c = x_N, y_c = y_N) \tag{4-73}$$

采样亮度为：

$$I_p = W(x_c, y_c) \cdot I_N = I_N \tag{4-74}$$

式中：

$$x_N = 取整(x_p + 0.5)$$
$$y_N = 取整(y_p + 0.5)$$

最邻近像元采样法最简单，辐射保真度较好，但它将造成像点在一个像素范围内的位移，其几何精度较其他两种方法差。

（2）双线性内插法

该法的重采样函数是对辛克函数的更粗略近似，可以用如图 4-25 所示的一个三角形线性函数表达：

$$W(x_c) = 1 - |x_c| \quad (0 \leqslant |x_c| \leqslant 1) \tag{4-75}$$

当实施双线性内插时，需要有被采样点 p 周围 4 个已知像素的亮度值参加计算，即

$$I_p = W_x \cdot I \cdot W_y^{\mathrm{T}} = [W_{x_1} \quad W_{x_2}] \begin{bmatrix} I_{11} & I_{12} \\ I_{21} & I_{22} \end{bmatrix} \begin{bmatrix} W_{y_1} \\ W_{y_2} \end{bmatrix} \tag{4-76}$$

式中：

$$W_{x_1}=1-\Delta x \qquad W_{y_1}=1-\Delta y$$
$$W_{x_2}=\Delta x \qquad W_{y_2}=\Delta y$$

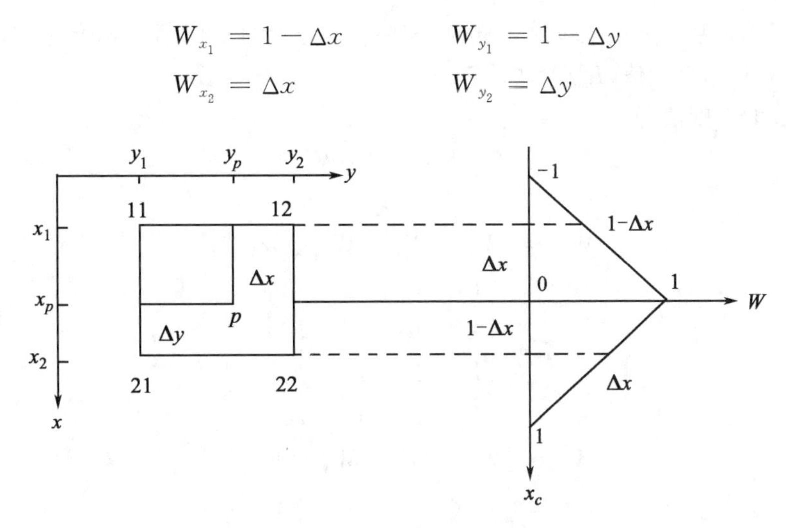

图 4-25 双线性插值法亮度重采样

由于该法的计算较为简单，并具有一定的亮度采样精度，所以它是实践中常用的方法，但图像略变模糊。

(3) 双三次卷积重采样法

该法用一个三次重采样函数来近似表示辛克函数(如图 4-26 所示)：

$$\left.\begin{aligned}&W(x_c)=1-2x_c^2+|x_c|^3 && (0\leqslant|x_c|\leqslant 1)\\&W(x_c)=4-8\,|x_c|+5x_c^2-|x_c|^3 && (1\leqslant|x_c|\leqslant 2)\\&W(x_c)=0 && (|x_c|>2)\end{aligned}\right\}\tag{4-77}$$

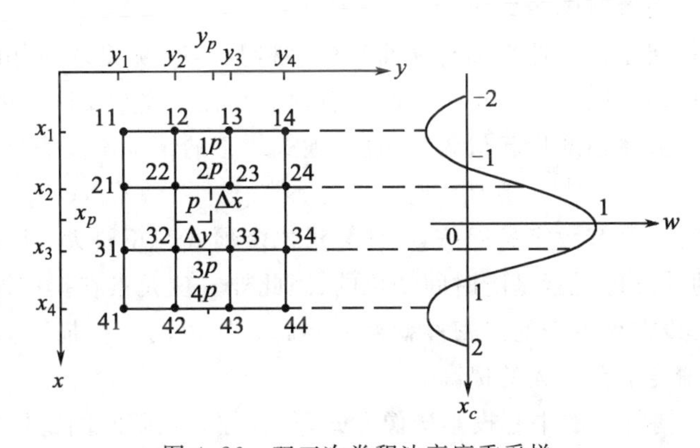

图 4-26 双三次卷积法亮度重采样

式中：x_c 定义为以被采样点 p 为原点的邻近像素 x 坐标值，其像素间隔为 1，当把(4-77)函数作用于图像 y 方向时，只需把 x 换为 y 即可。

设 p 点为被采样点，它距离左上方最近像素(22)的坐标差 $\Delta x,\Delta y$ 是一个小数值，即：

$$\Delta x=x_p-\text{取整}(x_p)=x_p-x_{22}$$
$$\Delta y=y_p-\text{取整}(y_p)=y_p-y_{22}$$

当利用三次函数对 p 点亮度重采样时，需要 p 点邻近的 4×4 个已知像素 (i,j) $(i=1,2,3,4;j=1,2,3,4)$ 的亮度值 (I_{ij}) 参加计算。

内插点 p 的亮度值为：

$$I_p = W_x \cdot I \cdot W_y^{\mathrm{T}} \tag{4-78}$$

式中：

$$W_x = [W_{x_1} \quad W_{x_2} \quad W_{x_3} \quad W_{x_4}];$$

$$I = \begin{bmatrix} I_{11} & I_{12} & I_{13} & I_{14} \\ I_{21} & I_{22} & I_{23} & I_{24} \\ I_{31} & I_{32} & I_{33} & I_{34} \\ I_{41} & I_{42} & I_{43} & I_{44} \end{bmatrix};$$

$$W_y = [W_{y_1} \quad W_{y_2} \quad W_{y_3} \quad W_{y_4}]。$$

$$W_{x_1} = -\Delta x + 2\Delta x^2 - \Delta x^3 \quad W_{y_1} = -\Delta y + 2\Delta y^2 - \Delta y^3$$

$$W_{x_2} = 1 - 2\Delta x^2 + \Delta x^3 \quad W_{y_2} = 1 - 2\Delta y^2 + \Delta y^3$$

$$W_{x_3} = \Delta x + \Delta x^2 - \Delta x^3 \quad W_{y_3} = \Delta y + \Delta y^2 - \Delta y^3$$

$$W_{x_4} = -\Delta x^2 + \Delta x^3 \quad W_{y_4} = -\Delta y^2 + \Delta y^3$$

双三次卷积的内插精度较高，但计算量大。

4）纠正结果评价

利用现有的资料，根据相应的规范，对纠正结果进行精度评价。只有符合精度要求，遥感图像的几何纠正才能完成。

通过上述完整的纠正过程，就获得了具有地理编码的遥感图像。

2. 基于共线方程的遥感图像纠正

共线方程纠正是建立在图像坐标与地面坐标严格数学变换关系的基础上，是对成像空间几何形态的直接描述。该方法纠正过程需要有地面高程信息(DEM)，可以改正因地形起伏而引起的投影差。因此当地形起伏较大，且多项式纠正的精度不能满足要求时，要用共线方程进行纠正。

共线方程纠正时需要有数字高程信息，计算量比多项式纠正要大。同时，在动态扫描成像时，由于传感器的外方位元素是随时间变化的，因此外方位元素在扫描过程中的变化只能近似地表达，此时共线方程本身的严密性就存在问题。所以动态扫描图像的共线方程纠正与多项式纠正相比精度不会有大的提高。

SPOT 图像是扫描行上的中心投影构像方式，外方位元素随时间或扫描行而变，因此共线方程的形式为：

$$x_i = 0 = -f\frac{a_1(X_i - X_{S_i}) + b_1(Y_i - Y_{S_i}) + c_1(Z_i - Z_{S_i})}{a_3(X_i - X_{S_i}) + b_3(Y_i - Y_{S_i}) + c_3(Z_i - Z_{S_i})}$$

$$y_i = -f\frac{a_2(X_i - X_{S_i}) + b_2(Y_i - Y_{S_i}) + c_2(Z_i - Z_{S_i})}{a_3(X_i - X_{S_i}) + b_3(Y_i - Y_{S_i}) + c_3(Z_i - Z_{S_i})} \tag{4-79}$$

这里 x 为飞行方向，X_i, Y_i, Z_i 为地面点 i 的地面坐标，x_i, y_i 为其相应的图像坐标，$X_{S_i}, Y_{S_i}, Z_{S_i}$ 为 l_i 行上外方位元素(即传感器地面坐标)，a_i, b_i, c_i 为姿态角 $\varphi_i, \omega_i, \kappa_i$ 的函数。

虽然不同扫描行的外方位元素不同，但 SPOT 卫星运行姿态平稳，运行速度和轨迹得到严格控制，为此 l_i 的外方位元素又可以表示为时间或行的线性函数：

$$\begin{aligned} \varphi_i &= \varphi_0 + (l_i - l_0)\Delta\varphi \\ \omega_i &= \omega_0 + (l_i - l_0)\Delta\omega \\ \kappa_i &= \kappa_0 + (l_i - l_0)\Delta\kappa \\ X_i &= X_{S_0} + (l_i - l_0)\Delta X_S \\ Y_i &= Y_{S_0} + (l_i - l_0)\Delta Y_S \\ Z_i &= Z_{S_0} + (l_i - l_0)\Delta Z_S \end{aligned} \tag{4-80}$$

式中：$\varphi_0, \omega_0, \kappa_0, X_{S_0}, Y_{S_0}, Z_{S_0}$ 是图像中心行的外方位元素；l_0 是中心行号；$\Delta\varphi, \Delta\omega, \Delta\kappa, \Delta X_S, \Delta Y_S, \Delta Z_S$ 为外方位元素的变化率。对于数字图像，其像素坐标可以按照 CCD 探测元件的几何尺寸将其转化为像坐标系中的坐标。

当考虑扫描角 Ω 时，共线方程中的第二式应改写为：

$$y_i = f\frac{y\cos\Omega + f\sin\Omega}{f\cos\Omega - y\sin\Omega} \tag{4-81}$$

式中：y 为原始图像坐标。

利用上述共线方程时必须注意：地面坐标是以图像中心相应地面点为原点的切平面坐标系；原始图像必须是 1A 级图像，即未作任何几何处理的图像；共线方程式只适用于所确定的一个具有一定间距的地面格网上的点，而不是针对每一个点（这里一个点相应于图像上的一个像素）；切平面坐标系朝北方向为 X 正方向，朝东方向为 Y 正方向；解算外方位元素时，因图像坐标必须变换为以图像中心为原点，故飞行方向为 x 负方向的图像坐标，将坐标单位换算为毫米。

将式(4-79)线性化，得到误差方程式：

$$\begin{aligned} V_{x_i} = {} & a_{11}\Delta\varphi_0 + a_{12}\Delta\omega_0 + a_{13}\Delta\kappa_0 + a_{14}\Delta X_{S_0} + a_{15}\Delta Y_{S_0} + a_{16}\Delta Z_{S_0} + \\ & a_{11}\Delta x\Delta\varphi' + a_{12}\Delta x\Delta\omega' + a_{13}\Delta x\Delta\kappa' + a_{14}\Delta x\Delta X_{S'} + a_{15}\Delta x\Delta Y_{S'} + a_{16}\Delta x\Delta Z_{S'} - \\ & a_{14}\Delta X_i - a_{15}\Delta Y_i - a_{16}\Delta Z_i - l_{x_i} \\ V_{y_i} = {} & b_{11}\Delta\varphi_0 + b_{12}\Delta\omega_0 + b_{13}\Delta\kappa_0 + b_{14}\Delta X_{S_0} + b_{15}\Delta Y_{S_0} + b_{16}\Delta Z_{S_0} + \\ & b_{11}\Delta x\Delta\varphi' + b_{12}\Delta x\Delta\omega' + b_{13}\Delta x\Delta\kappa' + b_{14}\Delta x\Delta X_{S'} + b_{15}\Delta x\Delta Y_{S'} + b_{16}\Delta x\Delta Z_{S'} - \\ & b_{14}\Delta X_i - b_{15}\Delta Y_i - b_{16}\Delta Z_i - l_{y_i} \end{aligned} \tag{4-82}$$

式中：$a_{1i}, b_{1i}(i=1,2,\cdots,6)$ 为 x, y 分别对六个外方位元素的微分；(x_i) 与 (y_i) 为将各未知数当前近似值代入式(4-79)所得。x_i 为控制点图像坐标（飞行方向），它不应为 0，除非它是中心行的坐标。上式中带有′的均为各外方位元素变化率之参量。

而 $$l_{x_i} = 0 - (x_i), l_{y_i} = y_i - (y_i), \Delta x = x_i - x_0$$

两类附加的误差方程：

(1) 对于控制点的误差方程：

考虑到地面点坐标有误差时，需要加入控制点的误差方程。

$$\begin{bmatrix} V_{X_i} \\ V_{Y_i} \\ V_{Z_i} \end{bmatrix} = \begin{bmatrix} \Delta X_i \\ \Delta Y_i \\ \Delta Z_i \end{bmatrix} - \begin{bmatrix} 0 \\ 0 \\ 0 \end{bmatrix}, \text{权 } P_{T_i} \tag{4-83}$$

(2) 对于外方位元素及其变化率的误差方程：

由于星载 CCD 传感器飞行高度很大，视场角很小，造成共线方程的参数之间存在很强的相关性，如 X_{S_0} 与 φ_0，Y_{S_0} 与 ω_0，从而导致误差方程系数矩阵的列向量之间有近似的线性关系。导致解的不稳定性。为保证在定向参数高度相关的情况下解的稳定性，其中一个措施是对定向参数有必要引进伪观测值。把这些伪观测值作为带权观测值，有伪观测值的误差方程：

$$\begin{bmatrix} V_{\varphi_0} \\ V_{\omega_0} \\ \vdots \\ V_{Z_S} \end{bmatrix} = \begin{bmatrix} \Delta\varphi \\ \Delta\omega \\ \vdots \\ \Delta Z_S \end{bmatrix} - \begin{bmatrix} 0 \\ 0 \\ \vdots \\ 0 \end{bmatrix}, \text{权 } P_{S_i} \tag{4-84}$$

由此得到总的误差方程，其矩阵形式为：

$$\begin{aligned} V_{xy} &= A_1 X_1 + A_2 X_2 + A_3 X_3 - L_{xy}, P_{xy} \\ V_{XYZ} &= \qquad B_1 X_2 \qquad\qquad - \mathbf{0}, P_{T_i} \\ V_S &= B_2 X_1 \qquad\qquad\qquad - \mathbf{0}, P_{S_i} \end{aligned} \tag{4-85}$$

式中：X_1 为定向参数，X_2 为控制点的坐标改正数，X_3 为未知地面点的坐标改正数。

总的误差方程矩阵形式为：

$$V = AX - L, \text{权 } P \tag{4-86}$$

由此可以求得相应的参数：

$$X = (A^{\mathrm{T}} PA)^{-1} C^{\mathrm{T}} PL \tag{4-87}$$

3. 基于有理函数的遥感图像纠正

1) 最小二乘求解 RFM 参数算法

将式(4-25)变形为：

$$\begin{aligned} F_X &= \mathrm{Num}_S(P,L,H) - X \cdot \mathrm{Den}_S(P,L,H) = 0 \\ F_Y &= \mathrm{Num}_L(P,L,H) - Y \cdot \mathrm{Den}_L(P,L,H) = 0 \end{aligned} \tag{4-88}$$

则误差方程为：

$$\boldsymbol{V} = \boldsymbol{Bx} - \boldsymbol{l}, \quad \boldsymbol{W} \tag{4-89}$$

式中：

$$\boldsymbol{B} = \begin{bmatrix} \dfrac{\partial F_X}{\partial a_i} & \dfrac{\partial F_X}{\partial b_j} & \dfrac{\partial F_X}{\partial c_i} & \dfrac{\partial F_X}{\partial d_j} \\ \dfrac{\partial F_Y}{\partial a_i} & \dfrac{\partial F_Y}{\partial b_j} & \dfrac{\partial F_Y}{\partial c_i} & \dfrac{\partial F_Y}{\partial d_j} \end{bmatrix}, \quad (i = 1,20, j = 2,20)$$

$$\boldsymbol{l} = \begin{bmatrix} -F_X^0 \\ -F_Y^0 \end{bmatrix}$$

$$\boldsymbol{x} = [a_i \quad b_j \quad c_i \quad d_j]^{\mathrm{T}}$$

$\boldsymbol{W}$ 为权矩阵。

根据最小二乘平差原理，可以求解：

$$x = (\boldsymbol{B}^{\mathrm{T}}\boldsymbol{B})^{-1}\boldsymbol{B}^{\mathrm{T}}\boldsymbol{l} \tag{4-90}$$

经过变形的 RFM 形式，平差的误差方程为线性模型，因此在求解 RFC 过程中不需要初值。

当用于解算 RFC 的控制点非均匀分布或模型过度参数化，RFM 中分母的变化非常剧烈，这样就导致设计矩阵($\boldsymbol{B}^{\mathrm{T}}\boldsymbol{B}$)的状态变差，设计矩阵变为奇异矩阵，导致最小二乘平差不能收敛。为了克服最小二乘估计的缺点，可用岭估计的方式获得有偏的符合精度要求的计算结果。

2）与地形无关的最小二乘法求解 RFC

RFM 参数求解有与地形无关和与地形相关两种求解方式。在严格成像模型已知的情况下，采用与地形无关的求解方式，否则采用与地形相关的求解方式，该方式需要给定一定数目的控制点。

当严格成像模型参数已知，用严格成像模型建立地面点的立体空间格网和影像面之间的对应关系作为控制点来求解 RFC，该方法求解 RFC 而不需要详细的地面控制信息，仅仅需要该影像覆盖地区的最大高程和最小高程，因此称之为与地形无关的方法。

其流程如图 4-27 所示，包含如下步骤：

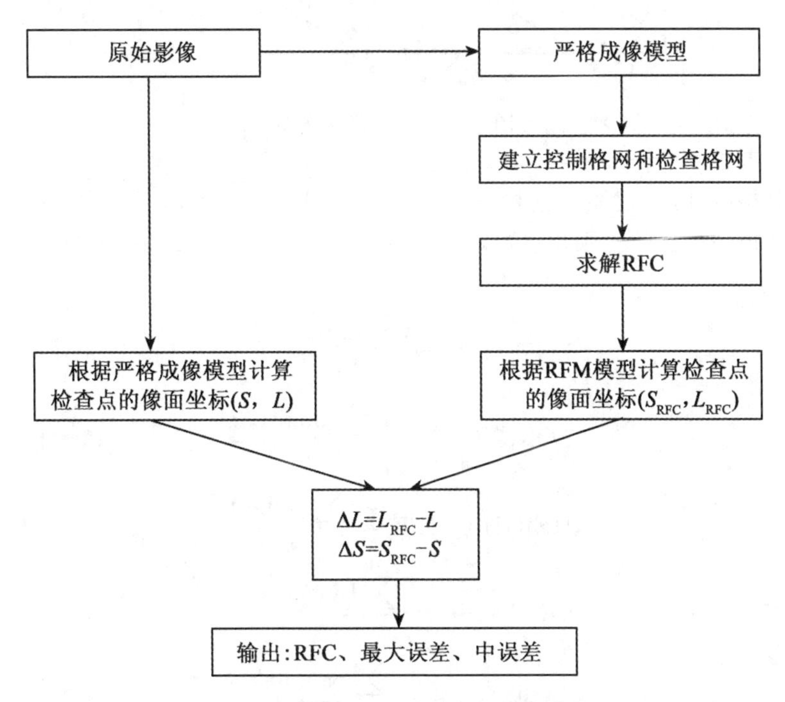

图 4-27 求解 RFC 流程以及精度分析

（1）建立空间格网

由严格成像模型的正变换，计算影像的四个角点对应的地面范围；根据美国地质调查局提供的全球 1km 分辨率 DEM(Global 30-arc-second Digital Elevation Model)，计算该地区的最大及最小椭球高。然后，在高程方向以一定的间隔分层，在平面上，以一定的格网大小建立地面规则格网(如平面分为 15×15 格网，就是将该影像对应影像范围分成 15×15 的格子，共有 16×16 个格网点)，生成控制点地面坐标，最后利用严格成像模型的反变换，计算控制点的影像坐标。为了防止设计矩阵状态恶化，一般高程方向分层的层数超过 2，如图4-28 所示。

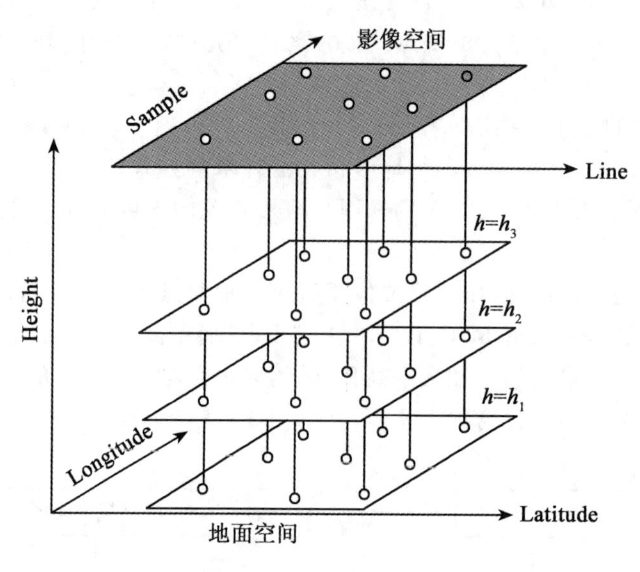

图 4-28　空间格网例图

加密控制格网和层，建立独立检查点。然后利用控制点坐标用公式(4-91)、(4-92)计算影像坐标和地面坐标的正则化参数，由公式(4-26)和公式(4-27)将控制点和检查点坐标正则化。

$$
\begin{aligned}
\text{LAT\_OFF} &= \frac{\sum \text{Latitude}}{n} \\
\text{LONG\_OFF} &= \frac{\sum \text{Longitude}}{n} \\
\text{HEIGHT\_OFF} &= \frac{\sum \text{Height}}{n} \\
\text{LINE\_OFF} &= \frac{\sum \text{Line}}{n} \\
\text{SAMP\_OFF} &= \frac{\sum \text{Sample}}{n}
\end{aligned}
\tag{4-91}
$$

式中：

$$\text{LAT\_SCALE} = \max(|\text{Latitude}_{\max} - \text{LAT\_OFF}|\,|\text{Latitude}_{\min} - \text{LAT\_OFF}|)$$

$$\text{LONG\_SCALE} = \max(|\text{Longitude}_{\max} - \text{LONG\_OFF}|\,|\text{Longitude}_{\min} - \text{LONG\_OFF}|)$$

$$
\begin{aligned}
&\text{HEIGHT\_SCALE} = \max(|\text{Height}_{\max} - \text{HEIGHT\_OFF}|\,|\text{Height}_{\min} - \text{HEIGHT\_OFF}|)\\
&\text{LINE\_SCALE} = \max(|\text{Line}_{\max} - \text{LINE\_OFF}|\,|\text{Line}_{\min} - \text{LINE\_OFF}|)\\
&\text{SAMP\_SCALE} = \max(|\text{Sample}_{\max} - \text{SAMP\_OFF}|\,|\text{Sample}_{\min} - \text{SAMP\_OFF}|)
\end{aligned}
\tag{4-92}
$$

(2) RFC 解算

利用控制点来估计 RFC(a_i, b_j, c_i, d_j)。

(3) 精度检查

用求解的 RFC 来计算检查点对应的影像坐标,通过由严格成像模型计算的检查点影像坐标的差值来评定求解 RFC 参数的精度。

3) 与地形相关的方案最小二乘法求解 RFC

如果没有严格传感器模型的定向参数,为了解算 RFM 的未知系数,必须通过从地图上量测或者野外实测的方式获取若干真实的地面控制点。在这种情况下,解决完全决定于实际的地形起伏以及控制点的数量与分布,因此这种方法与地形严格有关。当传感器的模型过于复杂很难建立或者精度要求不是很高的时候,这种方法已经被广泛地应用于摄影测量与遥感领域。由于高阶 RFM 需要的控制点比较多,故当控制点数目不足时,可视当地地形变化程度,考虑仅使用 RFM 的二阶形式。

4) 利用 RFM 进行卫星遥感影像的几何纠正

(1) 利用控制点提高 RFM 精度

可采用两种方式来利用控制点提高 RFM 的精度,一种方式是利用控制点直接对 RFC 进行校正,该方法需要使用大量的控制点来解求 RFM 中的 80 个参数,且参数间可能存在相关性,使求解比较困难;另外一种方式是通过少量的地面控制点来计算影像的变换参数,而不校正 RFC,该方法需要求解像点的量测坐标与利用 RFM 计算影像坐标之间的变换关系,使用少量的控制点就足够了。

分析卫星系统参数对影像几何纠正精度的影响,需要改正两类误差:一类参数纠正行方向的误差;一类参数纠正列方向的误差。其中行参数吸收轨道、姿态在行方向上的影响,列参数吸收轨道、姿态在列方向上的影响,因此可以采用定义在影像面的仿射变换来校正此类误差。

在影像上定义仿射变换:

$$
\begin{aligned}
y &= e_0 + e_1 \cdot \text{Sample} + e_2 \cdot \text{Line}\\
x &= f_0 + f_1 \cdot \text{Sample} + f_2 \cdot \text{Line}
\end{aligned}
\tag{4-93}
$$

式中:(x, y)是控制点在影像上的量测坐标。

根据公式(4-93)可以对每个控制点列出如下线性方程,根据最小二乘平差求解影像面的仿射变换参数,完成利用控制点提高 RFM 的精度。

$$
\begin{aligned}
v_x &= \left(\frac{\partial x}{\partial e_0}\cdot\Delta e_0 + \frac{\partial x}{\partial e_1}\cdot\Delta e_1 + \frac{\partial x}{\partial e_2}\cdot\Delta e_2 + \frac{\partial x}{\partial f_0}\cdot\Delta f_0 + \frac{\partial x}{\partial f_1}\cdot\Delta f_1 + \frac{\partial x}{\partial f_2}\cdot\Delta f_2\right) + F_{x_0}\\
v_y &= \left(\frac{\partial y}{\partial e_0}\cdot\Delta e_0 + \frac{\partial y}{\partial e_1}\cdot\Delta e_1 + \frac{\partial y}{\partial e_2}\cdot\Delta e_2 + \frac{\partial y}{\partial f_0}\cdot\Delta f_0 + \frac{\partial y}{\partial f_1}\cdot\Delta f_1 + \frac{\partial y}{\partial f_2}\cdot\Delta f_2\right) + F_{y_0}
\end{aligned}
\tag{4-94}
$$

在缺少控制点(控制点小于 3 个)条件下,为了获得较好的精度,待求解的仿射变换参数需要分析。根据严格成像模型求解的 RFC 的精度和严格成像模型的精度一致，如果仅有 1 个控制点，求解偏移参数 e_0 和 f_0 来消除平移误差；而单线阵推扫式卫星遥感影像在行方向（CCD 线阵）的变形比列方向（卫星运动方向）的变形小，当有两个控制点，求解平移参数（e_0 和 f_0）和 Line 方向的系数（e_2 和 f_2）可以获得较高的精度。

(2) 运用 RFM 行正反变换

与利用严格成像模型对高分辨率卫星遥感影像进行纠正一样，基于 RFM 的影像几何纠正同样需要正反变换。

① 正变换：

分析式(4-25)的 RFM，为了进行正变换，像点坐标可通过像片量测获得，像点坐标对应的高程可人工给定。为求解像点的地面坐标，该公式中所要解求的未知数仅为地面点坐标，也就是两个方程求解两个未知数。但是 RFM 模型对地面点的正则化坐标(P,L)为非线性方程，所以需要将其线性化，然后利用最小二乘迭代的方式获得其准确的地面正则化坐标。

基于 RFM 模型的影像纠正正变换的步骤为：

a. 根据公式(4-93)，将图像量测坐标(x,y)变换为(Line，Sample)；

b. 根据公式(4-26)、(4-27)将(Line，Sample)和该点高程正则化，并假定 P 和 L 的初值为 0；

c. 根据公式(4-89)组建误差方程；

d. 由公式(4-90)迭代求解 P 和 L；

e. 由公式(4-26)求解该点的经纬度；

f. 将该点投影到一定的投影系统中获取其平面坐标。

② 反变换：

RFM 的反变换比较简单，具体流程为：

a. 将平面坐标和该点高程变换为 WGS84 下的经纬度和椭球高；

b. 根据公式(4-26)，将地面坐标正则化；

c. 由公式(4-25)，计算像点的正则化坐标 X,Y；

d. 由公式(4-27)，计算像点的(Line，Sample)；

e. 由公式(4-93)，将(Line，Sample)变换为(x,y)。

4. 基于自动配准的小面元微分纠正

遥感图像配准融合系统软件 CyberLand 采用图像配准方法：采用遥感图像间相互校正的大面元微分纠正，在其基础上又提出了小面元微分纠正算法。该算法利用了摄影测量中图像匹配的研究成果，即图像特征提取与基于松弛法的整体图像匹配，全自动地获取密集同名点对作为控制点，由密集同名点对构成密集三角网（小面元），利用小三角形面元进行微分纠正，实现图像精确配准。特点是可在两个任意图像上快速匹配出密集、均匀分布的数万个乃至数十万个同名点。通过小面元微分纠正，实现不同遥感图像间的精确相对纠正，检测中误差一般不超过 1.5 个像素。可以解决山区因图像融合后出现的图像模糊与重影问题，同时适用于平坦地区和丘陵地区图像的配准。

小面元微分纠正的算法如下：

1）图像特征点提取

将目标图像中的明显点提取出来作为配准的控制点。这些点特征的提取是利用兴趣算子提取的。

2）预处理

不同的遥感图像间存在着平面位置、方位与比例的差异，因而需要对其进行平移、旋转与缩放等预处理，以便于图像匹配。当图像的差异较大时，需要人工选取一到三对同名点的概略位置，根据这些同名点解算图像间概略的平移、旋转与缩放等预处理参数。

通过预处理可以使低分辨率图像的比例尺和方位与目标图像基本接近，使图像匹配容易进行。

3）粗匹配

以特征点为中心，取一矩形窗口作为目标窗口。根据先验知识的预测，从图像中取一较大的矩形窗口作为搜索窗口。将目标窗口的灰度矩阵和搜索窗口中等大的子窗口灰度矩阵进行比较。其中最相似的子窗口的中心为该特征点的同名点。

粗匹配的结果将被作为控制，用于后续的精匹配，因此具有较高的可靠性，其分布应尽量均匀。为了检测其粗差，可对同名点的位置之差进行多项式拟合，将拟合残差大的点剔除。为了提高可靠性，可以用由粗到细的匹配策略，特征提取与粗匹配按分层多级图像金字塔结构进行。

4）几何条件约束的整体松弛匹配

（1）改正地面坡度产生的畸变

地面坡度产生不同的畸变是图像间最重要的差别。粗匹配的方法是以特征点为窗口的中心。这种中心窗口模式不考虑上述差别，因而不能解决地面坡度产生不同畸变的问题。改变这个中心模式的窗口为边缘模式的窗口，即以两相邻的特征作为左右两边构成窗口。在评价相似性之前，先将搜索子窗口重采样，使其与目标窗口等大，然后再评价其相似性，这样可以克服坡度引起的畸变差对匹配的不利影响。

（2）几何约束条件

大部分地表是连续光滑的，因此在匹配的过程中应先考虑连续光滑的几何约束条件。包括：第一，目标点的顺序与其同名点的顺序应相当，不应当有逆序；第二，同名点的左右横坐标差不应有突变，有突变者，一般粗差应剔除；第三，同名点的左右横坐标应当相差不大，它们离一拟合曲面的距离不大。

（3）整体松弛匹配

传统的图像匹配是孤立的单点匹配，它以相似性测度最大或最小为评价标准，取该测度为其唯一的结果，它不考虑周围点的匹配结果的一致性。由于图像变形的复杂性，相似性测度最大者有时不是对应的同名点。根据相关分析，互相关是一多峰值函数，其最大值不一定对应着同名点，而非峰值则有可能是同名点，因此同名点的判定必须借助其邻近的点，且它们的影响是相互的。利用整体松弛匹配法能较好地解决这个问题。

根据模式识别理论，设有目标集合 $O=\{O_1, O_2, \cdots, O_n\}$ 与类别集合 $C=\{C_1, C_2, \cdots, C_n\}$，其中目标图像的像素 i 为目标 O_i，从图像上对应的像素 j 为类别 C_j，而图像匹配就是要解决 $O_i \in C_j$ 是否成立的问题。

为提高其可靠性，必须考虑结果的全局一致性，即分类结果是否互相协调一致。设 O_i 与 O_j 的相关系数为 $\rho(i,j)$，并将其换算为 $O_i \in C_j$ 的概率 P_{ij}，O_h 为与 O_i 相邻的像素，C_k 为与 C_j 相邻的像素。利用概率松弛法必须引入 $O_i \in C_j$ 与 $O_h \in C_k$ 的相容系数 $C(i,j;h,k)$，可将其定义为目标图像中的区间 $[i,h]$ 和从图像中的区间 $[i,j]$ 的相关系数 $\rho(ih,jk)$，即：

$$C(i,j;h,k) \propto \rho(ih,jk)$$

一旦确定了 P_{ij} 和 $C(i,j;h,k)$，就可根据下列公式进行松弛迭代运算：

$$\begin{aligned}
Q(i,j) &= \sum_{h=1}^{n(H)}\left(\sum_{k=1}^{m(K)} C(i,j;h,k)\cdot P(i,j)\right)\\
P^{(r)}(i,j) &= P^{(r-1)}(i,j)\cdot(1+B\cdot Q(i,j))\\
P^{(r)}(i,j) &= \frac{P^{(r)}(i,j)}{\sum_{j=1}^{m(J)} P^{(r)}(i,j)}
\end{aligned} \tag{4-95}$$

式中：$n(H)$ 为相邻目标点的个数；$m(K)$ 和 $m(J)$ 为从图像匹配候选点的个数；r 为迭代次数。如果 $P^{(r)} > T$（T 为事先给定阈值），则停止迭代，并确定可靠的对应点。此外，图像的金字塔数据结构应用于这个匹配过程，以进一步提高数据处理的速度和配准的可靠性。

5）小面元微分纠正

由以上方法，在一幅图像中，通常可以提取数万至数十万对同名点，这些点分布在山脊、山谷等特征线上，或者它们本身就是明显的特征点。将其构成相互对应的三角网。因为点数多，所以三角网的三角形面积都较小。对三角网的每一对三角形，设为 $\triangle P_1P_2P_3$ 和 $\triangle P_1'P_2'P_3'$，利用其三顶点的对应坐标 (x_i,y_i)，(x_i',y_i')，$i=1,2,3$，解求仿射变换：

$$\begin{aligned}
x' &= a_0 + a_1x + a_2y\\
y' &= b_0 + b_1x + b_2y
\end{aligned} \tag{4-96}$$

求得式(4-96)中的系数 a_0,a_1,a_2,b_0,b_1,b_2。然后按式(4-96)，将待纠正图像上的三角形 $P_1'P_2'P_3'$ 纠正成与目标图像对应的三角形 $P_1P_2P_3$。

该方法所用的控制点沿图像特征密集分布，对不同的遥感图像间的几何变形进行了精确的相对纠正，因而能很好地解决山区遥感图像的纠正问题。

5. 加入高差改正的 CCD 线阵影像的多项式纠正

多项式纠正对地面相对平坦的地区具有足够好的纠正精度，计算方便，应用广泛。但对地形起伏较大的地区，尤其当传感器的倾斜角较大时，效果就不明显，甚至不能用多项式来进行纠正。采用多项式纠正时要引入纠正地区的高程信息，即引入投影差改正的多项式纠正法。其基本思想是先改正因地形引起的变形，然后用一般多项式来拟合，改正其他的变形。重采样时则相反，先根据多项式参数求得未受高差影响的像点坐标，然后加上投影差，从而获得真实的像点坐标。

1）高差引起的投影差计算

当传感器有固定的旁向倾斜角 α 时，如图 4-29 所示，S 为传感器投影中心，N 为底点，O 为像主点，地面点 A 的像为 a，A 在基准面上的正射投影 A_0 的像为 a_0，则 aa_0 就是由高差引起的投影差 δ_h，当以像底点 n 为像坐标原点时，设 $na=r$，$SN=H$，作如图辅助线 $a_0a'//AA_0$，$a_0k//A_0N$，分别交 SA 和 SN 于 a'、k。根据三角形的关系可以得到如下关系：

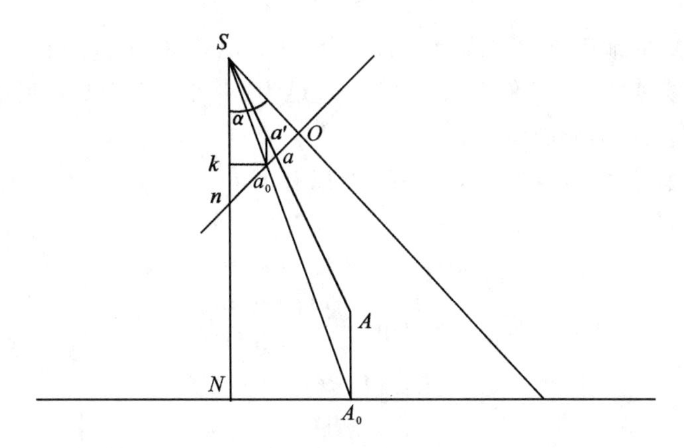

图 4-29 高差引起的投影差

由
$$\frac{\delta_h}{a_0 a'} = \frac{an}{Sn} = \frac{r}{f\sec\theta}$$

得
$$\delta_h = \frac{a_0 a' r}{f\sec\theta}$$

由
$$\frac{a_0 a'}{h} = \frac{Sa_0}{SA_0} = \frac{Sk}{SN} = \frac{Sn - nk}{H}$$

得
$$a_0 a' = \frac{h}{H}(Sn - nk) = \frac{h}{H}(f\sec\theta - nk)$$

而
$$nk = a_0 n\cos(90° - \alpha) = (r - \delta h)\sin\alpha$$

由上述公式可以得到 δ_h：

$$\delta_h = \frac{rh}{H}\frac{1 - \left(\frac{r}{2f}\right)\sin 2\alpha}{1 - \left(\frac{rh}{2fH}\right)\sin 2\alpha} \tag{4-97}$$

当 y 表示以 O 为原点的像点坐标时，则有：

$$r = y + f\tan\alpha$$

δ_h 中的 $-rh\sin 2\alpha/(2fH)$ 对 δ_h 的影响很小，可以忽略不计（以 SPOT 为例，当 $f=1.082\text{m}$，$H=830\text{km}$，$x \leqslant 3\,000 \times 13 \times 10^{-6}\text{m}$，$|\alpha| < 45°$，$|h| < 1\,000\text{m}$ 时，该值为 6.24×10^{-4}。）

得到高差引起的投影差的近似公式：

$$\delta_h = \frac{rh}{H}\left(1 - \frac{r\sin 2\alpha}{2f}\right) \tag{4-98}$$

2）倾斜角 α 较大时的改进

当 α 较大时，地面点离 N 就很远，此时地球曲率对投影差的影响很大，需要考虑纠正。地球曲率对投影差的影响可以通过修正倾斜角和航高来加以改善。

如图 4-30 所示，将地球水准面视为半径为 R 的球

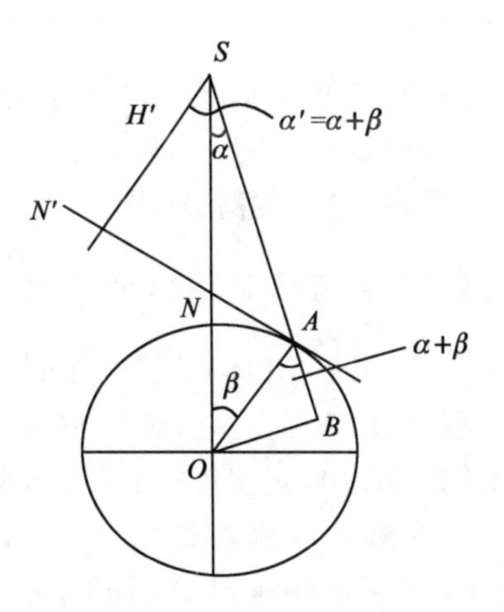

图 4-30 倾角和航高的修正

体，A 为像主点对应的地面点在水准面上的投影，N 为地底点，记 $\angle AOS$ 为 β，在面 AOS 内，过 A 作球 O 的切线 AN'，过 S 作 $SN' \perp AN'$，垂足为 N'，以 N' 为修正后的地底点，则修正后的航高为 H'，修正后的倾斜角为 α'。

作 $OB \perp SA$，垂足为 B，因为 $SN'//AO$，所以有：

$$\alpha' = \alpha + \beta$$

$$\angle BAO = \alpha'$$

$$\alpha' = \arcsin\left[\frac{(R+H)\sin\alpha}{r}\right]$$

$$H' = \frac{R\sin\beta\cos(\alpha+\beta)}{\sin\alpha}$$

用修正后的 α'，H' 分别代替式(4-98)中的 α 和 H，即可得到修正后的投影差修正公式。

当倾斜角 α 已知时可以把像点改正 δ_h 加入多项式中一起平差计算，方法与一般多项式纠正相同。当倾斜角 α 未知时，就要把倾斜角作为多项式系数一起按未知数求解。

设像点坐标为(x,y)，对应地面点坐标为(X,Y,h)，则多项式可写为

$$\begin{aligned} x &= a_0 + a_1X + a_2Y + a_3X^2 + a_4XY + a_5Y^2 \\ y - \delta_h &= b_0 + b_1X + b_2Y + b_3X^2 + b_4XY + b_5Y^2 \end{aligned} \tag{4-99}$$

从式(4-99)可以看出，对 x 的拟合与一般多项式相同，对 y 的拟合与一般多项式不同，由于 y 是 α 的非线性函数，要对其进行微分，再建立误差方程式：

$$\mathrm{d}\delta_h = \frac{\left[f - y\tan\alpha - \left(\frac{y}{f} + \tan\alpha\right)(y\cos2\alpha + f\sin2\alpha)\right]h\mathrm{d}\alpha}{H}$$

令

$$Fy = b_0 + b_1X + b_2Y + b_3X^2 + b_4XY + b_5Y^2 - (y - \delta_h)$$

则

$$\mathrm{d}Fy = \mathrm{d}b_0 + X\mathrm{d}b_1 + Y\mathrm{d}b_2 + X^2\mathrm{d}b_3 + XY\mathrm{d}b_4 + Y^2\mathrm{d}b_5 + K\mathrm{d}\alpha$$

其中：

$$K = \frac{\left[f - y\tan\alpha - \left(\frac{y}{f} + \tan\alpha\right)(y\cos2\alpha + f\sin2\alpha)\right]h}{H}$$

每个控制点可以列出相应的误差方程式，按照最小二乘平差原理求解多项式系数。

求得多项式系数后，则可根据式(4-99)求得任意地面点(X,Y)的不带投影差的像点坐标，再根据该地面点的高程和图像倾角、航高求得投影差，就可求得地面点对应像点的实际坐标。

4.3.3　侧视雷达图像的几何纠正

雷达图像几何纠正是在粗校正图像的基础上，消除由地形引起的几何位置的误差，生成地理编码的正射图像。对于 SAR 图像，由地形引起的几何位置误差要比摄影类型成像的图像严重，在相同观测角的条件下，高程引起的 SAR 图像几何位置的误差是 SPOT 卫星图像的 4～5 倍，对于高差在 400～500m 的地形，高程引起的视差将是主要的误差，而在同等条件下的 Landsat 和 SPOT 图像的误差主要是由系统误差引起的。这些几何畸变将引起与地形相关的当地入射角和距离压缩的变化，从而引起 SAR 图像的辐射变化。

目前 SAR 图像几何校正方法可分为两类：

(1) 由常规摄影测量的共线方程定向方法转化而来的；

(2) 根据 SAR 本身的构像几何特点进行的纠正。

在第一类方法中有以下几种纠正方法：

(1) Leberl 构像模型，该模型比较简单，也是最常用的一种构像模型；

(2) Konecny 等提出的平距显示的雷达图像的数学模型和斜距显示的雷达图像的数学模型，其公式形式与摄影测量中常用的共线方程类似，便于应用；

(3) 美国工程兵研究所采用的侧视雷达测图模型；

(4) 苏联采用的数学模型，该模型理论上较严密，不仅适合于合成孔径雷达图像，也适合于真实孔径雷达图像，但其数学模型复杂；

(5) 把雷达图像视为线阵列 CCD 扫描图像，故直接采用行中心投影的数学模型。

基于 Leberl 构像模型的纠正基本思想如下：

Leberl 构像模型是国际著名摄影测量学者 Leberl 提出的，该模型是根据雷达图像像点的距离条件和零多普勒条件来表达雷达图像瞬间构像的数学模型，它描述了 SAR 图像坐标与相应地面点坐标之间的严密几何关系。

1) 距离条件

如图 4-31 所示，D_S 为扫描延迟，R_S 为天线中心 S 到地面点 P 的斜距，H 为天线中心 S 到数据归化平面(基准面)的航高，y_s 为地面点 P 在斜距显示图像上的距离向像坐标，y_g 为地面点 P 在地距显示图像上的距离向像坐标，R_0 为扫描延迟在数据归化平面上的投影，M_y 为斜距显示图像的距离向像元分辨率，m_y 为平距显示图像的距离向像元分辨率。

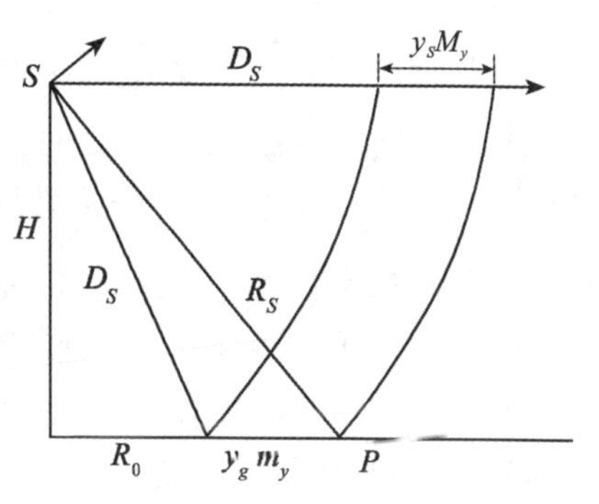

图 4-31　距离条件

对于斜距显示图像有：

$$(X-X_S)^2+(Y-Y_S)^2+(Z-Z_S)^2=(y_S M_y+D_S)^2 \tag{4-100}$$

式中：(X,Y,Z) 为地面点 P 的物方空间坐标，(X_S,Y_S,Z_S) 为天线中心瞬时位置 S 的物方空间坐标。当卫星在轨道空间运行时，其姿态受到很多因素的影响，故把其轨迹考虑成飞行时间 T 的多项式函数，即轨道时间多项式，可表示为：

$$\begin{aligned}
X_S &= X_{S_0}+\dot{X}_{S_0}T+\ddot{X}_{S_0}T^2+\cdots \\
Y_S &= Y_{S_0}+\dot{Y}_{S_0}T+\ddot{Y}_{S_0}T^2+\cdots \\
Z_S &= Z_{S_0}+\dot{Z}_{S_0}T+\ddot{Z}_{S_0}T^2+\cdots \\
T &= m_x \cdot x
\end{aligned} \tag{4-101}$$

式中：$X_{S_0}, Y_{S_0}, Z_{S_0}$ 为对应于像坐标原点的雷达天线中心瞬时物方空间坐标，$\dot{X}_{S_0}, \dot{Y}_{S_0}, \dot{Z}_{S_0}$ 为飞行器对应于像坐标原点的速度矢量的分量(外方位元素的一阶变率)，$\ddot{X}_{S_0}, \ddot{Y}_{S_0}, \ddot{Z}_{S_0}$ 为飞

行器对应于像坐标原点的加速度矢量的分量(外方位元素的二阶变率)……T 为像坐标 x 相对于原点时刻的飞行时间,x 为雷达图像的方位向像平面坐标,m_x 为平距显示图像的方位向像元分辨率。

设任意时刻天线中心的速度矢量为(X_v, Y_v, Z_v),由式(4-101)可得:

$$\begin{aligned} X_v &= \frac{\partial X_S}{\partial T} = \dot{X}_{S_0} + 2\ddot{X}_{S_0} T + \cdots \\ Y_v &= \frac{\partial Y_S}{\partial T} = \dot{Y}_{S_0} + 2\ddot{Y}_{S_0} T + \cdots \\ Z_v &= \frac{\partial Z_S}{\partial T} = \dot{Z}_{S_0} + 2\ddot{Z}_{S_0} T + \cdots \end{aligned} \tag{4-102}$$

同理,对于平距显示图像有:

$$(X - X_S)^2 + (Y - Y_S)^2 + (Z - Z_S)^2 = (y_S m_y + R_0)^2 + H^2 \tag{4-103}$$

2) 零多普勒条件

由于卫星飞行速度矢量与天线至地面点矢量保持垂直,此时多普勒频移为零,故称零多普勒条件,用公式表示为:

$$\dot{X}_S(X - X_S) + \dot{Y}_S(Y - Y_S) + \dot{Z}_S(Z - Z_S) = 0 \tag{4-104}$$

当轨道时间多项式选用二次方程时,构像方程中共有 X_{S_0}、Y_{S_0}、Z_{S_0}、$\dot{X}_{S_0}$、$\dot{Y}_{S_0}$、$\dot{Z}_{S_0}$、$\ddot{X}_{S_0}$、$\ddot{Y}_{S_0}$、$\ddot{Z}_{S_0}$、D_S、m_x、M_y(或 m_y)12 个定向参数,至少需要 6 个已知地面控制点进行解答。通常,D_S、m_x、M_y(或 m_y)3 个参数能够由雷达的系统参数直接给定,只需解算参数 X_{S_0}、Y_{S_0}、Z_{S_0}、$\dot{X}_{S_0}$、$\dot{Y}_{S_0}$、$\dot{Z}_{S_0}$、$\ddot{X}_{S_0}$、$\ddot{Y}_{S_0}$、$\ddot{Z}_{S_0}$ 即可。

第二类方法是按 SAR 本身的构像几何特点进行的纠正,对于地面控制点容易得到的地区,则是利用 SAR 成像参数(如平台高角,雷达波入射角,飞行路线的方位,航迹参考点,信号的延迟等)和地面控制点来精确估计飞行路线参数,并以此为基础建立正射纠正变换公式。而对于地面控制点不易得到的地区,可利用 DEM 产生模拟图像,将模拟图像与原始图像配准,从而建立 DEM 坐标与原始图像间的变换关系。

4.4 图像间的自动配准和数字镶嵌

4.4.1 图像间的自动配准

随着遥感技术的发展,得到的遥感图像越来越多,形成了观测地球空间的图像金字塔。遥感传感器的分辨率(空间分辨率、时间分辨率、辐射分辨率和光谱分辨率)得到进一步的提高。在许多遥感图像处理中,需要对这些多源数据进行比较和分析,如进行图像的融合、变化检测、统计模式识别、三维重构和地图修正等,都要求多源图像间必须保证在几何上是相互配准的。这些多源图像包括不同时间同一地区的图像,不同传感器同一地区的图像以及不同时段的图像等,它们一般存在相对的几何差异和辐射差异。

图像配准的实质就是前述的遥感图像的几何纠正,根据图像的几何畸变特点,采用一种几何变换将图像归化到统一的坐标系中。图像之间的配准一般有两种方式：

(1) 图像间的匹配，即以多源图像中的一幅图像为参考图像，其他图像与之配准，其坐标系是任意的；

(2) 绝对配准，即选择某个地图坐标系，将多源图像变换到这个地图坐标系以后来实现坐标系的统一。

图像配准通常采用多项式纠正法，直接用一个适当的多项式来模拟两幅图像间的相互变形。配准的过程分两步：

(1) 在多源图像上确定分布均匀，足够数量的图像同名点；

(2) 通过所选择的图像同名点解算几何变换的多项式系数，通过纠正变换完成一幅图像对另一幅图像的几何配准。

多源图像间同名点的确定是图像配准的关键。图像同名点的获取可以用目视判读方式和图像自动配准方式。本节介绍自动获取图像同名点的方法——通过图像相关的方法自动获取同名点。

多源图像之间存在变形，就局部区域而言，同一地面目标在每幅图像上都具有相应的图像结构，并且它们之间是十分相似的，这就可以采用数字图像相关的方法确定图像的同名点。

图像相关是利用两个信号的相关函数，评价它们的相似性以确定同名点。首先取出以待定点为中心的小区域中的图像信号，然后取出其在另一图像中相应区域的图像信号，计算两者的相关函数，以相关函数最大值对应的相应区域中心点为同名点，即以图像信号分布最相似的区域为同名区域，其中心点为同名点。

1. 数字图像相关的过程

(1) 先在参考图像上选取以目标点为中心，大小为 $m \times n$ 的区域作为目标区域 T_1(见图 4-32)，并确保目标点(最好是明显地物点)在区域的中间。然后确定搜索图像的搜索区 S_1，其大小为 $J \times K$，显然 $J > m, K > n$(见图 4-33)，S_1 的位置和大小选择必须合理，使得 S_1 中能完整地包容一个模板 T_1，其位置的确定可以大致估计或者根据粗加工处理以后坐标的相对误差来确定。

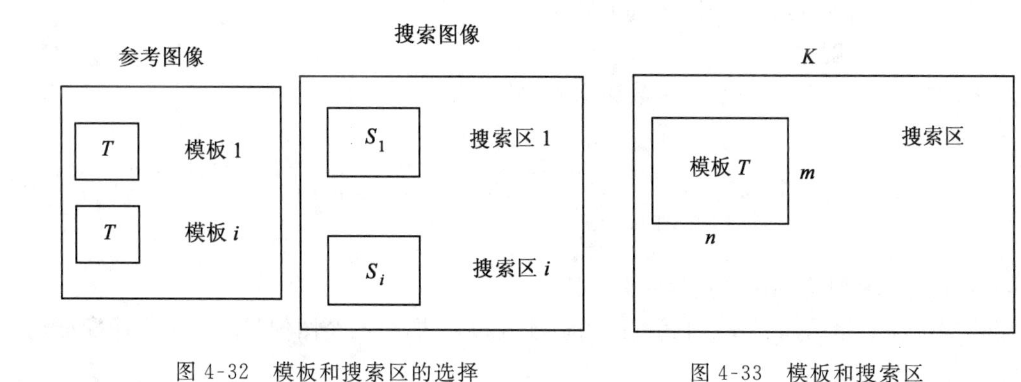

图 4-32　模板和搜索区的选择　　图 4-33　模板和搜索区

(2) 将模板 T_1 放入搜索区 S_1 内搜索同名点。从左至右、从上到下，逐像素地移动搜索区来计算目标区和搜索区之间的相关系数。取最大者为同名区域，其中心为同名点。

(3) 选取下一个目标区，重复(1)、(2)以得到其在搜索区的同名点。

2. 图像匹配的一些算法

1) 相关系数测度

相关系数是标准化的协方差函数，协方差函数除以两信号的方差即得相关系数。对信号 f、g，其相关系数为：

$$\rho(f,g) = \frac{C_{fg}}{\sqrt{C_{ff}C_{gg}}}$$

式中：C_{fg} 是两信号的协方差，C_{ff} 是信号 f 的方差，C_{gg} 是信号 g 的方差。

而对两个离散的数字图像，其灰度数据 f、g 的相关系数表达为：

$$\rho(c,r) = \frac{\sum_{i=0}^{m-1}\sum_{j=0}^{n-1}(f_{i,j} - \overline{f}_{i,j})(g_{i+r,j+c} - \overline{g}_{r,c})}{\sqrt{\sum_{i=0}^{m-1}\sum_{j=0}^{n-1}(f_{i,j} - \overline{f}_{i,j})^2 \sum_{i=0}^{m-1}\sum_{j=0}^{n-1}(g_{i+r,j+c} - \overline{g}_{r,c})^2}} \tag{4-105}$$

式中：

$$\overline{f} = \frac{1}{n \times m}\sum_{i=0}^{m-1}\sum_{j=0}^{n-1} f_{i,j}$$

$$\overline{g} = \frac{1}{n \times m}\sum_{i=0}^{m-1}\sum_{j=0}^{n-1} g_{i,j}$$

f 为目标区 T 的灰度窗口；g 为搜索区 S 内大小为 $m \times n$ 的灰度窗口；(i,j) 为目标区中的像元行列号；(c,r) 为搜索区中心的坐标，搜索区移动后 (c,r) 随之变化；$m \times n$ 为目标区和搜索区的列数和行数；$\rho(c,r)$ 为目标区 f 和搜索区 g 在 (c,r) 处的相关系数，当 T 在 S 中搜索完后，ρ 最大者对应的 (c,r) 即为 T 的中心点的同名点。

2) 差分测度

对离散的数字图像 T 和 S，差分测度采用如下公式：

$$S(c,r) = \sum_{i=0}^{m-1}\sum_{j=0}^{n-1} | T_{i,j} - S_{i+r,j+c} |$$

此时，当 S 最小时其对应的图像点为同名点。

3) 相关函数测度

对离散数字图像 T 和 S，相关函数测度采用如下公式：

$$R(c,r) = \frac{\sum_{i=0}^{m-1}\sum_{j=0}^{n-1} T_{i,j} \cdot S_{i+r,j+c}}{\left[\sum_{i=0}^{m-1}\sum_{j=0}^{n-1} T_{i,j}^2 \cdot \sum_{i=0}^{m-1}\sum_{j=0}^{n-1} S_{i+r,j+c}^2\right]^{1/2}} \tag{4-106}$$

当 R 最大时其对应的图像点为同名点。

当找到足够数量的同名点后，就可以用多项式拟合法，将一个图像与另一个图像配准。

4.4.2　数字图像镶嵌

当感兴趣的研究区域在不同的图像文件中时，需要将不同的图像文件合在一起形成一幅完整的包含感兴趣区域的图像，这就是图像的镶嵌。通过镶嵌处理，可以获得更大范围的地面图像。参与镶嵌的图像可以是不同时间同一传感器获取的，也可以是不同时间不同传感器获取的图像，但同时要求镶嵌的图像之间要有一定的重叠度。

数字图像镶嵌的关键是：

(1) 如何在几何上将多幅不同的图像连接在一起。因为在不同时间用相同的传感器以及在不同时间用不同的传感器获得的图像，其几何位置和变形是不同的。解决几何连接的实质就是几何纠正，按照前面的几何纠正方法将所有参加镶嵌的图像纠正到统一的坐标系中。去掉重叠部分后将多幅图像拼接起来形成一幅更大幅面的图像。

(2) 如何保证拼接后的图像反差一致，色调相近，没有明显的接缝，其过程如下：

① 图像几何纠正(几何纠正前面已阐述，这里不再叙述)。

② 镶嵌边搜索。先取图像重叠区的 1/2 为镶嵌边；然后搜索最佳镶嵌边，即该边为左右图像上亮度值最接近的连线，相对左右图像有(图 4-34)：

$$I_l - I_r = \Delta I_{\min}$$

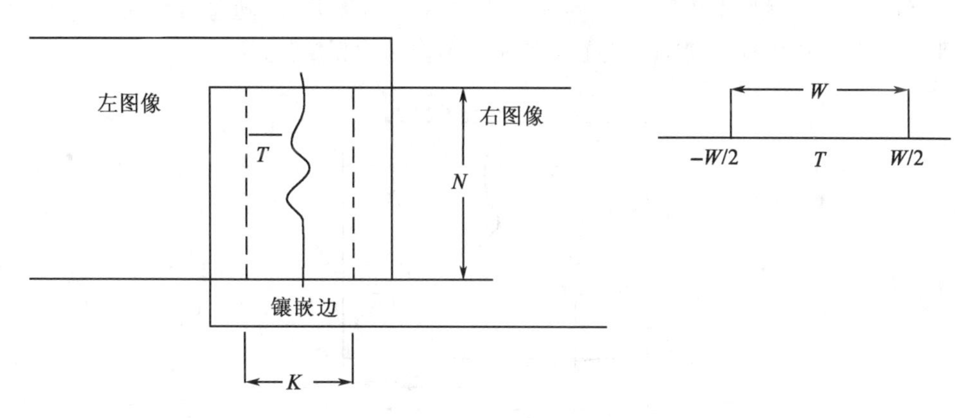

图 4-34　重叠区镶嵌搜索及模板

搜索最佳镶嵌边的步骤为：选择 K 列 N 行的重叠区；确定一维模板，其宽度为 W，从 T 开始(即模板中心在左右图像的像元号 T)自左至右移动模板进行搜索，按一定的算法计算相关系数，确定该行的镶嵌点，逐行进行搜索镶嵌点可以得到镶嵌边。

所用算法有差分法、相关系数法等(与前述相同，只是用一维算子或模板)。

③ 亮度和反差调整。亮度和反差调整的过程如下：

a. 求接缝点左右图像平均亮度值 $L_{\text{ave}}, R_{\text{ave}}$；

b. 对右图像，按下式改变整幅图像基色：

$$R' = R + (L_{\text{ave}} - R_{\text{ave}})$$

式中：R 为右图像原始亮度值，R' 为右图像改变后的亮度值。

c. 求出左右图像在拼缝边上灰度的极值，即 $L_{\max}, L_{\min}, R'_{\max}, R'_{\min}$。

d. 对整幅右图像作反差拉伸：

$$R'' = AR' + B$$

式中：

$$B = -AR'_{\min} + L_{\min}$$

$$A = \frac{L_{\max} - L_{\min}}{R'_{\max} - R'_{\min}}$$

亮度和反差调整的另一个方法可以采用直方图匹配的方法使得参与镶嵌的图像之间的亮度和反差调整一致。

④ 边界线平滑。经过上述调整，两幅图像色调和反差已趋近，但仍有拼缝，必须进行边界线平滑。在边界点两边各选 n 个像元，这样平滑区有 $2n-1$ 个像元(图 4-35)。按下式计算每一行上平滑后的亮度值 D_i：

$$D_i = \begin{cases} D_i^L & \text{if } i < j - \frac{1}{2}(s-1) \\ D_i^R & \text{if } i > j + \frac{1}{2}(s-1) \\ P_i^L D_i^L + P_i^R D_i^R & \text{if } j - \frac{1}{2}(s-1) \leqslant i \leqslant j + \frac{1}{2}(s-1) \end{cases} \tag{4-107}$$

式中：$s=2n-1$ 为平滑区宽度；j 为边界点 E 在图像中的像元号(随每行而变)；i 为图像像元号(平滑区内从左至右)；D_i^L，D_i^R 为在 i 处左右图像像元亮度值。

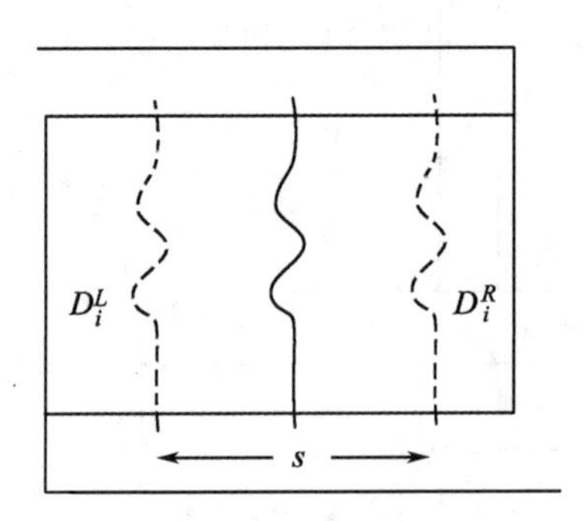

图 4-35　平滑镶嵌边

权 P 按下式计算：

$$P_i^L = \frac{j - i + (s+1)/2}{s+1}$$

$$P_i^R = \frac{(s+1)/2 - j + i}{s+1}$$

4.4.3　基于小波变换的图像镶嵌

图像镶嵌的过程从数学上讲相当于图像灰度曲面的光滑连续，同时两者有区别。图像灰度曲面的光滑化表现为对图像的模糊化，从而导致图像模糊不清。实践表明，在拼接的部分，若图像的空间频率由 W_1 改变至 W_2，对应的波长为 T_1 和 T_2，为了使拼接后的图像不出现拼接缝，则灰度修改值影响的范围不小于 T_1，而为了使拼接后的图像清晰，灰度值修改影响的范围又要大于 T_2 的两倍。显然，若图像在拼接边界附近的空间频率的频带稍宽一点，要找一个合适的灰度修正影响范围是不可能的。

针对这一矛盾,可以利用小波变换解决。小波变换函数实际是个带通滤波器,在不同尺度下的小波分量,实际上占有一定的宽度,宽度越大,该分量的频率就越高,因此每一个小波分量所具有的宽度是不大的。把待拼接的两幅图像先按小波分解的方法,将它们分解为不同频带的小波分量,然后在不同的尺度下选择不同的灰度值修正影响范围,把两幅图像按不同尺度下的小波分量先拼接起来,最后用恢复算法来恢复整个图像,这样拼接的结果可以很好地兼顾图像清晰度和光滑度。其方法为:

设图像 A 与图像 B 是待镶嵌的两幅图像,其数据分别是 $C_A^0=C_A^0(m,n)$,$C_B^0=C_B^0(m,n)$,利用正交小波变换,得到各小波分量:

$$(d_A^{l1},d_A^{l2},d_A^{l3}),\cdots,(d_A^{N1},d_A^{N1},d_A^{N1}),C_A^N$$

$$(d_B^{l1},d_B^{l2},d_B^{l3}),\cdots,(d_B^{N1},d_B^{N1},d_B^{N1}),C_B^N$$

现假设要把图像 B 中的一部分 Ω_B 镶嵌到 A 中,如图 4-36 所示,则令:

$$K(x,y)=x\Omega_A(x,y)=\begin{cases}1 & \text{if} \quad (x,y)\in\Omega_A\\ 0 & \text{if} \quad (x,y)\in\Omega_B\end{cases}$$

如果令 $K(x,y)$ 的样本值为 C_Ω^0,它在各个尺度下的光滑化分量为 $C_\Omega^1,C_\Omega^2,\cdots,C_\Omega^N$,令

$$d^{ij}(k,l)=C_\Omega^{ij}(k,l)d_A^{ij}(k,l)+[1-C_\Omega^{ij}(k,l)]d_B^{ij}(k,l)$$

$$C^N(k,l)=C_\Omega^N(k,l)C_A^N(k,l)+[1-C_\Omega^N(k,l)]C_B^N(k,l)$$

式中:$i=1,2,\cdots,N$,$j=1,2,3$,取$\{(d^{l1},d^{l2},d^{l3}),\cdots,(d^{N1},d^{N2},d^{N3}),C^N\}$为镶嵌后图像的正交小波变换,则由恢复算法可以得到镶嵌图像。应注意的是,在做小波变换时要对边界进行处理,防止信息丢失。

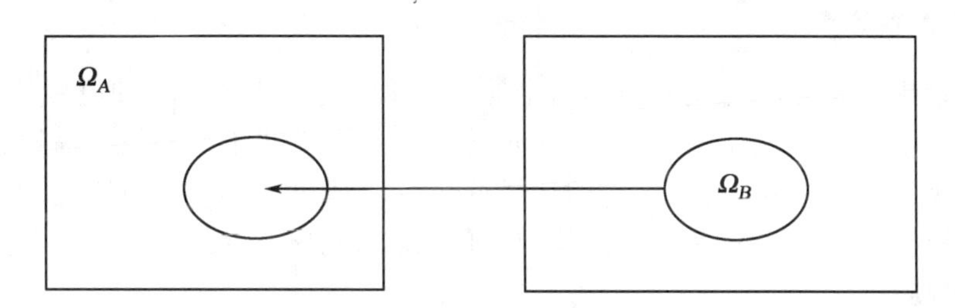

图 4-36　图像镶嵌示意图

第5章　遥感图像辐射校正

在遥感图像应用与研究中，通常涉及对遥感数据的定量化处理。这其中最基本的要求是将图像记录值与对应地物的辐射能量进行关联，这就需要进行遥感图像的辐射校正。遥感辐射信息的转化过程涉及两个主要环节，其一是电磁波在大气中的辐射传输，其二是传感器将所接收到的电磁波转换为数字信号进行记录。针对上述过程的辐射处理技术分别是大气校正和传感器辐射定标。本章主要讨论光学遥感图像的辐射传输、传感器辐射定标、大气校正以及其他辐射误差校正方法。

5.1　遥感图像辐射传输

在遥感图像获取的过程中，辐射传输过程影响着图像信息的内容和质量，这一过程涉及传感器、大气、地形等多种因素。其中，传感器辐射响应过程直接决定着遥感图像最终的信号记录值。本节将对传感器辐射响应和大气辐射传输进行介绍。

5.1.1　传感器辐射响应

光学遥感数据是光谱、辐射和空间信息的综合体。将进入传感器的电磁波辐射能转换为记录值的过程，包括三方面主要内容，即光谱响应、辐射强度响应和空间辐射响应。其中，光谱响应反映了传感器对电磁波波长的选择特性；辐射强度响应决定了传感器数字记录值与辐射强度的数量关系；空间辐射响应体现了传感器辐射响应在像平面的空间特性。

1. 光谱响应

对进入传感器的电磁波辐射能量，传感器的不同波段将根据不同波长进行响应。各波段受元器件特性的制约，每个波段在特定光谱区间对不同光谱辐射的响应能力也不同，决定这种能力的是波段的光谱响应函数（也称波段响应函数）。

用 $L_{\mathrm{TOA}}(\lambda)$ 表示某分辨单元从大气-地表场景到达传感器的光谱辐射，考虑光谱响应函数 $\Gamma(\lambda)$，则该波段的有效辐射亮度可以用式(5-1)计算：

$$L_0 = \frac{\int_{\lambda_{\min}}^{\lambda_{\max}} L_{\mathrm{TOA}}(\lambda)\Gamma(\lambda)\mathrm{d}\lambda}{\int_{\lambda_{\min}}^{\lambda_{\max}} \Gamma(\lambda)\mathrm{d}\lambda} \tag{5-1}$$

式中，$\lambda_{\min}$ 和 $\lambda_{\max}$ 分别是该通道光谱响应范围的最小和最大波长。

理想的光谱响应函数应该是方波函数，如图 5-1 所示，即对小于 $\lambda_{\min}$ 或大于 $\lambda_{\max}$ 的波谱信号响应度为 0，而在两者之间的信号响应度为 1。

但是限于工艺水平，实际的遥感器光谱响应函数均有一定误差，并非严格的方波函数。

例如 MODIS 第 32 通道可以感应 11.77～12.27μm 的信号，其光谱响应函数曲线如图 5-2 所示。

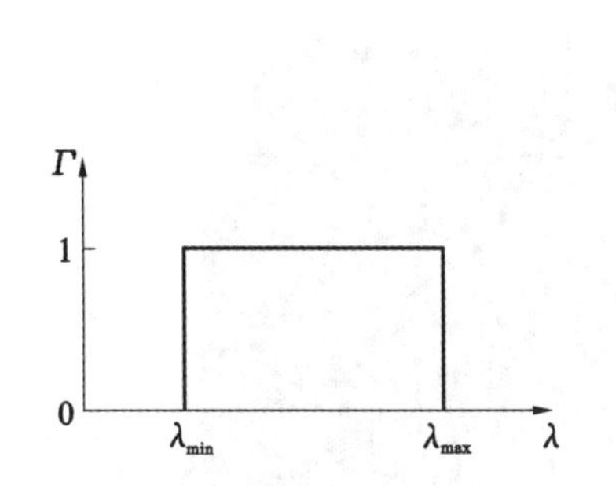

图 5-1 理想的光谱响应函数

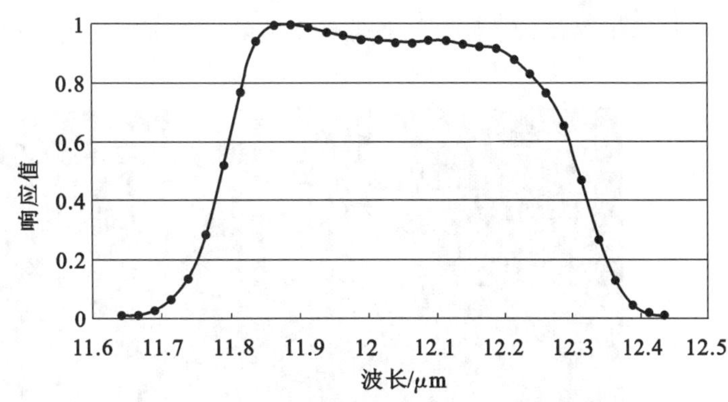

图 5-2 MODIS 第 32 通道光谱响应函数曲线

卫星传感器波段的光谱响应函数 $\Gamma(\lambda)$ 是传感器非常重要的固有参数。仪器出厂时，厂家会给出遥感器各个波段的光谱响应函数曲线。在传感器运行过程中，随着仪器的损耗，光谱响应函数可能发生变化，会影响高精度定标的结果。

2. 辐射强度响应

对传感器通道的有效辐射亮度，探测器将进行辐射强度响应，将辐射信号转换成电压或电流等电信号，并通过数字信号值予以记录。

遥感观测中，目标与背景之间的反射率差产生对应的信号差，如果这种信号差小于噪声引起的波动，则在图像中将难以区分目标与背景。

探测器的辐射灵敏度直接影响对辐射强度的探测精度，通常用辐射分辨率进行描述。如第 3 章所述辐射分辨率是系统能够区分最小信号强度差异的能力。其中，信噪比是表征辐射分辨率的常用度量方式，在遥感领域信噪比可被定义为平均目标信号与噪声标准差之比，即：

$$\mathrm{SNR} = \frac{S_{\mathrm{target}}}{\sigma_{\mathrm{noise}}} \tag{5-2}$$

式中：S_{target}——目标平均信号；

σ_{noise}——噪声标准差。

为了便于传输、存储和处理，探测器的输出信号将通过模数转换变为与之成近似正比的数字信号，成为没有具体物理量纲的 DN 值（Digital Number，也称灰度值）存放在存储介质中。DN 值的量化范围在 $0 \sim 2^n - 1$ 之间，n 为比特数。

3. 空间辐射响应

除了通道的光谱响应和探测器的辐射强度响应之外，传感器的光学系统对遥感图像的质量也起着至关重要的作用。光学系统存在的衍射效应、杂散辐射、像差、渐晕以及离焦等现象会引起到达探测器的辐射能量偏差，从而导致探测器形成的 DN 值存在误差。这类误差将在遥感图像二维空间平面内分布，反映了传感器像平面的空间辐射响应性能。

同时，以 CCD 为代表的探测器，因存在材料质量和生产工艺的不均匀性，也可能会引起响应误差。每个像素的材料差异，导致了透明度、表面状态以及感光区域厚度的不同。所以每个像素的光电效率互不相同，相同辐亮度在不同像素产生的电信号不同，即导致 CCD 辐射响应的空间不均匀性。

遥感图像的条带噪声是空间响应不均匀性的典型现象，需通过辐射校正进行消除，图 5-3 显示了存在条带噪声及条带噪声消除后的 TM 遥感影像。

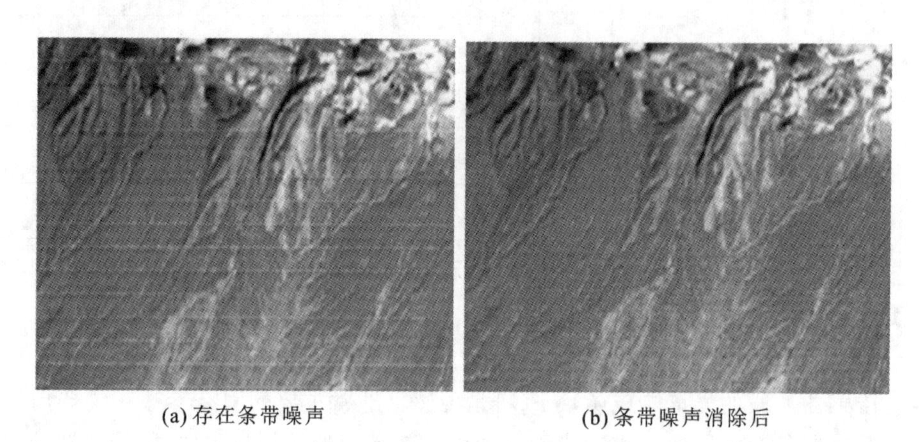

(a) 存在条带噪声　　(b) 条带噪声消除后

图 5-3　存在条带噪声和条带噪声消除后的 TM 遥感影像

5.1.2　遥感图像辐射误差和辐射校正流程

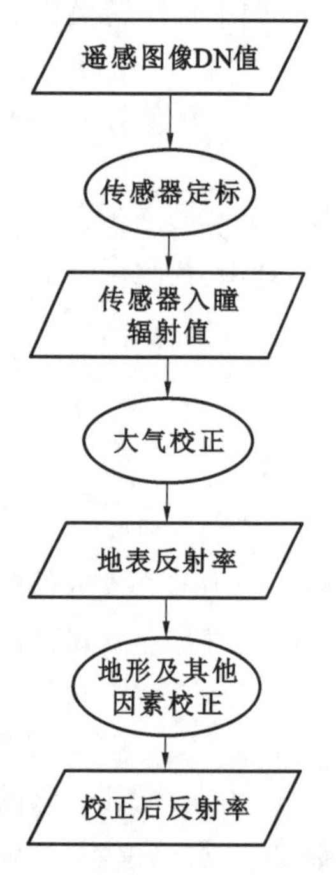

图 5-4　遥感图像辐射校正流程

除传感器响应会引起遥感图像辐射误差以外，大气辐射传输过程、地形和太阳光照等因素都有可能引起辐射误差，共同导致传感器的记录值与反映目标特性的反射率或辐亮度等物理量不一致，这种不一致即为辐射误差。

引起辐射误差的主要原因包括：

(1) 传感器响应性能引起辐射误差；

(2) 大气的辐射传输过程引起辐射误差；

(3) 地形起伏引起辐射误差。

在遥感图像处理中，消除上述依附在影像记录值中各种辐射误差的过程即为辐射校正。因此，辐射校正流程主要包括传感器定标、大气校正和地形及其他因素校正。对遥感影像进行辐射校正的一般过程如图 5-4 所示。

通过传感器定标建立起传感器所接收的电磁辐射信号与量化值 DN 之间的数量关系，获取传感器入瞳辐射值。传感器入瞳辐射值是地表、太阳和大气辐射传输综合作用的结果，大气校正进一步消除大气对遥感图像的影响，将入瞳辐射值转换为地表反射率。在此基础上，可进一步消除地形起伏、光照阴影等因素引起的辐射误差，得到校正后的反射率。因此，传感器定标和大气校正是遥感图像辐射校正流程的关键环节。

5.2 传感器辐射定标

传感器辐射定标对于遥感数据的定量化分析应用具有重要意义，定标精度显著影响着遥感数据的应用深度和广度。同时，必须通过定标提取通用观测物理量之后，不同传感器、不同时间和不同地区的遥感数据才能进行准确的比较分析。

传感器的辐射定标包括绝对辐射定标和相对辐射定标两种类型。前者通常通过计算每个波段的增益(Gain)和偏置(Offset)等系数，来实现利用 DN 值标定辐射能量值；后者则是实现传感器探测元件归一化，其目的是消除传感器各个探测元件响应度不一致性。本节针对前者讨论，后者将在 5.4 节中讨论。

传感器的辐射定标有三种主要类型：即实验室定标、机上或星上定标和场地定标。在传感器研制到投入运行的整个过程中，三种定标方式分别在不同的阶段发挥着作用。其中，实验室定标是精度较高的初始定标，是后续定标的基础；机上或星上定标主要用于实时获取波段漂移和辐射响应关系变化；场地定标主要用于在轨运行后遥感器的定标修正和真实性检验。在实施过程中，三种定标方式的主要差别是传感器所接收到的标准辐射值的观测或求解方法不同。除了这三种典型定标类型之外，交叉辐射定标是一种相对较新型的定标方法，本节也将进行讨论。

5.2.1 实验室定标

在传感器投入正式运行前，在实验室中可通过较高精度的辐射及光谱仪器，人工创造出稳定可控的辐射传输过程，以此为基础对传感器进行定标。多光谱、高光谱和红外遥感传感器的实验室定标，除了包括辐射定标外，通常还包括针对电磁波波长信息的光谱定标。

1. 实验室辐射定标

为建立传感器所输出信号的记录值与该探测器入瞳处辐射亮度值之间的定量关系，一般假定传感器入瞳处的辐射值和传感器输出的亮度值之间存在以下线性关系：

$$L_i = A_i \cdot \mathrm{DN}_i + B_i \tag{5-3}$$

式中：L_i——i 谱段的入瞳辐射亮度值；

DN_i——第 i 波段传感器输出的灰度值；

A_i——第 i 波段的增益；

B_i——第 i 波段的偏置。

传感器辐射定标的目的就是解求上式中的增益和偏置，然后用它们去标定遥感影像数据。实验室定标为了得到增益和偏置，一般方法是使传感器对着 n 挡已知辐亮度的辐射源进行观测，从而得到 n 个观测方程。通过对方程进行求解得到增益系数和偏置量。如最小二乘求解的公式如下：

$$A_i = \frac{N\sum_{n-1}^{n}\mathrm{DN}_i^n L_i^n - \sum_{n-1}^{n}\mathrm{DN}_i^n \sum_{n-1}^{n} L_i^n}{N\sum_{n-1}^{n}(\mathrm{DN}_i^n)^2 - \left(\sum_{n-1}^{n}\mathrm{DN}_i^n\right)^2} \tag{5-4}$$

$$B_i = \frac{\sum_{n-1}^{n} L_i^n \sum_{n-1}^{n} (\mathrm{DN}_i^n)^2 - \sum_{n-1}^{n} \mathrm{DN}_i^n \sum_{n-1}^{n} \mathrm{DN}_i^n L_i^n}{N \sum_{n-1}^{n} (\mathrm{DN}_i^n)^2 - \left(\sum_{n-1}^{n} \mathrm{DN}_i^n\right)^2} \tag{5-5}$$

此外，如果知道传感器输出及对应光源辐射亮度值的上下限，可以直接用以下公式得到增益和偏置：

$$A_i = \frac{L_{\max} - L_{\min}}{\mathrm{DN}_{\max} - \mathrm{DN}_{\min}} \tag{5-6}$$

$$B_i = L_{\min} \tag{5-7}$$

式中：$\mathrm{DN}_{\max}$——传感器能够输出的最大灰度值；

$\mathrm{DN}_{\min}$——传感器能够输出的最小灰度值；

$L_{\max}$——对应 $\mathrm{DN}_{\max}$的光源辐射亮度值；

$L_{\min}$——对应 $\mathrm{DN}_{\min}$的光源辐射亮度值。

作为已知辐射亮度值的辐射源，积分球辐射源是各类光学传感器辐射定标的主要设备。如图 5-5 所示，积分球是一个内壁均匀喷涂高反射率漫射材料（如硫酸钡）并内置多个小体积光源的球形腔体。

如图 5-6 所示，在利用积分球辐射源进行辐射定标工作时，可通过改变内部点亮的灯的个数来调节其辐射输出。由于积分球内壁漫反射涂层的“积分”作用，理论上可以在积分球出光面任一位置获得均匀的朗伯辐射，且通过点亮灯个数来调节亮阶。在标准辐射测量仪的配合下，即可获得多个已知的辐射亮度值。

图 5-5　积分球

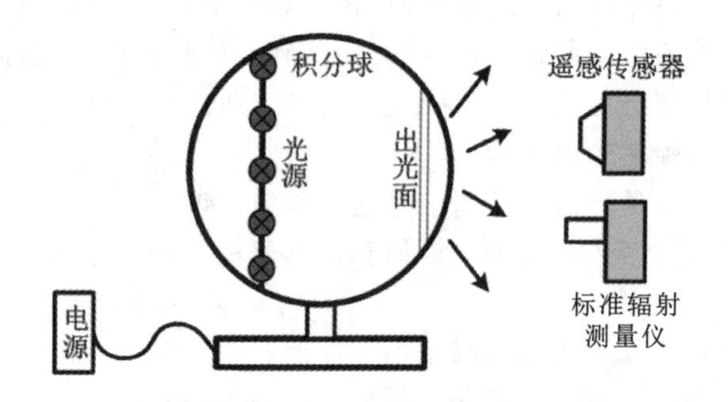

图 5-6　利用积分球获取已知辐射亮度原理

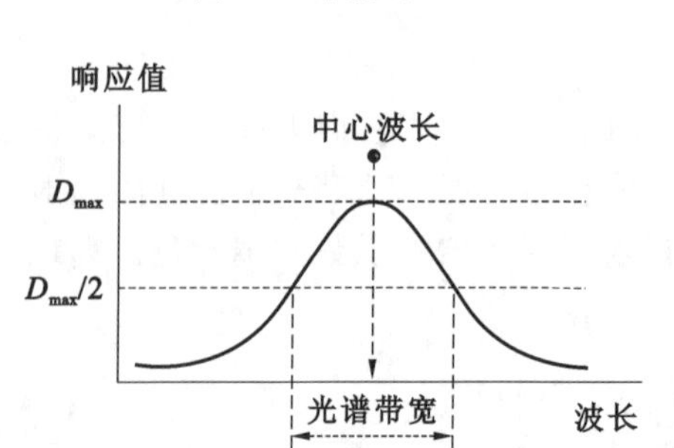

图 5-7　中心波长和光谱带宽

2. 实验室光谱定标

光谱定标的主要任务，是以标准光谱信号为基准，检测传感器每个波段通道的中心波长位置，并测定光谱响应函数。

通常光谱定标利用单色仪出射光线作为传感器的辐射能量输入，单色仪在某一时刻发出单一频率的电磁波，通过单色仪输出电磁波波长的变化，来测定传感器某波段的通道响应曲线。如图 5-7 所示，当电磁波波长未达到传感器通道波长范围时，传感器将没有响应，波长进入通道波长范围时产生响应，形成光谱响应函数曲线。

根据光谱响应函数可以确定该波段的中心波长和光谱带宽。中心波长通常取最大响应峰值处的波长，响应峰值二分之一处所对应的波长区间宽度为响应带宽。光谱带宽实际上反映了传感器波段响应电磁波的纯度，常用于衡量光谱分辨率。

5.2.2 机上和星上定标

在卫星发射过程中以及在轨运行期间，光学系统有可能被污染，光学元件间的距离也可能由于加速及微重力状态而发生变化。此外，在空间环境中有些材料可能改变性质，热应力可能导致某些结构的畸变。由于这些原因，在发射前实验室内建立的数字化输出与目标辐亮度之间的关系有可能发生变化，并且随着时间的推移，这种变化可能越来越大，因此须进行星上定标。同样，对机载遥感传感器的机上定标也十分必要。机上定标与实验室定标原理相似，定标环境和定标实施过程根据机上实际情况存在差异。本教材重点讨论星上定标。

同地面定标一样，传感器星上定标也必须借助参考标准。通常可利用内部或外部参考标准。常用的内部参考标准有星上定标光源、星上积分球、滤光片、具有特征谱线的漫射板和具有典型光谱输出的光源(如汞灯、激光二极管)等；常用的外部参考标准有太阳、月亮、大气吸收线等。采用内部参考标准的定标方式称为星上内定标，采用外部参考标准的定标方式称为星上外定标。

1. 星上内定标

星上定标光源即星上内定标的参考辐射源，它与遥感传感器一起搭载在卫星平台上。星上定标光源多数采用光谱辐射特性已经标定好的宽谱灯或积分球，用其对传感器在轨运行期间的辐射响应关系进行标定，并对其性能的稳定性做出评估。

星上内定标以辐射定标常见，但对于高光谱和多光谱传感器，通常配备有内部标准参考光谱用于星上光谱定标。星上光谱定标对各通道的光谱波长相对于实验室光谱定标结果的漂移进行标定，实现精确的光谱校准。

俄罗斯的模块化的光电扫描器(Modular Optoelectronic Scanner，MOS)传感器采用具有特征吸收峰的滤光片进行星上光谱定标。Hyperion 利用其盖板涂料的特征反射光谱作为 SWIR 波段光谱定标的参考标准之一。另外，还有一些传感器利用发射特征谱线的光源进行光谱定标，如利用激光二极管及空心阴极灯等。MODIS 的星上光谱定标比较有特色，采用了通常在地面定标中使用的单色仪作为星上光谱定标装置。因此，MODIS 达到了很高的光谱定标精度，在小于 1μm 的光谱波段，其光谱定标精度为$\pm$1nm。

2. 星上外定标

太阳是一个非常稳定的辐射参考标准，在日地平均距离上大气层外太阳的总辐照度的经年变化小于 0.1%。因此，利用太阳作为辐射参考标准是星上外定标的常见方法。

利用太阳进行星上外定标的典型方法是 J. M. Palmer 等提出的太阳光、漫射板与比值辐射计结合的星上辐射定标方法。该方法通过调整平台姿态，使太阳光照射到漫射板上，经漫射板反射后进入遥感传感器，完成辐射定标。比值辐射计则用于轮流观测太阳光和被太阳光照射的漫射板，监测漫射板反射特性在轨期间的变化。这种方法在多个成像光谱仪上得到了应用，如美国的 HIRIS (High Resolution Imaging Spectrometer)、MODIS 和 EO-1

平台上的 Hyperion,以及欧空局的 HRIS(High Resolution Imaging Spectrometer)等。图5-8所示为 MODIS 星上定标装置图,其辐射定标装置由漫射板(Solar Diffuser)和漫射板稳定性监测器(Solar Diffuser Stability Monitor,SDSM)共同组成。

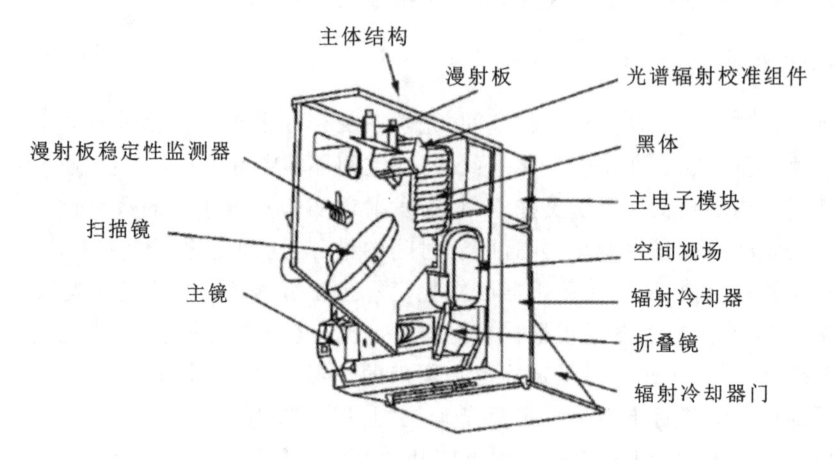

图5-8 MODIS 星上定标装置图

月球表面具有十分稳定的反射率,同样是一种理想的外部辐射参考标准。因此,可以在轨道的适当位置将成像光谱仪对准满月时的月球,实现辐射定标。SeaWiFS(Sea-viewing Wide Field of View Sensor)、Hyperion 都曾利用月球进行了星上辐射定标。

星上光谱定标的外部参考标准通常为大气吸收线和太阳谱线,如 760nm 处的 O_2 吸收线,以及 484nm、863nm 处的夫琅禾费线等。

3. 星上定标方法对比

在星上内定标中,内部参考标准定标光路通常只能从遥感传感器成像光路中间某个部位切入,因此不能进行全光路定标,只能对切入点之后的光路进行定标。相比之下,星上外定标利用太阳等辐射源作为定标参考标准,辐射源在光路最前方,可以实现全光路定标。但如果在卫星平台上采用可展开收起的机械结构,在整个光路的最前方放置辐射体,也可实现全光路定标。

此外,星上内定标的标准光源在轨期间自身性能会出现下降,随着卫星在轨运行时间推移,辐射定标的稳定性将受到影响,而星上外定标的太阳等辐射源则具有相对较好的稳定性。

随着对定标精度和可靠性要求的提高,卫星传感器将综合应用基于不同参考标准的定标方法。大气吸收线等外部参考标准和滤光片等内部参考标准综合应用将是多数传感器星上光谱定标的基本策略。星上辐射定标方面也出现了内部参考标准和外部参考标准综合使用的趋势,如 Hyperion 就综合应用了太阳定标、月亮定标和星上标准光源定标等方法。综合应用多种定标方法,不同星上定标结果可以相互比对,从而提高定标精度和可靠性。

5.2.3 场地定标

场地定标是卫星在轨运行期间的另一种定标方法,可以对星上定标的准确性和可靠性进行检验和修正。场地定标指在遥感辐射定标场地选择的基础上，在遥感器处在正常运行条件下，通过同步测量来对遥感器定标的一种方法。该方法通常在遥感器飞越辐射定标场上空时，在定标场选择若干像元区，测量遥感器对应的各波段地物的光谱反射率和大气光谱参量，并利用大气辐射传输模型给出遥感器入瞳处各光谱带的辐射亮度，最后确定它与遥感器对应输出的数字量化的数量关系，求解定标系数。

基于地面辐射校正场的定标方法主要特点是基于地面大面积地表均匀地物作为定标源，不但可以实现全孔径、全视场、全动态范围的定标，而且还考虑到大气传输和环境的影响。其重要性在于该定标方法实现了对遥感器运行状态下与获取地面图像完全相同条件的绝对校正，可以从卫星发射到遥感器失效整个过程提供校正，可对遥感器进行真实性检验和对一些模型的正确性进行检验。本教材主要介绍场地定标的反射基法和辐亮度基法。

1. 辐射定标场

辐射定标场（也称辐射校正场）是场地定标的基础，通过地面定标场对卫星传感器进行绝对辐射定标，能够实现卫星传感器之间数据的相互匹配，符合统一标准，进行有效的比较和综合应用。辐射定标场已经成为各种新型传感器实现质量控制和相互比对的重要部分。

美国 NASA 和亚利桑那（Arizona）大学在美国新墨西哥州的白沙（WSMR）和加利福尼亚州的爱德华空军基地的干湖床（EAFB）建立了辐射校正场，并已对多颗卫星进行了场地标定工作。法国在马塞市附近也建立了 Lacrau 辐射校正场，并开展了多次辐射校正工作。欧空局在非洲撒哈拉沙漠，日本与澳大利亚合作在澳大利亚北部沙漠地区建立了地面辐射校正场，通过星地同步观测，实现对卫星遥感仪器的定标。根据美、法公布的资料，目前用辐射校正场的方法对可见光和近红外波段的校正精度可达 6%～3%。除成功地对 Landsat-4、5 的 TM，SPOT 的 HRV，NOAA-9、10、11 的 AVHRR，Nimbus-7 的 CZCS 进行辐射校正外，目前正在进一步研究高分辨率成像光谱仪（AVIRIS）和中分辨率成像光谱仪（MODIS）的辐射校正，并对法国偏光照相机（POLDER）进行辐射校正。加拿大在北部大草原也开展了卫星、飞机积雪同步观测，以便对卫星传感器作出客观评价。

我国根据美、法等国家多年开展遥感卫星探测器绝对辐射校正的经验和辐射校正场的选址条件，在国家计委、原国防科工委和原航天总公司领导的支持下，于 1993 年和 1994 年先后组织有关专家通过现场考察，确定甘肃省敦煌市西部党和洪积扇区为可见光和近红外波段的绝对辐射校正场，青海省的青海湖为热红外波段的绝对辐射校正场。

中国（嵩山）卫星遥感定标场为我国首个遥感卫星在轨定标固定式靶标场（图 5-9），是由中国资源卫星中心、武汉大学和解放军信息工程大学联合建设的基础设施平台，由固定地面靶标场和均匀分布在河南省的数百个高精度控制点组成，包括边长大于 35m 的四块固定式反射靶标和放射状分辨率靶标等。固定地面靶标场基建工作于 2013 年 9 月 18 日通过三方联合验收。该定标场已开始为多颗卫星的辐射定标、几何定标和载荷性能验证提供服务。

2. 反射基法

获取已知的标准辐射源仍然是反射基法的核心任务。空间运行的卫星传感器所接收到的光谱辐射是太阳光谱辐射、大气及地面三者相互作用的总贡献。

反射基法的主要思想是，在卫星过顶时，通过同步测量获取地表反射率、大气参数，然后利用太阳、地表和大气之间的辐射能量传输过程，计算出进入传感器的标准辐射亮度。

图 5-9　中国(嵩山)卫星遥感定标场影像

对于具有足够大面积且表面均匀、反射率已知的目标(例如:辐射定标场),与其上空大气构成"地表-大气"综合体。传感器所接收到的"地表-大气"综合体对太阳辐射的整体反射能量与太阳入射能量的比值称为表观反射率 ρ^* ,ρ^* 可通过定标场的观测计算得到。

在得到了传感器入瞳处的表观反射率因子之后,可利用以下公式计算传感器入瞳处的辐射亮度:

$$L = \frac{E_s \cos\theta_s \rho^*}{\pi \cdot d^2} \tag{5-8}$$

式中:E_s——大气顶层的太阳辐射;

d——日地距离订正因子。

通过入瞳辐射亮度再配合卫星传感器获得的数字图像上相应定标场区域的灰度值,便可以计算出传感器的绝对辐射定标系数。

反射基法投入的测试设备和获取的测量数据较少,不仅省工、省物,而且还能满足精度要求。其缺点是需要对大气气溶胶的一些光学特性参量做假设(如气溶胶复折指数、气溶胶粒子谱分布和尺度分布范围等)。在反射基法的基础上,遥感工作人员又提出了改进的反射基法,即辐照度基法。该方法主要是在同步观测中增加了漫射辐照度与总辐照度的测量,提高了定标精度。

3. 辐亮度基法

辐亮度基法主要采用经过严格光谱与辐射度标定的辐射计,通过航空平台实现与卫星传感器观测几何相似的同步测量。如图 5-10 所示,把机载辐射计测量的辐射量作为已知量,去标定飞行中卫星传感器的辐射量,从而实现卫星传感器的标定。

这种方法要求对机载辐射计进行精确标定,星、机、地同步观测,机、地观测几何一致。并且要对飞机与卫星之间路径的大气影响进行订正。上述测量原理决定了辐亮度法具有以下特点：

① 测量所采用的机载辐射计必须进行精确的辐射定标，且最终辐射校正系数的误差以辐射计的定标误差为主；②由于仅受飞行高度以上的大气影响，回避了低层大气的误差，有利于提高校正精度；③由于搭载在飞机上的辐射计地面视场较大，可在瞬间连续获取大量数据，所以对场地表面均匀性的要求较低。

辐亮度基法精度较高，并且飞机飞得越高，定标过程越简单且精度越高。但是涉及星-机-地同步观测，该方法投入的设备、资金和人力相对较多。

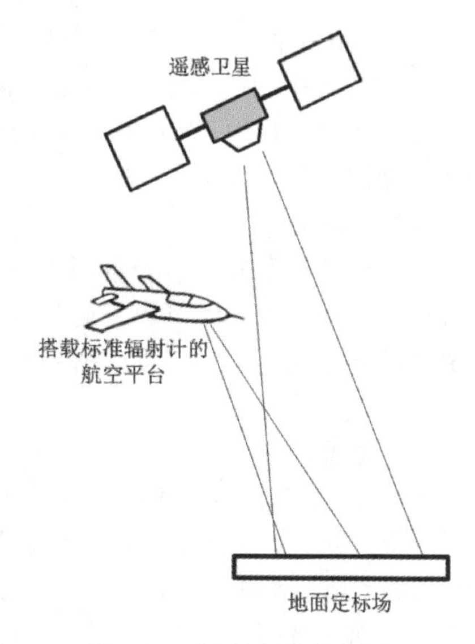

图 5-10　辐亮度基法示意图

5.2.4　交叉辐射定标

场地定标法是一种较成熟的定标方法，但该方法对定标场地条件要求较高，人力、财力投入较大，因此定标系数更新较慢。同时，由于受制于同步观测的苛刻条件，场地定标无法对历史存档遥感数据进行定标，对长时间序列分析需求难以满足。交叉定标方法作为一种新型、高效率的在轨定标方法得到了发展。

1. 交叉辐射定标基本原理

交叉辐射定标是以定标精度较高的遥感器为标准，来对目标传感器进行辐射标定的方法。通过交叉定标可以确保不同遥感卫星观测结果的一致性，使得综合应用长时间序列的多颗卫星遥感数据成为可能，因而应用潜力巨大。

交叉辐射定标中，精度较高的已定标传感器称为标准传感器。假设待定标传感器过境时地表参数、大气状况与标准遥感器过境时相同，则由标准传感器得到的目标入瞳辐亮度，推算得到待定标的传感器的目标入瞳辐亮度，将其与待定标传感器观测得到的 DN 值进行比较，便可得到定标系数，从而实现对待定标遥感器的在轨辐射定标。

实践中，以 TM 作为标准传感器对 NOAA 的 AVHRR 影像进行的交叉辐射定标、以 MODIS 作为标准传感器对 HJ-1 卫星的 CCD 影像进行的交叉辐射定标，以及利用 Hyperion 作为标准传感器对 HJ-1 卫星的 HSI 高光谱影像进行的交叉辐射定标都得到广泛应用。

2. 交叉辐射定标条件与过程

影响交叉辐射定标精度的因素主要包括：标准遥感器的辐射定标精度、过境时间差、观测几何、地物目标的稳定性与 BRDF 特性、大气的稳定性，以及两个遥感器的波段设置与光谱响应函数的差异等。因此，要实现高精度交叉辐射定标，标准传感器和待定标传感器需要满足一定的条件。

(1) 视场条件

理想情况下标准传感器和待定标传感器的视场应完全相同，以确保二者能够观测相同目标区域的辐亮度。实践中，一般满足空间分辨率和扫描幅宽相近并且视场中都包含观测目标即可。

(2) 时相条件

如前节所述，由于地面目标区域对应的入瞳辐射亮度，包括太阳和大气等因素影响，所以在交叉辐射定标中，标准传感器和待定标传感器应该尽可能同时过境同一目标区域，以减少两次观测成像时太阳入射角度、大气条件以及地物光谱变化的影响。

(3) 几何条件

考虑到地物双向反射分布函数(BRDF)和大气辐射传输路径的差异，理想情况下两次成像应以相同角度观测目标。通常在地物光谱特征的方向性影响不显著的情况下，允许两次成像的观测角度有一定程度的差异，但对大气辐射传输路径差异引起的辐亮度变化需要进行修正。

(4) 光谱条件

如式(5-1)所示，某分辨单元从大气-地表场景到达传感器的有效辐射亮度 L_0，与传感器光谱响应函数 $\Gamma(\lambda)$ 密切相关。理想状况下，标准传感器和待定标传感器的匹配通道应当具有相同的光谱响应函数。实践中一般选择光谱响应函数相似、通道中心波长相近的两个通道。

由于两次观测条件差异，待定标传感器与标准传感器的入瞳辐亮度间存在如下关系：

$$L'_0 = k \times L_0 \tag{5-9}$$

式中，L'_0——待定标传感器的入瞳辐亮度；

L_0——标准传感器的入瞳辐亮度；

k——光谱匹配因子，主要取决于两传感器响应差异。

对于选定的标准传感器通道，必须根据光谱响应函数对标准遥感图像的辐亮度进行基于光谱匹配因子的修正转换，以减小光谱响应误差。图5-11给出了交叉辐射定标的基本流程图。

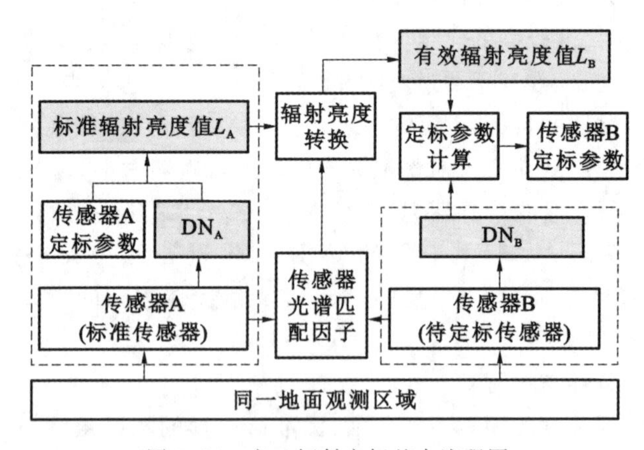

图5-11 交叉辐射定标基本流程图

5.3 大气校正

传感器所接收到的辐射亮度值包含了地面目标的重要信息，但并非等价于光谱反射率、温度等地物自身特性。其中,大气对辐射能量的传输过程对传感器最终所接收的能量有重要影响。传感器所获取的辐亮度并不能正确反映地物的真实信息,极大地影响着遥感信息的提取精度。大气校正的目的,就是消除大气辐射传输所引起的误差,获取以目标反射率为代表的地表真实信息。

5.3.1 大气辐射传输

在电磁波的不同波长区间,大气的辐射传输过程存在差异。本节将分别针对可见光及近红外波段、热红外波段进行介绍。

1. 可见光及近红外波段辐射传输

在可见光到近红外波段,在卫星上传感器入瞳处的光谱辐射亮度看成大气层外太阳光谱辐照度、大气以及大气与地面相互作用的总和。在辐射传输过程中,到达地面的总辐射能量主要是太阳直射辐射和天空散射辐射之和。由于地表目标反射是各向异性的,从遥感器观测方向的地物目标反射出来的辐射能量,经大气散射和吸收后,进入遥感器视场中包含有目标信息。从太阳发射出的能量,有一部分未到达地面就被大气散射和吸收,其中一部分能量也进入遥感器视场,但这一部分能量却不包含任何目标信息。此外,由于周围环境的存在,入射到环境表面的辐射波被反射之后,有一部分经大气漫散射,进入遥感器视场内;还有一部分被大气反射到目标表面,被目标表面反射,透过大气进入遥感器视场。因此,一幅影像上各点,由于位置、视角环境的不同,辐射情况也不同。

电磁波与大气相互作用的理论很复杂,在大气订正中要对其加以简化。忽略大气的折射、湍流和偏振,假设天空为均匀朗伯体,即各向同性辐射;地表为均质平面朗伯体,即各向同性反射。图 5-12 为可见光及近红外谱段辐射传输示意图。

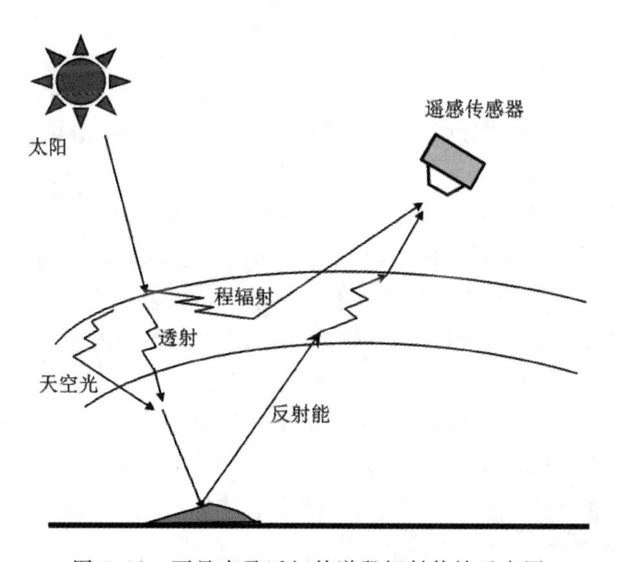

图 5-12 可见光及近红外谱段辐射传输示意图

于是可将遥感卫星接收到的辐射亮度的方程表达为:

$$L = L_g \times T(\theta_v) + L_{d\uparrow} \tag{5-10}$$

式中：L——卫星遥感器入瞳处接收的辐射亮度；

$L_{d\uparrow}$——大气透过率和由于大气散射造成的相上大气光谱辐射亮度，即路径辐射；

θ_v——遥感器观测角；

$T(\theta_v)$——观测方向的大气辐射总透过率。

L_g 表示地面接收并反射的辐射亮度：

$$L_g = (\rho/\pi)[E_o\cos\theta_s \times T(\theta_s)] \tag{5-11}$$

式中：ρ——地物表面反射率；

E_o——大气层外的太阳光谱辐射照度；

θ_s——太阳天顶角；

$T(\theta_s)$——入射方向的大气辐射总透过率。

将式(5-11)代入式(5-10)可得基本辐射传输方程：

$$L = (\rho/\pi)[E_o\cos\theta_s \times T(\theta_s)] \times T(\theta_v) + L_{d\uparrow} \tag{5-12}$$

大气辐射总透过率包括直射透过率和漫射透射率，即

$$T(\theta_s) = e^{-\tau/\mu_s} + t_d(\theta_s) \tag{5-13}$$

$$T(\theta_v) = e^{-\tau/\mu_v} + t_d(\theta_v) \tag{5-14}$$

在上面两个式子中，τ 为大气光学厚度；$e^{-\tau/\mu_s}$ 表示太阳到地面的直接大气透过，$t_d(\theta_s)$ 表示太阳到地面的大气漫射透过率；$e^{-\tau/\mu_v}$ 表示地面到传感器的直接大气透过率，$t_d(\theta_v)$ 表示地面到传感器的大气漫射透过率；μ_s 和 μ_v 分别是太阳天顶角 θ_s 和观测天顶角 θ_v 的余弦。

在 θ_s、θ_v 小于 70°时，可以忽略大气漫透射的影响，从而有

$$T(\theta_s) = e^{-\tau/\mu_s} \tag{5-15}$$

$$T(\theta_v) = e^{-\tau/\mu_v} \tag{5-16}$$

2. 热红外波段辐射传输

在热红外区间内，存在着 3～5μm 和 8～14μm 两个大气窗口。在 3～5μm 谱段内，目标的热辐射与太阳辐射的反射部分必须同时考虑；而在 8～14μm 谱段内则以热辐射为主，反射部分往往可以忽略不计，这里主要讨论此波谱段。在辐射传输过程中，首先地面吸收来自太阳的短波能量开始升温，将部分太阳能转化为热能，然后，地面再向外辐射波长较长的热红外辐射能量。大气与地面一样，也是热红外辐射的辐射源。辐射能多次通过大气层，被大气吸收、散射与发射。图 5-13 是热红外辐射的传播方向及相互作用过程。

假设地表和大气对热辐射具有朗伯体性质，大气下行辐射强度在半球空间内为常数，则热辐射传输方程可以表达为：

$$L = B(T_s) \cdot \varepsilon \cdot T(\theta_v) + L_0^{\uparrow} + (1-\varepsilon) \cdot L_0^{\downarrow} \cdot T(\theta_v) \tag{5-17}$$

式中：L——遥感器接收到的辐射亮度；

$B(T_s)$——地表物理温度为 T_s 时的普朗克黑体辐射亮度；

ε——地表比辐射率；

$T(\theta_v)$——观测方向的大气辐射总透过率；

$L_0^{\uparrow}$、$L_0^{\downarrow}$——大气上行辐射和下行辐射。

方程(5-17)中的第一项为地表热辐射经过大气衰减后到达遥感器的辐射亮度部分；第

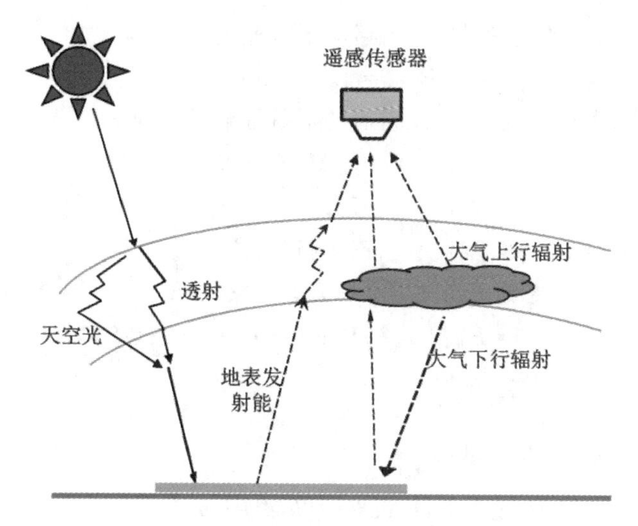

图 5-13 热红外波段辐射传输示意图

二项为大气上行辐射亮度部分;第三项为大气下行辐射经地表反射后又被大气衰减到达遥感器的辐射亮度部分。

5.3.2 基于辐射传输的大气校正模型

以大气辐射传输过程为基础,产生了相应的多种大气校正模型,应用广泛的有 20 多个。包括 6S 模型(Second Simulation of the Satellite Signal in the Solar Spectrum Radiative Code)、针对不同尺度的分辨率大气传输标准码 MODTRAN(Moderate Resolution Transmission)和 LOWTRAN(Low Resolution Transmission)以及快速计算大气辐射的 ATCOR 模型等。本节以应用最为广泛的 6S 模型为例进行重点讨论。

1. 6S 模型

6S 模型全名为"Sccond Simulation of the Satellite Signal in the Solar Spectrum",即太阳光谱卫星信号的二次模拟,是法国大气光学实验室和美国马里兰大学地理系研究人员用 FORTRAN 语言完成的校正模型。该模型模拟了太阳到地表再到传感器整个大气辐射传输过程中的大气对辐射传播的影响,是目前发展比较完善的大气校正模型之一。模型采用最新近似算法来计算大气中水汽、臭氧、二氧化碳等气体分子的吸收效应和气溶胶的散射效应,利用逐次散射算法计算散射作用以提高精度。模型适用的光谱范围为 0.25～4μm 的可见光近红外波段,其中光谱积分步长为 2.5nm。不仅考虑了地表-大气二次散射通量和地表非朗伯体特性,还可以模拟地表的非均匀特性。

(1) 6S 模型基本原理

进一步考查辐射传输公式(5-10)。将地表所接收的总透射辐射能量记为 E_{down}:

$$E_{\text{down}} = E_{\text{o}}\cos\theta_{\text{s}} \times T(\theta_{\text{s}}) \tag{5-18}$$

在上行穿透大气的过程中,引入二次散射通量。即考虑地面与大气之间的连续反射和散射,这一过程可通过一种离散机制进行描述。记大气向下的半球反射率为 S。

记初始下行辐射通量 $$E_{0\#} = E_{\text{down}} \tag{5-19}$$

经地表反射上行，又被大气半球反射后的下行通量为：

$$E_{1\#} = E_{\text{down}} \cdot \rho \cdot S \tag{5-20}$$

类似地，第 2 次以及第 n 次半球反射后的下行辐射通量为：

$$E_{2\#} = E_{\text{down}} \cdot (\rho \cdot S)^2 \tag{5-21}$$

$$E_{n\#} = E_{\text{down}} \cdot (\rho \cdot S)^n \tag{5-22}$$

总的下行辐射通量 E_{total} 等于各次下行辐射通量之和：

$$\begin{aligned} E_{\text{total}} &= E_{0\#} + E_{1\#} + E_{2\#} + \cdots + E_{n\#} \\ &= E_{\text{down}}[1 + \rho S + (\rho S)^2 + \cdots + (\rho S)^n] \\ &= E_{\text{down}} \cdot \frac{1}{1-\rho S} \end{aligned} \tag{5-23}$$

将式(5-18)代入式(5-23)，可得

$$E_{\text{total}} = E_{\text{o}} \cos\theta_{\text{s}} \cdot T(\theta_{\text{s}}) \cdot \frac{1}{1-\rho S} \tag{5-24}$$

此时，地面接收到总的下行辐射通量 E_{total} 后，反射的辐射亮度 L_{g} 即为

$$\begin{aligned} L_{\text{g}} &= (\rho/\pi) E_{\text{total}} \\ &= \frac{(\rho/\pi) \cdot E_{\text{o}} \cos\theta_{\text{s}} \cdot T(\theta_{\text{s}})}{1-\rho S} \end{aligned} \tag{5-25}$$

将式(5-25)代入式(5-10)，可得到考虑大气半球反射率的辐射传输方程

$$L = \frac{\rho \cdot (E_{\text{o}} \cos\theta_{\text{s}}/\pi) \cdot T(\theta_{\text{s}}) \cdot T(\theta_{\text{v}})}{1-\rho S} + L_{\text{d}\uparrow} \tag{5-26}$$

上式两边除以大气外层处初始的太阳入射辐射通量 $E_{\text{o}} \cos\theta_{\text{s}}$，即得到表观反射率 ρ^* 的计算公式：

$$\rho^* = \frac{\rho \cdot T(\theta_{\text{s}}) \cdot T(\theta_{\text{v}})}{1-\rho S} + \rho_\alpha \tag{5-27}$$

引入方向变量，可得

$$\rho^*(\theta_{\text{s}}, \theta_{\text{v}}, \phi_{\text{s}}, \phi_{\text{v}}) = \frac{\rho \cdot T(\theta_{\text{s}}) \cdot T(\theta_{\text{v}})}{1-\rho S} + \rho_\alpha(\theta_{\text{s}}, \theta_{\text{v}}, \phi_{\text{s}}, \phi_{\text{v}}) \tag{5-28}$$

上式即为均一地表条件下表观反射率的基本计算公式。其中，$\rho^*(\theta_{\text{s}}, \theta_{\text{v}}, \phi_{\text{s}}, \phi_{\text{v}})$ 为表观反射率，$\rho_\alpha(\theta_{\text{s}}, \theta_{\text{v}}, \phi_{\text{s}}, \phi_{\text{v}})$ 为大气自身反射率，来自瑞利散射和气溶胶散射引起的程辐射。θ_{s}、θ_{v}、ϕ_{s}、ϕ_{v} 分别为太阳照射方向和观测方向的天顶角和方位角。$T(\theta_{\text{s}})$、$T(\theta_{\text{v}})$ 和 S 取决于气溶胶光学厚度、散射特性以及水汽含量等大气参数。

考虑到均一地表目标假设带来的误差，6S 模型将进入传感器的能量分为来自目标和背景两种，反射率分别记为 ρ_r 和 ρ_e。目标和背景的反射能量在大气中分别以直射透射和漫射透射进入传感器。因此对式(5-28)改写后可得：

$$\rho^*(\theta_{\text{s}}, \theta_{\text{v}}, \phi_{\text{s}}, \phi_{\text{v}}) = \frac{T(\theta_{\text{s}})}{1-\rho_e S}[\rho_r \cdot \mathrm{e}^{-\tau/\mu_{\text{v}}} + \rho_e \cdot t_{\text{d}}(\theta_{\text{v}})] + \rho_\alpha(\theta_{\text{s}}, \theta_{\text{v}}, \phi_{\text{s}}, \phi_{\text{v}}) \tag{5-29}$$

上式即为 6S 模型所采用的考虑非均一地表条件下的表观反射率计算公式。

(2) 6S 模型大气校正过程

6S 模型包括正算和反算两种运算方式。其中，正算是指根据地表反射率和大气环境参

数，计算出表观辐射亮度；反算是指利用大气环境参数和传感器参数计算大气校正参数，进而根据遥感器获取的表观辐亮度计算地表真实反射率，实现大气校正。其基本过程如图 5-14 所示。

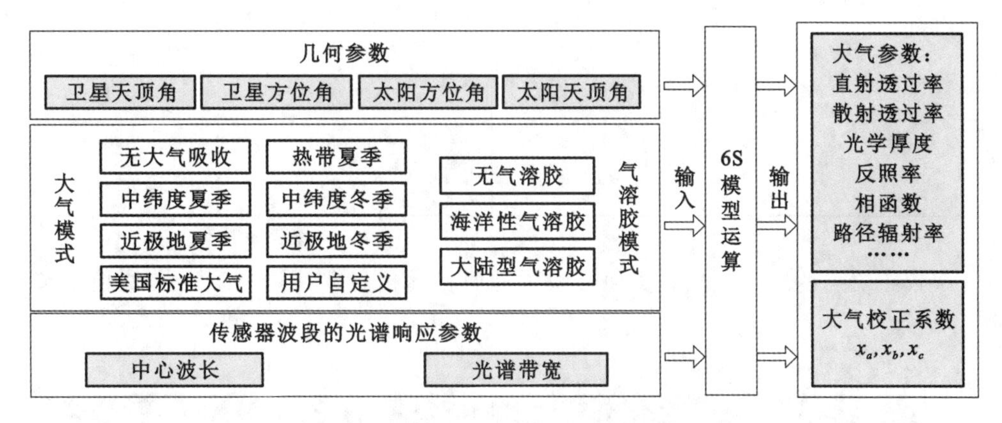

图 5-14　6S 模型大气校正基本过程

6S 模型的输入主要包括以下部分：

① 太阳、地物与传感器之间的几何关系。可采用两种输入方式，一种方式是直接输入卫星观测方向和太阳照射方向的天顶角、方位角，以及成像时间；另一种方式是输入卫星轨道条件、交点时间、接收时间和图像高宽信息，由程序计算响应的天顶角和方位角。

② 大气模式。大气模式的主要构成为大气组分参数，包括水汽、灰尘颗粒度等，若缺乏精确的实况数据，可以根据卫星数据的地理位置和成像时间，选用提供的标准模式来替代。6S 提供了 8 种大气模式可供选择，包括：无大气吸收、热带夏季、中纬度夏季、中纬度冬季、近极地冬季、近极地夏季、美国标准大气以及用户自定义等模式。

③ 气溶胶模式。气溶胶组分参数包括水分含量以及烟尘、灰尘等在空气中的百分比等参数。6S 提供了大陆型气溶胶和海洋性气溶胶等标准模式供选择，还可用当地的气象能见度参数间接计算表示气溶胶的大气路径长度。

④ 传感器的光谱特性。传感器的光谱条件指相应通道对应的波长响应信息，可以直接输入传感器光谱响应具体参数，也可通过选择常用卫星类型来确定，6S 提供 MODIS、TM 等多种典型卫星的光谱特性供选择。

根据以上参数，6S 即可模拟计算相应条件下的 $T(\theta_s)$、$T(\theta_v)$ 和 S 等模型参数和校正系数。6S 模型的输出主要包括大气参数和大气校正系数。大气参数主要包括：各种气体的上下行透过率、散射透过率、光学厚度、反照率、像元反射率及辐亮度等。

6S 模型的大气校正计算公式如下：

$$\rho = y/(1 + x_c y) \tag{5-30}$$

$$y = x_a L_i - x_b \tag{5-31}$$

式中，x_a、x_b 和 x_c 为 6S 输出的大气校正系数；L_i 是 i 波段辐射亮度，利用像元 DN 值和传感器定标参数由式(5-3)计算得到，将 L_i 代入式(5-19)即得到校正后的地表反射率 ρ。对于多光谱遥感影像，如表 5-1 所示，每个波段都有相应的大气校正系数。

表 5-1　高分一号多光谱影像 6S 校正系数样例

Band(波段)	x_a(系数 a)	x_b(系数 b)	x_c(系数 c)
1	0.00306	0.11125	0.15984
2	0.00319	0.06384	0.11180
3	0.00344	0.03684	0.08215
4	0.00471	0.01712	0.05093

大气校正之后的影像更加真实地反映了地面目标信息，如图 5-15 所示，影像细节更加清晰。

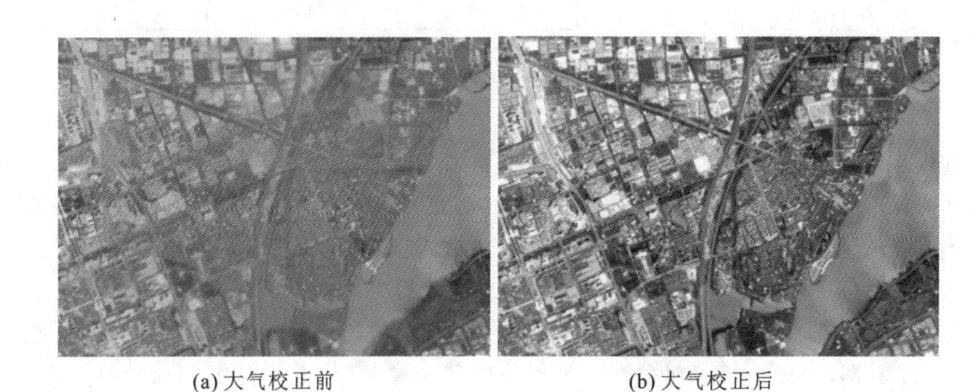

(a) 大气校正前　　(b) 大气校正后

图 5-15　大气校正前后高分一号卫星多光谱遥感影像

2. 其他基于辐射传输的大气校正模型

(1) LOWTRAN 模型

LOWTRAN 模型由美国空军地球物理实验室研发，意为低分辨率大气透过率计算程序。自从它问世以来，就一直广泛应用于许多与大气相关的科学领域。开始它是被作为一种工具来计算大气透过率的，如 LOWTRAN2、LOWTRAN3、LOWTRAN3B，后来逐渐发展为可进行大气背景辐射和透过率计算，如 LOWTRAN4、LOWTRAN5、LOWTRAN6。目前应用最广泛的 LOWTRAN7，还可计算单次和多次散射辐射，地球反射的太阳和月亮辐射，太阳直接辐射和热辐射等，其光谱分辨率是 20cm。

与 6S 模型类似，LOWTRAN7 有多种气溶胶模式可供选择。它把大气分为四个高度区域，即边界层、对流层、平流层和上部大气。在边界层中有乡村城市、海洋，在对流层中，有海军的海洋和沙漠气溶胶模式，还有两个雾模式及雨和云模式供选择。此外，用户还可输入自己的气溶胶参数。

(2) MODTRAN 模型

MODTRAN 模型是在 LOWTRAN 模型的基础上开发产生的，通过辐射传输方程来获取辐射亮度、大气透过率以及地表反射率。与 LOWTRAN 模型相比,MODTRAN 模型不仅改进了光谱分辨率,还提供了用于多次散射辐射传输的方法,处理带有散射辐射传输问题具有更好的灵活性以及更高的精度。MODTRAN 模型提供的光谱分辨率默认值为 5cm,最高支持的光谱分辨率为 2cm,光谱分辨率越低,MODTRAN 运行的速度越快,而校正的精度越低。

另外,MODTRAN 还维持了 LOWTRAN7 的基本程序以及使用结构。MODTRAN 的主要功能有:①模拟辐射传输路径,主要包括:大气内部水平与斜距、地表到大气、大气到卫星以及地表到卫星等路径;②计算大气透过率、大气背景辐射(大气的上下行辐射)、太阳或月亮单次散射的辐射亮度、直射太阳辐照度等;③协助建立起大气参数之间、大气参数与其他参数之间的经验关系。在商业软件中得以运用的 FLAASH 模型即是基于 MODTRAN 模型开发得到的。

5.4 其他辐射误差校正方法

5.4.1 太阳高度角和地形起伏影响校正

1. 太阳高度角影响校正

太阳高度角引起的辐射畸变校正是将太阳光线倾斜照射时获取的影像校正为太阳光垂直照射时获取的影像。太阳高度角可以根据成像的时间、季节和地理位置确定。

太阳高度角的校正是通过调整一幅图像内的平均灰度来实现的,在太阳高度角求出以后,可以用太阳斜射与直射得到的图像 $g(x,y)$ 和 $f(x,y)$ 的如下关系求解:

$$f(x,y)=g(x,y)\cdot\cos\theta_s \tag{5-32}$$

式中,θ_s 为天顶角。从中可以看出,在利用大气辐射传输模型进行大气校正时,已经考虑了太阳位置的影响。

2. 地形起伏引起的辐射误差校正

具有地形坡度的地面,对进入传感器的太阳光线的辐射亮度也有影响,在遥感应用中,精确的地形校正十分重要。地表辐射能量和传感器所接收的信息要受到地形起伏的影响,特别是对于山区,由于地形起伏使相同的地物呈现出不同的亮度值,阳坡和阴坡上的同种植被由于地形影响亮度值相差很大。这种现象会给影像的准确分析带来困难,也会影响地表反射率反演的精度。目前的地形校正主要是基于太阳入射角的余弦校正,其基本思想是把起伏的地形校正到水平地面的状况。

简单的余弦校正方法,由以下公式给出:

$$L_H=L_T\cdot\frac{\cos\alpha}{\cos i} \tag{5-33}$$

式中:L_T——倾斜地面像素的辐射值;

L_H——水平地面像素的辐射值;

α——太阳天顶角;

i——光线入射角。

5.4.2　基于统计学方法的辐射校正

1. 基于影像特征的相对辐射校正

(1) 平面场模型

平面场模型属于基于影像特征的校正模型。这种模型要求在处理的影像数据中,存在分布均匀、一定面积的纯净地物。处理时在其中选择某一样区,并求出样区中像元的亮度平均值,然后对图像中每一个像元都除以该光谱灰度值,计算公式如下:

$$\rho_i = \frac{D_i}{\text{Average}_i} \tag{5-34}$$

式中:D_i——在波段 i 上像元的亮度值;

ρ_i——该像元校正后在波段 i 上计算得到的反射率值;

Average_i——选取区域在波段 i 上的像素灰度平均值。

(2) 内部平均相对反射模型

对整个影像的像元灰度值进行平均,得到整幅图像的平均参考光谱,对图像中每一像元的灰度值都除以该平均参考光谱,便得到校正后的遥感图像。计算公式如下:

$$\rho_i = \frac{D_i}{\text{Average}_i} \tag{5-35}$$

式中:D_i—— 在波段 i 上像元的灰度值;

ρ_i——该像元校正后在波段 i 上计算得到的反射率值;

Average_i——波段 i 上所有像素的灰度平均值。

(3) 对数残差模型

该模型是假设遥感器测到的灰度值 $DN_{i\lambda}$ 与在波长 λ 处的像元 i 的反射率 $R_{i\lambda}$ 具有以下关系:

$$DN_{i\lambda} = T_i R_{i\lambda} I_\lambda \tag{5-36}$$

式中,T_i 是地形因子,表示对一给定的像元,相对所有的光谱段它是一常数,由它可以说明辐射亮度的变化是由于探测角度及坡向的差异带来的;I_λ 是照度因子,它描述了太阳的辐射亮度曲线,在给定的光谱段,对所有的像元它都保持恒定。对上式进行对数运算,可得:

$$\log(R_{i\lambda}) = \log(DN_{i\lambda}) - \log(T_i) - \log(I_\lambda) \tag{5-37}$$

式中,$\log(DN_{i\lambda})$是像元 i 在光谱段 λ 处遥感器接收到的信号值的对数;$\log(T_i)$是对所有光谱段(每像元一个值)上,像元 i 的对数平均;$\log(I_\lambda)$是对一给定的光谱段(每一个通道一个值)上,所有像元对数的平均。对数残差法将相乘因素变为相加因素,利用上式对遥感数据进行处理获取辐射校正后影像。

(4) 暗目标法

该方法是假设一幅图像中存在辐射亮度为零或辐射亮度很小的暗目标。通过比较各波段直方图,将相应波段中暗目标亮度值减掉,就达到了大气纠正的目的(Chavez et al.,1988;1989)。许多理论模型方法常利用图像中暗目标提供的信息估算散射光学参数,进行理论模型的大气散射纠正。应用最为普遍的是利用清澈的水体影像作为暗目标提取大气光学信息来进行大气辐射纠正。

(5) 条带噪声去除

条带噪声是一种特殊的影像噪声，具有一定周期性、方向性且呈条带状分布。其形成原因是卫星传感器光、电器件在对地物进行反复扫描的过程中，受扫描探测元正反扫描响应差异、传感器机械运动或温度变化所造成。

目前，条带噪声的去除算法较多。其中邻域插值法简单有效，而且不会对非条带区域产生负面影响。邻域插值法的基本思路是先定位条带噪声所处的位置，然后利用上下两行数据的差值结果代替条带噪声，利用的是噪声像元周边 6 个非噪声像元(左上、上、右上、左下、下、右下)。

确定条带噪声所处位置的基础是像元噪声判读。在影像中，凡是灰度值突变的像元都可认为是噪声。具体的判断方法是：对目标像元的 6 个相邻像元灰度值求平均值，然后求取该平均值与目标像元的灰度值的绝对值之差，最后利用求得的差值除以平均值，若所得值大于设定的阈值 T，则判定目标像元为噪声：

$$\begin{cases} \bar{x} = \dfrac{1}{6}\sum_{k=j-1}^{j+1}(x_{i-1,k} + x_{i+1,k}) \\ \dfrac{(\bar{x} - x_{i,j})}{\bar{x}} > T \end{cases} \tag{5-38}$$

按照上述公式统计影像每一行的噪声像元数，然后根据传感器的扫描宽度，将该宽度范围内噪声像元数最多的行判定为条带噪声，并记录下该行的行号。噪声条带行号确定后，通过只对影像的噪声条带的像元处理，保留非噪声行中像元。将噪声条带中的所有像元灰度值，用其相邻 6 个有交像元的平均值替代。

2. 地面线性回归经验模型

这种方法要求野外测试与卫星扫描同时进行，通常选用同类仪器测量，将地面测量结果与卫星影像对应的亮度值进行回归分析，回归方程为：

$$L = a + bR \tag{5-39}$$

式中：L 为卫星观测值，a 为常数，b 为回归系数。设 $bR = L_G$ 为地面实测值，该值未受到大气影响，则 $L = a + L_G$，a 即为大气影响，可得大气影响 $a = L - L_G$。

则大气校正公式为：

$$L_G = L - a \tag{5-40}$$

影像中的每一个像元都必须扣除 a 的影响，以获得具体地区像场大气校正的影像，该方法最大的特点就是简单易实现。在获取地面目标图像的同时，可预先在地面设置反射率已知的标志，或同步观测出若干地面目标的反射率，将由此得到的地面实况数据和传感器的输出值进行比较，以消除大气的影响。

3. 波段间的回归分析法

该方法的理论依据为大气散射的选择性，即大气散射对短波影响大，对长波影响小。因此遥感卫星有些波段受散射影响较大，有些波段受散射影响较小。为处理问题方便，可以把受散射影响最小的波段所成影像当作无散射影响的标准影像，通过对不同波段的对比分析计算出大气干扰值。

在不受大气影响的波段和待校正的波段影像中，选择从最亮到最暗的一系列目标，对每一个目标的两个波段进行回归分析。例如用第 m 波段的数据，校正第 n 波段的数据(如图 5-16 所示)，其亮度值分别是 L_m、L_n，回归方程为：

$$y = a_n + b_n x \tag{5-41}$$

式中：x——m 波段的图像灰度平均值；

y——n 波段的图像灰度平均值。

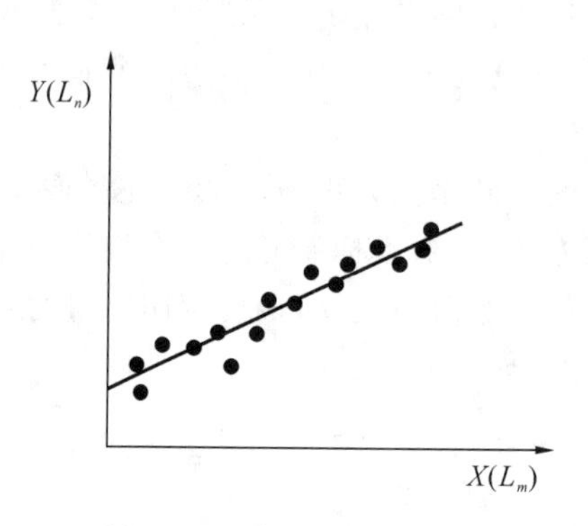

图 5-16 波段间回归分析

根据线性回归方程推导可得：

$$b_n = \frac{\sum_{i=1}^{n}[(L_{m(i)} - \overline{L}_m)(L_{n(i)} - \overline{L}_n)]}{\sum_{i=1}^{n}[L_{m(i)} - \overline{L}_m]^2} \tag{5-42}$$

所以有：

$$a_n = \overline{L}_n - b_n \overline{L}_m \tag{5-43}$$

则大气校正公式为：

$$L_n' = L_n - a_n \tag{5-44}$$

式中：i——波段数；

L_n'——第 n 波段校正后的影像亮度值；

a_i——大气影响。

第6章　遥感图像判读

“判读”是对遥感图像上的各种特征进行综合分析、比较、推理和判断，最后提取出感兴趣信息的过程。

传统的方法是采用目视判读，也有人说成是对图像的“判译”“解译”或“判释”等。这是一种人工提取信息的方法，使用眼睛目视观察，借助一些光学仪器或在计算机显示屏幕上，凭借丰富的判读经验、扎实的专业知识和手头的相关资料，通过人脑的分析、推理和判断，提取有用的信息。下一章将讲述的自动识别分类是利用计算机，通过一定的数学方法（如统计学、图形学、模糊数学等），即所谓“模式识别”的方法来提取有用信息，也称自动判读。目前目视判读仍在使用，本章将介绍目视判读的基本方法和一些实例。

运用人工智能方法和一些准则，目视判读的知识和经验，可在计算机中建立知识库，将遥感数据和其他资料建立数据库，模拟人工判读，设计专供遥感图像分析和解译的推理机，计算机针对数据库中的事实（数据），依据知识库中原有的和运行中生成的知识，在推理机中根据推理准则，运用正向或反向推理、精确或不精确推理方式等进行解译并作出决策。整套系统称为遥感图像自动判译专家系统。

6.1　景物特征和判读标志

景物特征主要有光谱特征、空间特征和时间特征。此外，在微波区还有偏振特性。景物的这些特征在图像上以灰度变化的形式表现出来，因此图像的灰度是以上三者的函数：

$$d = f(\Delta\lambda, X, Y, Z, \Delta t) \tag{6-1}$$

不同地物这些特征不同，在图像上的表现形式也不同。因此，判读员可以根据图像上的变化和差别来区分不同类别。再根据其经验、知识和必要的资料，可以判断地物的性质或一些自然现象。

各种地物的各种特征都以各自的形式（或称样子、模式）表现在图像上。各种地物在图像上的各种特有的表现形式称为判读标志。

6.1.1　光谱特征及其判读标志

第1章中已详细介绍了各种地物具有各自的波谱特性及其测定方法。地物的反射波谱特性一般用一条连续曲线表示。而多波段传感器一般分成一个一个波段进行探测，在每个波段里传感器接收的是该波段区间的地物辐射能量的积分值（或平均值）。当然还受到大气、传感器响应特性等的调制。如图6-1所示为三种地物的波谱特性曲线及其在多波段图像上的波谱响应。光谱特性曲线用反射率与波长的关系表示，如图6-1(a)所示；波谱响应曲线用密度或亮度值与波段的关系表示，如图 6-1(b)所示。如果不考虑传感器光谱响应及大气等的影响，则波谱响应值与地物在该波段内光谱反射亮度的积分值相应，如图 6-1(a)中的植物在 MSS-5 波段区间 0.6～0.7μm 的曲线包络面积，与图 6-1(b)中 MSS-5 的亮度值相应，其他波段也如此。从图中可以看出，地物的波谱响应曲线与其光谱特性曲线的变化趋势是一致的。地物在多波段图像上特有的这种波谱响应就是地物的光谱特征的判读标志。不同地物波谱响应曲线是不同的，因此它们的光谱判读标志就不一样。

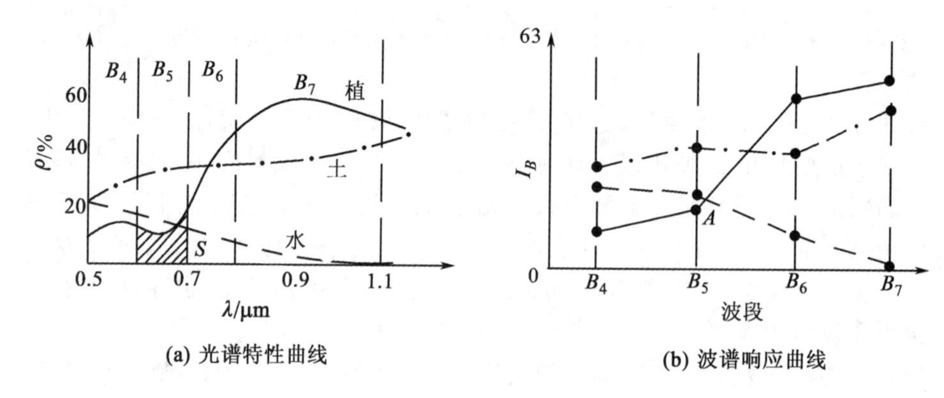

图 6-1 光谱特性曲线与波谱响应曲线

6.1.2 空间特征及其判读标志

景物的各种几何形态为其空间特征，它与物体的空间坐标 X,Y,Z 密切相关，这种空间特征在像片上也是由不同的色调表现出来的。它包括通常目视判读中应用的一些判读标志：形状、大小、图形、阴影、位置、纹理、类型等。

形状：指各种地物的外形、轮廓。从高空观察地面物体形状在 X-Y 平面内的投影；不同物体显然其形状不同，其形状与物体本身的性质和形成有密切关系。

大小：地物的尺寸、面积、体积在图像上按比例缩小后的相似性记录。

图形：自然或人造复合地物所构成的图形。

阴影：由于地物高度 Z 的变化，阻挡太阳光照射而产生的阴影。它既表示了地物隆起的高度，又显示了地物侧面形状。

位置：地物存在的地点和所处的环境。图像上除了地物所在的位置以外还与它所处的背景有很大关系。例如处在阳坡、阴坡的树，可能长势不同或品种不同。

纹理：图像上细部结构以一定频率重复出现，是单一特征的集合。实地为同类地物聚集分布。如树叶丛和树叶的阴影，单个地看是各叶子的形状、大小、阴影、色调、图形。当它们聚集在一起时就形成纹理特征。图像上的纹理包括光滑的、波纹的、斑纹的、线性及不规则的纹理特征。

类型：各大类别组成类型。如水系类型、地貌类型、地质构造类型、土壤类型、土地利用类型等。在各自类型中，根据其形状、结构、图形等又可分成许多种类。如图 6-2 所示为各种地质线性构造类型。又如图 6-3 所示为各种水系构造类型。图 6-4 则为各种土地利用类型。

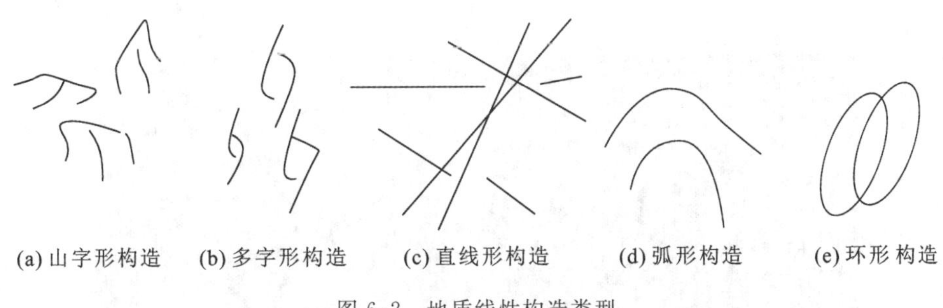

(a) 山字形构造 (b) 多字形构造 (c) 直线形构造 (d) 弧形构造 (e) 环形构造

图 6-2 地质线性构造类型

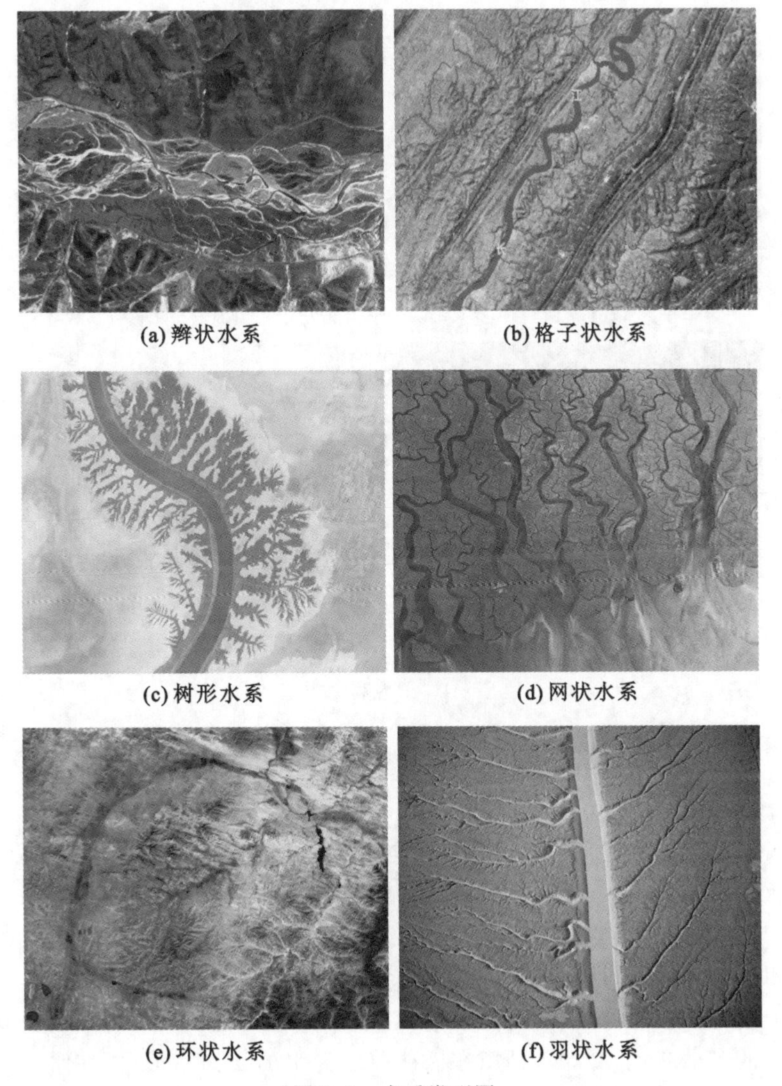

(a) 辫状水系 (b) 格子状水系

(c) 树形水系 (d) 网状水系

(e) 环状水系 (f) 羽状水系

图 6-3 水系类型图

(a) 建设用地　(b) 耕地　(c) 草原　(d) 林地　(e) 水域　(f) 沙地

图 6-4 土地利用类型

6.1.3 时间特征及其判读标志

对于同一地区景物的时间特征表现在不同时间地面覆盖类型不同,地面景观发生很大变化。如冬天冰雪覆盖,初春为露土,春夏为植物或树林枝叶覆盖。对于同一种类型,尤其是植物,随着出芽、生长、茂盛、枯黄的自然生长过程,景物及景观也在发生巨大变化。又如洪水期和枯水期,及不同时期水中含沙量变化都随时间而变。

景物的时间特征在图像上以光谱特征及空间特征的变化表现出来。图 6-37 显示了冬小麦生长过程的光谱变化,又如水稻田在插秧前后为水的光谱特征,而在水稻长高时,一直到成熟之前都为植物的光谱特征,特别在收割前后,田中无水的迹象,表现为土壤的光谱特征。再如森林砍伐,随时间变化,砍伐区在扩大,形状发生变化。

6.1.4 影响景物特征及其判读的因素

1.地物本身的复杂性

地物种类繁多,由此造成景物特性复杂变化和判读上的困难。从大的种类之间来看,种类的不同,构成了光谱特征的不同及空间特征的差别,这给判读者区分地物类别带来了好处。但同一大的类别中有许多亚类、子亚类,它们无论在空间特征及光谱特征上都很相似或相近,这会给判读带来困难。还有同一种地物,由于各种内部因素或外部因素的影响使其出现不同的光谱特征或空间特征,有时甚至差别很大。即常常在像片上发现不同类别出现相似或相同的判读标志,而同一类别又出现不同的判读标志。我们可以用分级结构的概念来处理地物类别的复杂性。如以地球资源类别为例,我们可以用图 6-5 的信息树来表示分级结构。这是一棵倒立的树,顶部列出的是比较一般的地表特征类别,下部是逐级划分的子类,根据需要还可以继续往下分。

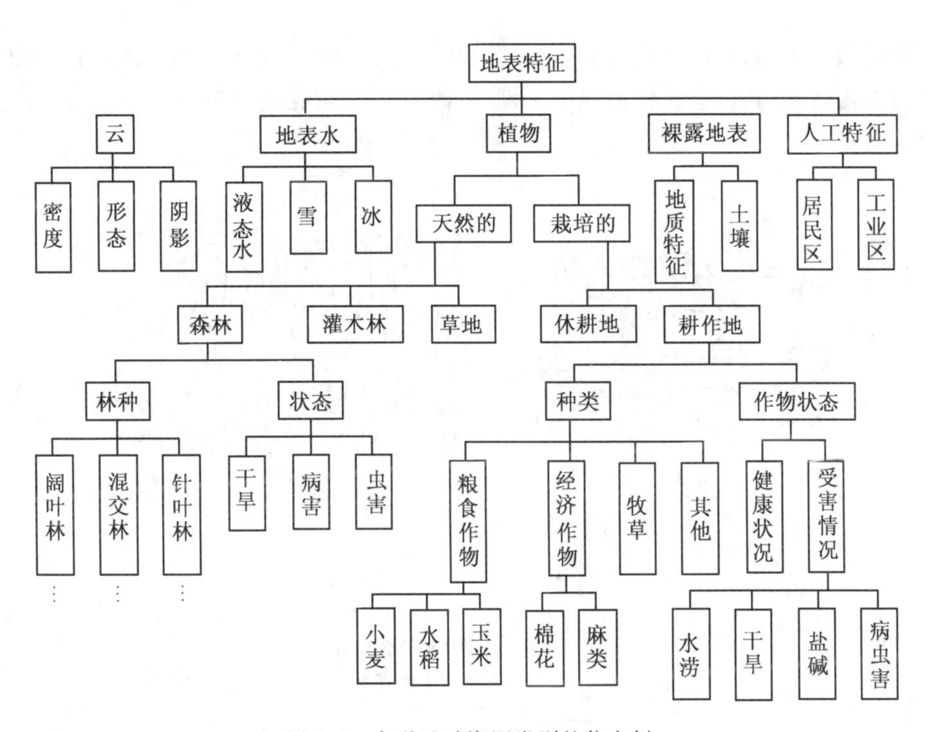

图 6-5 各种地球资源类别的信息树

在第 1 章中已经介绍,有许多类别不同反射特性曲线不同,以及同一种地物在不同条件下,反射特性曲线改变的例子,这里再列举一些例子。例如植物反射特性曲线主要由叶子的色素、细胞结构和含水量等因素形成。色素的影响主要在0.4~0.7μm 的可见光区域,叶绿素对蓝色和红色光吸收多,对绿色吸收少,如果叶中含叶红素、叶黄素(均为黄色色素)或花青苷素(红色色素),则在可见光部分的反射特性曲线将明显改变,对红光吸收少,但对蓝光仍吸收多,在红外区(<2.6μm)变化不大,如图 6-6 所示为绿色槭树叶和红色槭树叶的光谱反射特性曲线,差别主要发生在可见光部分,可见色素的影响主要发生在可见光部分。

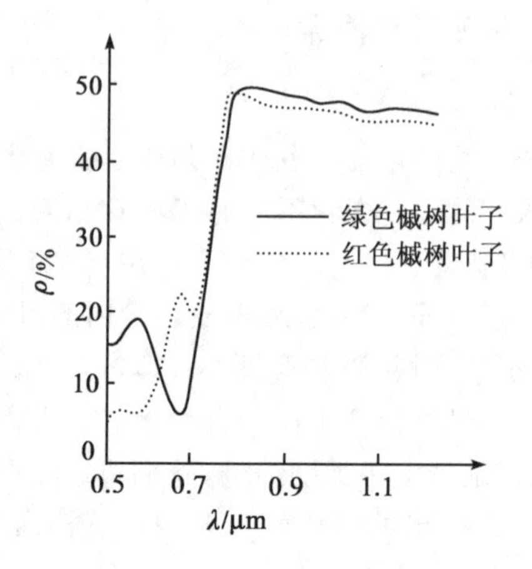

图 6-6　含不同色素的槭树叶子

细胞结构的不同，使反射特性改变主要表现在红外部分。如图 6-7 所示为玉米和大豆的叶子内部构造，及其反射特性曲线的差别（见图 6-8）。可见要区分玉米和大豆，在近红外部分比较明显。

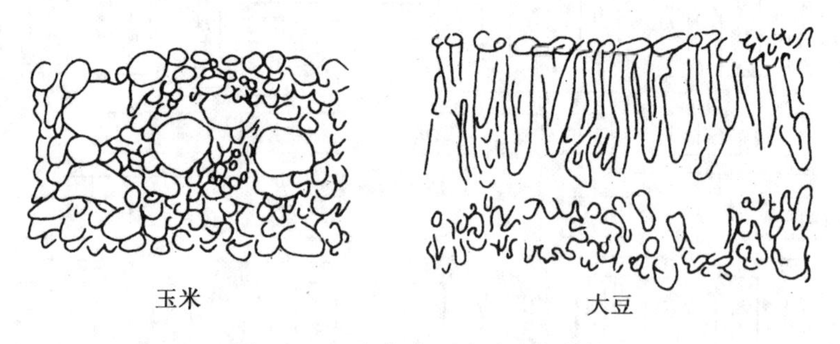

图 6-7　玉米和大豆叶子内部结构

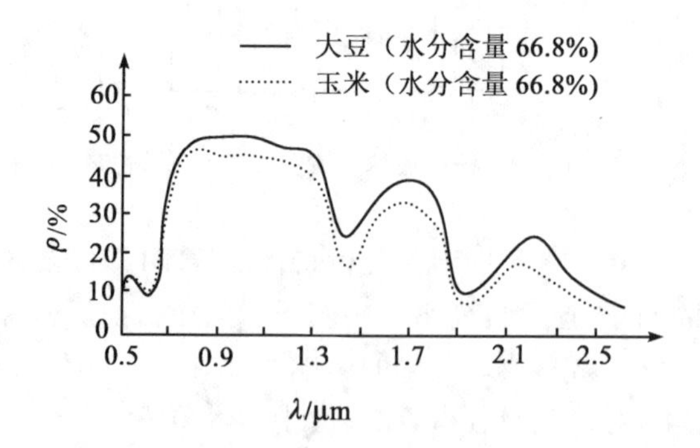

图 6-8　玉米和大豆叶子反射特性曲线

近红外部分的反射还与叶子的稠密程度有关。大多数类型的植物，对近红外光的反射率为45%～50%，透射率也为45%～50%，吸收率小于5%。如果有重叠覆盖的叶子，则从上一片叶子透过来的红外光将再次被反射。图6-9所示为不同叶片数的棉花叶子的反射率变化情况，可见光处不变，近红外处相差很大。

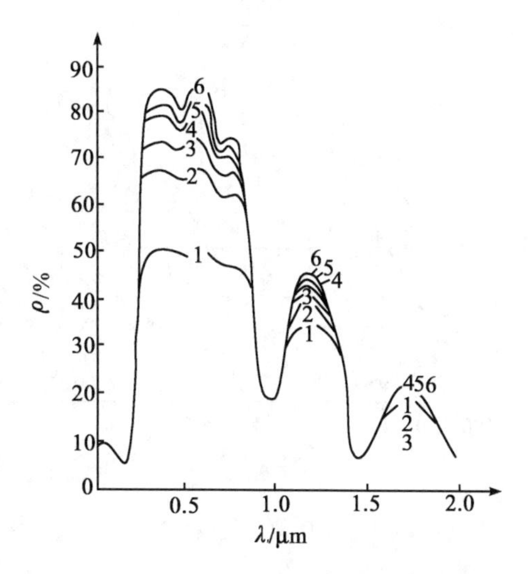

图6-9　1～6层叠置棉花叶的反射特性曲线

植物叶子的含水量变化，反射特性曲线总的看来都有变化，但在1.3μm以后更明显。如图6-10所示为玉米叶子含水量的反射特性曲线，从图中可以看出叶子中含水量变少，0.66μm处变化较大(一般作物成熟时，叶子含水量会明显减少)，另两处是1.4μm和1.9μm处变化最大，而这两处为水汽吸收带，不在大气窗口内。由于叶子水分失去，内部构造也会发生变化，因此近红外波段的反射率也发生了较大变化。植物叶子的含水量与植物的生长期和长势有密切关系。

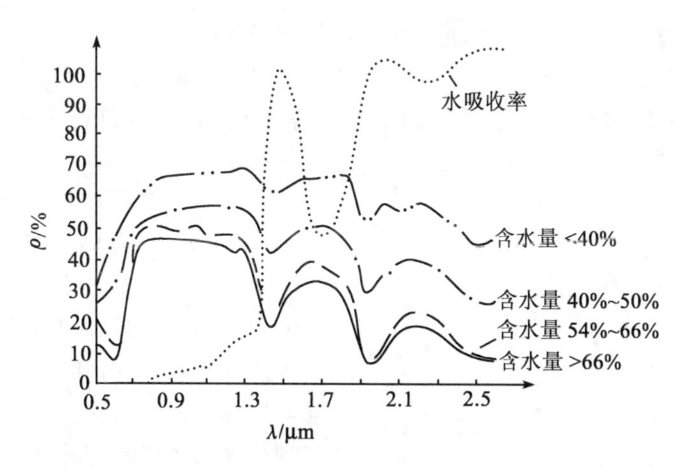

图6-10　不同含水量的玉米叶子反射特性曲线

又如土壤的光谱特性曲线与以下一些因素有关。首先是土壤类别，对于同一种类的土壤，与其所含水量、有机质含量、氧化铁含量、黏土、砂、粉砂相对百分含量以及土壤表面的粗糙度有关。从土壤质地来看，与其所含黏土颗粒、粉砂颗粒和砂颗粒的相对比例有关。一般规定颗粒直径小于0.002mm的土壤称黏土；颗粒直径在0.002～0.05mm的土壤称粉砂；颗粒直径在0.05～2.0mm的土壤颗粒称为砂。三种成分不同的混合比例可定出不同质地的土壤名称，图6-11为土壤质地分类三角形。图6-12为三种低含水量土壤的反射特性曲线。

土壤中含水量的不同引起反射特性曲线的变化已在第1章中介绍过，总的看来反射率下降，由于近红外部分被水吸收比较严重，因此反射率下降更快。1.3μm以后水汽吸收带

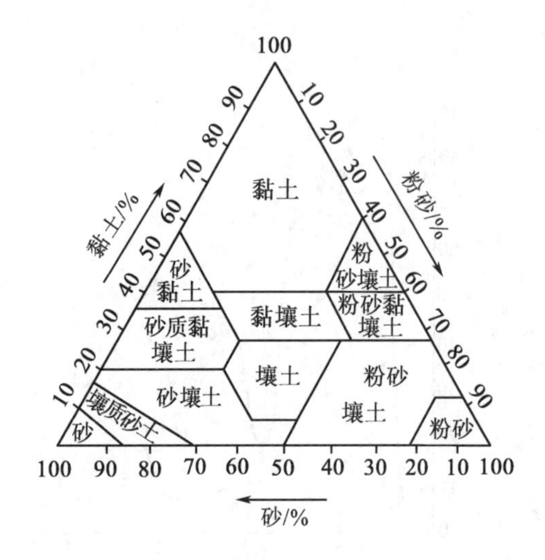

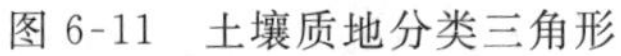
图 6-11　土壤质地分类三角形

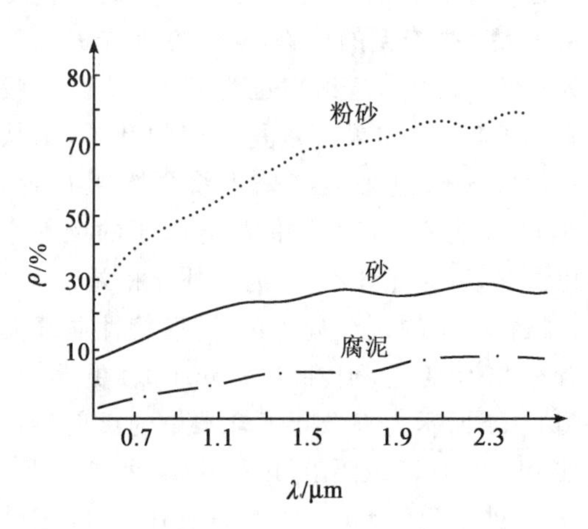

图 6-12　三种低含水量土壤的反射特性曲线

的影响，下降也很快。

土壤中有机质含量增大到 15%左右，土壤呈黑色或深褐色，反射率下降；土壤中含有机质少呈浅褐色或灰色，反射率上升。土壤中有机质含量与反射率之间的变化是一种非线性的变化关系。

土壤中氧化铁含量增大使土壤呈现红色，氧化铁含量增大使土壤反射率明显下降。反射率的增大主要集中在 0.5～1.1μm，1.1μm 以上无特别影响。

当土壤中有机质和氧化铁混合存在时，土壤呈黄色，有机质和氧化铁的存在带有永久性，而土壤中含水具有暂时性。

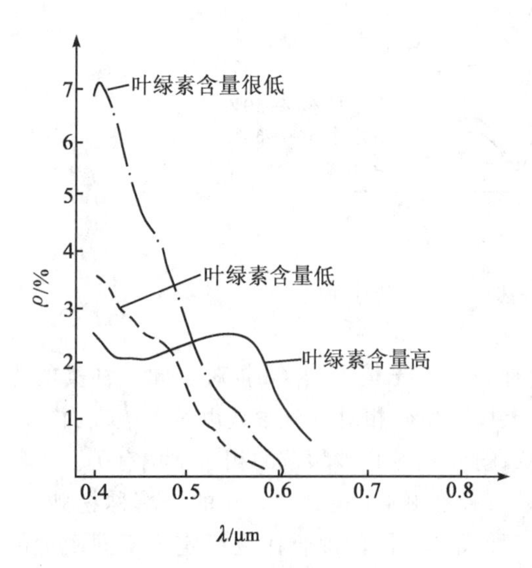

图 6-13　不同叶绿素含量海水的反射特性曲线

土壤的这些现象在热红外区反映又不同，含水多的土壤，由于蒸发，造成湿度下降；反之则湿度较高。而有机质含量高的土壤，反射率下降；但在热红外处，温度显得较高。

水的反射特性变化取决于水中悬浮泥沙的含量和叶绿素浓度以及天然的和人造物质的注入。此外还与水的状态有关，当水深较浅时还与水底物质有关，与水的光谱透射率有关。

水中悬浮泥沙含量增大，反射率增高。特别是在黄色和红色光区增高较大，另一现象是近红外区也在增高。如混浊泥水和清澈湖水反射特性曲线的比较，据实验测定，当悬浮泥沙含量高达 100mg/L 时的混浊水体，水深超过 30cm 时，从上方测定水的反射率，只与水体本身有关，而与水底的各种特性无关。

水中叶绿素浓度值是衡量水体初级生产

力和富营养化作用的有关指标。它与藻类的存在和浓度有关。叶绿素浓度增加时，蓝色光部分的反射率显著下降，但绿色部分反射率上升。如图 6-13 所示为叶绿素含量不同时，在可见光部分的反射特性曲线，在近红外区的反射率也略有提高。当水中生长有沉生和浮生植物时，反射特性曲线将会显出一些植物的特征。

有些植物或矿物产生一些自然的可溶性有机悬浮物和无机物质，也会造成水的反射特性发生变化。人为的污染，如纸厂、化工厂、肥料厂等废水注入，此外像废油的排放等都会引起水的反射率发生变化。油污在紫外、蓝色部分反射率差别较大。当然也有一些无机盐类，如 $NaCl$、Na_2SO_4 等，以及水的酸度变化对反射率几乎无影响。

2. 传感器特性的影响

传感器特性对判读标志影响最大的是分辨率。分辨率的影响可从几何、辐射、光谱及时间几个方面来分析。

1）几何分辨率

传感器瞬时视场内所观察到的地面场元的宽度称空间分辨率。如 Landsat MSS 图像的空间分辨率(即每个像元在地面的大小)为 57m×79m；TM 图像为 30m×30m；SPOT 1～4 图像，多光谱的为 20m×20m；全色的为 10m×10m。

空间分辨率的大小并不等于判读像片时能可靠地(或绝对地)观察到像元尺寸的地物，这与传感器瞬时视场跟地物的相对位置有关。假定地面上有一个地物，大小和形状正好与一个像元一样，如图 6-14(a)所示，并且正好落在扫描时的瞬时视场内，则在图像上能很好地判读出它的形状及辐射特性。但实际上这种情况相当少见，大多数出现如图 6-14(b)中的现象，地物跨在两个像元中，由于传感器中的探测器对瞬时视场内的辐射量是取其积分值(平均值)，这样地物与两个像元都有关系，在图像上地物的形状和辐射量都会发生改变，这就无法确切地判读出该地物的形状和辐射特性。当地物增大到如图 6-14(c)的情况时，地物面积等于两个像元的大小，那么至少有一个像元中能正确反映地物的辐射量，判读时能较正确地确定该种地物的辐射特性。再则地物不一定恰好在扫描线上，也可能跨两条扫描线，因此只有地物大于 2 个像元时才能从图像上正确地分辨出来。假定像元的宽度为 a，则地物宽度在 $3a$(海拉瓦)或至少在 $2\sqrt{2}a$(康内斯尼)时，能被分辨出来，这个大小称为图像的几何分辨率。

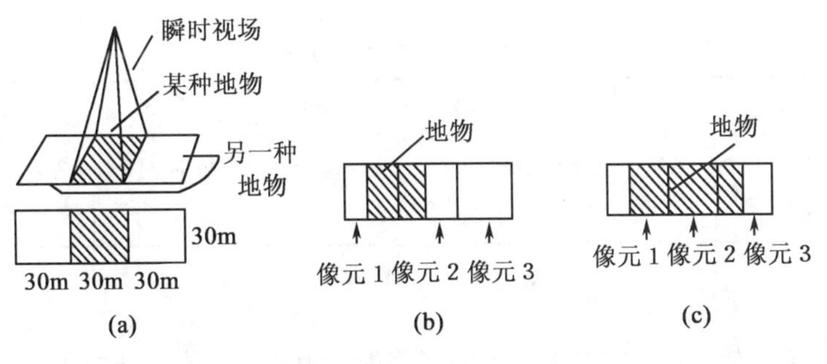

图 6-14 地物大小与空间分辨率的关系

几何分辨率太差的图像使得像元中包含的类别不纯，引起辐射亮度改变，这在两种纯地物交界处是十分明显的，往往这些地方的像元亮度与第三种地物相近，如 MSS-7 影像上植物与水的交界处的像元亮度会出现土壤亮度的现象。此外在地类混杂的地区也十分明显，如稀疏种植的林区或作物区等。判读时应与周围地物结合分析或对判读区建立混杂地物的判读标志。

以上是在正确反映地物辐射量的前提下来讨论分辨地物的量，实际地物的判读还与传感器的辐射分辨率、地物间的反差和地物形状有关，如与相邻地物反差大的线状地物，即使其宽度不到一个像元，也能在影像上显示出来，但其辐射亮度值已改变。

2）辐射分辨率（传感器的探测能力）

即使两种地物面积都超过了几何分辨率，是否能判读出来，还取决于传感器的辐射分辨率（当然也与地物间反射率大小有关，如果两种地物的亮度一样，就无法区分）。所谓辐射分辨率是指传感器能区分两种辐射强度最小差别的能力。传感器的输出包括信号和噪声两大部分。如果信号小于噪声，则输出的是噪声。如果两个信号之差小于噪声，则在输出的记录上无法分辨这两个信号。噪声是一种随机电起伏，其算术平均值（以时间取平均）为 0，应用平方和之根计算噪声电压 N，求出等效噪声功率：

$$P_{\mathrm{EN}} = \frac{P}{S/N} = \frac{N}{R} \tag{6-2}$$

式中：P——输入功率；

S——输出电压；

N——噪声电压；

R——探测率。

只有当信号功率大于等效噪声功率 P_{EN} 时，才能显示出信号来。实际输入信号功率要大于或等于 2～6 倍等效噪声功率时，才能分辨出信号来。

对于热红外图像，等效噪声功率应换算成等效噪声温度：

$$\Delta T_{\mathrm{EN}} = \sqrt[4]{\frac{P_{\mathrm{EN}}}{\varepsilon\sigma}} \tag{6-3}$$

同样当地面温度大于或等于 2～6 倍 ΔT_{EN} 时，热红外图像上能分辨出信号来。表 6-1 列出了 TM 七个波段的等效噪声功率，即辐射灵敏度。对于反射波段以等效反射率表示，TM6 和 TM7 以等效噪声温度表示。

表 6-1　等效噪声功率

通　道	TM1	TM2	TM3	TM4	TM5	TM6	TM7
辐射灵敏度	$\Delta P_{\mathrm{EN}}/\%$ 0.8	$\Delta P_{\mathrm{EN}}/\%$ 0.5	$\Delta P_{\mathrm{EN}}/\%$ 0.5	$\Delta P_{\mathrm{EN}}/\%$ 0.5	$\Delta P_{\mathrm{EN}}/\%$ 1.0	$\Delta T_{\mathrm{EN}}/\%$ 0.5	$\Delta T_{\mathrm{EN}}/\%$ 2.0

3）光谱分辨率

与几何分辨率比较，光谱分辨率为光谱探测能力，它包括传感器总的探测波段的宽度、波段数、各波段的波长范围和间隔。在第 3 章中已讲到了一些光谱扫描仪的光谱范围和波段数。光谱分辨率高意味着反映地物波谱特性更细致精确。但实际使用中，波段太多，输出数据量太大，加大了处理工作量和判读难度。有效的方法是根据被探测目标的特性选择一些最佳探测波段。所谓最佳探测波段，是指这些波段中探测各种目标之间和目标与背景之间，有最好的反差或波谱响应特性的差别。另一个有效方法是用影像融合的方法，将多于三个以上波段的信息富集在一张彩色影像上。

4）时间分辨率

时间分辨率是对同一地区重复获取图像所需的最短时间间隔。时间分辨率与所需探测目标的动态变化有直接的关系。各种传感器的时间分辨率，与卫星的重复周期及传感器在轨道间的立体观察能力有关。表 6-2 列出了几种卫星的重复周期与时间分辨率的关系。

表 6-2　时间分辨率

卫　星	重复周期/d	时间分辨率/d
Landsat-1,2,3	18	18
Landsat-4,5	16	16
Skylab	20	20
SPOT	26	2～26(注)

注：26d 为垂直成像时间间隔，其他为倾斜成像时间间隔。

大多在轨道间不进行立体观察的卫星，时间分辨率等于其重复周期。进行轨道间立体观察的卫星的时间分辨率比重复周期短。如 SPOT 卫星，在赤道处一条轨道与另一条轨道间交向摄取一个立体图像对，时间分辨率为 2d。未来的遥感小卫星群将能在更短的时间间隔内获得图像。时间分辨率愈短的图像，能更详细地观察地面物体或现象的动态变化。与光谱分辨率一样并非时间越短越好，也需要根据物体的时间特征来选择一定时间间隔的图像。

除了以上一些图像外，传感器成像的几何投影特性影响也很大。不同的传感器图像变形不同，这在第 4 章已详细介绍，从空间特征角度去判读时，应充分考虑它们的投影特性。

3. 目视能力的影响

人眼目视能力包括对图像的空间分辨能力、灰阶分辨能力和色别与色阶分辨能力。

人眼的空间分辨能力与眼睛张角（分辨角）、影像离人眼的距离、照明条件、图像的形状和反差等有关。实验证明，正常人眼的分辨角为 1′，在明视距离 250mm 处，能分辨相距 75μm 的两个点。相当于 6～7 线对/mm。人眼在日间照度为 500lx 时的分辨角高达 0.7′，而在夜间晴朗月光 10^{-3}lx 的照明下，人眼分辨角差到 17′。图像形状如果是线状物体，明视距离内可分辨 50μm 宽的线。

解决人眼空间分辨能力的限制造成的判读困难，可通过放大图像的比例尺，使用光学仪器放大观察的方法来克服。

人眼对灰度（亮度）信息的分辨，主要取决于视网膜上的视杆细胞的灵敏度。人眼究竟能分辨多少级灰阶，说法不一。但一般人眼能分辨 10 多级灰阶。这样对判读标志的分辨也就受到限制。解决的办法是对图像进行反差拉伸，或进行密度分割、黑白发色或伪彩色编码等各种增强处理。反差增大了，人眼对图像的判读能力相对提高。因为人眼对颜色的分辨能力比对灰阶的分辨能力要强得多，所以伪彩色编码、黑白发色也能提高人眼的判读能力。此外可借助密度计来分辨灰度差。

人眼视网膜上的视锥细胞能感受蓝、绿、红三原色。上面讲到人眼颜色的分辨能力比对灰阶的分辨能力强得多，但究竟能识别多少种颜色，目前也说法不一。一般来讲能达50种，借助仪器的帮助能分辨出13 000多种颜色。因为假如人眼借助密度仪能识别$2^7=128$种灰阶，那么人眼借助仪器识别颜色的能力可达$(2^7)^2=16\,384$种。

6.2 目视判读的一般过程和方法

6.2.1 判读前的准备

1. 判读员的训练

判读员的训练包括判读知识、专业知识的学习和实践训练两个方面。知识的学习包括遥感与判读的课程以及各种专业课程。如农林、地学、海洋、环保、军事、测绘、水利等。对于具体的判读员，其判读内容比较专业化，一般不可能所有的专业知识都学，而只能以某一专业知识为主，但需兼顾必要的其他专业知识。对于已具备某种专业知识的人，主要学习遥感和判读方法的知识，以及必要的边缘学科的知识。

实践训练包括野外实地勘察，多阅读别人已判读过的遥感图像，以及遥感图像与实地对照，并参与一些典型试验区的判读和分类等，以积累判读经验。

2. 搜集充足的资料

在判读前应尽可能搜集判读地区原有的各种资料，以防止重复劳动和盲目性。对原有资料上已有的东西，没有发生变化或变化不大者，可以很快地从遥感图像上提取出来。集中精力对变化的地区和原来资料上没有记载的地区进行判读。

需收集的资料包括历史资料、统计资料、各种地图及专题图，以及实况测定资料和其他辅助资料，等等。

3. 了解图像的来源、性质和质量

当判读员拿到遥感图像(或要去索取遥感图像)时，应知道这些图像是什么传感器获取的，什么日期和地点，哪个波段，比例尺、航高、投影性质，等等。大多卫星遥感像片上印有各种注记，能说明图像的来源、性质等。

至于图像的质量，应清楚了解的是图像的几何分辨率、辐射分辨率、光谱波段的个数和波长区间、时间重复性、像片的反差、最小灰度和最大灰度等。

6.2.2 判读的一般过程

实际进行判读的过程大致分为以下几个步骤：

1. 发现目标

根据图上显示的各种特征和地物的判读标志，先大后小，由易入难，由已知到未知，先反差大的目标后反差小的目标，先宏观观察后微观分析等，并结合专业判读的目的去发现目标。在判读时还应注意除了应用上一节讲到的直接判读标志外，有些地物或现象应通过使用间接判读标志的方法来识别。例如矿藏的遥感探测，要通过一些地质构造类型、地貌类型、土壤类型甚至植物生长的变异状态等间接标志来推断。又如军事上大多设施和装备进行了伪装，遥感图像上无法直接判读，也需要通过间接标志来揭露伪装。当目标间的差别很微小，难于判读时，可使用光学或数学增强影像的方法来提高目标的视觉效果。

2. 描述目标

对发现的目标，应从光谱特征、空间特征、时间特征等几个方面去描述。因为各种地物的这些特征都各不相同，通过描述，再与标准的目标特征比较，就能判读出来。当然如果有经验的话，一经描述（这种描述有时也往往在目视观察中用脑子进行）同时也就能判读出来。当经验不足时，或虽然经验丰富，但还有许多目标的判读有困难时，可借助仪器进行量测。例如，光谱响应特性可使用密度仪量取，或从计算机上直接读取光谱亮度值，几何特征可用坐标量测仪量测它的大小、位置等，也可用一些增强的方法提取纹理特征等。可将描述的标准目标特征，分门别类地列记下来，形成如表 6-3 所示的一览表，即建立判读标志，作为判读的依据。图 6-15（彩图见附录）为城市土地利用遥感调查部分判读标志的卫星影像样图。

表 6-3　判读目标特征一览表

地物	光谱特征					空间特征							时间特征			样区
	波段 1 TM5	波段 2 TM4	波段 3 TM3	…	假彩色合成像片	形状	纹理	大小	结构	位置	阴影	…	时间 1 夏天	时间 2 冬天	…	图片
落叶林	较亮 $I=50$	亮 $I=150$	暗 $I=10$		绿	成片状	密集	单枝小	团粒状结构	谷地	有		绿	暗绿		
湖水	很暗 $I=0$	暗 $I=5$	稍亮 $I=20$		蓝黑	面状	平坦	大			无		蓝黑	蓝黑		

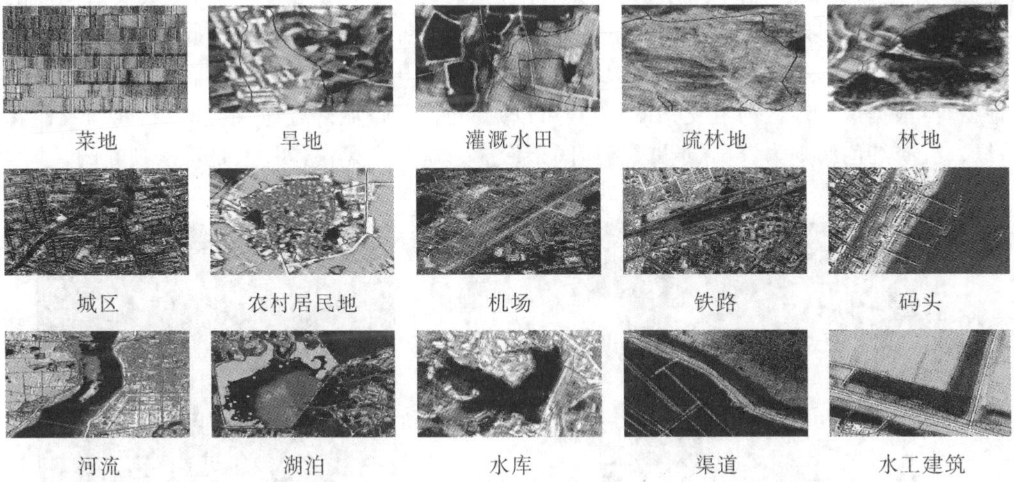

菜地　旱地　灌溉水田　疏林地　林地

城区　农村居民地　机场　铁路　码头

河流　湖泊　水库　渠道　水工建筑

图 6-15　城市土地利用遥感调查部分判读标志的卫星影像样图

3. 识别和鉴定目标

利用已有的资料，对描述的目标特征，结合判读员的经验，通过推理分析（包括必要的统计分析）将目标识别出来。判读出来的目标还应经过鉴定后才能确认。鉴定的方法中野外鉴定最重要和最可靠,应在野外选择一些试验场进行鉴定,或用随机抽样方法鉴定。鉴定后要列出判读正确与错误的对照表,最后求出判读的可信度水平。也可以利用地形图或专用图,在确认没有变化区域内,对判读结果进行鉴定,还可以使用一些统计数据加以鉴定。

4. 清绘和评价目标

图上各种目标识别并确认后应清绘成各种专题图。对清绘出的专题图可量算各类地物的面积,估算作物产量和清查资源等,经评价后提出管理、开发、规划等方面的方案。

6.3 遥感图像目视判读举例

6.3.1 单波段像片的判读

对于单波段的可见光、近红外像片,从其色调特征和空间特征来分析判读。例如图 6-16(彩图见附录)所示为一张 Landsat 卫星像片取出的苏州市局部区域的卫星影像示意图,是 7 波段,因水对近红外光吸收严重,呈深色调,城市地区建筑物对红外光反射比水强,再加上马路上有行树,使得城市的色调比水淡一些,但仍较深。由于眼睛区分灰阶的能力较差,有时看来与水的色调差不多。农田中农作物反射近红外光强,因此呈浅色调。黑白像片可结合空间特性来分析,如城市有一定的规则形状,与水的形状不一样,因此即使色调一样,也能区分开。还有一种方法是采用图像增强方法,如反差增强能使不同亮度地物间的灰度差拉大,区分类别就较容易,对于空间特征可用边缘增强来突显地物的轮廓。另一种有效的办法是进行密度分割并用伪彩色编码技术来增强图像,因为人眼对颜色差别比灰度差别敏感得多,因此效果好。如图 6-17(彩图见附录)所示为图 6-16 经数字密度分割手工填绘的伪彩色编码后的增强图像。从图中能清楚地看到城区与湖水颜色的差别,并且城区内由于建筑密度不同,造成反射亮度的微小差别,经增强后显示出来;城区内园林、绿地及菜地(南城区)也毕露;城周围的河流,由于其宽度不足一个像元,与植物混杂,使其反射率下降,色调与城区相近。但结合空间特征,它是线状地物,再根据这个地区河网交错的特点,可以判断为河流;城外红色、橙色为不同的农作物或树;绿、黄、淡红色调则为农田、道路、房屋间杂形成。这些在黑白像片上是难以判断的。

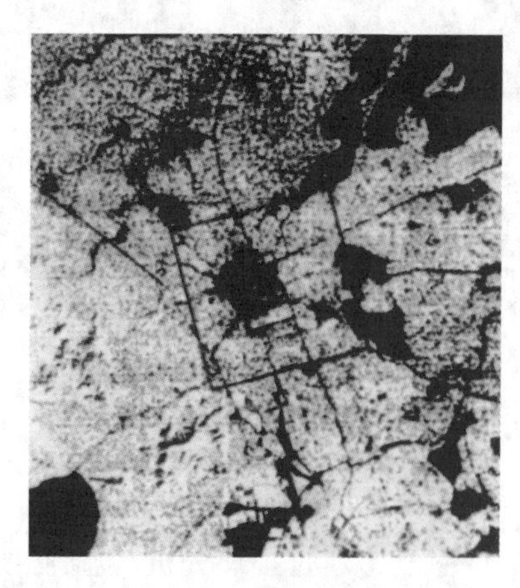

图 6-16　苏州市局部区域 MSS-7 卫星影像示意图

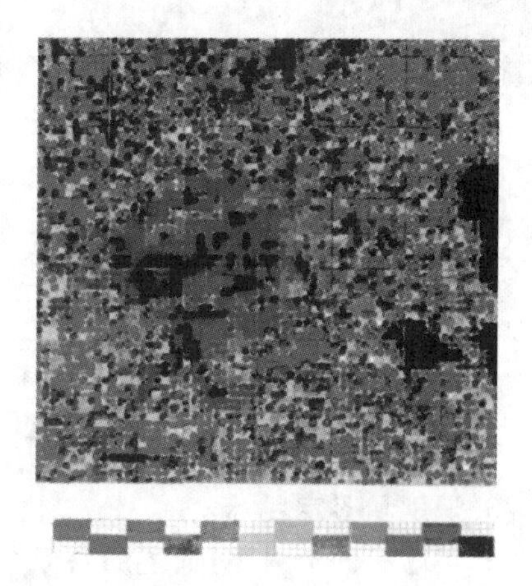

图 6-17　经密度分割增强后的伪彩色图像

6.3.2 多光谱像片的判读

多光谱像片显示景物的光谱特征比单波段强得多，它能表示出景物在不同光谱段的反射率变化。对于多光谱像片可以使用比较判读的方法，将多光谱图像与各种地物的光谱反射特性数据联系起来，以正确判读地物的属性和类型。例如图 6-18 所示给出了可见光和近红外光两个波段的多光谱像片。我们取其中四种地物来说明多光谱判读的有效性，这四种地物分别为草、水泥、沥青、土壤。假定我们仅用一张可见光像片(图 6-18(a))并且仅用色调(注意暂不用空间特性)来判断，则草和沥青无法区分，水泥和土壤的色调也十分接近；又假定仅用一张红外像片(图 6-18(b))，则草和水泥的色调又十分相近，无法区分，沥青和土壤的色调也比较接近。可见仅用单张像片易混类，另一点确定图像的类别也把握不大(如果不考虑空间特征)。现在使用多光谱像片，最简单的是使用两个波段，即将刚才两张像片放在一起比较判读，并且与地物的反射波谱特性曲线联系起来分析。首先我们可以量测这四种地物在两张像片上的黑度(如果是数字数据取它们的亮度值)，绘出如图 6-19 所示的波谱响应特性曲线，发现这四种地物的响应曲线各不相同，可以肯定是四种不同的地物，这样已完成了对这四个目标的分类。然后与四种地物的反射波谱特性曲线比较，如图 6-20 所示，看它们在两个波段中的变化趋势。A 与草，B 与水泥，C 与土壤，D 与沥青最相应，因此可以确定 A 为草，B 为水泥，C 为土壤，D 为沥青。从图 6-19 中可以看出，在可见光波段上水泥和土壤、草和沥青的灰度分别比较接近；在红外片上草与水泥、土壤与沥青的灰度分别比较接近，是符合影像上的实际情况的。

(a) 全色片

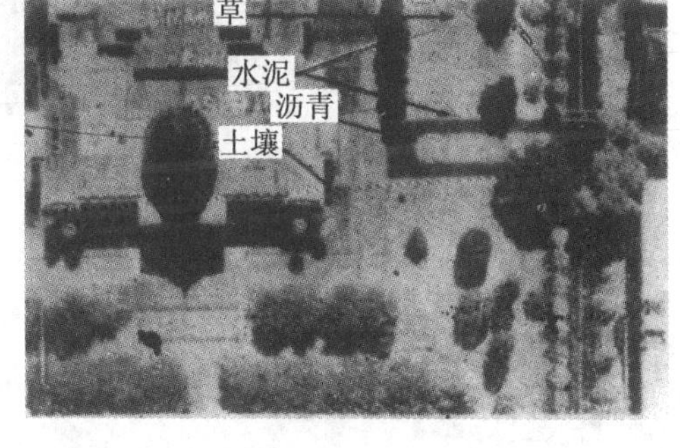

(b)红外片

图 6-18 两个波段的多光谱像片

判读多光谱图像的另一种有效方法是将几个波段进行假彩色合成。假彩色合成像片上的颜色表示了各波段亮度值在合成图像上所占的比率，这样可以直接在一张假彩色像片上进行判读。例如图 6-21(彩图见附录)所示为一张含有植物、土壤、水等地物的假彩色合成片。红外波段使用红色、红色波段使用绿色、绿色波段使用蓝色，合成的结果植物为红色、土壤(刚翻耕)为绿色、水为蓝黑色。形成这种颜色的原因，与地物的波谱特性和所用的滤光片、波段有关。可按图 6-22 分析，图(a)为这三种地物的波谱特性曲线，图(b)为它们的波谱响应曲线。当红外波段使用红色、红波段使用绿色、绿波段使用蓝色时，植物红外波段反射

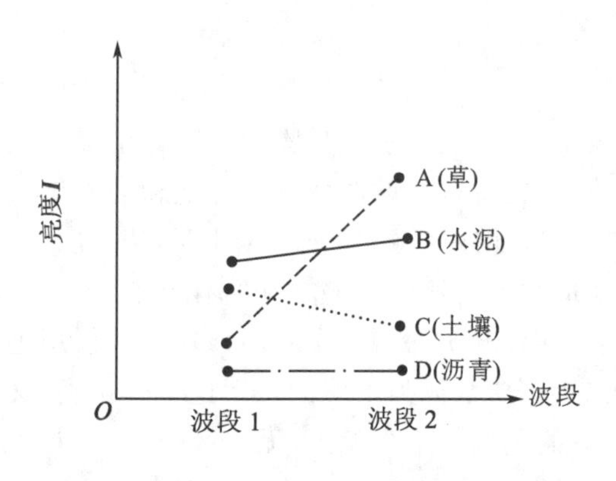

图 6-19 四种地物的波谱响应曲线

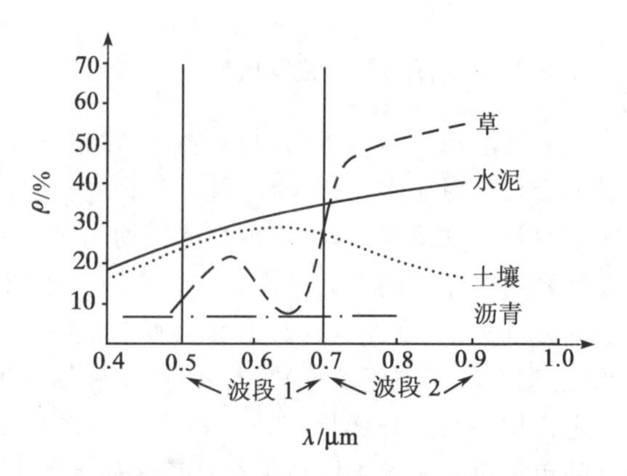

图 6-20 草、水泥、土壤、沥青的光谱反射特性曲线

强，红色比例最大，因此偏红；土壤红波段反射强，绿色比例最大，此外绿色波段反射也较大，蓝色也占一定比例，因此是绿色偏蓝，带一点青色。

图 6-21 假彩色影像

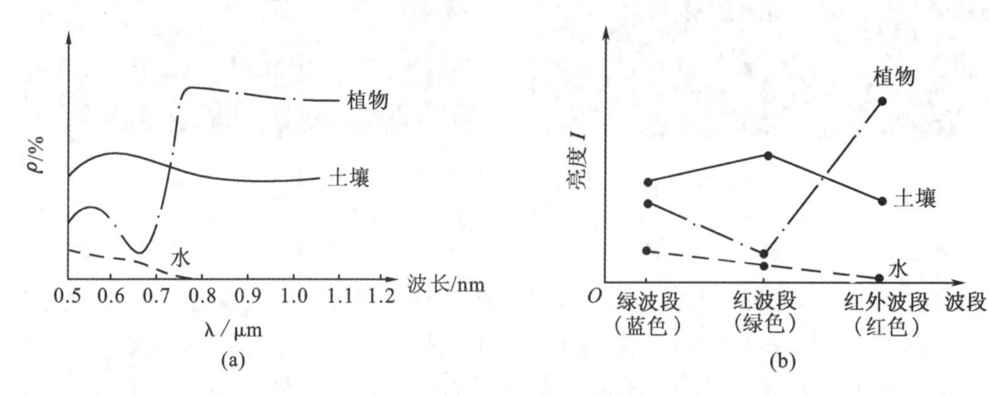

图 6-22 三种地物的波谱特性

水(清洁水)各波段反射都较弱，绿色波段反射稍强，因此偏蓝黑。其他各种地物由于波谱特性各不一样，因此颜色也不同，但与其波谱反射率关系密切，还与合成时所选择的波段

和滤光片有关。如图 6-23(彩图见附录)所示为南京市局部区域 MSS-4,5,7 合成的假彩色影像示意图。长江由于含有泥沙,黄色波段处反射率强,所以出现青色。飞机场跑道是水泥,红外波段和红色波段及绿色波段反射率都较高,因此呈白色。树木的红外反射率比作物强,因此呈现大红色,而作物偏品红色。当然地面上物体错综复杂,必然在假彩色合成像片上出现许多种颜色,我们可以根据地物的波谱特性、合成时使用的波段、滤光片和合成的条件等因素,制定出颜色色别、明度和饱和度与地物关系的一个表,作为判读标志来进行对全片各种地物的判读,当然具体判读时还要结合具体的情况进行。因为像片上色调受许多因素影响,不是固定不变的,如摄影处理条件的变化会使色别、明度和饱和度都发生变化,滤光片和曝光时间以及底片本身的差异,都可能引起判读标志的变化。又如地形的阴影会使图像的明度发生变化,而它的好处是色别变化不是太大,这样比单波段判读起来把握性大得多。

图 6-23 南京市局部区域假彩色卫星影像示意图

无论单波段像片或多波段像片的判读,在利用它们的光谱判读标志的同时,应结合图像上的空间特征来进行。尽管卫星像片比例尺很小,地物的空间特征在像片上的反映仍然是很明显的。例如图 6-23(彩图见附录)所示,长江与南京市的颜色有些接近,但其形状差别很大。另一方面从纹理特征上来看,城市中由于房屋、道路及其他物体较规则地排列,它与江水是完全不同的;又如树木和农田从纹理上来看也差别很大,树木群生,农田一般都划分成块状;至于飞机场,无论其光谱标志和空间形状都较特殊。由于树木与水的光谱特征、树木与建筑的光谱特征差别很大,因此即使它们面积很小也显示得很好。如玄武湖中的几个洲上都是树木或草地覆盖,应该是植物的光谱特征,合成像片上本来应该是红色,但由于其较小,在传感器的瞬时视场中包含有水面和植被,两者混合后光谱特性改变,结果出现土壤的特征。在地物类型交杂处的图像,判读时要特别小心。

从卫星像片上运用图像的空间特征来判读地物,大多从宏观的角度分析,如各种地貌类型、地质构造类型、冰川和雪盖面积、古河道、古遗迹等。提高空间特征的目视效果,可使用反差增强、密度分割、边缘增强等方法。

图 6-24 和图 6-25 分别是我国 ZY-02C 资源卫星上分辨率为 2.36m 的全色相机获取的香港新机场候机坪和美国亚特兰大机场停机坪的局部影像,影像中候机楼和跑道的形状,飞机的类型、位置和数量清晰可见。

图6-24　香港新机场候机坪的ZY-02C卫星影像

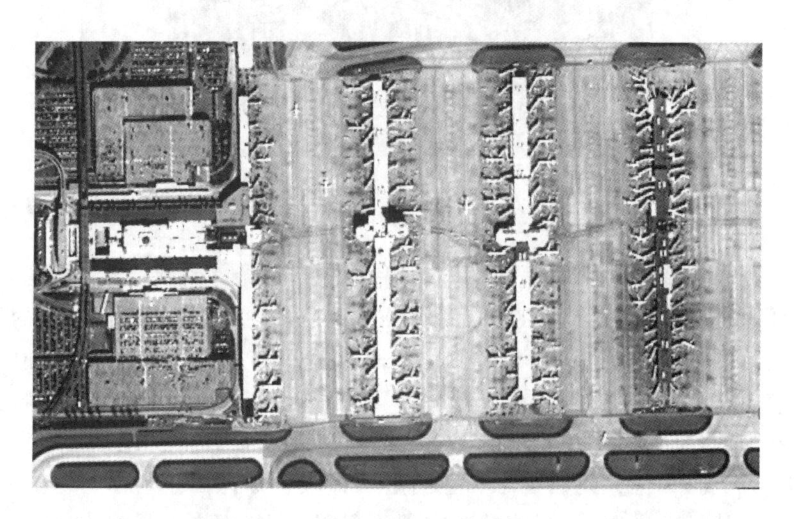

图6-25　美国亚特兰大机场停机坪局部的ZY-02C卫星影像

6.3.3　热红外像片的判读

在第1章中曾介绍过地物的热辐射定律，在第3章中介绍了热红外扫描仪的成像过程。地物的辐射功率与温度和发射率成正比，其中与温度的关系更密切。在热红外像片上其灰度与辐射功率成函数关系，因此也就与温度和发射率的大小有直接的关系。无论温度（自然状态下）和发射率都与地物的热特性有关。物体的热特性包括物体的热容量、热传导率和热惯量等。热传导率大的物体，其发射率一般较小，如金属比岩石的传导率快得多。热惯量大的物体比热惯量小的物体，在白天和夜间的整个期间有更均匀一致的表面温度。

图 6-26 为 1982 年 9 月白天和夜间摄取的新疆塔里木地区的两张热红外影像。图(a)为午后 13 时成像，被风沙掩埋的河床(指针 S_S 处)呈暖色调，而凌晨 4 时获取的夜间影像(图(b))呈冷色调；有水的河流白天呈冷色调，夜间呈暖色调，树林白天、夜间都呈冷色调。这里强调冷热的相对比较，实际上是白天、夜间水温变化较小，而土壤变化较大。图 6-27 显示出了土壤与水一天中辐射温度变化的一般情景。水温虽然夜间比白天也要低一点，但白天土壤比水热得多，而夜间土壤比水的温度还低。

(a) 午后 13:00 成像

(b) 凌晨 4:00 成像

图 6-26　1982 年 9 月获取的塔里木热红外影像

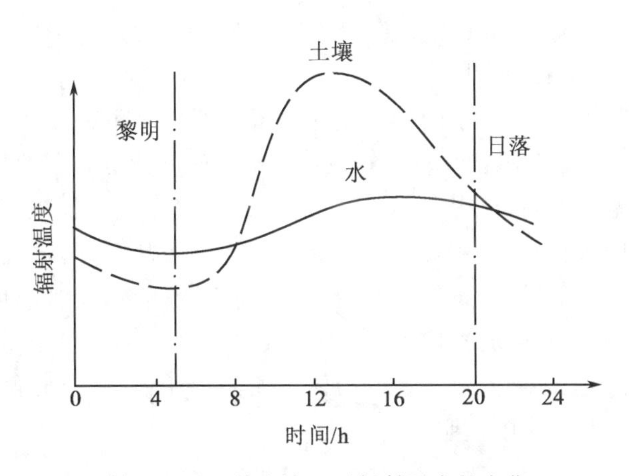

图 6-27　土壤和水一天辐射温度的变化

图 6-28(a)(彩图见附录)为我国黄海和东海地区的气象卫星(NOAA)热图像示意图，其中①为山东半岛；⑥为辽东半岛；⑦为海冰；②为黄海冷水舌；③为台湾海峡暖流；⑧为云。

该图像是在 1978 年 1 月 14 日 19 时获取。冬天气温较低，该影像为负像，温度高的显得“暗”，温度低的显得“亮”。图 6-28(b)(彩图见附录)是将 6-28(a)图像经密度分割后输出的伪彩色图像。在这个图像上暖流和冷水海流的边界和流向都显示得十分清楚。长江口外和朝鲜半岛西南端有两个暗红色的舌状，称冷水舌，这里形成海洋锋面，鱼群往往在这里洄游，是很好的海洋渔场。

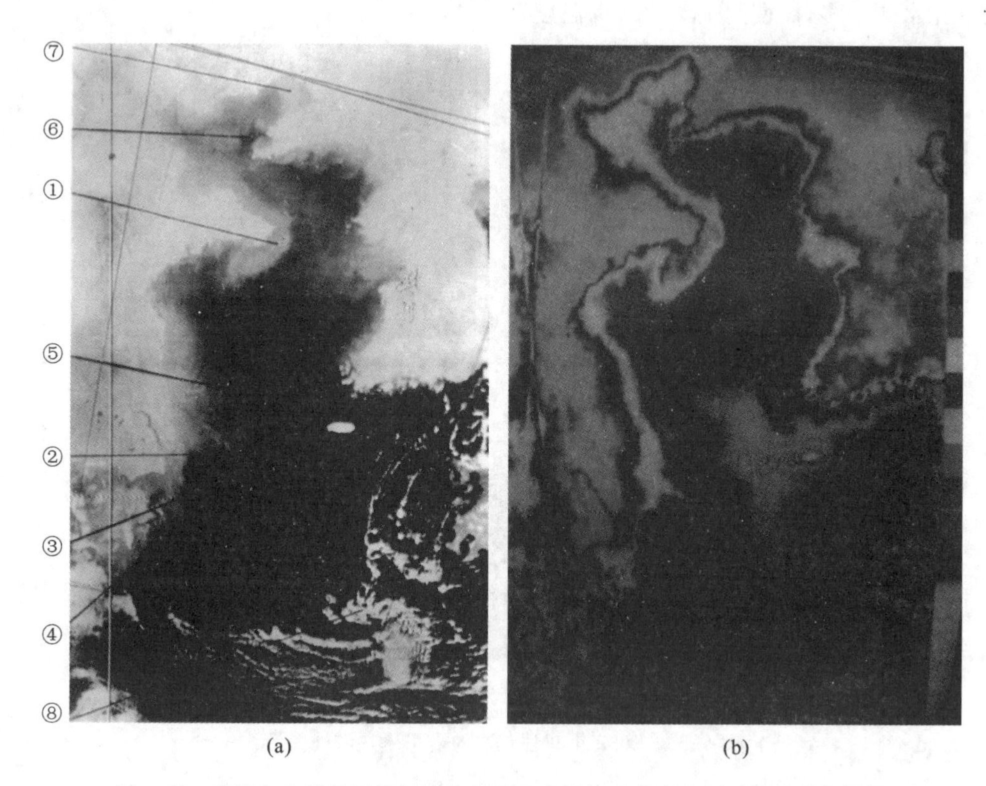

图 6-28　黄海和东海地区的气象热图像示意图及经密度分割后的伪彩色图像

这种热图像色调与温度的关系的例子还有很多。例如夜间对飞机场起跑线的扫描热图像(图 3-9)，已发动的发动机，温度很高，显出亮色调，而未发动的发动机都是金属部件，显得很冷；飞机的尾喷温度很高，显得很热，而飞机的金属表面显得很冷；铺地材料水泥，显得较热。像片上有意思的是刚飞离的飞机位置上留下了一个热阴影，这是由于尾喷造成地面温度升高，出现“热影”，而飞机金属部件较冷，吸收地面的热量，使其温度比周围低，产生了“冷影”。这种热阴影与普通可见光像片上的阴影含义不同，它是由于温度差引起的。白天热红外像片虽然与可见光像片上建筑物或山体后的阴影相仿，但热影像上的阴影是由于未照射到太阳光，其温度低于太阳光照射处。

6.3.4　侧视雷达像片的判读

1. 侧视雷达图像的色调与地物特性的关系

侧视雷达图像上色调的高低，与可见光、近红外及热红外图像都不同，它与地物的以下一些特性有关：

1）与入射角有关

由于地形起伏和坡向不同，造成雷达波入射地面单元的角度不同。如图 6-29 所示，朝向飞机方向的坡面反射强烈，朝天顶方向就要弱些，背向飞机方向反射雷达波很弱，甚至没回波。没回波的地区称为雷达盲区。

2）与地面粗糙程度有关

地面地物微小起伏如果小于雷达波波长，则可看成“镜面”，镜面反射雷达波很少返回到雷达接收机中，因此显得很暗；当地面微小起伏大于或等于发射波长时会产生漫反射，雷达接收机接收的信号比镜面反射强。另外一种称为“角隅反射”，其反射波强度更大，如图 6-30 所示。

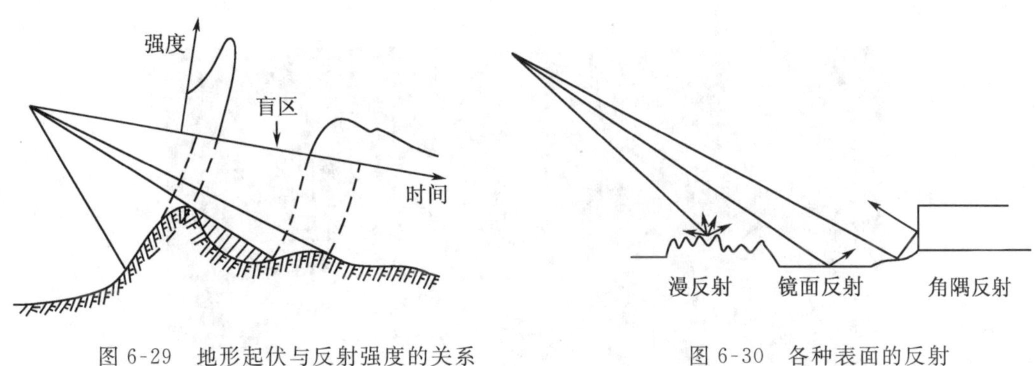

图 6-29 地形起伏与反射强度的关系

图 6-30 各种表面的反射

3）与地物的电特性有关

一切物体的电特性量度是复合介电常数。这个参数是各种不同物质的反射率和导电率的一种指标。一般金属物体导电率很高，反射雷达波很强，如金属桥梁、铁轨、铝金属飞机等。水的介电常数为 80，对雷达波反射也较强，地面物体不同的含水量反映出不同的反射强度。含有不同矿物的岩石，有不同的介电常数，在雷达影像上能显示出来。当然地物的电特性应与其他引起色调变化的因素结合起来分析。如水面很平坦时，造成镜面反射，反射波还是很弱。

2. 侧视雷达图像的几何特性

在第 3 章和第 4 章中都已介绍了雷达图像的几何特性，它是斜距投影，因此图像的变形与其他图像不同。它影响空间特征判读主要表现在两个方面：一是比例尺失真，侧视雷达 Y 方向的地面长度为 $\Delta R\sec\varphi$，在一条图像线上降低角 φ 随斜距 R 的增加而减少，则 $\sec\varphi$ 随 R 的增加也减少。如果 $\Delta R\sec\varphi$ 保持不变，如图 6-31 所示，随 R 增加 ΔR 必然增大，影像上的长度 Δa 变大，因此 R 大处的影像比例尺大，即离飞机远的影像比例尺大，反之比例尺小。这与全景像片正好相反。图 6-31 中，$\Delta R_1\sec\varphi_1=\Delta R_2\sec\varphi_2=\Delta R_3\sec\varphi_3$，但 $\Delta a_3>\Delta a_2>\Delta a_1$。

第二个几何特性是地形起伏引起的投影差变化与中心投影像片的位移方向相反。如图 6-32 所示，在判读时应注意，高山往往向飞机方向倾斜。如果获取立体像对，按常规方法观察立体，将是一个反立体。

3. 侧视雷达图像的其他特征

微波对云层和树木的穿透能力较强，例如图 6-33 是在热带地区（印度尼西亚）的侧视雷

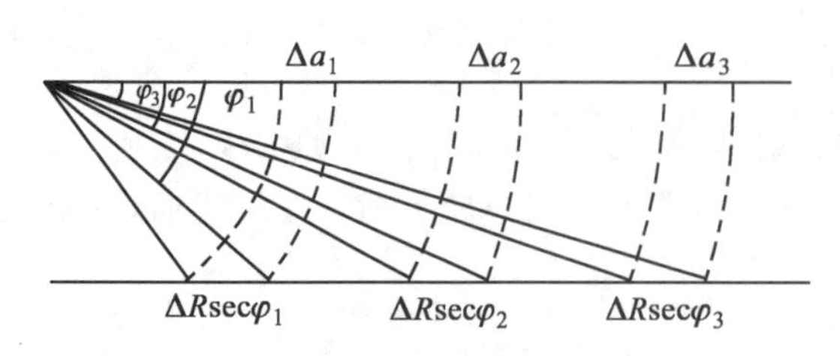

图 6-31　斜距投影引起的影像变形

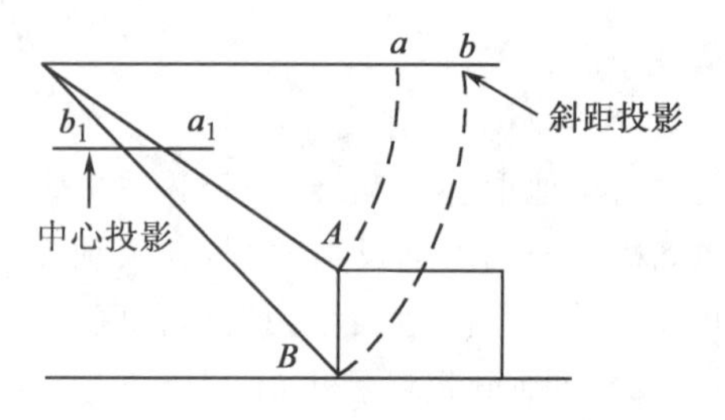

图 6-32　地形起伏引起的变形

达图像，全年绝大部分时间有浓厚的云层，地面森林覆盖，但由于雷达能穿过云层和树木，得到的是地面图像，火山迹象明显，好似喷发后刚停息下来。

图 6-33　赤道地区(印度尼西亚某地区)的侧视雷达像片

另外微波在物体内会产生体散射，因此能将地下的一些状况反映出来。例如图 6-34 是美国航天飞机第二次试飞时获取的撒哈拉沙漠地区的照片。从照片上可以看出掩藏在地表底下的古代地形特征。雷达波透过沙漠揭开了几千年来掩埋在地下的自然景物。从雷达在苏丹北部拍摄的这张照片中可以看到：A 是一条在 3 000 万—4 000 万年以前形成的 9mile 宽的干涸河谷；B 是一个网状的固定水系，成为较大的地理特征；C 似乎是一条是沿构造带形成的干涸河床；D 是古代的干涸湖或洼地；E 是一条干涸河的水系，面积扩展到几英里。发现雷达波能穿透干燥的沙子，触及基岩后反射回来。这张照片提示了沙层底下沉睡着的像尼罗河一样宽广的巨大的干涸河谷(图 6-34A 中)。此外，图像还显示出纵横交错的河流、扇形的冲积特征、阶地、断层和其他崎岖不平的地形。雷达像片上还有其他特征看起来像湖泊或洼地(图 6-34D 中)，可能有人类居住过。在沙漠上部考察，曾发现过大约 20 万年前古代人类的制造品，使“人类居住”的假设变得可信。雷达像片上的许多地质特征有助于在该地区寻找石油和水源。

图 6-34 撒哈拉沙漠地区的航天飞机雷达像片

6.3.5 多时域图像的判读

在遥感中利用遥感影像判读和监测地面的动态变化是十分有效的。利用这种动态变化还可以进一步识别地面物体的性质和作定量分析。在本章 6.1.3 节中讲到了景物的时间特征，在像片上是以其光谱特征和空间特征的变化表现出来的。例如易洪涝的地区，枯水期和洪水期的水位是不同的。在该两个时期的遥感像片上其形状有明显的差别，为了测算洪水淹没区，以估计损失，可使用图像相减的方法来提取淹没区的范围。如图 6-35 所示为一湖区的 Landsat 卫星 MSS 多光谱扫描仪得到的像片。图(a)为 1972 年 7 月 26 日的 MSS 图像的负片，图(b)为 36 天后获取的同一地区的 MSS 负片，图(c)为图(b)拷贝制作的正片。图(a)与图(c)两图像叠合印出图(d)的复合图像，将没有变化的地物图像减去，留下变化洪水淹没区的图像。图 8-23 显示了南极冰川在不同年份的变化，据此可算出冰川流速。图 8-21(彩图见附录)显示了南极臭氧层空洞在不同年份同一月份的形状，据此可预告臭氧洞是在扩大还是缩小。

植物随时间变化而造成的光谱反射率变化比较明显。如图 6-36 是 1981 年 11 月 15 日至 1982 年 5 月 24 日，在小麦下种到成熟各个阶段上测定的反射特性曲线。如果将其按 MSS 四个波段，分别在各生长季节计算它的平均反射率，可以画出如图 6-37 所示的小麦生长日历变化模式图。图中的宽度表示平均反射率值。图 6-38 更详细地列出了棉花苗期、棉花不同生育期、棉花与其他作物在不同时间的光谱反射特性的变化。图 6-38(a)为棉花苗期不同时间反射光谱特性曲线，幼苗期时呈土壤光谱特性，随时间生长可见光绿色光谱上升，红外波段上升更快。图 6-38(b)是苗期及以后不同生育期的反射光谱特性曲线，花蕾期至盛花期绿色光谱略提高后接着下降，红外波段一直上升，到吐絮期，可见光和红外波段都呈下降趋势。图 6-38(c)、(d)、(e)、(f)、(g)、(h)为不同时间棉花与其他作物光谱反射特性之间的关系，据此利用不同时间和不同波段来区分不同的作物。又如图 6-39 所示为大豆和

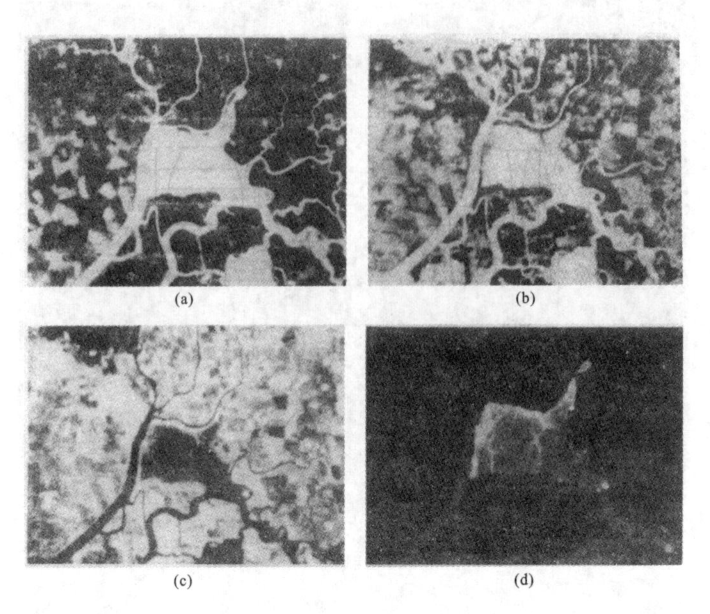

图 6-35　两个时间的 MSS 图像叠合提取洪水淹没区范围

玉米在两个波段中反射率随时间变化的二维生长日历模式图。可见植物间的光谱反射率在有的时间相近，但在有的时间相差很大。可以利用反射率差别很大的时域的像片来区分相近的植物类别。

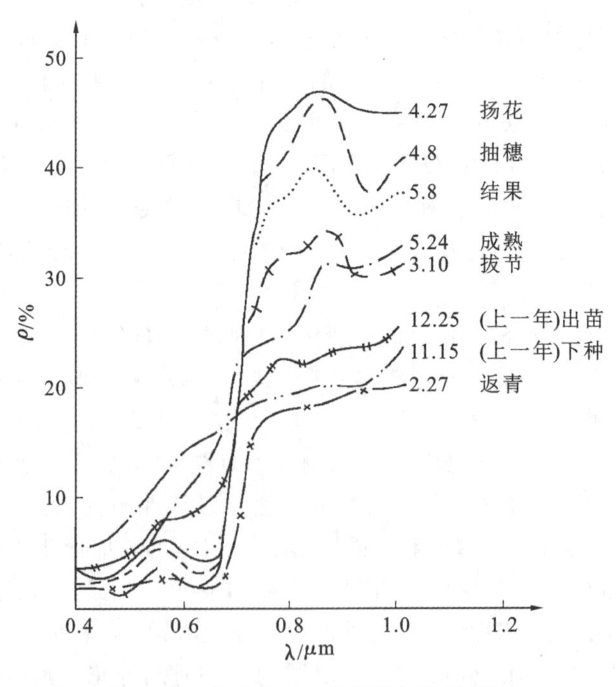

图 6-36　冬小麦各生长阶段的波谱特性

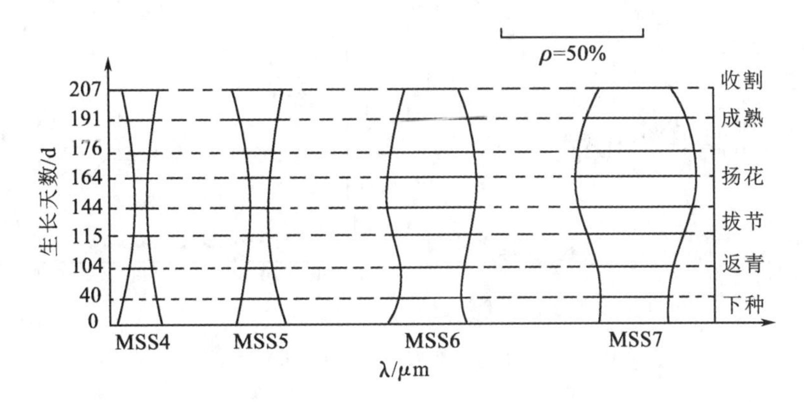

图 6-37 冬小麦生长日历反射率变化模式图

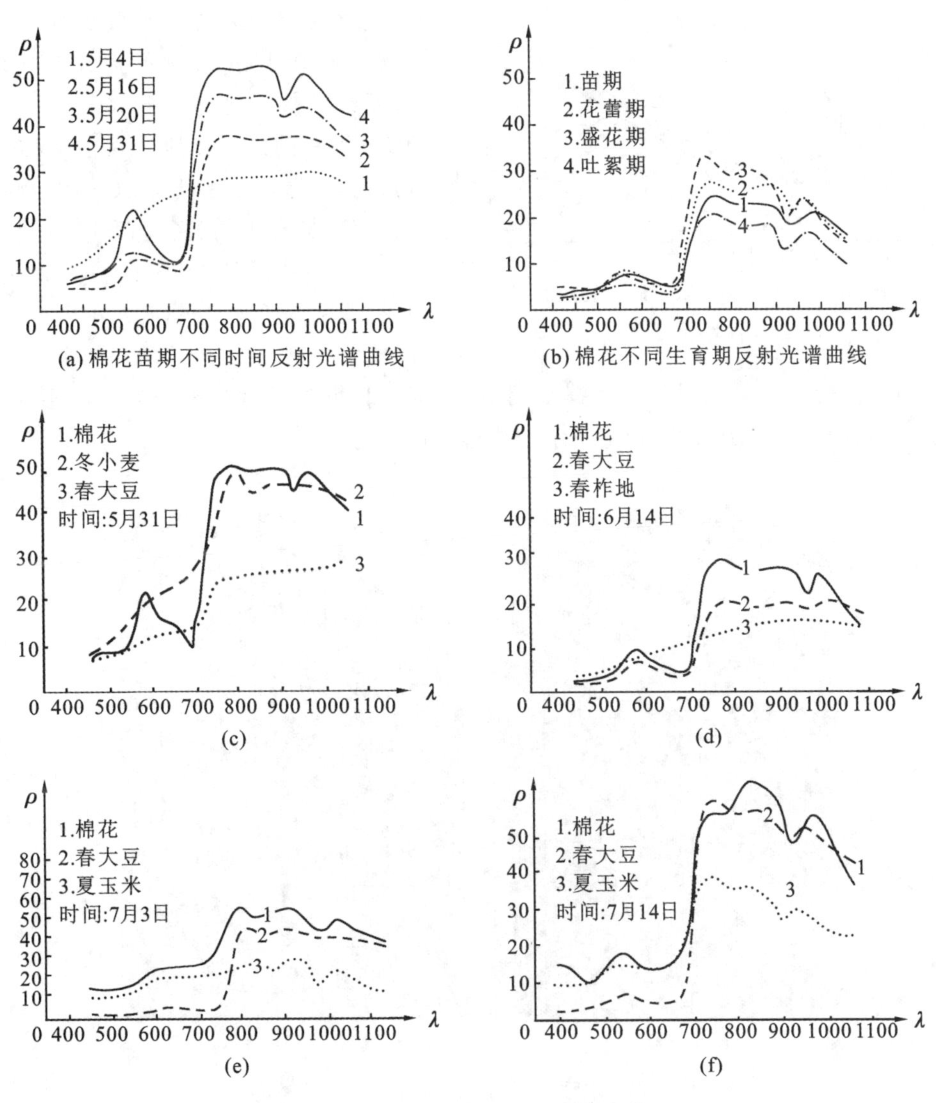

图 6-38 棉花等生长日历反射率变化(1)

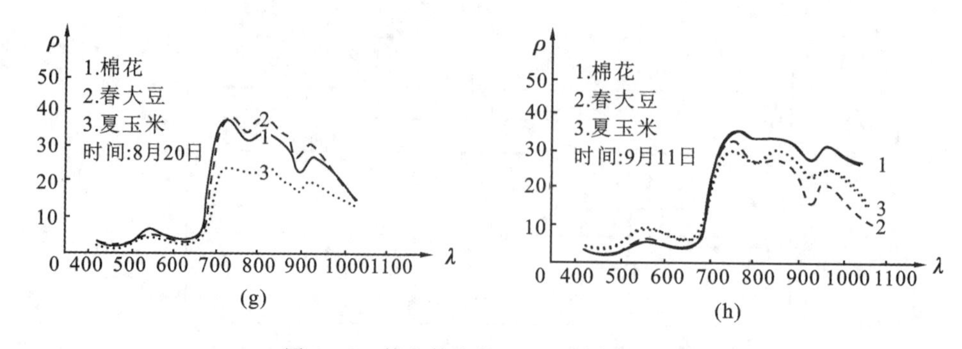

图 6-38　棉花等生长日历反射率变化(2)

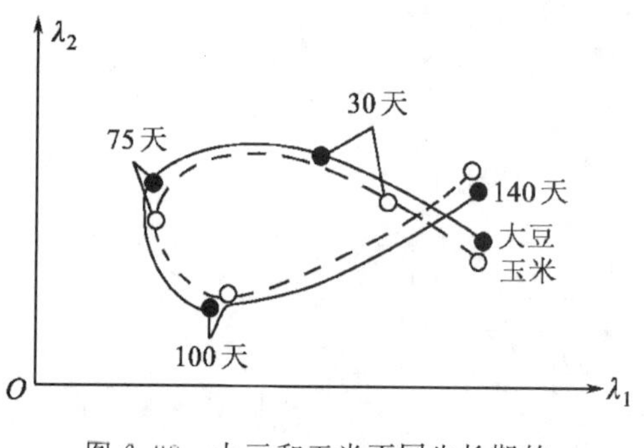

图 6-39　大豆和玉米不同生长期的二维反射率变化模式

利用植物生长随时间变化而光谱特性变化的特征来识别地物的例子，如图 6-40(彩图见附录)所示。图 6-40(a)为太原市郊晋祠地区 1979 年 5 月 1 日的 MSS 卫片图像。该地区种植水稻。5 月份水稻田灌水与晋阳湖水面的色调相近为红色，都有水的特征，而 1979 年 10 月 23 日的卫片上(见图 6-40(b))这个地区只有晋阳湖仍为红色，有水的特征。水稻已成熟收割，无水的迹象。两个时期的像片相对照，就能绘出水稻面积，再根据水稻单产，可估算出水稻总产量。图6-40(b)中间河流为汾水，它的右上方为太原市，①所示的淡青色地区为菜地。

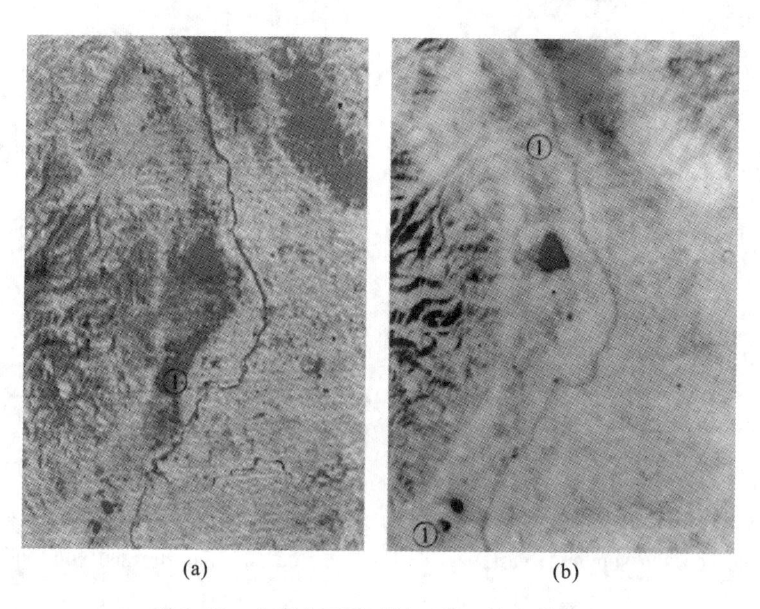

图 6-40　水稻在不同时间卫片上的光谱变化

第7章　遥感图像自动识别分类

遥感图像的计算机分类，是模式识别技术在遥感技术领域中的具体运用。遥感图像的计算机分类，就是利用计算机对地球表面及其环境在遥感图像上的信息进行属性的识别和分类，从而达到识别图像信息所相应的实际地物，提取所需地物信息的目的。与遥感图像的目视判读技术相比较，它们的目的是一致的，但手段不同，目视判读是直接利用人类的自然识别智能，而计算机分类是利用计算机技术来人工模拟人类的识别功能。遥感图像的计算机分类是模式识别中的一个方面，它的主要识别对象是遥感图像及各种变换之后的特征图像，识别目的是国土资源与环境的调查。

目前，遥感图像的自动识别分类主要采用决策理论（或统计）方法，按照决策理论方法，需要从被识别的模式（即对象）中，提取一组反映模式属性的量测值，称之为特征，并把模式特征定义在一个特征空间中，进而利用决策的原理对特征空间进行划分，以区分具有不同特征的模式，达到分类的目的。遥感图像模式的特征主要表现为光谱特征和纹理特征两种。基于光谱特征的统计分类方法是遥感应用处理在实践中最常用的方法，也是本章的主要内容；而基于纹理特征的统计分类方法则是作为光谱特征统计分类方法的一个辅助手段来运用，目前还不能单纯依靠这种方法来解决遥感应用的实际问题。另外一种方法称为句法（或结构）模式识别，这种方法在遥感中的应用目前还在进行探索，本书只做概要介绍。

7.1　基础知识

7.1.1　模式与模式识别

所谓“模式”是指某种具有空间或几何特征的事物。“模式”通俗的含义是某种事物的标准形式。一个模式识别系统对被识别的模式作一系列的测量，然后将测量结果与“模式字典”中一组“典型的”测量值相比较。若和字典中某一“词目”的比较结果是吻合或比较吻合，则我们就可以得出所需要的分类结果。这一过程称为模式识别，对于模式识别来说，这一组测量值就是一种模式，不管这组测量值是不是属于几何或物理范畴的量值。

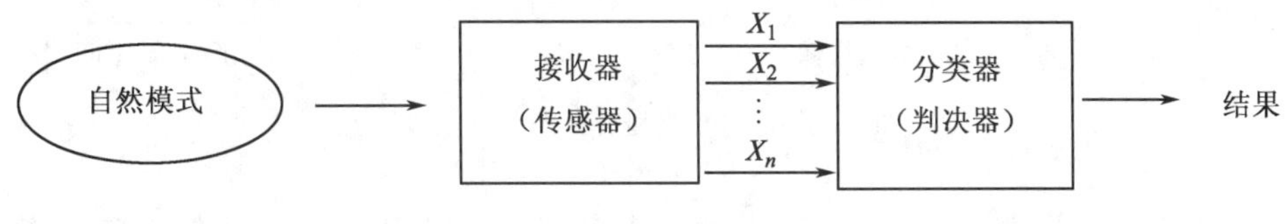

图7-1　模式识别系统的模型

图 7-1 所示为一种简单的模式识别系统的模型。对于遥感技术来说，图中接收器可以是各类遥感传感器，接收器输出的是一组 n 个测量值，每一个测量值可对应于多光谱扫描仪一个通道。这一组几个测量值可以看作 n 维空间（测量空间或称特征空间）中一个确定的坐标点，测量空间中的任何一点，都可以用具有 n 个分量的测量矢量 $\boldsymbol{X}$ 来表示：

$$\boldsymbol{X} = [x_1 \quad x_2 \quad \cdots \quad x_n]^{\mathrm{T}}$$

图中的分类器（或称判决器），可以根据一定的分类规则，把某一测量矢量 $\boldsymbol{X}$ 划入某一组预先规定的类别中去。

7.1.2　光谱特征空间及地物在特征空间中聚类的统计特性

遥感图像的光谱特征通常是以地物在多光谱图像上的亮度体现出来的，即不同的地物在同一波段图像上表现的亮度一般互不相同；同时，不同的地物在多个波段图像上亮度的呈现规律也不同，这就构成了我们在图像上赖以区分不同地物的物理依据。同名地物点在不同波段图像中亮度的观测量将构成一个多维的随机向量 $\boldsymbol{X}$，称为光谱特征向量。即

$$\boldsymbol{X} = [x_1 \quad x_2 \quad \cdots \quad x_n]^{\mathrm{T}} \tag{7-1}$$

式中：n——图像波段总数；

x_i——地物图像点在第 i 波段图像中的亮度值。

为了度量图像中地物的光谱特征，建立一个以各波段图像的亮度分布为子空间的多维光谱特征空间。这样，地面上任一点通过遥感传感器成像后对应于光谱特征空间上一点。各种地物由于其光谱特征（光谱反射特征或光谱发射特征）不同，将分布在特征空间的不同位置上。图 7-2 所示为地物与光谱特征空间的关系。图中小方块表示每类地物的一个像元。地面地物通过传感器生成多光谱遥感影像（图中以两个波段为例），由于地物的反射光谱特性不同，三类地物的每个像元的亮度不同。如果以两个波段的影像亮度值作为特征空间的两个子空间（两个坐标轴），从图 7-2 中可以看出，三对同名像元对应特征空间三个不同的点。

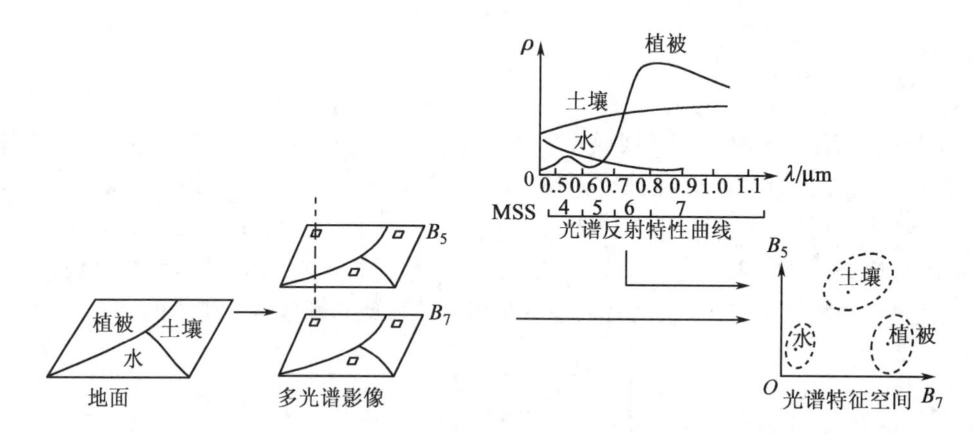

图 7-2　地物与光谱特征空间的关系

由于随机性因素（如大气条件、背景、地物朝向、传感器本身的“噪声”等）影响，同类地物

的各取样点在光谱特征空间中的特征点将不可能只表现为同一点，而是形成一个相对聚集的点集群，如图 7-2 中虚线所示，而不同类地物的点集群在特征空间内一般是相互分离的。特征点集群在特征空间中的分布大致可分为如下三种情况：

理想情况——不同类别地物的集群至少在一个特征子空间中的投影是完全可以相互区分开的。

典型情况——不同类别地物的集群，在任一子空间中都有相互重叠的现象存在，但在总的特征空间中是可以完全区分的。这时可采用特征变换使之变成理想情况进行分类。

一般情况——无论在总的特征空间中，还是在任一子空间中，不同类别的集群之间总是存在重叠现象。这时重叠部分的特征点所对应的地物，在分类时总会出现不同程度的分类误差，这是遥感图像中最常见的情况。

地物在特征空间的聚类通常是用特征点(或其相应的随机矢量)分布的概率密度函数 $P(X)$ 来表示的。假设特征点的统计分布属于正态分布，则其概率密度函数可表达为：

$$P(\boldsymbol{X}) = \frac{|\Sigma|^{-1/2}}{(2\pi)^{n/2}} \exp\left[-\frac{1}{2}(\boldsymbol{X}-\boldsymbol{M})^{\mathrm{T}} \cdot \boldsymbol{\Sigma}^{-1}(\boldsymbol{X}-\boldsymbol{M})\right] \tag{7-2}$$

式中，$\boldsymbol{X}$ 是由式(7-1)表达的特征向量；$\boldsymbol{M}=[m_1 \quad m_2 \quad \cdots \quad m_n]$ 为均值向量；

$$m_i = \frac{1}{N}\sum_k x_{ik} \tag{7-3}$$

式中，$\boldsymbol{\Sigma}$ 为协方差矩阵，即

$$\boldsymbol{\Sigma} = \begin{bmatrix} \delta_{11} & \delta_{12} & \cdots & \delta_{1n} \\ \delta_{21} & \delta_{22} & \cdots & \delta_{2n} \\ \vdots & \vdots & & \vdots \\ \delta_{n1} & \delta_{n2} & \cdots & \delta_{nn} \end{bmatrix}$$

式中，

$$\delta_{ij} = \frac{1}{N}\sum_k (x_{ik}-m_i)(x_{jk}-m_j)$$

其中，x_{ik} 表示第 i 特征的第 k 个特征值；N 为第 i 特征的特征值总个数。

7.2 特征变换及特征选择

遥感图像自动识别分类主要依据地物的光谱特性，也就是传感器所获取的地物在不同波段的光谱测量值。随着遥感技术的发展，获得的遥感图像不断增加，例如，MSS 数据有 4 个波段，而 TM 数据增加到 7 个波段，现在的成像光谱仪的波段数更是达到数百之多，能够用于计算机自动分类的图像数据非常多。虽然每一种图像数据都可能包含了一些可用于自动分类的信息，但是就某些指定的地物分类而言，并不是全部获得的图像数据都有用，如果不加区别地将大量原始图像直接用来分类，不仅数据量太大，计算复杂，而且分类的效果也不一定好。所以，为了设计出效果好的分类器，一般需要对原始图像数据进行分析处理。一种方法称为特征变换，它是将原有的 m 个测量值集合并通过某种变换，产生 n 个($n \leqslant m$)新的特征。特征变换的作用表现在两个方面：一方面减少特征之间的相关性，使得用尽可能少的特征来最大限度地包含所有原始数据的信息；另一方面使得待分类别之间的差异在变换

后的特征中更明显，从而改善分类效果。另一种方法称为特征选择，从原有的 m 个测量值集合中，按某一准则选择出 n 个特征。特征变换和特征选择，一方面能减少参加分类的特征图像的数目，另一方面从原始信息中抽取能更好进行分类的特征图像，是遥感图像自动分类前一个很重要的处理过程。

7.2.1　特征变换

特征变换将原始图像通过一定的数字变换生成一组新的特征图像，这一组新图像信息集中在少数几个特征图像上，这样，数据量有所减少。遥感图像自动分类中常用的特征变换有主分量变换、穗帽变换、比值变换、生物量指标变换以及哈达玛变换等。

1. 主分量变换

主分量变换也称 K-L 变换，是一种线性变换，是就均方误差最小来说的最佳正交变换；是在统计特征基础上的线性变换。对于遥感多光谱图像来说，波段之间往往存在很大的相关性，从直观上看，不同波段图像之间很相似。从信息提取角度看，有相当大的数据量是多余的，重复的。K-L 变换能够把原来多个波段中的有用信息尽量集中到数目尽可能少的特征图像组中去，达到数据压缩的目的；同时，K-L 变换还能够使新的特征图像之间互不相关，也就是使新的特征图像包含的信息内容不重叠，增加类别的可分性。

主分量变换计算步骤如下：

(1) 计算多光谱图像的均值向量 $\boldsymbol{M}$ 和协方差矩阵 $\boldsymbol{\Sigma}$。

(2) 计算矩阵 $\boldsymbol{\Sigma}$ 的特征值 λ_r 和特征向量 $\boldsymbol{\varphi}_r(r=1,2,\cdots,m)$，$m$ 为多光谱图像的波段数。

(3) 将特征值 λ_r 按由大到小的次序排列，即 $\lambda_1>\lambda_2>\cdots>\lambda_m$。

(4) 选择前 n 个特征值对应的 n 个特征向量构造变换矩阵 $\boldsymbol{\phi}_n$。

(5) 根据 $\boldsymbol{Y}=\boldsymbol{\phi}_n\boldsymbol{X}$ 进行变换，得到的新特征影像就是变换的结果，$\boldsymbol{X}$ 为多光谱图像的一个光谱特征矢量。

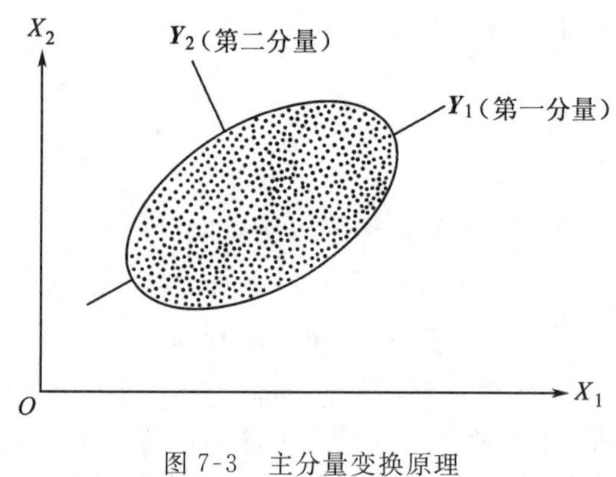

图 7-3　主分量变换原理

此时，新的特征图像组 $\boldsymbol{Y}$ 就是一个特征维数得到压缩的 n 维特征矢量（$n<m$）。原始数据经过主分量变换后，其方差分布主要集中在前面几个特征，方差的大小反映了模式的散布情况。由于特征向量的方向指向特征空间中集群分布的结构轴方向，所以该变换的几何意义是把原始特征空间的特征轴旋转到平行于混合集群结构轴的方向上去。如图 7-3 所示，使得第一主分量方差分布最广，集中最多信息，第二分量次之。

主分量变换具有以下优良性质：

(1) 变换后的矢量 $\boldsymbol{Y}$ 的协方差矩阵是对角矩阵，对角矩阵表明新特征矢量之间彼此不相关。

(2) 经过主分量变换后得到几个变量，可以证明此时具有的均方误差在所有正交变换中是最小的。由于 $n<m$，这样就用比较少的变量代替了原来的几个变量，实现了数据压缩。

主分量变换后，有的特征影像反差拉大，信息集中，整个影像上离散度变大；而另一些特征影像上离散度变小，出现更多的噪声。根据统计，对于 Landsat MSS 四个波段的影像，经主分量变换后，在第一主分量 PC1 图像中占有 90%左右的总信息量，第二主分量 PC2 图像中占有 7%，PC3 和 PC4 共占 3%左右。表 7-1 列出了一个具体的 MSS 影像的主分量变换统计表，可见 PC1 上集中了 94.1%的信息量。

表 7-1 主分量变换前后的信息量分布

光谱波段	方差	占总信息量/%	主分量结构轴	方差	占总信息量/%
4	74.2	12.6	1	533.3	94.1
5	249.9	42.5	2	29.9	5.1
6	219.5	37.3	3	3.7	0.6
7	44.5	7.6	4	1.2	0.2

对于多波段影像分类时，常选用第 1,2 主分量进行联合处理，以减少总的数据处理量。

2. 穗帽变换

穗帽变换又称 K-T 变换，是由 Kauth 和 Thomas 研究后提出的，是一种线性特征变换。在 MSS 图像中，土壤类地物各波段亮度值的比值相对地不受太阳入射角、大气蒙雾或土壤类型的变化影响，这就意味着土壤在特征空间（光谱空间）的集群，随亮度的变化趋势沿从坐标原点出发的同一根辐射线方向上出现。第二个特点是，若把土壤和植被的混合集群投影到 MSS-5 和 MSS-6 波段图像所组成的特征子空间中，将形成一个近似的帽状三角形，见图 7-4。土壤亮度变化轴（上面讲的辐射线）I_{SB} 为穗帽的底边，帽上面各部分反映了植物生长变化状况，植物株冠的绿色发展到顶点（最旺盛时在帽顶）以后逐渐枯黄，枯黄过程是从帽顶沿着一些称为帽穗的路径回归到土壤底线（因此有穗帽之称）。

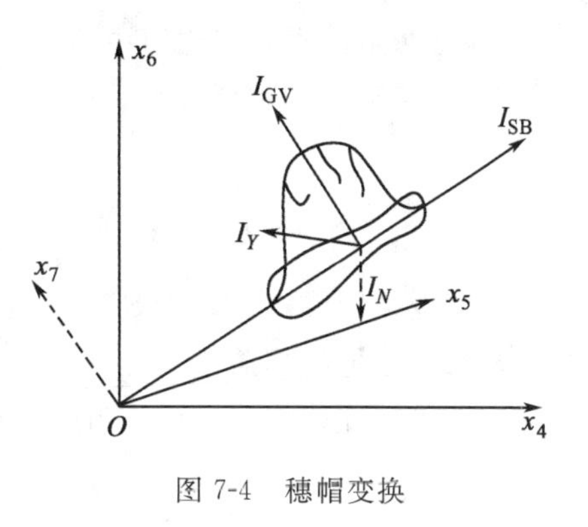

图 7-4 穗帽变换

帽中各部位还受土壤背景的反射率、植物主要属种以及植物的混合比例等因素的影响。穗帽变换的变换矩阵根据经验确定。Kauth 和 Thomas 研究出的矩阵 **A** 具有如下形式：

$$\mathbf{A}=\begin{bmatrix} 0.433 & 0.632 & 0.586 & 0.264 \\ -0.290 & -0.562 & 0.600 & 0.491 \\ -0.824 & 0.533 & -0.050 & 0.185 \\ 0.223 & 0.012 & -0.543 & 0.809 \end{bmatrix} \tag{7-4}$$

变换成为：

$$\left.\begin{aligned} &\mathbf{Y}=\mathbf{A}\cdot\mathbf{X} \\ &\mathbf{Y}=(I_{SB}\quad I_{GV}\quad I_{Y}\quad I_{N})^{\mathrm{T}} \\ &\boldsymbol{x}=(x_4\quad x_5\quad x_6\quad x_7) \end{aligned}\right\} \tag{7-5}$$

式中：I_{SB}——土壤亮度轴的像元亮度值；

I_{GV}——植物绿色指标轴的像元亮度值；

I_Y——黄色轴；

I_N——噪声轴；

x_i——地物在MSS四个波段上的亮度值。

SB分量和GV分量一般情况下等价于主分量变换中的第一主分量PC1和第二主分量PC2；其比值类似于生物量指标变换。SB分量集中了大部分土壤信息，所以对土壤的分类是有效的，并且其中亮度的变化主要反映了不同土壤类别的变化；GV分量对植被的分类是有效的。

3. 比值变换和生物量指标变换

比值变换图像用作分类有许多优点，它可以增强土壤、植被、水之间的辐射差别，抑制地形坡度和方向引起的辐射量变化。由于地形的影响，一般情况下各种地物光谱反射率 ρ_i 乘以一个相近的地形影响因子 α，当使用比值变换时：

$$R_{12}=\frac{x_1}{x_2}=\frac{\alpha\rho_1}{\alpha\rho_2}=\frac{\rho_1}{\rho_2} \tag{7-6}$$

可见，地形影响因子 α 在比值中消去。另外设计某种比值形式，如差分比值还能近似地改正大气影响，同时消去地形影响。如

$$R_{123}=\frac{x_1-x_2}{x_1-x_3}=\frac{(\alpha\rho_1+b)-(\alpha\rho_2+b)}{(\alpha\rho_1+b)-(\alpha\rho_3+b)}=\frac{\rho_1-\rho_2}{\rho_1-\rho_3} \tag{7-7}$$

比值变换影像，例如MSS-5与MSS-7的比值广泛用于调查植物的稠密度，它与地面生物量之间有很强的相关性。

另一种特殊的比值变换称为生物量指标变换，其形式为：

$$I_{bio}=\frac{x_7-x_5}{x_7+x_5} \tag{7-8}$$

式中：I_{bio}——生物量变换后的亮度值；

x_7，x_5——MSS-7和MSS-5图像的像元亮度值。

式(7-8)实际上可以看成一阶(二维)哈达玛变换的第二分量对第一分量的比值。即

$$I_{bio}=\frac{I_{H_2}}{I_{H_1}}$$

$$\begin{pmatrix}I_{H_1}\\I_{H_2}\end{pmatrix}=\begin{pmatrix}1&1\\1&-1\end{pmatrix}=\begin{pmatrix}x_7\\x_5\end{pmatrix}=\begin{bmatrix}x_7+x_5\\x_7-x_5\end{bmatrix}$$

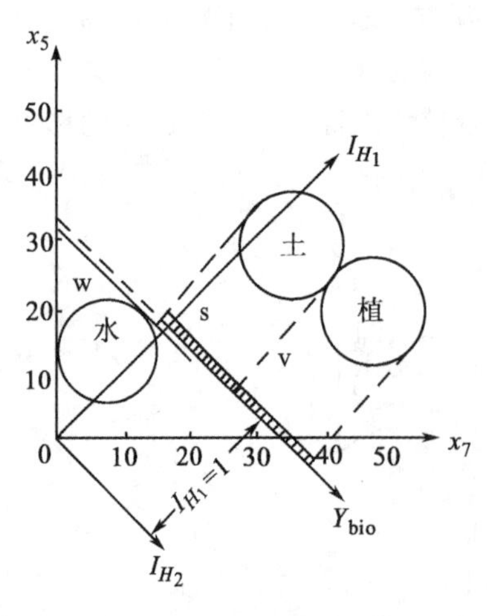

图7-5 生物量指标变换

该变换的几何意义是地物集群沿辐射方向在 $I_{H_1}=1$ 的直线上的投影，如图7-5所示。从图中可以看出，植物与土壤在7波段上有混淆；植物与水在5波段上有混淆。经变换后，植物、土壤和水都分离开来，因此可独立地对绿色植物量进行统计。

7.2.2 特征选择

在遥感图像自动分类过程中，不仅使用原始遥感图像进行分类，还使用如上节所述多种特征变换之后的影像。我们总希望能用最少的影像数据最好地进行分类。这样就需在这些特征影像中，选择一组最佳的特征影像进行分类，这就称为特征选择。

特征选择的问题与所希望区分的类别及影像本身的特征有关，比如当希望研究植被类别、生长情况等，选择生物量指标变换影像及穗帽变换中 GV 分量影像就比较有利；研究土壤类别问题时，使用穗帽变换中的 SB 分量比较有利。区分两类类似的地物(如玉米和大豆)，则选取用适宜时间的影像进行分类，又如对山地植被分类选用比值变换后影像能消去地形影响。在变换的影像中，有的分量包含的信息量大，有的分量噪声很大。比如主分量变换，大量信息集中在第一、第二分量中，一般只选择这两个影像参加分类。

除了以上的特征选择方法之外，更多时候必须借助一些定量的方法来进行特征选择。通常使用距离测度和散布矩阵测度来进行选择。

1. 距离测度

距离是最基本的类别可分性测度，如果所选择的一组特征能使感兴趣类别的类内距离最小，而与其他类别的类间距离最大，那么根据距离测度，用这组特征设计的分类器分类效果最好。实际可使用标准化距离，类别均值间的标准化距离公式为：

$$d_{\text{norm}} = \frac{|\mu_1 - \mu_2|}{\sigma_1 + \sigma_2} \tag{7-9}$$

式中：μ_1, μ_2——分别为类别 1 和类别 2 的均值；

σ_1, σ_2——分别为类别 1 和类别 2 的标准偏差。

从上式可以看出，如果 $\sigma_1 + \sigma_2$ 不变，均值间距离的绝对值越大，类间离散度越大，可分性越好；当均值间距离不变时，σ_1 和 σ_2 越小，类内离散度越小，可分性越好。总的来说，类间标准化距离越大的特征影像可分性越好。还有其他的距离表达方式，不再一一列举。

2. 散布矩阵测度

除了距离测度之外，实际应用中还经常采用一种散布矩阵的方式来度量类别的可分性，它是用矩阵形式来表示模式类别在特征空间中的散布情况。

(1) 类内散布矩阵 $\boldsymbol{S}_w$。类内散布矩阵表示属于某一类别的模式在其均值周围的散布情况，对于 m 类别情况，总的类内散布矩阵可以写成各类别类内散布矩阵的先验概率 $P(w_i)$ 加权和，即

$$\boldsymbol{S}_w = \sum_{i=1}^{m} P(w_i) \boldsymbol{\Sigma}_i \tag{7-10}$$

式中：m——所关心的类别总数；

$P(w_i)$——w_i 类的先验概率；

$\boldsymbol{\Sigma}_i$——w_i 类的协方差矩阵。

(2) 类间散布矩阵 $\boldsymbol{S}_b$。类间散布矩阵表示不同类别间相互散布的程度。类似地，对于 m 类别情况，总的类间散布矩阵也采用先验概率 $P(w_i)$ 加权和表示，即

$$\boldsymbol{S}_b = \sum_{i=1}^{m} P(w_i)(\boldsymbol{M}_i - \boldsymbol{M}_0)(\boldsymbol{M}_i - \boldsymbol{M}_0)^{\mathrm{T}} \tag{7-11}$$

式中：$\boldsymbol{M}_0$——全体模式的均值向量；

$\boldsymbol{M}_i$——w_i 的均值向量。

(3) 总体散布矩阵 $\boldsymbol{S}_m$。对于多类别情况，有时也采用所谓的总体散布矩阵来表示类别可分性，可以证明：

$$\boldsymbol{S}_m = E\{(\boldsymbol{M}_i - \boldsymbol{M}_0)(\boldsymbol{M}_i - \boldsymbol{M}_0)^{\mathrm{T}}\} = \boldsymbol{S}_w + \boldsymbol{S}_b \tag{7-12}$$

显然，$\boldsymbol{S}_w$ 的行列式值越小，$\boldsymbol{S}_b$ 的行列式值越大，表示类别的可分性越好。因此，用散布矩阵进行特征选择，其准则的表示形式有

行列式方式：
$$J_1 = \det(\boldsymbol{S}_w^{-1}\boldsymbol{S}_b) = \prod_i \lambda_i \tag{7-13}$$

迹方式：
$$J_2 = \mathrm{tr}(\boldsymbol{S}_w^{-1}\boldsymbol{S}_b) = \sum_i \lambda_i \tag{7-14}$$

式中：λ_i——矩阵$(\boldsymbol{S}_w^{-1}\boldsymbol{S}_b)$的第 i 个特征值。

使 J_1 或 J_2 为最大的特征子集就是最好的分类物征。

除了距离测度和散布矩阵测度之外，还有一种能反映分类误差大小的可分性测度即所谓的散度准则，有兴趣可参阅其他文献。

至此，已完成了分类前预处理的一项重要工作，特征变换和特征选择，下面就进入分类处理阶段的工作。

7.3 监督分类

前面所述内容主要为分类前的预处理。遥感图像自动识别分类的最终目的是让计算机识别感兴趣的地物，并将识别的结果输出及对识别正确率进行评价。预处理工作结束后，就将参与分类的数据准备好，接下来的工作就是从这些数据提供的信息中让计算机“找”出所需识别的类别，其方式有两种：一种是监督分类法；另一种是非监督分类法。这节先介绍监督分类法。

我们事先已经知道样本区类别的信息，这种信息可以通过对分类地区的目视判读，实地勘查或结合 GIS 信息获得。例如一幅卫星影像，我们还可以通过目视判读得到水体所占整个图像比例的信息，这时我们就有了水体的先验知识。在这种情况下对非样本数据进行分类的方法称为监督分类。监督分类是基于我们对遥感图像上样本区内地物的类别已知，于是可以利用这些样本类别的特征作为依据来识别非样本数据的类别。

监督分类的思想是：首先根据已知的样本类别和类别的先验知识，确定判别函数和相应的判别准则，其中利用一定数量的已知类别的样本的观测值求解待定参数的过程称为学习或训练，然后将未知类别的样本的观测值代入判别函数，再依据判别准则对该样本的所属类别作出判定。在进一步讨论之前，我们先对判别函数和判别规则进行说明。

7.3.1 判别函数和判别规则

本章第一节中已讲到地物在特征空间中分布在不同的区域，并且以集群的现象出现，这样就可能把特征空间的某些区域与特定的地面覆盖类型联系起来。如果要判别某一个特征矢量 $\boldsymbol{X}$ 属于哪一类，只要在类别之间画上一些合适的边界，将特征空间分割成不同的判别

区域。当特征矢量 $\boldsymbol{X}$ 落入某个区域时,这个地物单元就属于那一类别。

各个类别的判别区域确定后,某个特征矢量属于哪个类别可以用一些函数来表示和鉴别,这些函数就称为判别函数。这些函数不是集群在特征空间形状的数学描述,而是描述某一未知矢量属于某个类别的情况,如属于某个类别的条件概率。一般不同的类别都有各自不同的判别函数。当计算完某个矢量在不同类别判别函数中的值后,我们要确定该矢量属于某类就必须给出一个判断的依据。如若所得函数值最大则该矢量属于最大值对应的类别。这种判断的依据,我们称之为判别规则。下面介绍监督法分类中常用的两种判别函数和判别规则。

1. 概率判别函数和贝叶斯判别规则

根据前面介绍的特征空间概念可知,地物点可以在特征空间找到相应的特征点,并且同类地物在特征空间中形成一个从属于某种概率分布的集群。由此,我们可以把某特征矢量 $\boldsymbol{X}$ 落入某类集群 w_i 的条件概率 $P(w_i/\boldsymbol{X})$ 当成分类判别函数(概率判别函数),$\boldsymbol{X}$ 落入某集群的条件概率最大的类为 $\boldsymbol{X}$ 的类别,这种判别规则就是贝叶斯判别规则。贝叶斯判别是以错分概率或风险最小为准则的判别规则。

假设同类地物在特征空间服从正态分布,则类别 w_i 的概率密度函数如式(7-2)所示。根据贝叶斯公式,可得

$$P(w_i/\boldsymbol{X}) = \frac{P(\boldsymbol{X}/w_i) \cdot P(w_i)}{P(\boldsymbol{X})} \tag{7-15}$$

式中:$P(w_i)$——w_i 类出现的概率,也称先验概率;

$P(\boldsymbol{X}/w_i)$——在 w_i 类中出现 $\boldsymbol{X}$ 的条件概率,也称 w_i 类的似然概率;

$P(w_i/\boldsymbol{X})$——$\boldsymbol{X}$ 属于 w_i 的后验概率。

由于 $P(\boldsymbol{X})$对各个类别都是一个常数,故可略去,所以判别函数可用下式表示:

$$d_i(\boldsymbol{X}) = P(\boldsymbol{X}/w_i)P(w_i) \tag{7-16}$$

根据判别函数的概念,分类时函数列形式不是唯一的。如果用 $f(d_i(\boldsymbol{X}))$取代每一个$d_i(\boldsymbol{X})$,只要 $f(\cdot)$是一个单调增函数,则最后的分类结果仍旧不变。为了计算方便,将上式取对数,即

$$d_i(\boldsymbol{X}) = \ln P(\boldsymbol{X}/w_i) + \ln P(w_i) \tag{7-17}$$

再将式(7-2)代入式(7-17),得贝叶斯判别函数:

$$d_i(\boldsymbol{X}) = -\frac{1}{2}(\boldsymbol{X}-\boldsymbol{M}_i)^{\mathrm{T}}\boldsymbol{\Sigma}_i^{-1}(\boldsymbol{X}-\boldsymbol{M}_i) - \frac{n}{2}\ln 2\pi - \frac{1}{2}\ln\left|\boldsymbol{\Sigma}_i\right| + \ln P(w_i)$$

去掉与 i 值无关的项,对分类结果没有影响。因此,上式可简化为:

$$d_i(\boldsymbol{X}) = -\frac{1}{2}(\boldsymbol{X}-\boldsymbol{M}_i)^{\mathrm{T}}\boldsymbol{\Sigma}_i^{-1}(\boldsymbol{X}-\boldsymbol{M}_i) - \frac{1}{2}\ln\left|\boldsymbol{\Sigma}_i\right| + \ln P(w_i) \tag{7-18}$$

相应的贝叶斯判别规则为:若对于所有可能的 $j=1,2,\cdots,m;j\neq i$ 有 $d_i(\boldsymbol{X})>d_j(\boldsymbol{X})$,则 $\boldsymbol{X}$ 属于 w_i 类。

由以上分析可知,概率判别函数的判别边界为 $d_1(\boldsymbol{X})=d_2(\boldsymbol{X})$(假设有两类)。当使用概率判别函数实行分类时,不可避免地会出现错分现象,分类错误的总概率由后验概率函数重叠部分下的面积给出,如图 7-6 所示。错分概率是类别判别分界两侧做出不正确判别的概率之和。很容易看出,贝叶斯判别边界使这个数错误为最小,因为这个判别边界无论向左

还是向右移都将包括不是 1 类便是 2 类的一个更大的面积，从而增加总的错分概率。由此可见，贝叶斯判别规则是错分概率最小的最优准则。

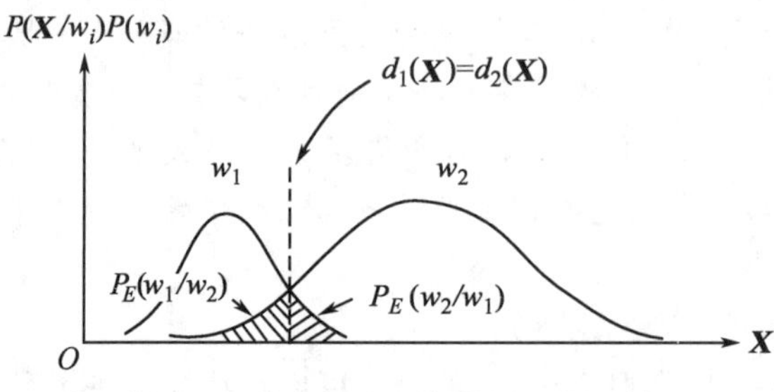

图 7-6 最大似然法分类的错分概率

根据概率判别函数和贝叶斯判别规则来进行的分类通常称为最大似然分类法。

2. 距离判别函数和判别规则

基于距离判别函数和判别规则，在实践中以此为原理的分类方法称为最小距离分类法。距离判别函数的建立是以地物光谱特征在特征空间中按集群方式分布为前提的，它的基本思想是设法计算未知矢量 $\boldsymbol{X}$ 到有关类别集群之间的距离，哪类离它最近，该未知矢量就属于哪类。

距离判别函数不像概率判别函数那样偏重于集群分布的统计性质，而是偏重于几何位置。但它又可以从概率判别函数出发，通过概念的简化而导出，而且在简化的过程中，其判别函数的类型可以由非线性转化为线性。距离判别规则是按最小距离判别的原则进行的。其判别规则如下：

若对于所有的比较类 $j=1,2,\cdots,m; j\neq i$，有 $d_i(\boldsymbol{X})<d_j(\boldsymbol{X})$，则 $\boldsymbol{X}$ 属于 w_i 类。其中，$d_i(\boldsymbol{X})$ 为 $\boldsymbol{X}$ 到第 i 类集群间的距离。

最小距离分类法中通常使用以下三种距离判别函数。

(1) 马氏(Mahalanobis)距离 d_{M_i}。由式(7-18)出发，假定下列条件成立：

$$P(w_i) = P(w_j), \left|\boldsymbol{\Sigma}_i\right| = \left|\boldsymbol{\Sigma}_j\right|$$

则式(7-18)中的后两项是常数，剩下的部分为：

$$d_{M_i} = (\boldsymbol{X}-\boldsymbol{M}_i)^{\mathrm{T}}\boldsymbol{\Sigma}_i^{-1}(\boldsymbol{X}-\boldsymbol{M}_i)$$

这就是马氏距离，其几何意义是 $\boldsymbol{X}$ 到 w_i 类重心 $\boldsymbol{M}_i$ 之间的加权距离，其权系数为多维方差或协方差 σ_{ij}。马氏距离判别函数实际是在各类别先验概率 $P(w_i)$ 和集群体积 $\left|\boldsymbol{\Sigma}\right|$ 都相同(或先验概率与体积的比为同一常数)情况下的概率判别函数。

(2) 欧氏(Euclidean)距离 d_{E_i}。若将协方差矩阵限制为对角的，即所有特征均为非相关的，并且沿每一特征轴的方差均相等，则上式进一步简化为：

$$d_{E_i} = (\boldsymbol{X}-\boldsymbol{M}_i)^{\mathrm{T}}(\boldsymbol{X}-\boldsymbol{M}_i) = \|\boldsymbol{X}-\boldsymbol{M}_i\|^2$$

$d_{E_i}(\boldsymbol{X})$ 即为欧氏距离。欧氏距离是马氏距离用于分类集群的形状都相同情况下的特例。

(3) 计程(Taxi)距离 d_{T_i}。计程距离判别函数是欧氏距离的进一步简化。其目的是避免平方(或开方)计算，从而用 $\boldsymbol{X}$ 到集群中心 $\boldsymbol{M}_i$ 在多维空间中距离的绝对值之总和来表

示,即

$$d_{T_i} = \sum_{j=1}^{m} | \boldsymbol{X}_j - \boldsymbol{M}_{ij} |$$

由于其计算简单的特点,在分类实践中得以经常使用。

下面分析一下最大似然法和最小距离法分类的错分概率问题。我们从一维特征空间来进行说明,设有两类 W_1 和 W_2,其后验概率分布如图 7-7 所示。其中的最小距离法是以欧氏距离和计程距离为例说明的,因为马氏距离不仅与均值向量有关,还与协方差矩阵有关,考虑起来要复杂些。从图中可以看出,最大似然法总的错分概率小于最小距离法总的错分概率。对于马氏距离来说,判别边界有可能不是两个均值向量的中点,其判别边界与集群的分布形状大小有关。

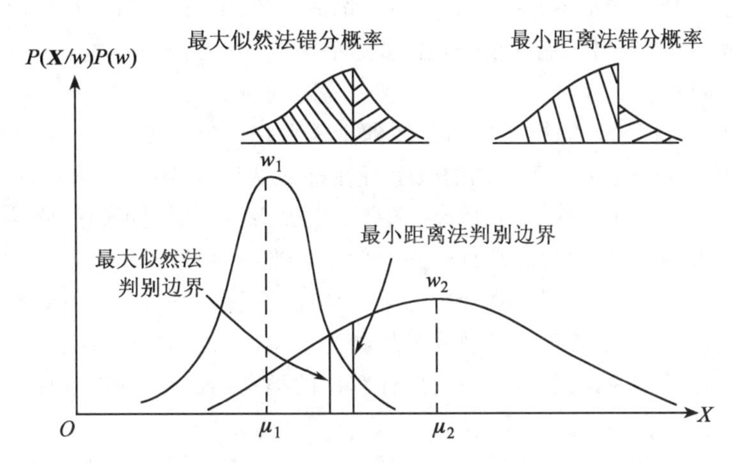

图 7-7　最大似然法与最小距离法错分概率及判别边界

3. 其他的判别函数和判别规则

除了最大似然法和最小距离法分类以外,还有许多其他的判别函数和判别规则。这里介绍一种称为盒式分类法的判别函数及其对应的判别规则。盒式分类法的基本思想是首先通过训练样区的数据找出每个类别在特征空间的位置和形状,然后以一个包括该集群的"盒子"作为该集群的判别函数。判别规则为:未知矢量 $\boldsymbol{X}$ 落入该"盒子",则 $\boldsymbol{X}$ 分为此类,否则再与其他盒子比较,如图 7-8 所示。例如,对于 A 类盒子,其边界(最小值和最大值)分别是 $x_1=a$、$x_1=b$;$x_2=c$、$x_2=d$。这种分类法在盒子重叠区域有错分现象。错分与比较盒子的先后次序有关。

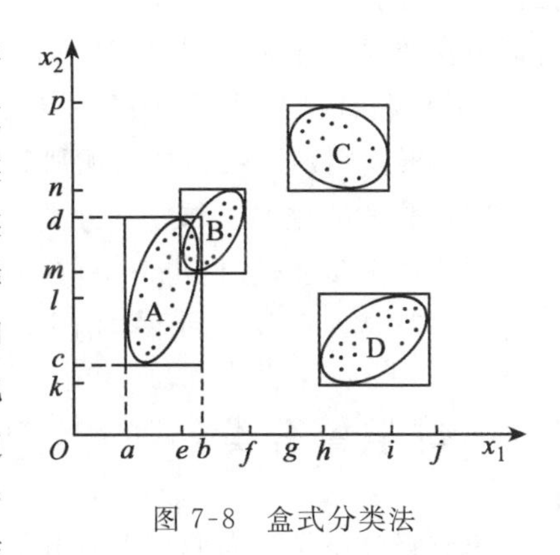

图 7-8　盒式分类法

7.3.2　分类过程

选择判别函数和判别规则以后,下一步的工作是计算每一类别对应的判别函数中的各个参数,如使用最大似然法进行分类,必须知道判别函数中的均值向量和协方差矩阵。而这些参数的计算是通过使用"训练样区"的数据来获取的。监督法分类意味着对类别已有一定的先验知识,根据这些先验知识,就可以有目的地选择若干个"训练样区"。这些"训练样区"的类别是已知的。利用"训练样区"的数据去"训练"判别函数就建立了每个类别的分类器,然后按照分类器对未知区域进行分类。分类的结果不仅使不同的类别区分开了而且类别的属性也知道了。

监督分类的主要步骤如下:

(1) 确定感兴趣的类别数。首先确定要对哪些地物进行分类,这样就可以建立这些地物的先验知识。

(2) 特征变换和特征选择。根据感兴趣地物的特征进行有针对性的特征变换,这部分内容在前面特征选择和特征变换一节有比较详细的介绍。变换之后的特征影像和原始影像共同进行特征选择,以选出既能满足分类需要,又尽可能少参与分类的特征影像,加快分类速度,提高分类精度。

(3) 选择训练样区。训练样区指的是图像上那些已知其类别属性,可以用来统计类别参数的区域。因为监督分类关于类别的数字特性都是从训练样区获得的,所以训练样区的选择一定要保证类别的代表性。训练样区选择不正确便无法得到正确的分类结果。训练样区的选择要注意准确性、代表性和统计性三个问题。准确性就是要确保选择的样区与实际地物的一致性;代表性一方面指所选择区为某一地物的代表,另一方面还要考虑到地物本身的复杂性,所以必须在一定程度上反映同类地物光谱特性的波动情况;统计性是指选择的训练样区内必须有足够多的像元,以保证由此计算出的类别参数符合统计规律。实际应用中,每一类别的样本数都在 10^2 数量级左右。

(4) 确定判别函数和判别规则。一旦训练样区被选定后,相应地物类别的光谱特征便可以用训练区中的样本数据进行统计。如果使用最大似然法进行分类,那么就可以用样本区中的数据计算判别函数所需的参数 $\boldsymbol{M}_i$ 和 $\boldsymbol{\Sigma}_i$。同理,对于最小距离法计算 $\boldsymbol{\Sigma}_i$ 和 $\boldsymbol{M}_i$,具体计算方法见本章第 1 节中的式(7-3)。如果使用盒式分类法,则用样本区数据算出盒子的边界,判别函数确定之后,再选择一定的判别规则就可以对其他非样本区的数据进行分类。

(5) 根据判别函数和判别规则对非训练样区的图像区域进行分类。这一步结束之后完成了监督分类的主要工作——分类编码。

完成以上步骤,我们可以提取一幅分类后的编码影像,每一编码对应的类别属性也是已知的。也就是说不仅达到了类别之间区分的目的,而且类别也被识别出来。

7.4　非监督分类

非监督分类是指人们事先对分类过程不施加任何先验知识,而仅凭遥感影像地物的光谱特征的分布规律,即自然聚类的特性进行"盲目"的分类。其分类的结果只是对不同类别达到了区分,但并不能确定类别的属性。其类别的属性是通过分类结束后目视判读或实地调查确定的。非监督分类也称聚类分析。一般的聚类算法是先选择若干个模式点作为聚类的中心,每一中心代表一个类别,按照某种相似性度量方法(如最小距离方法)将各模式归于各聚类中心所代表的类别，形成初始分类。然后由聚类准则判断初始分类是否合理，如果不合理就修改分类，如此反复迭代运算，直到合理为止。

与监督法的先学习后分类不同，非监督法是边学习边分类，通过学习找到相同的类别，然后将该类与其他类区分开，但是非监督法与监督法都是以图像的灰度为基础的。通过统计计算一些特征参数，如均值、协方差等进行分类的。所以也有一些共性，下面介绍几种常用的非监督分类方法。

7.4.1 *K*-均值聚类法

K-均值算法的聚类准则是使每一聚类中，多模式点到该类别的中心的距离的平方和最小。其基本思想是，通过迭代，逐次移动各类的中心，直至得到最好的聚类结果为止。其算法框图如图 7-9 所示。

具体计算步骤如下：

假设图像上的目标要分为 m 类，m 为已知数。

第一步：适当地选取 m 个类的初始中心 $\boldsymbol{Z}_1^{(1)}$，$\boldsymbol{Z}_2^{(1)}, \cdots, \boldsymbol{Z}_m^{(1)}$，初始中心的选择对聚类结果有一定的影响，初始中心的选择一般有如下几种方法：

(1) 根据问题的性质和经验确定类别数 m，从数据中找出直观上看来比较适合的 m 个类的初始中心。

(2) 将全部数据随机地分为 m 个类别，计算每类的重心，将这些重心作为 m 个类的初始中心。

第二步：在第 k 次迭代中，对任一样本 X 按如下方法把它调整到 m 个类别中的某一类别中去。对于所有的 $i \neq j$，$i = 1, 2, \cdots, m$，如果 $\| \boldsymbol{X} - \boldsymbol{Z}_j^{(k)} \| < \| \boldsymbol{X} - \boldsymbol{Z}_i^{(k)} \|$，则 $\boldsymbol{X} \in S_j^{(k)}$，其中 $S_j^{(k)}$ 是以 $\boldsymbol{Z}_j^{(k)}$ 为中心的类。

第三步：由第二步得到 $S_j^{(k)}$ 类新的中心

$$\boldsymbol{Z}_j^{(k+1)}, \boldsymbol{Z}_j^{(k+1)} = \frac{1}{N_j} \sum_{X \in S_j^{(k)}} \boldsymbol{X}$$

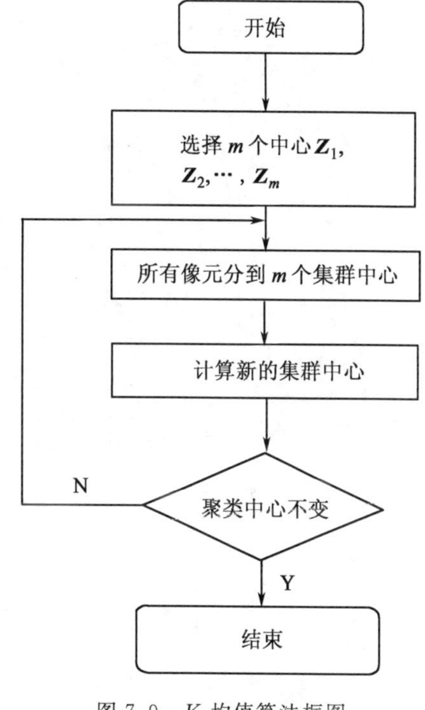

图 7-9 *K*-均值算法框图

式中，N_j 为 $S_j^{(k)}$ 类中的样本数。$\boldsymbol{Z}_j^{(k+1)}$ 是按照使 J 最小的原则确定的，J 的表达式为：

$$J = \sum_{j=1}^{m} \sum_{X \in S_j^{(k)}} \| \boldsymbol{X} - \boldsymbol{Z}_j^{(k+1)} \|^2$$

第四步：对于所有的 $i = 1, 2, \cdots, m$，如果 $\boldsymbol{Z}_i^{(k+1)} = \boldsymbol{Z}_i^{(k)}$，则迭代结束，否则转到第二步继续进行迭代。

这种算法的结果受到所选聚类中心的数目和其初始位置以及模式分布的几何性质和读入次序等因素的影响，并且在迭代过程中又没有调整类数的措施，因此可能产生不同的初始分类得到不同的结果，这是这种方法的缺点。可以通过其他的简单的聚类中心试探方法，如最大最小距离定位法，找出初始中心，提高分类效果。

7.4.2　ISODATA 算法聚类分析

ISODATA(Iterative Self-Organizing Data Analysis Techniques Algorithm)算法也称为迭代自组织数据分析算法。它与 K-均值算法有两点不同:第一,它不是每调整一个样本的类别就重新计算一次各类样本的均值,而是在每次把所有样本都调整完毕之后才重新计算一次各类样本的均值,前者称为逐个样本修正法,后者称为成批样本修正法;第二,ISODATA 算法不仅可以通过调整样本所属类别完成样本的聚类分析,而且可以自动地进行类别的“合并”和“分裂”,从而得到类数比较合理的聚类结果。

ISODATA 算法过程框图如图 7-10 所示。

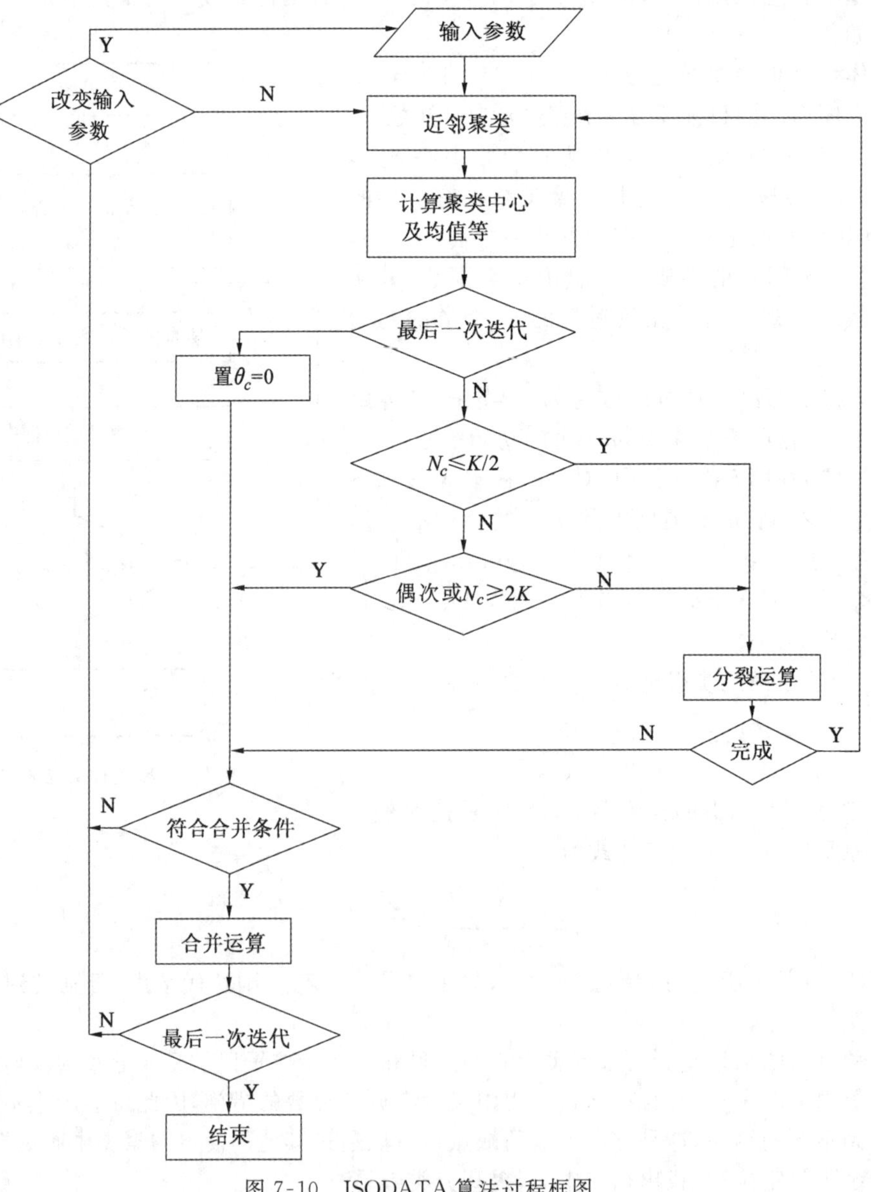

图 7-10　ISODATA 算法过程框图

具体算法步骤如下：

第一步：将 N 个模式样本$\{\boldsymbol{X}_i, i=1,2,3,\cdots,N\}$读入。

预选 N_c 个初始聚类中心$\{\boldsymbol{Z}_1,\boldsymbol{Z}_2,\cdots,\boldsymbol{Z}_{N_c}\}$，它可以不必等于所要求的聚类中心的数目，其初始位置亦可从样本中任选一些代入。

预选：K＝预期的聚类中心数目；

θ_N＝每一聚类域中最少的样本数目，即若少于此数就不作为一个独立的聚类；

θ_S＝一个聚类域中样本距离分布的标准差；

θ_c＝两聚类中心之间的最小距离，如小于此数，两个聚类进行合并；

L＝在一次迭代运算中可以合并的聚类中心的最多对数；

I＝迭代运算的次数序号。

第二步：将 N 个模式样本分给最近的聚类 S_j，假如

$$D_j=\min(\|\boldsymbol{X}-\boldsymbol{Z}_i\|, i=1,2,\cdots,N_c),$$

即 $\|\boldsymbol{X}-\boldsymbol{Z}_j\|$ 的距离最小，则 $x\in S_j$。

第三步：如果 S_j 中的样本数目 $N_j<\theta_N$，取消该样本子集，这时 N_c 减去 1。

第四步：修正各聚类中心值：

$$Z_j=\frac{1}{N_j}\sum_{X\in S_j}X, \quad j=1,2,\cdots,N_c$$

式中，N_j 为 S_j 类中的样本数。

第五步：计算各聚类域 S_j 中诸聚类中心间的平均距离：

$$\overline{D_j}=\frac{1}{N_j}\sum_{x\in S_j}\|\boldsymbol{X}-\boldsymbol{Z}_j\|, \quad j=1,2,\cdots,N_c$$

第六步：计算全部模式样本对其相应聚类中心的总平均距离：

$$\overline{D}=\frac{1}{N}\sum_{j=1}^{N_c}N_j\overline{D_j}$$

式中，N 为样本总数。

第七步：判别分裂、合并及迭代运算等步骤：

(1) 如迭代运算次数已达 I 次，即最后一次迭代，置 $\theta_c=0$，跳到第十一步。

(2) 如 $N_c\leqslant K/2$，即聚类中心的数目等于或不到规定值的一半，则进入第八步，将已有的聚类分裂。

(3) 如迭代运算的次数是偶次，或 $N_c\geqslant 2K$，不进行分裂处理，跳到第十一步；如不符合以上两个条件（即既不是偶次迭代，也不是 $N_c\geqslant 2K$），则进入第八步，进行分裂处理。

第八步：计算每聚类中样本距离的标准差向量：

$$\boldsymbol{\sigma}_j=(\sigma_{1j} \quad \sigma_{2j} \quad \cdots \quad \sigma_{n_j})^{\mathrm{T}}$$

其中向量的各个分量为

$$\boldsymbol{\sigma}_{ij}=\sqrt{\frac{1}{N_j}\sum_{x\in S_j}(x_{ik}-z_{ij})^2}$$

式中，维数 $i=1,2,\cdots,n$；聚类数 $j=1,2,\cdots,N_c$；$k=1,2,\cdots,N_j$。

第九步：求每一标准差向量$\{\boldsymbol{\sigma}_j, j=1,2,\cdots,N_c\}$中的最大分量，以$\{\boldsymbol{\sigma}_{j\max}, j=1,2,\cdots,N_c\}$

代表。

第十步：在任一最大分量集$\{\boldsymbol{\sigma}_{j\max}, j=1,2,\cdots,N_c\}$中，如有$\boldsymbol{\sigma}_{j\max}>\theta_S$(该值给定)，同时又满足以下条件中之一：

(1) $\overline{D_j}>D$和$N_j>2(\theta_N+1)$，即S_j中样本总数超过规定值1倍以上。

(2) $N_c\leqslant K/2$。

则将z_j分裂为两个新的聚类中心z_j^+和z_j^-，且N_c加1。z_j^+中相当于$\boldsymbol{\sigma}_{j\max}$的分量，可加上$k\boldsymbol{\sigma}_{j\max}$，其中$0<k\leqslant 1$；$z_j^-$中相当于$\boldsymbol{\sigma}_{j\max}$的分量，可减去$k\boldsymbol{\sigma}_{j\max}$。如果本步完成了分裂运算，则跳回第二步；否则，继续。

第十一步：计算全部聚类中心的距离：

$$D_{ij}=\|\boldsymbol{Z}_i-\boldsymbol{Z}_j\|;\quad i=1,2,\cdots,N_c-1;\quad j=i+1,\cdots,N_c$$

第十二步：比较D_{ij}与θ_c值，将$D_{ij}<\theta_c$的值按最小距离次序递增排列，即

$$\{D_{i1j1}, D_{i2j2}, \cdots, D_{iLjL}\}$$

式中，$D_{i1j1}<D_{i2j2}<\cdots<D_{iLjL}$。

第十三步：如将距离为D_{i1j1}的两个聚类中心z_{i1}和z_{j1}合并，得新中心为：

$$\boldsymbol{Z}_l^*=\frac{1}{N_{il}+N_{jl}}[N_{il}\boldsymbol{Z}_{il}+N_{jl}\boldsymbol{Z}_{jl}]$$

$$i=1,2,\cdots,L$$

式中，被合并的两个聚类中心向量，分别以其聚类域内的样本数加权，使$\boldsymbol{Z}_l^*$为真正的平均向量，且N_c减去L。

第十四步：如果是最后一次迭代运算(即第I次)，算法结束。否则转至第一步——如果需由操作者改变输入参数；或转至第二步——如果输入参数不变。在本步运算里，迭代运算的次数每次应加1。

7.4.3　平行管道法聚类分析

这种方法比较简单，它以地物的光谱特性曲线为基础，假定同类地物的光谱特性曲线相似作为判别的标准。设置一个相似阈值，这样，同类地物在特征空间上表现为以特征曲线为中心，以相似阈值为半径的管子，此即为所谓的“平行管道”。如图7-11所示。这种聚类方法实质上是一种基于最邻近规则的试探法。

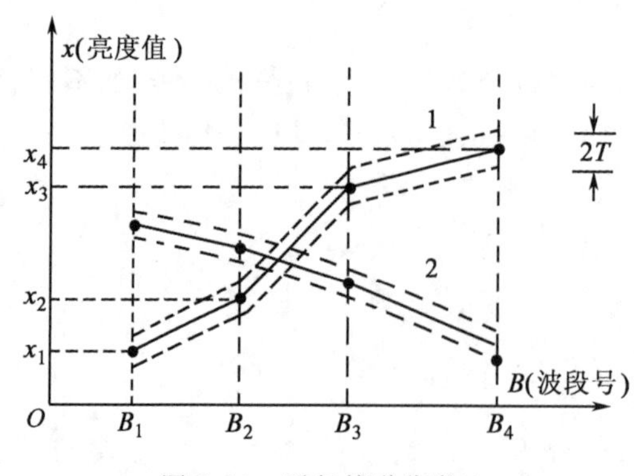

图7-11　平行管道分类法

具体算法步骤如下：

第一步：从多光谱遥感图像中任选一个样本矢量(分量为各波段亮度值)作为第一类的特征矢量，同时将该样本矢量对应的像元标为第一类。

第二步：设置光谱响应相似性度量阈值T。

第三步：依次从多光谱遥感图像中读取样本矢量，设为$\boldsymbol{X}$，$\boldsymbol{X}=[x_1,x_2,x_3,x_4]^{\mathrm{T}}$(假设取4个波段的遥感图像)。与已经形成的

各个类别的特征矢量 $\boldsymbol{x}_i$（$i=1,2,\cdots$，已形成的类别数），$\boldsymbol{X}_i=[x_{i1},x_{i2},x_{i3},x_{i4}]^{\mathrm{T}}$ 比较，分别计算：

$$d_1=|x_1-x_{i1}|;\quad d_2=|x_2-x_{i2}|;\quad d_3=|x_3-x_{i3}|;\quad d_4=|x_4-x_{i4}|$$

若 d_1 与 d_2 与 d_3 与 $d_4\leqslant T$，则将该样本矢量对应的像元标记为第 i 类，重复第三步，否则转入第四步。

第四步：将 $\boldsymbol{X}$ 设为第 $i+1$ 类的特征矢量，同时将 $\boldsymbol{X}$ 对应的像元标记为第 $i+1$ 类。类别数加 1，转至第三步。

第五步：所有像元聚类完毕，输出标记类别图像。

可以看出这种算法的结果与第一个聚类中心的选取、阈值 T 的大小有关。这种方法的优点是计算简单。

另外还有许多聚类分析的方法，在此不一一列举。

非监督分类在整个分类过程中不受类别先验知识的影响，因此分类所得的每一类别究竟代表什么实际地物仍然不清楚。要确定这些类别与实际地物之间的关系还需进行归纳分析，通常在类别中进行抽样，然后到实地进行辨认，或者根据有关的旧图或其他参考资料确定所分类别的属性。此外，没有类别的先验知识也很难保证分类中所有的特征是对被分类别最具判断能力的特征。采用监督分类方法可以在一定程度上解决这些问题。监督分类方法以实际地物类别的先验知识为基础，根据每一类别的具体情况进行分类特征处理及判别函数计算。因此，分类所得的每一类别都有实际物理意义。监督分类法是遥感图像计算机分类中最常用的方法。

7.5　非监督分类与监督分类的结合

从上一节中可知，监督分类与非监督分类各有其优缺点。实际工作中，常常将监督法分类与非监督法分类相结合，取长补短，使分类的效率和精度进一步提高。基于最大似然原理的监督法分类的优势在于如果空间聚类呈现正态分布，那么它会减小分类误差，而且，分类速度较快。监督法分类的主要缺陷是必须在分类前圈定样本性质单一的训练样区，而这可以通过非监督法来进行。即通过非监督法将一定区域聚类成不同的单一类别，监督法再利用这些单一类别区域“训练”计算机。通过“训练”后的计算机将其他区域分类完成，这样避免了使用速度比较慢的非监督法对整个影像区域进行分类，使分类精度得到保证的前提下，分类速度得到了提高。具体可按以下步骤进行。

第一步：选择一些有代表性的区域进行非监督分类。这些区域尽可能包括所有感兴趣的地物类别。这些区域的选择与监督法分类训练样区的选择要求相反，监督法分类训练样区要求尽可能单一。而这里选择的区域包含类别尽可能地多，以便使所有感兴趣的地物类别都能得到聚类。

第二步：获得多个聚类类别的先验知识。这些先验知识的获取可以通过判读和实地调查来得到。聚类的类别作为监督分类的训练样区。

第三步：特征选择。选择最适合的特征图像进行后续分类。

第四步：使用监督法对整个影像进行分类。根据前几步获得的先验知识以及聚类后的样本数据设计分类器,并对整个影像区域进行分类。

第五步:输出标记图像。由于分类结束后影像的类别信息也已确定,所以可以将整幅影像标记为相应类别输出。

7.6 分类后处理和精度评定

分类完成后须对分类后的影像进一步处理,使结果影像效果更好。另外,对分类的精度要进行评价,以供分类影像进一步使用时参考。

7.6.1 分类后处理

1. 分类后专题图像的格式

遥感影像经分类后形成的专题图,用编号、字符、图符或颜色表示各种类别。它还是由原始影像上一个个像元组成一个二维专题地图,但像元上的数值、符号或色调代表的已不再是地面物体的亮度值,而是地面物体的类别。它在计算机中一般以数字或字符表示像元的类别号。输出的专题图除了直接输出编码的专题图,还有一般用图符或颜色分别代表各类别的打印专题图和彩色专题图。

以上介绍的是栅格图像的后处理。也可将栅格图像转变成矢量格式表示的专题图。

2. 分类后处理

用光谱信息对影像逐个像元进行分类,在结果的分类地图上会出现"噪声",产生噪声的原因有原始影像本身的噪声,在地物交界处的像元中包括多种类别,其混合的辐射量造成错分类以及其他原因等。另外还有一种现象,分类是正确的,但某种类别零星分布于地面,占的面积很小,我们对大面积的类型感兴趣,对占很小面积的地物不感兴趣,因此希望用综合的方法使它从图面上消失。

分类平滑技术可以解决以上问题。这种平滑技术也是采用邻区处理法,所取平滑窗口可以是 3×3 或 5×5 大小。但它不是代数运算,而是采用逻辑运算。如图 7-12 所示为平滑窗口从影像中取出的类别及平滑的过程。图中是从分类图上取出 9 个像元,三种类别占的数量分别为 A 类 6 个,B 类 1 个,C 类 2 个。A 类占绝对优势,因此中心像元由 C 改为 A。这就是所谓的"多数平滑"。平滑时中心像元值取周围占多数的类别。将窗口在分类图上逐列逐行地推移运算,完成整幅分类图的平滑。

虽然在分类前先对影像平滑,然后再分类也能达到消除噪声的效果,但有以下一些缺点:①使影像模糊,分辨率下降;②使类别空间边界上混类现象严重;③计算时间将花得更多。

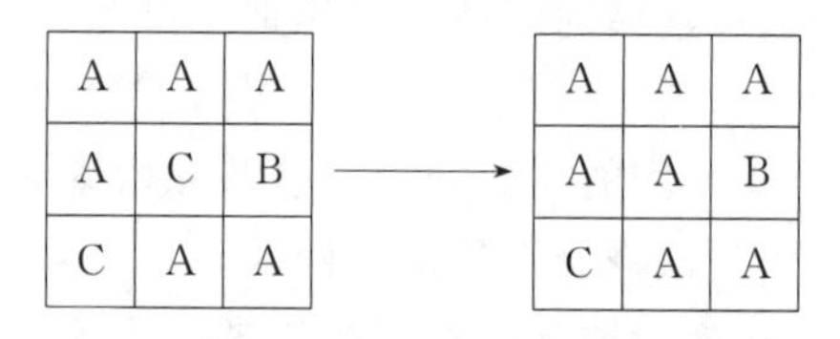

图 7-12　多数平滑过程

7.6.2 分类后的精度评定

分类后专题图的正确分类程度(也称可信度)的检核,是遥感图像定量分析的一部分。一般无法对整幅分类图去检核每个像元是正确或错误,而是利用一些样本对分类误差进行估计。

采集样本的方式有三种:①来自监督分类的训练样区;②专门选定的试验场;③随机取样。

第一种方式对纯化监督训练样区比较有用,但作为检核最后分类图精度不是最好的方式。第二种方式比较好,它是特定的一些供分析用的试验场。有目的地、均匀地分布于各个区域,也有不少场地是随机分布的,数量较多,类别也较多,测定的数据储存在计算机中,有些尚需实时测定。第三种方式完全随机取样,当然也要根据特殊应用中研究区域的性质和制图类别而设计采样区,一般不是取单个像元,而是取随机像元群,因为这样容易在航片或地图上确定样区位置。样区内的信息由地面测量,在航片或地图中提取。

一般采用混淆矩阵来进行分类精度的评定。对检核分类精度的样区内所有像元,统计其分类图中的类别与实际类别之间的混淆程度,实际类别可用上面介绍的几种方法得到。比较结果可以用表格的方式列出混淆矩阵,如表 7-2 所示。

表 7-2 混淆矩阵

类别	1	2	…	n	合计
1	p_{11}	p_{21}		p_{n1}	p_{+1}
2	p_{12}	p_{22}		p_{n2}	p_{+2}
⋮					⋮
n	p_{1n}	p_{2n}		p_{nn}	p_{+n}
合计	p_{1+}	p_{2+}		p_{n+}	p

其中:

p_{ij} 为第 i 类错分到 j 类的个数;

$p_{i+} = \sum_{j=1}^{n} p_{ij}$ 为分类所得到的第 i 类的总和;

$p_{+j} = \sum_{i=1}^{n} p_{ij}$ 为实际观测的第 j 类的总和;

p 为样本总数。

根据混淆矩阵可以计算用户精度、制图精度以及总体精度。

用户精度:

$p_{u_j} = p_{ii} / p_{i+}$,所有被分为该类的像元中,正确分类的比例。

制图精度:

$p_{A_j} = p_{jj} / p_{+j}$,该类的所有真实参考像元中,被正确分类的比例。

总体精度：

$$p_i = \frac{\sum_{k=1}^{n} p_{kk}}{p}$$，被正确分类的像元总和除以总像元数。

地表真实图像或地表真实感兴趣区限定了像元的真正分类。被正确分类的像元沿着混淆矩阵的对角行分布，它显示出被分类到正确地表真实分类的像元数。像元总数是所有参与地表真实分类的像元总和。

Kappa 系数是另外一种计算分类精度的方法。它是通过所有地表真实分类中的像元总数(N)乘以混淆矩阵对角行的和 X_{KK}，再减去一类中地表真实像元的总和($X_{K\Sigma}$)与这一类中被分类的像元总数($X_{\Sigma K}$)的积，再除以总的像元数的平方减去这一类中地表真实像元与这一类被分类的像元总数的积得到的。公式如下：

$$K = \frac{N\sum_{K} X_{KK} - \sum_{K} X_{K\Sigma} X_{\Sigma K}}{N^2 - \sum_{K} X_{K\Sigma} X_{\Sigma K}}$$

7.7　非光谱信息在遥感图像分类中的应用

前面介绍的各种方法都是利用地物的光谱特征进行分类，一些非光谱形成的特征，如地形、纹理结构等与地物类型的关系也十分密切。因此也可以将这些信息的空间位置与影像配准，然后作为一个特征参与分类。

7.7.1　高程信息在遥感图像分类中的应用

由于地形起伏的影响，会使地物的光谱反射特性产生变化，并且不同地物的生长地域往往受海拔高度或坡度、坡向的制约，所以将高程信息作为辅助信息参与分类将有助于提高分类的精度。比如，引入高程信息有助于针叶林和阔叶林的分类，因为针叶林与阔叶林的生长与海拔高度有密切关系，另外像土壤类型、岩石类型、地质类型、水系及水系类型都与地形有密切关系。

地形信息可以用地形图数字化后的数字地面模型作为地面的一个高程“影像”。地面高程“影像”可以直接与多光谱影像一起对分类器进行训练，也可以将地形分成一些较宽的高程带，将多光谱影像按高程带切片(或分层)，然后分别进行分类。

高程信息在分类中的应用主要体现在不同地物类别在不同高程中出现的先验概率不同。假设高程信息的引入并不显著地改变随机变量的统计分布特征，则带有高程信息的贝叶斯判别函数只需将新的先验概率代替原来的先验概率即可，余下的运算相同。这种方法在实际处理时，根据地面高程“影像”确认每个像元的高程，然后选取相应的先验概率，根据一般的监督分类法进行分类。而按照前述的高程带分层有所谓的“按高程分层分类法”。这种方法将高程带的每一个带区作为掩膜图像，并用数字过滤的方法把原始图像分割成不同的区域图像。每个区域图像对应于某个高程带，并独立地在每个区域图像中实施常规的分类处理，最后把各带区分类结果图像拼合起来形成最终的分类图像。两种方法的实质是一样的。

同理可利用坡度、坡向等其他地形信息。

7.7.2 纹理信息在遥感图像分类中的应用

纹理特征有时也用来提高分类的效果,特别是在地物光谱特性相似,而纹理特征差别较大的场合,如树林与草皮,草皮的纹理比树林的纹理要细密得多,但二者的光谱特性相似,这时候加入纹理信息辅助分类是比较有效的。提取纹理的方法较多,在此不赘述。

纹理信息参与分类的方法与前面讲述的引入高程参与分类的方法类似,也是通过改变判别函数中的先验概率实现的,通过计算每个像元的纹理特性选取不同的先验概率达到对不同纹理地物加不同权,使分类结果更加合理。另外一种方法是先利用多光谱信息对遥感图像进行自动分类,再利用纹理特征对光谱分类的结果进一步细分。例如,可在光谱数据分类的基础上,对属于每一类的像素,再利用纹理特征进行二次分类。

7.8 计算机自动分类的其他方法简介

前面主要讨论了计算机自动分类的基本方法,近年来随着机器学习和人工智能技术的发展,涌现出多种其他分类方法,这些方法不断更新,发展变化较快。在此仅对模糊聚类算法、神经元网络方法和面向对象分类技术进行简单介绍。

7.8.1 模糊聚类算法

模糊聚类的思想基于事物的表现有时不是绝对的,而是存在一个不确定的模糊因素。同样在遥感影像计算机分类中也存在着这种模糊性,因此,划分类别的分类矩阵最好也是一个模糊矩阵,即 $\mathbf{A}=[a_{ij}]$满足以下条件:

(1) $a_{ij}\in[0,1]$,表示样本属于第 I 类的隶属度;

(2) $\mathbf{A}$ 中每列元素之和为 1,即一个样本对各类的隶属度之和为 1;

(3) $\mathbf{A}$ 中每行元素之和大于 0,即表示每类不为空集。

以模糊矩阵对样本集进行分类的过程称为软分类。若分析的对象有 m 个类别,第 k 个像元 $\mathbf{X}_k=(x_1,x_2,\cdots,x_n)_k$ 与每个类别中心 $\mathbf{V}_i=(x_1,x_2,\cdots,x_n)_i$ 之间的距离的平方为:

$$d_{ik}^2 = \|\mathbf{X}_k-\mathbf{V}_i\|; \quad i=1,2,\cdots,m$$

为了得到合理的软分类,定义聚类准则如下:

$$J_b(\mathbf{A},\mathbf{V})=\sum_{k=1}^{n}\sum_{i=1}^{m}a_{ik}^b\cdot d_{ik}^2$$

其中,$\mathbf{A}$ 为软分类矩阵,$\mathbf{V}$ 表示聚类中心,n 为样本数,b 是权系数,b 越大,分类越模糊。一般情况下,$b\geqslant1$,当 $b=1$ 时就是硬分类。当 J_b 达到极小值时,整体分类达到最优。a_{ik} 与 V_i 通过下式求得:

$$a_{ik}=\frac{1}{\sum_{j=1}^{m}\frac{(d_{ik}/d_{jk})^2}{m-1}}, \quad V_i=\frac{\sum_{k=1}^{n}a_{ik}^b\mathbf{X}_k}{\sum_{k=1}^{n}a_{ik}^b}$$

一般来说，确定一个初始类别中心 $\mathbf{V}_i(0)$后，即可通过计算 a_{ik} 确定第 k 个像元的归属，然后由所计算的 a_{ik} 计算更正后的类别中心 $\mathbf{V}_i(1)$，如此直至新计算的 a_{ik} 与上一次的非常接近为止。由于遥感数据量非常大，可事先确定一个样本集，计算只针对样本而不是所有像元。

7.8.2　神经元网络方法

人工神经网络中的处理单元是人类大脑神经元的简化。如图 7-13 所示，一个处理单元(人工神经元)，将接收到的信息 $x_0, x_1, \cdots, x_{n-1}$，通过用 $W_1, W_2, \cdots, W_{n-1}$ 表示的互联强度，以点积的形式合成为自己的输入，并将输入与以某种方式设定的阈值 θ 作比较，再经某种形式的作用函数 f 的转换，便得到该处理单元的输出 y。

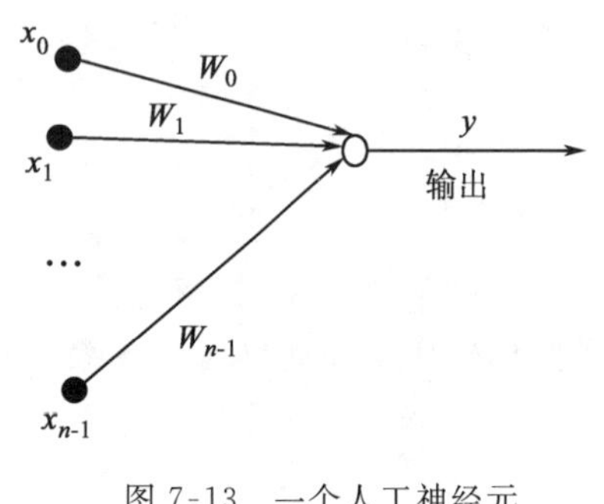

图 7-13　一个人工神经元的输入及输出

f 的形状主要有三种，常用的一种被称为 Sigmoid 型，简称 S 型。处理单元的输入和输出关系式如下：

$$y = f\left(\sum_{i=0}^{n-1} W_i x_i - \theta\right)$$

式中：x_i——第 i 个输入元素；

W_i——从第 i 个输入与处理单元间的互联权重；

θ——处理单元的内部阈值；

y——处理单元的输出值。

现在已经研制出很多的神经元网络模型及表征该模型动态过程的算法，如 BP(反向传播)算法，Hopfield 算法，等等，以及它们的改型。神经元网络分类器工作原理如图 7-14 所示。

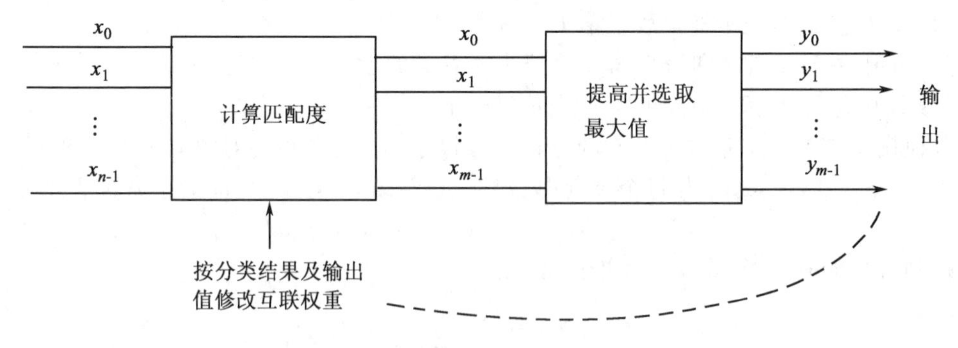

图 7-14　神经元网络分类器

n 个样本输入，神经元网络第一级计算匹配度，然后被平行地通过 m 条输出线送到第二级。在第二级中，各类均有一个输出，并表现为仅有一个输出的强度为“高”，而其余的均为“低”。当得到正确的分类结果后，分类器的输出可反馈到分类器的第一级，并用一种学习算法修正权重。当后续的测试样本与曾学过的样本十分相似时，分类器就会做出正确的响应。

7.8.3　面向对象分类技术

传统面向像元分类方法是从中低分辨率遥感影像的基础上发展起来的，主要根据像元的光谱信息进行分类，分类的结果往往会产生“椒盐噪声”。另外，这种分类方法，所有地物类型的提取均在一个尺度中实现，不能充分利用影像的蕴含信息。

Baatz M. 和 Schape A. 根据高分辨率遥感影像空间特征比光谱特征丰富的特点，提出了面向对象的遥感影像分类方法。用这种分类方法进行信息提取时，处理的最小单元不再是像元，而是含有更多语义信息的多个相邻像元组成的影像对象，在分类时更多的是利用对象的几何信息及影像对象之间的语义信息、纹理信息和拓扑关系，而不仅仅是单个对象的光谱信息。

面向对象的分类方法首先对遥感影像进行分割，得到同质对象，再根据遥感分类或目标地物提取的具体要求，检测和提取目标地物的多种特征(如光谱、形状、纹理、阴影、空间位置、相关布局等)，利用模糊分类方法对遥感影像进行分类和地物目标的提取。面向对象方法具有两个重要的特点：一是利用对象的多特征；二是用不同的分割尺度生成不同尺度的影像对象层，所有地物类别并不是在同一尺度的影像中进行提取，而是在其最适宜的尺度层中提取。面向对象分类方法的这两种特征使得影像分类的结果更合理，也更适合于高分辨率遥感影像的分类。

1. 多尺度影像分割

遥感影像数据在多尺度分割前，表示为同一空间尺度的类别信息，该尺度即为影像的空间分辨率。当设定多个分割尺度进行影像分割后，形成了由分割尺度参数所决定的影像对象层次体系，影像对象集合了像元的光谱信息、此像元与周围像元的关系信息等。一个对象层有一个固定尺度值，多个对象层则体现了多种空间尺度的地物类别属性，在不同尺度对象层提取不同属性的类别信息解决了识别影像数据中“同谱异物”地物的问题。多尺度分割使得同一空间分辨率的遥感影像信息不再只由一种尺度来表示，而是在同一时相可由多种适宜的尺度来描述。

当同一区域不同尺度的影像对象被连接时，形成了一个空间语义层次网络，如图 7-15 所示。这样，每个影像对象知道它的邻居、子对象和父对象，于是产生一个不同尺度从属关系的描述。在区分光谱信息与形状信息都十分相似的影像对象时，同一尺度层内相邻对象的语义信息以及不同尺度层间影像对象的语义信息就显得非常重要。

在面向对象分类中，多尺度分割的算法比较多，其中有代表性的是分形网络演化算法(Fractal Net Evolution Approach，FNEA)。该算法从影像中的单个像元开始，根据像元对象异质性最小的原则，对单个像元(或像元集合)与其相邻的像元(或像元集合)进行合并，最后合并成一个个的影像对象，这些影像对象的集合就构成了分割的结果。

1) 相邻对象异质度的定义

FNEA 技术的关键在于两个影像对象间异质度的定义。对给定的特征空间，当两个影像对象在该特征空间内相距较近时，被认为是相似的或同质的。对一个 d 维的特征空间，设两相邻对象的特征值分别为 f_{1d} 和 f_{2d}，异质度 h 可以定义为：

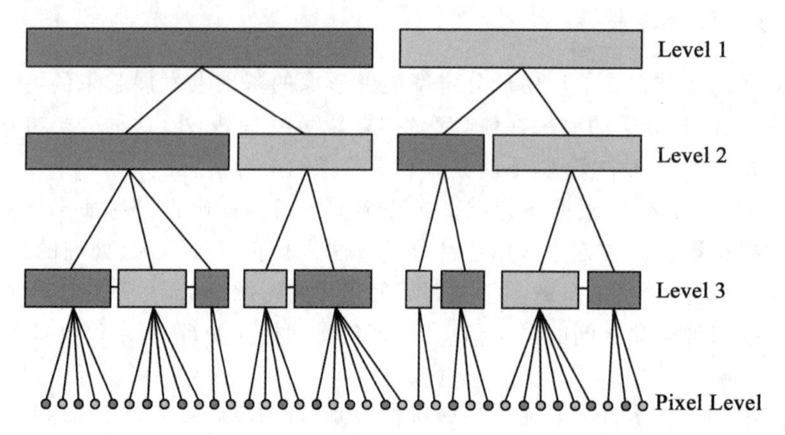

图 7-15　面向对象分割层次图

$$h = \sqrt{\sum_{d} (f_{1d} - f_{2d})^2} \tag{7-19}$$

影像对象的光谱均值特征、纹理特征、光谱差异特征以及形状特征都可以作为特征空间的一维。通过下面的公式对每一维特征求标准差来进一步标准化特征空间距离，其中对象特征的标准差为 σ_{fd}。

$$h = \sqrt{\sum_{d} \left(\frac{f_{1d} - f_{2d}}{\sigma_{fd}}\right)^2} \tag{7-20}$$

2）合并前后异质度变化的描述

通过描述合并前两个相邻对象的异质度（h_1 和 h_2）与合并后新对象的异质度（h_m）间的差异，来定义这两个影像对象的同质度。理想的单个影像对象的异质度定义应该能保证合并后新对象异质度增加最小。对合并前后异质度变化的描述有几种不同的方法：

$$h_{\mathrm{diff}} = h_m - \frac{h_1 + h_2}{2} \tag{7-21}$$

这个定义满足分割结果评价量化的一个标准：即影像对象的异质度均值最小。在增加考虑影像对象的大小（可用像元个数描述）因素后，设两相邻对象内像元个数分别为 n_1 和 n_2。上述公式可以改进为：

$$h_{\mathrm{diff}} = h_m - \frac{h_1 n_1 + h_2 n_2}{n_1 + n_2} \tag{7-22}$$

同样影像对象的大小也可以来衡量影像对象的异质度，因此公式又可以写为：

$$h_{\mathrm{diff}} = (n_1 + n_2)h_m - (n_1 h_1 + n_2 h_2) = n_1(h_m - h_1) + n_2(h_m - h_2) \tag{7-23}$$

考虑到遥感影像本身或多源遥感影像融合后影像有多波段，对给定的每个波段的权值 w_c，通用的异质度变化差值计算公式如下：

$$h_{\mathrm{diff}} = \sum_{c} w_c (n_1(h_{mc} - h_{1c}) + n_2(h_{mc} - h_{2c})) \tag{7-24}$$

3）形状异质度的描述

形状异质度一般有紧致度和光滑度两种定义，它们可以并入到光谱同质度的计算中。紧致度是影像对象实际边界长（即周长）l 与对象大小 n（即对象内像元数）的均方根间的紧致度偏差，保证合并后新对象更加紧凑。紧致度公式表达如下：

$$h = \frac{l}{\sqrt{n}} \tag{7-25}$$

光滑度是影像对象的实际边界长（即周长）l 与最小外包矩形边界长（即矩形周长）b 间的偏差。在栅格影像中，对任意一个影像对象，光滑度表征合并后新对象边界的光滑程度。光滑度公式表达如下：

$$h = \frac{l}{b} \tag{7-26}$$

4）光谱与形状特征空间内的异质度计算

假设同时考虑影像的光谱和形状特征进行影像分割，在影像光谱和形状融合成的特征空间内，设任意相邻的两影像对象的光谱异质度、形状异质度分别为 h_{color}，h_{shape}，它们对应的异质度权值分别为 w_{color}，w_{shape}，且 $w_{\text{color}}+w_{\text{shape}}=1$，则相邻两影像对象的异质度 f 可表示为：

$$f = w_{\text{color}} h_{\text{color}} + w_{\text{shape}} h_{\text{shape}} \tag{7-27}$$

接下来分别计算光谱异质度 h_{color} 与形状异质度 h_{shape}。利用影像对象内所有像元灰度值的标准差 σ_c 来计算光谱异质性，即将 $h=\sigma$ 代入异质度公式（7-24）中得影像多波段的光谱异质度计算公式：

$$h_{\text{color}} = \sum_c w_c \left(n_1 (\sigma_{mc} - \sigma_{1c}) + n_2 (\sigma_{mc} - \sigma_{2c})\right) \tag{7-28}$$

形状异质度由紧致度和光滑度两部分组成，设影像对象的紧致度、光滑度分别为 h_{cmpact}，h_{smooth}，它们对应的异质度权值分别为 w_{cmpact}，w_{smooth}，且 $w_{\text{cmpact}}+w_{\text{smooth}}=1$，则形状异质度公式可表示为：

$$h_{\text{shape}} = w_{\text{cmpact}} h_{\text{cmpact}} + w_{\text{smooth}} h_{\text{smooth}} \tag{7-29}$$

分别将紧致度计算公式（7-25）与光滑度计算公式（7-26）代入异质度公式（7-23）中，可得到紧致度 h_{cmpact} 与光滑度 h_{smooth} 的计算公式：

$$h_{\text{cmpact}} = n_1 \left(\frac{l_m}{\sqrt{n_m}} - \frac{l_1}{\sqrt{n_1}}\right) + n_2 \left(\frac{l_m}{\sqrt{n_m}} - \frac{l_2}{\sqrt{n_2}}\right) \tag{7-30}$$

$$h_{\text{smooth}} = n_1 \left(\frac{l_m}{b_m} - \frac{l_1}{b_1}\right) + n_2 \left(\frac{l_m}{b_m} - \frac{l_2}{b_2}\right) \tag{7-31}$$

通过公式（7-27）～（7-31）可以计算出影像范围内任意两个相邻影像对象间的异质度。进而实现基于影像光谱、形状等特征的影像分割。如果根据实际应用需要给定不同的异质阈值 t_s，当 $f \leqslant t_s$ 时合并相邻的影像对象，这样在不同的尺度阈值上就可以生成不同的分割结果，最终实现影像对象的多尺度构建。

2. 面向对象分类方法

多尺度影像分割完成之后，整个影像被分成不同尺度的影像对象，每个影像对象有各自的属性。不同尺度的分割结果构成了不同的影像层，层与层之间存在着逻辑上的联系。面向对象分类中，对于分割结果的分类有两种方法，一种是最邻近分类方法，另外一种是决策支持的模糊分类方法。

1）最邻近分类

最邻近分类方法利用给定类别的样本在特征空间中对影像对象进行分类。每一个类都定义样本和特征空间，特征空间可以组合任意的特征。初始的时候，选用较少的样本，进行分类，如果出现错分的情况，就增加错分类别的样本，再次进行分类，不断优化分类结果，直至分类结束。最邻近法运算法则为：对于每一个影像对象，在特征空间中寻找最近的样本对象，比如一个影像对象最近的样本对象是属于 A 类，那么这个影像对象将会被划分为 A 类，如图 7-16 所示。

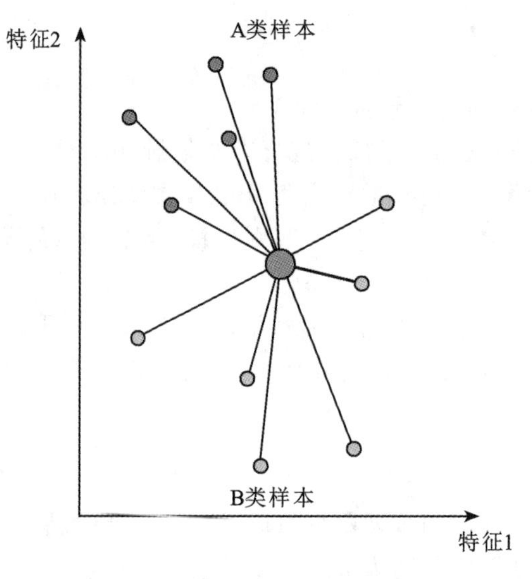

图 7-16　最邻近分类的原则

其算法公式为：

$$d=\sqrt{\sum_{f}\left[\frac{v_f^{(s)}-v_f^{(o)}}{\sigma_f}\right]^2} \tag{7-32}$$

式中：d 是指样本对象 s 与图像对象 o 之间的距离；$v_f^{(s)}$ 为样本对象的特征 f 的特征值；$v_f^{(o)}$ 为图像对象的特征 f 的特征值；σ_f 为特征 f 值的标准差。

2）决策支持的模糊分类

这种分类方法运用继承机制、模糊逻辑概念和方法以及语义模型，建立用于分类的决策知识库。首先建立不同尺度的分类层次，在每一层次上分别定义对象的光谱特征（包括均值、方差、灰度比值）、形状特征（包括面积、长度、宽度、边界长度、长宽比、形状因子、密度、主方向、对称性、位置）、纹理特征（包括对象方差、面积、密度、对称性、主方向的均值和方差等）和相邻关系特征，通过定义多种特征并指定不同权重，给出每个对象隶属于某一类的概率，建立分类标准，并按照最大概率原则，先在大尺度上分出“父类”，再根据实际需要对感兴趣的地物在小尺度上定义特征，分出“子类”，最终产生确定分类结果。

面向对象影像分析中的分类体系实际上就是一棵决策树，不同尺度的分割影像对应决策树的不同层次。分类体系是针对某一分类任务建立的信息库，它包含分类任务中的所有类型，并将这些类型组织在一个层次结构中。分类体系中的每一种类型都有各自的特征描述，特征描述由若干个特征的隶属函数根据一定的逻辑关系组成。依据这样的分类体系组织类别的专家知识,然后根据决策树进行分类。如图 7-17 所示。

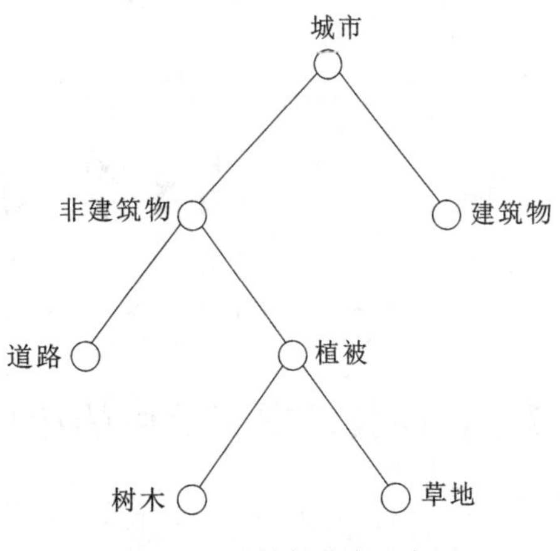

图 7-17 决策树分类示意图

类别特征的描述是通过隶属函数(又称为成员函数)来实现的。隶属函数是一个模糊表达式,实现任意特征值转换为统一的范围[0,1],形式上表现为一条曲线,横坐标为类别特征值(光谱、形状等),纵坐标为属于某一类别的隶属度。隶属函数库由多个代表性的类别样本对象属性值组成。如图 7-18 所示。

每一个多边形的各个属性值与样本函数曲线比较,若该属性值位于曲线范围之内,则获得一个隶属度,多个隶属度加权和大于其中一种类别的预设值,则该多边形确定为该类类别。每一个对象对应于一个特定类别的隶属度,隶属度越高,属于该地类的概率越大。

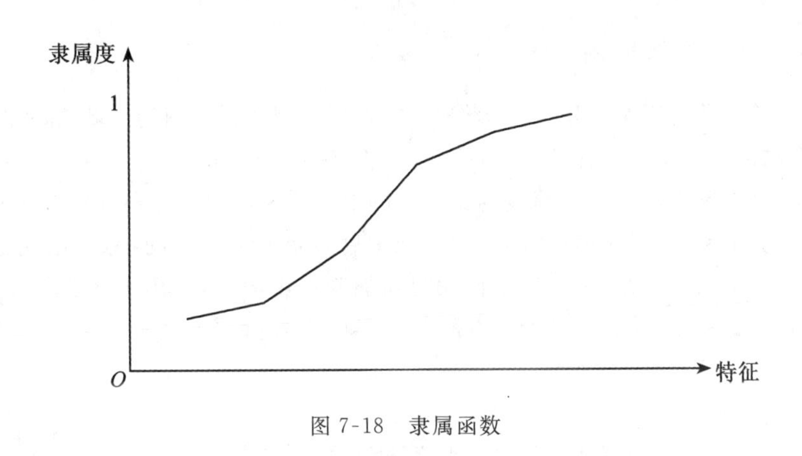

图 7-18 隶属函数

一般来说,如果仅用一个特征或很少的特征就可以将一个类同其他类区别开时,使用决策支持的模糊分类方法;否则,选择最邻近分类方法,最邻近分类器比成员函数能更好地处理多维特征空间的联系。

第8章 遥感技术的应用

8.1 遥感技术在测绘中的应用

遥感图像在测绘中主要被用来测绘地形图、制作正射影像图和经专业判读后编绘各种专题图。使用现时的遥感图像补测和修编地形图和地图，以及在一些特殊条件下，如云覆盖、森林覆盖、水下、雪原上测绘地形图等。所测绘的地形图或地图已是数字形式，通过格式变换直接存入GIS的数据库，修测的内容可以更新GIS数据库。

8.1.1 制作卫星影像地图

利用各种传感器的影像制作卫星影像图，先在所需制作影像图的区域内，均匀选取一些控制点，点数与区域大小和选择的纠正模型要求有关，区域面积大，适当多选一些。点的坐标可在比最后制作影像图大一个等级的比例尺的地形图上读取，或用GPS或其他测量工具实地测定。根据卫星影像的分辨率和粗加工处理后残余变形误差的特点，按规范要求对影像精加工处理后平面误差在1～1.5个像元间才能制作影像图，而用于一般判读目的时，残余误差可放宽到2～3个像元。因此，各种卫星影像与影像图比例尺之间的关系如表8-1所示。

表8-1 卫星影像分辨率与成图比例尺的关系

卫星影像名称	分辨率/m	按规范规定最大成图比例尺	仅用于一般判读的成图比例尺
MSS	79	1∶50万	1∶25万
TM	30	1∶10万	1∶5万
SPOT 1～4	20,10	1∶5万	1∶2.5万
SPOT-5	10,2.5	1∶2.5万	1∶1万
CBERS-02B	20,2.36	1∶2.5万	1∶1万
IKONOS	4,1	1∶1万	1∶5 000
QuickBird	2.44,0.61	1∶5 000	1∶2 000

纠正方法采用第4章中介绍的多项式拟合法或共线方程法等，制作成假彩色卫星影像图。TM图像有7个波数，可根据地区景观特点和需要选择合成的波段，必要时可根据不同

的地类(指大地类),分别选择适合该大类地物判读的波段,采用分类融合技术,如水系适合用TM4,3,2合成,城市适合用TM7,4,2合成,植被适合用TM5,4,3合成在同一幅假彩色影像图上。也可采用不同分辨率影像间的融合技术,如SPOT多光谱影像与SPOT全色影像融合,TM多光谱影像与IRS全色影像融合;IKONOS的4m分辨率多光谱影像与IKONOS的1m分辨率全色影像融合,TM多光谱影像与SAR影像融合,甚至TM多光谱影像与全色航空影像融合等。这样制作的影像图色调达到最佳显示,空间特征表达丰富,增大了影像图所载的信息量。

跨景制作影像图时,尽量选择同一季节的影像,并须作影像基色和反差调整处理和镶嵌边平滑处理,具体方法见第4章。

对于高差很大的地区,应考虑投影差改正,尤其是高分辨率影像,如IKONOS必须作投影差改正,对于TM影像,其视场角$2Q \leqslant 15°$,投影差公式为:

$$\left.\begin{aligned} \delta X_h &= 0 \\ \delta Y_h &= \frac{f}{H}\sin\theta\cos\theta \cdot h \end{aligned}\right\} \tag{8-1}$$

若在视场角最大处,其高差与投影差的关系如表8-2所示。

表8-2　高差与投影差关系表

h/m	100	250	500	750	1 000	1 250	1 500
δY_h/像元数	0.43	1.1	2.2	3.2	4.3	5.4	6.5

将基准高程面设置在制图地区的平均高程面上,用DTM数据计算Y方向的投影差并加以改正。

对于一些极困难地区,如南北极地区、西藏无人区、一些海岛礁区可采用星上参数对影像进行纠正。例如,南极Grove山地,其影像头文件中公布了像幅中心和影像四角坐标,将其变换成所需地图投影坐标,与影像行列号建立多项式进行纠正。表8-3列出了轨道编号为122/111影像以上的对应关系。

表8-3　影像坐标与地理坐标对应关系表

	左上角	右上角	像幅中心	左下角	右下角
经　度	75°34′02″.4332E	80°27′52″.6855E	76°52′31″.2159E	73°10′53″.1327E	68°21′13″.0272E
纬　度	71°09′12″.3856S	71°55′39″.8037S	72°13′04″.9977S	72°26′16″.6489S	73°16′31″.9467S
Y坐标	2 102 138m	2 010 070m	1 983 182m	1 956 634m	1 863 900m
X坐标	484 395m	654 522m	529 849m	405 066m	575 613m
行　号	1	1	2 983	5 965	5 965
列　号	1	6 967	3 483	1	6 967

这些参数是由星上 GPS 测定后推算出来的,绝对定位精度在±600m 左右,应用不同时间获取的上下多个影像连成航带并进行平差,在实地考察中可应用 GPS 测定少量明显地物点坐标对影像图进行绝对定向后,定位精度可控制在 200m 以内。

影像图上尚需加标一些地物要素,有些可以直接从图像上判读提取,如公路、铁路、城镇、机场等。必要时可以采用各种增强方法,如公路和铁路用不同的专题色填绘。对于图像上很难判读的一些地物要素,如境界、等高线中的计曲线、独立地物等,需采用地图数字化方式或直接利用 GIS 中的地图数据库的地物要素的矢量数据,经矢量-栅格变换后与影像配准并复合。影像图上的注记和符号可直接用栅格型字库和符号库加注,也可用矢量字库和符号库与其他要素一起转换成栅格形式后复合。

图 8-1(彩图见附录)所示为武汉市局部区域的彩色卫星影像图,来自“武汉一号”(珞珈三号科学试验卫星 02 星)2024 年 5 月 28 日过境武汉时获取,由三波段影像合成,整幅影像色调协调一致。图 8-2(彩图见附录)所示为南极 Grove 山地彩色卫星影像图,采用星上参数纠正,平面精度±200m以内,保证了首次进入该地区的中国南极考察队安全顺利地完成科学考察任务。

图 8-1　“武汉一号”卫星获取的武汉市局部区域卫星影像图

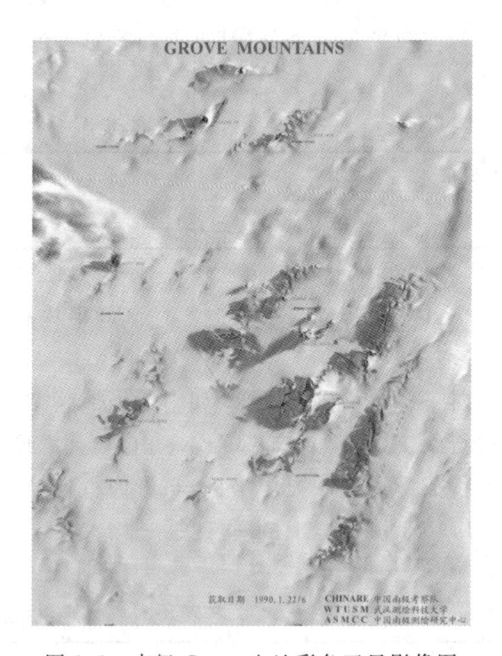

图 8-2　南极 Grove 山地彩色卫星影像图

8.1.2　卫星影像修测地形图

卫星影像修测地形图速度快、费用低。因地形一般情况下不会发生大的变化,所以主要修测城镇居民地、道路交通、水系及部分地物类型,还应对变化的地名进行更改。修测地形图的比例尺一般比制作影像图的比例尺小一挡,如 TM 图像只能修测 1∶25 万比例尺的地形图,SPOT(多光谱)图像修测 1∶10 万比例尺的地形图。修测 1∶5 万比例尺地形图最好使用分辨率在 5m 左右的卫星影像,例如,IRS-IC 上的全色影像分辨率为 5.8m,而 SPOT

全色影像分辨率为 10m，勉强可用于该比例尺地形图的修测。IKONOS 影像分辨率为 1m，可用于 1∶1 万比例尺地形图的修测。

被修测的地形图应数字化后形成数字栅格地图(DRG)或数字矢量地图(DLG)，利用 DRG 或 DLG 对卫星影像进行纠正，将 DRG 或 DLG 与纠正后的影像进行叠合，然后去除 DRG 或 DLG 上已变化了的地物，绘上变化后的地物，形成更新的地形图。根据国家测绘局规范的规定，更新地物一律用紫色表示，以示区别。

图 8-3 为利用 IRS-IC 上的全色影像与 TM 融合后修测 1∶5 万地形图的工艺流程图。

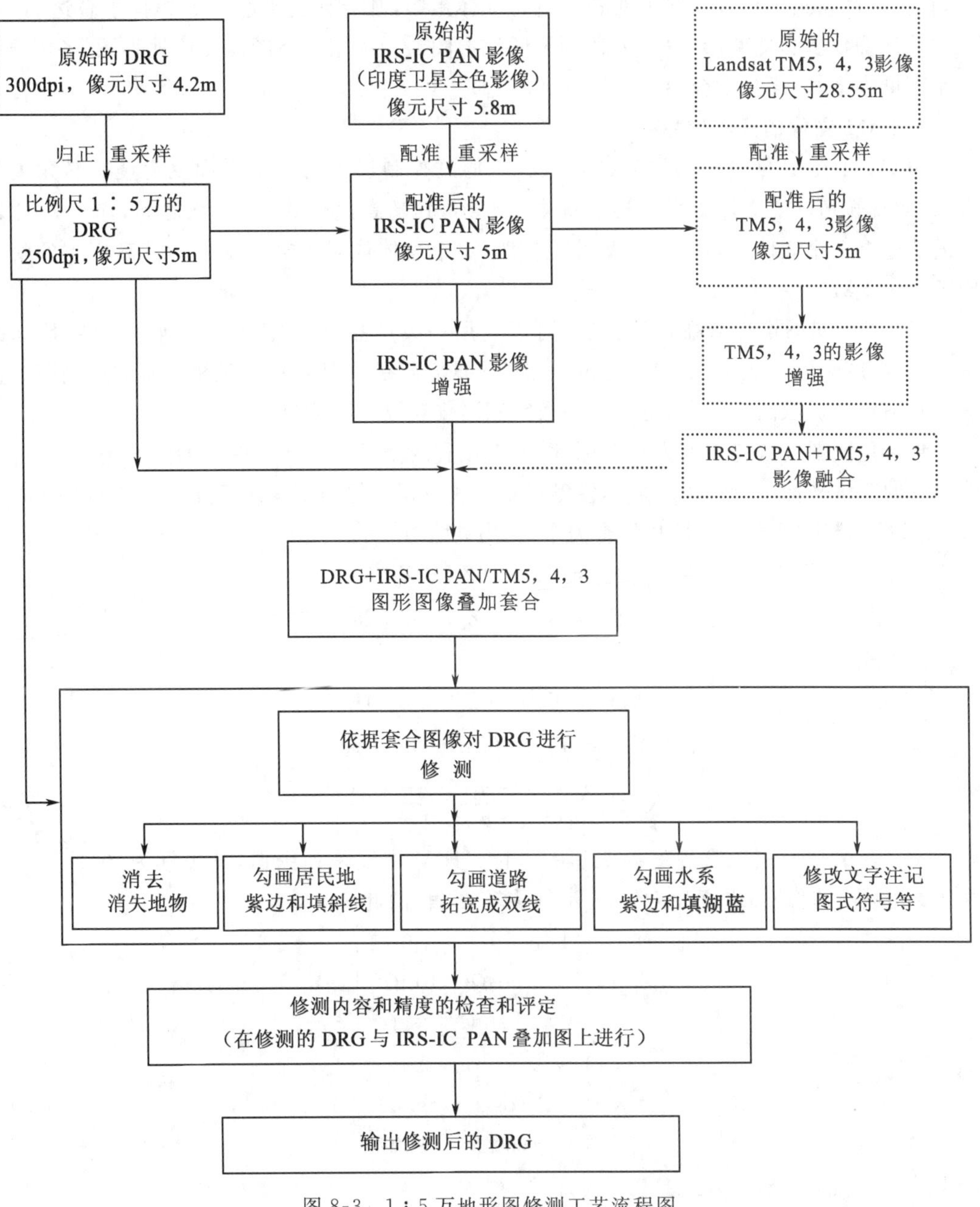

图 8-3 1∶5 万地形图修测工艺流程图

8.1.3　陆地地形图测绘

使用航空像片测绘地形图的技术已相当成熟，它的进一步发展是与计算机和自动控制技术结合起来，实现测图自动化。但航空像片覆盖面积小，全世界那么大的地方不可能在短时间内拍摄全部的陆地，并且价格昂贵。而卫星像片覆盖面积很大，能在短时间内对全球摄影一遍，还可进行重复摄影。随着分辨率的提高，测图比例尺也在不断提高，如 IKONOS 获取的立体图像能测绘 1∶2.5 万比例尺的地形图，美国使用像幅为 23cm×46cm 的大像幅像机，在低高度轨道的航天飞机上对地面进行立体摄影，基线高度比达 1.2，纵向重叠达 80%，在立体测图仪上也能测绘 1∶5 万比例尺的地形图。为利用卫星图像测绘地形图，各国设计了不同的方案，下面分别介绍。

1. SPOT 图像的高程信息提取方法

SPOT 卫星上的 HRV 推扫式扫描仪，是通过控制仪器的一个平面反射镜旋转角度的方法，实现轨道间的立体摄影。第 3 章中已介绍，其基高比在 0.5～1.0 之间，赤道处在 26 天内能建立 7 个立体对，在纬度 45°处能获取 11 个立体像对。平面反射镜偏离底点的最大旋转角为±27°。

SPOT 卫星图像提取高程的方法，可以利用一级产品（经辐射校正、地球自转、地球曲率、卫星高度和速度变化、反向镜定位误差等项改正后的产品），在光学机械式立体测图仪或解析测图仪上提取高程信息，也可使用数字测图仪获取高程信息。

数字化测图方法应用前方交会原理，即由左右两张像片上同名像点的图像坐标，来解求地面点的三维坐标。所使用的数学模型仍是共线方程。但需要相应于左右图像的两套方程联合解求。现用“′”表示右像片的有关量，列出共线方程：

左像片

$$
\begin{aligned}
X_P &= X_S + (Z_P - Z_S)R_X \\
Y_P &= Y_S + (Z_P - Z_S)R_Y
\end{aligned}
\tag{8-2}
$$

右像片

$$
\begin{aligned}
X_P' &= X_S' + (Z_P' - Z_S')R_X' \\
Y_P' &= Y_S' + (Z_P' - Z_S')R_Y'
\end{aligned}
\tag{8-3}
$$

$$
R_x = \frac{a_{11}(x) + a_{12}(y) - a_{13}(f)}{a_{31}(x) + a_{32}(y) - a_{33}(f)}
\tag{8-4}
$$

其中，(x)，(y)，(f)表示常规框幅像片的坐标，HRV 是线阵列图像，其坐标为$(0,Y,-f)$。由于要建立立体像对，平面反射镜绕 X 轴旋转 Ω 角，因此

$$
\begin{bmatrix}(x)\\(y)\\(f)\end{bmatrix} = \begin{bmatrix}1 & 0 & 0\\0 & \cos\Omega & \sin\Omega\\0 & -\sin\Omega & \cos\Omega\end{bmatrix}\begin{bmatrix}0\\Y\\-f\end{bmatrix}
\tag{8-5}
$$

$$
\left.\begin{aligned}
(x) &= 0 \\
(y) &= Y\cos\Omega + f\sin\Omega \\
(f) &= f\cos\Omega - Y\sin\Omega
\end{aligned}\right\}
\tag{8-6}
$$

所以

$$R_x = \frac{a_{12}(Y\cos\Omega + f\sin\Omega) - a_{13}(f\cos\Omega - Y\sin\Omega)}{a_{32}(Y\cos\Omega + f\sin\Omega) - a_{33}(f\cos\Omega - Y\sin\Omega)} = \frac{Y(a_{12}\cos\Omega + a_{13}\sin\Omega) + f(a_{12}\sin\Omega - a_{13}\cos\Omega)}{Y(a_{32}\cos\Omega + a_{33}\sin\Omega) + f(a_{32}\sin\Omega - a_{33}\cos\Omega)} \tag{8-7}$$

若令

$$\begin{bmatrix} A & B \\ C & D \\ E & F \end{bmatrix} = \begin{bmatrix} a_{12} & a_{13} \\ a_{22} & a_{23} \\ a_{32} & a_{33} \end{bmatrix} \begin{bmatrix} \cos\Omega & \sin\Omega \\ \sin\Omega & -\cos\Omega \end{bmatrix} \tag{8-8}$$

则左像片为：

$$R_x = \frac{AY + Bf}{EY + Ff}, \quad R_y = \frac{CY + Df}{EY + Ff} \tag{8-9}$$

右像片为：

$$R_x{}' = \frac{A'Y' + B'f}{E'Y' + F'f}, \quad R_y{}' = \frac{C'Y' + D'f}{E'Y' + F'f} \tag{8-10}$$

由式(8-2)和式(8-3)中的 Y 式可解求高程，即

$$Z_P = \frac{(Y_S{}' - Y_S) - (Z_S{}'R_Y{}' - Z_S R_Y)}{R_Y - R_Y{}'} \tag{8-11}$$

量测高程的条件是：外方位元素已知；寻找到同名点。

2. 3-Camera 立体测图卫星

3-Camera 可获取同一轨道上向前、垂直、向后推扫的三幅影像，它们两相之间可以建立立体模型，测定地形信息 X,Y,Z。这种传感器用 4 096 个 CCD 元件作线阵列探测器组，其地面分辨率为 15m，影像线的长度(4 096 个像元)在地面上约为 61.4km。

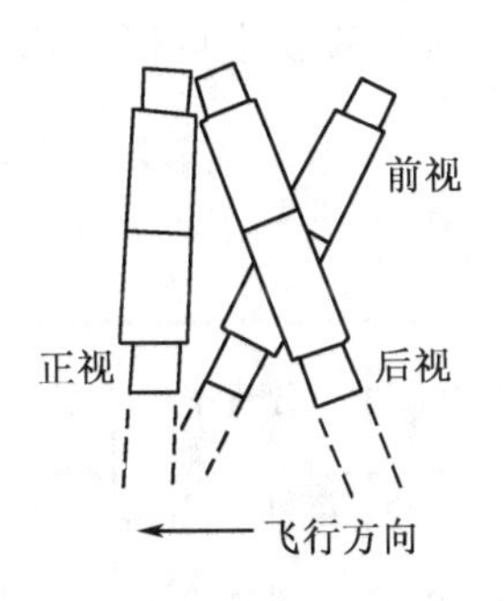

图 8-4　3-Camera 立体成像传感器

它与 SPOT 卫星上的 HRV 主要不同点，是在轨道飞行方向上获取立体图像，而不像 HRV 在轨道间进行立体观测。因此在卫星上安置三台这样的传感器，一台垂直指向天底方向，一台向前指向，一台向后指向，如图 8-4 所示。

这三台传感器同时以推扫方式分别获取三条同一地区的图像，如图 8-5 所示为正视和前视像机获取图像的过程。前视、后视传感器的主光轴与正视传感器的主光轴之间的夹角(指向角)都为 26.57°，如图 8-6 所示。

卫星高度设计为 705km，正视传感器的焦距设计为 705mm。前视和后视传感器的焦距为 775mm，由于前视和后视传感器到地面的距离为 775km，因此，三个像机获取图像的比例尺都为 1∶100 万。卫星指向精度为±0.016°，相应地面的中误差为±200mm。向前、向后指向的扫描仪图像之间建立立体模型时，其左右视差较为：

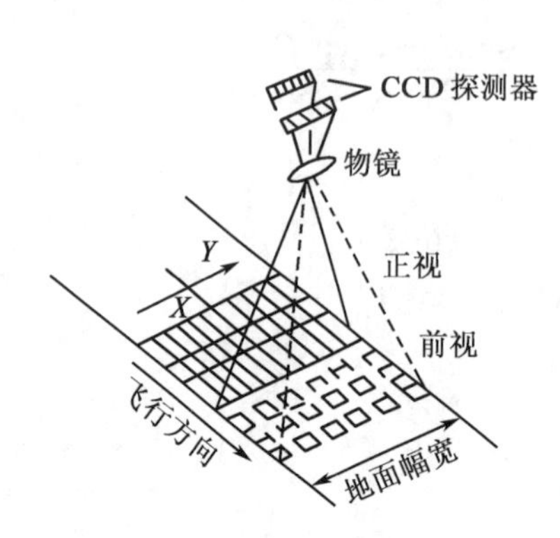

图 8-5　推扫成像示意图

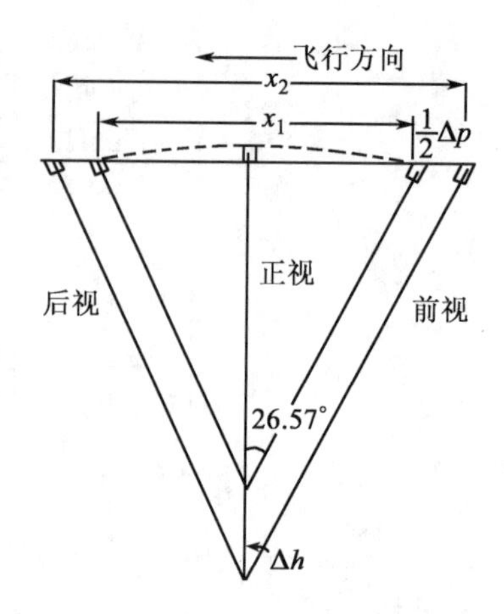

图 8-6　三个像机立体观测的几何关系

$$\Delta P = X_1 - X_2 \tag{8-12}$$

几何关系为：

$$\frac{1}{2}\Delta P = \frac{\Delta h}{M}\tan\alpha \tag{8-13}$$

所以

$$\Delta h = \frac{\Delta P}{2\tan\alpha}M \tag{8-14}$$

由于 $\alpha=26.57°$，$\tan\alpha=0.5$，因此

$$\Delta h = \Delta PM \tag{8-15}$$

当然以上是理想情况，具体量测立体模型时应考虑姿态角的影响。尤其是卫星从向前指向运行到向后指向同一地物点时，需要有 92s 的时间间隔，在这段时间里，卫星姿态的变化，将使高差的求解变得十分复杂。

3. 其他用于立体测图的卫星

其他已发射和近期待发射的用于立体成像的卫星列于表 8-4。从表中可以看出，同轨立体成像在逐步替代邻轨立体成像。

表 8-4　其他用于立体测图的卫星

卫星名称	发射者	立体构像方式	立体视角	基高比	分辨率	发射情况
Spacelab RMKA30/23	欧空局	同轨立体	纵向重叠 60%～80%	0.32	39 线对/mm	已发射
Space Shuttle LFC	美国	同轨立体	纵向重叠 60%～80%	0.6～0.9	80 线对/mm	已发射
SPOT1～3	法国	邻轨立体	侧视 0°±27°	0～1	10m	已发射
MOMS-02	德国	同轨立体	前后视±21.4°	0.6～1.2	13.5m	已发射
IRS-1C/1D	印度	邻轨立体	侧视 0°±26°	0～0.9	5.8m	已发射
CBERS (ZY-1)	中国、巴西	邻轨立体	侧视 0°±28°	0～1.1	20m	已发射

续表

卫星名称	发射者	立体构像方式	立体视角	基高比	分辨率	发射情况
OM-1	英国	同轨立体	前后视	0.7	2.5m	计划中
EOS ASTER	美、日、欧	同轨立体	前视、下视	0.6	15m	已发射
EarlyBird	美国	同轨立体 邻轨立体	前后视±30° 左右视±28°	0.6～1.2 0.5～1.1	3m	已发射但失败
QuickBird	美国	同轨立体 邻轨立体	前后视±30° 左右视±28°	0.6～1.2 0.5～1.1	0.61m	第二次发射成功
JERS-1 VNIR	日本	同轨立体	前视、下视、侧视±15.3°	0.4	20m	已发射

8.1.4 浅水区的地形测绘

电磁波对水有一定的透射能力,因此传感器除了接收到水面的反射、辐射外,在某种情况下还接收到透过水层底面上反射回来的电磁波,这就有可能用这种信息来测量水深或水底地形。为了进行这样的工作,必须对水透射电磁波的特性进行研究。主要集中在两个方面:一是水对哪些波区的电磁波有透射特性,透射强度与水深的关系;二是水质对电磁波透射和反射的影响。根据实验测定清洁水层与太阳光谱透过率的关系列于表8-5。从表中可以看出,0.3～0.6μm 的蓝绿色光透过率最大。在水深10m 处还有170‰以上的太阳辐射能,其他波区相对比较小。近红外区吸收严重,透过率更小。从表中可以看出一般在30m以内的水下地区,可以从遥感图像上分辨出来。在蓝绿波段的卫星像片上,清洁水在不同的水深处表现出不同的灰度。测绘水的等深线可以使用第5章中介绍的密度分割方法,反射亮度相同的地方被认为是一样的深度。

表8-5 不同厚度水层的太阳光谱透过率/%

波长区间 Δ/μm	水层厚度								
	0	0.001	0.01	0.1	1	10	100	1000	10000
0.3～0.6	237.0	237.0	237.0	237.0	236.2	236.2	229.4	172.9	13.9
0.6～0.9	359.7	359.7	359.7	359.0	353.4	304.9	128.6	9.5	
0.9～1.2	178.8	178.8	178.1	172.2	122.8	8.2			
1.2～1.5	86.6	86.1	81.8	63.3	17.1				
1.5～1.8	80.0	78.2	63.7	27.0					
1.8～2.1	25.0	23.0	10.9						
2.1～2.4	25.3	24.5	18.9	1.1					
2.4～2.7	7.2	6.3	2.0						
2.7～3.0	0.4	0.2							
总计	1000	993.7	952.1	859.6	730.2	549.3	358.0	182.4	13.9

美国还使用过两种不同透过率波段的图像的亮度值来求水深，其公式如下：

$$Z=\frac{1}{f(\theta,\phi)(\alpha_1-\alpha_2)}\ln\left(\frac{K_1V_1H_1\rho_1}{K_2V_2H_2\rho_2}\right) \tag{8-16}$$

式中：Z——水深；

$f(\theta,\phi)$——与观测角 θ 和太阳高度角 ϕ 有关的系数；

α_1,α_2——水对不同波长的电磁波的吸收系数；

K_1,K_2——仪器响应系数；

V_1,V_2——多光谱扫描浅水标志时，两个光谱段(如 MSS-4，MSS-5)的亮度值；

H_1,H_2——太阳入射光谱辐射通量密度；

ρ_1,ρ_2——水底两个光谱段的反射率。

水深 5m 以内时相关性好，水深大于 30m 时，反射光太弱已很难从遥感影像上显示出来。即使在水深 30m 以内，也必须在平静的清洁湖水和浅海区。如果要增加测量深度和提高测深精度，必须结合其他方法进行，还需有必要的基础数据和参考数据进行综合海底地形测量。图 8-7 所示为用于我国南海岛礁区浅海水深测量的方案之一。

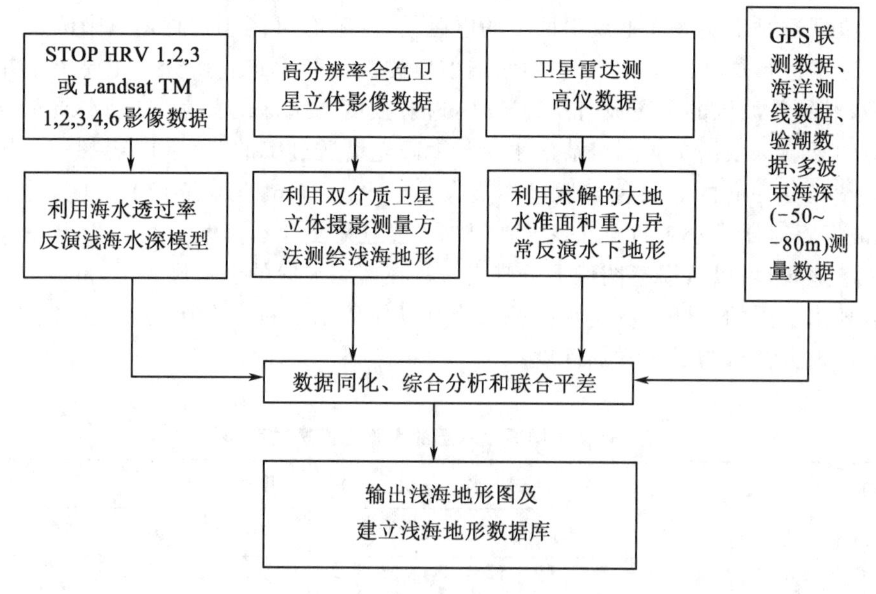

图 8-7　浅海地形测量方案

该方案运用三种方法和必要的各种基础和参考数据进行综合浅海地形测量，其中遥感影像反演浅海地形只能测绘 0～30m，它需要 GPS 数据和双介质摄影测量数据，从陆地上引入高程和坐标并加强测绘精度。双介质立体摄影测量只能测绘 0～10m，其精度较高，可改善遥感影像反演浅海地形。对于－30～－50m 浅海地形，使用重力场反演作为补充，再运用双介质立体摄影测量，遥感影像反演浅海地形数据及多波束海深测量数据进行内插和联合平差提高测量精度。

但水质条件很差的地方，如泥沙含量大时，污染水、水中叶绿素含量大的水区不适用。

此外与水底物质有关，水质变化会使水的光谱透过率明显下降，如图 8-8 所示，在这些情况下，大多利用其反射率的变化来研究水中悬浮泥沙的含量，水污染物质的分析及富营养化的作用等。

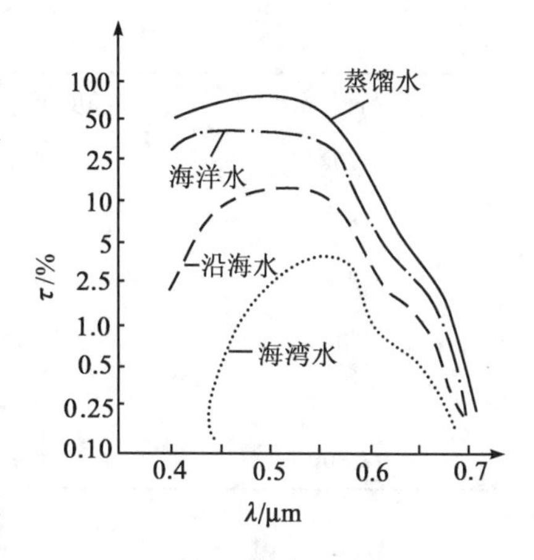

图 8-8 当穿透厚度为 10m 时各种水体的光谱透射曲线

8.1.5 南极冰面地形地貌测绘

1. TM6 热图像测绘南极冰面地形图

1）冰面高程信息提取

在南极大陆，大片冰盖，白茫茫一片，无论航空照片或卫星照片，雪面的高强度反射，使影像一片白，很难观测立体。在热红外区，影像的亮度值与地面温度和发射率有关，雪面反射在这个波区很弱，地面的温度随高度而下降，在南极大陆特殊环境条件下，全为冰雪覆盖，其发射率为一常数（据测定东南极中部冰盖的发射率 $\varepsilon=0.70$），因此有可能利用热图像来提取南极冰盖表面的高程信息。TM6 是一个热图像，其光谱响应范围是 10.4～12.5μm，根据普朗克定律，冰面辐射功率可写成：

$$W^{\text{ice}} = \varepsilon\int_{10.4}^{12.5} \frac{2\pi hc^2}{\lambda^5}\frac{1}{e^{hc/\lambda KT}-1} \tag{8-17}$$

普朗克公式是定义在单位波长上的，因此将式(8-17)的定积分展开为

$$W^{\text{ice}} = \varepsilon^{\text{ice}}\left(\frac{2\pi hc^2}{11^5}-\frac{1}{e^{hc/11KT}-1}+\frac{2\pi hc^2}{12^5}\frac{1}{e^{hc/12KT}-1}\right) \tag{8-18}$$

可见 W^{ice} 仅与 T 有关，即

$$W^{\text{ice}} = f(T) \tag{8-19}$$

成像后图像亮度值与 W^{ice} 成函数关系，因此

$$I^{\text{ice}} = f(T) \tag{8-20}$$

而冰面的温度是随高度增加而有规律地递减的，最终

$$I^{\text{ice}} = f(H) \tag{8-21}$$

根据日本昭和基地至瑞穗基地之间测定，高度每上升 100m，温度下降 0.77K，我国中山站南部地区随冰面高程上升温度下降的速率为每 100m 在 0.5～0.7K 之间。

根据美国空军航空导航图信息服务处（USAF）出版的普里兹湾 1∶100 万地图上选择 18 个高程注记点，在纠正后的 TM6 图像上读出其亮度值（表 8-6 列出部分高程点的测量值），可见图像亮度值与高程之间的关系符合式(8-21)的关系。

表 8-6 高程点与影像亮度值对应表

高程/m	经度 E/(° ′ ″)	纬度 S/(° ′ ″)	亮度值
300	76 41 55	69 21 38	72.0
600	76 37 29	69 28 08	66.0

续表

高程/m	经度 E/(°　′　″)	纬度 S/(°　′　″)	亮度值
700	76 35 51	69 31 39	63.0
800	76 32 49	69 37 04	61.0
900	76 26 51	69 47 04	60.0
1 000	76 28 25	69 51 24	58.8
1 100	76 22 02	69 56 48	57.3
1 200	76 19 17	70 00 32	56.4

根据实测数据,用高次拟合法求解待定系数,然后对每个图像点求其高程值。拟合公式为

$$H = C_i I^i \tag{8-22}$$

式中:$i=0,1,2,\cdots,m$;m 为选择的最高次项数。

解求待定系数:

$$\boldsymbol{\Delta} = [A^{\mathrm{T}} \quad A]^{-1}[A^{\mathrm{T}} \quad M] \tag{8-23}$$

式中

$$\boldsymbol{\Delta} = [C_0\ C_1\ C_2 \cdots C_m]^{\mathrm{T}}, \quad \boldsymbol{A} = \begin{bmatrix} 1 & I_1 & I_1^2 & I_1^3 & \cdots & I_1^m \\ 1 & I_2 & \cdots & \cdots & \cdots & I_2^m \\ \vdots & \vdots & & & \vdots & \\ 1 & I_n & \cdots & \cdots & \cdots & I_n^m \end{bmatrix},$$

$$\boldsymbol{M} = [H_1 \quad H_2 \quad H_3 \quad \cdots \quad H_n]^{\mathrm{T}}$$

将待定系数 C_i 代入式(8-22),对图像每一个像元计算其高程 H,最后内插出整高程处的等高线,绘制成地形图。

2) 各种影响因素的分析和处理

式(8-22)是在理想状态下求解每个像元的高程,实际上有许多因素影响其求解精度,以下从 7 个方面来分析它们对求解高程精度的影响程度和处理方法。

(1) 发射率的影响

上述中指出冰盖的发射率为一常数,但该测区高程 100m 以下出海口的冰川舌成裸露冰,与冰盖的发射率不一致,此外,沿海地区的裸岩和水面的发射率与冰盖相差较大,由于这里最高的裸露山峰为 160m,为了防止这些地物因发射率不同对高程信息提取的影响,测绘地形图时高程从 200m 开始。

(2) 反射光的影响

在南极冰盖上,人们普遍感到反射辐射强度异常的强,据测定在 0.5μm 的蓝绿光区反射率达 90%以上,进入红外区时急剧下降,在 1.4μm 以后反射率很低,甚至趋于 0,如图 8-9 所示。人眼只对可见光敏感,看不到红外光,假设人眼能感觉 10.4～12.5μm 处的红外光,那么雪看起来是十分黑的,由此看来,尽管南极雪面反射强度很大,对于 10.4～12.5μm

波区的影响可以忽略不计。

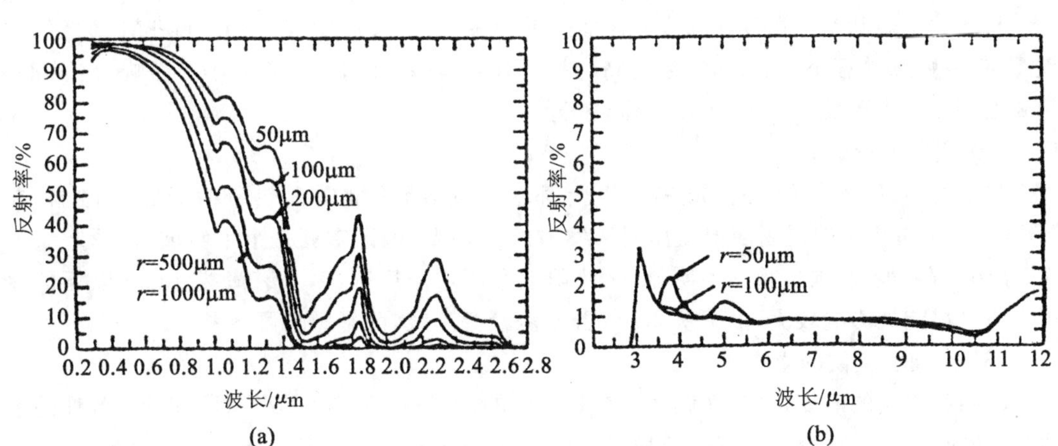

图 8-9 冰面光谱反射率

(3) 离海岸远近的影响

由于海洋比冰盖的温度高，又因洋流尤其是“暖”流的影响，离海岸距离不同而高程相同的地点，温度是不同的，这就使高程解算产生误差，这时必须根据离海岸的距离大小对式(8-22)解算的高程加以修正。表 8-7 列出了另一组离海岸距离不同的高程点(左)，并与表 8-6 的高程点(右)作比较，可见距离差小时对亮度值影响不大，距离差大的、离海岸距离远的和高程高的影响大，但基本上是递减的规律，加以改正后可以明显提高高程解算精度。

表 8-7 离海岸距离与亮度值的关系

高程	经度 纬度	离海岸 距离/km	亮度值	经度 纬度	离海岸 距离/km	距离差 /km	亮度值	亮度 值差
700	76°58′36″ 69°26′00″	18	63.0	76°35′51″ 69°31′39″	17	1.0	63.0	0
800	77°07′24″ 69°26′30″	24	61.0	76°32′49″ 69°37′04″	25	−1.0	61.0	0
900	77°20′16″ 69°27′20″	29.5	60.0	76°26′51″ 69°47′04″	28.5	1.0	60.0	0
1000	77°35′04″ 69°28′10″	32	58.6	76°28′25″ 69°51′24″	30	2.0	58.8	−0.2
1100	78°19′38″ 69°24′07″	40	56.8	76°22′02″ 69°56′48″	35	5.0	57.3	−0.5
1200	78°22′26″ 69°29′17″	50	55.6	76°19′17″ 70°00′32″	37	13.0	56.4	−0.8

(4) 纬度的影响

极区的地表和空气温度随纬度升高而降低，是一种大尺度的变化。一幅 TM 影像纬差仅 1°多一些，影响很小，测区内纬度变高与高程升高是一致的，即使有微小的影响，在表 8-6 量测的亮度值中已反映出来，不需另作改正。

(5) 阴影的影响

如上所述，因入射的太阳光 90% 以上都被反射掉，因此雪面热量的吸收很微弱，在 TM6 波段范围内主要是雪面温度作用下发射的红外光，测区雪面是个大斜坡，地形起伏不大，冰沟很宽、很浅，沟边轮廓不明显，因此阳坡和阴坡温度很小，只有海拔 200m 以下的冰川入海口很陡处影响较大，由于从 200m 开始测绘等高线，阴影影响可不考虑。

(6) 时间和气候的影响

时间和气候的改变，对雪面温度影响是很大的，但整幅影像在 20 多秒中获取，各处的地物几乎同时得到。在影像内，各处间的相对关系是稳定的。气候的影响也与时间有关，南极该地区一般在晚上 10—12 时开始从内陆向海边刮猛烈的下降风，冰面温度骤然下降，至次日上午 7—8 时结束，早晨 2—4 时温度最低，据 1993 年 1 月 27 日在拉斯曼丘陵以南测定，温度下降 5～7℃，到早晨 6 时开始又渐渐返暖，七八点时已经影响较小，下降风在该地区也是从海拔高的地区刮向海边，风源(冷端)在高处，与高程变化也是一致的，其影响也在表 8-6 量测的亮度值中表现出来，也不需另作改正。

(7) 噪声的影响

TM6 的等效噪声温度为 0.5K，在南极该地区比高 1000m 温差在 5～10℃(同一时刻、同样天气、局部地区)，测绘 50m 等高距的等高线时小于 0.5K，因此等高距只能定在 100m。

3) 高程信息提取的精度

检验地形图精度的最佳方法是野外实地测绘检查点。1990 年 1 月中国极地研究所在该地区冰上测定了 40 个高程点，将这些高程点的坐标标在影像图上，与 TM6 测绘的等高线比较，图上的高程用上下两根等高线最短平面距离内插求得，用均方误差求得高程中误差为±13.34m，不到 1/2 等高距，小于国家测绘局规范规定的限差。1997 年 12 月中国南极内陆冰盖考察时，用 GPS 在更大范围内对该图进行随机检测，高程偏差都在 10m 以内。上述方法在南极中山站地形图获取过程中曾被采用，同时还利用了 TM 热红外影像辅助绘制等高线，为我国南极内陆冰盖考察提供了可靠的基础图件。

2. 冰貌信息提取

冰貌的测绘是通过对图像的机助目视判读方法实现的。主要依据各种冰川类型在图像上的空间特征和光谱特征进行判读，对于 TM7 个波段，在冰上反映冰貌空间和光谱特征最好的是 TM4,3,2。TM1 只能区分冰雪与非冰雪的界线，TM5,7 可调查湿度、冰雪融解特点等，TM6 如前所述提取冰面高程信息。图像采用分类增强的方式，使各种冰貌类别以最佳色调显示，具体判读要依据冰川的类型来进行。

冰川是一种密实程度不同的冰雪堆积物，它在地心引力场自重作用下运动，以降雪形式补给冰川系统的物质，又通过各种过程，包括冰面消融、升华和冰山崩解等消耗冰川物质，在冰川物质的收支过程中，冰川运动将冰川物质重新分配以求达到新的平衡状态。按冰川的大小和下伏地形状况，可分成不同类型的冰川，主要的类型有冰盖、冰坡、溢出冰川、大冰沟、冰丘、冰裂缝、冰山、海水、冰架等，它们的外貌特征不同。各种冰貌类型的判读特征如表8-8所示。

表8-8 冰貌及其判读特征

冰盖	呈连续的冰体，永久冰冻。覆冰厚度边缘为几十米，大部分为几百米和几千米，中山站南部冰盖是南极冰盖边缘很小一部分。冰盖表面平缓，一片亮白，其上有其他各种冰貌类型分布。
冰坡	中山站以南地区，冰上地形从海边的0m开始至80km处，海拔达1500m(见图8-11)，是由于冰下地形的走势和冰雪从冰盖中部向外移动及堆积成的一个大陡坡。
溢出冰川	是从冰盖和冰帽经过由冰碛和山体围成的特殊谷地向外流出形成。本区的溢出冰川主要也是冰盖下移时，受下伏地形和冰碛等的影响形成宽窄不同的冰流。在图像上的特征是纹理结构明显，冰川舌部有许多冰裂缝，形成棋格状和沿冰川流动方向的许多流苏状沟条，把冰川的宽度、形状和流向表现得一清二楚。
大冰沟	溢出冰川的中上游部分，冰盖向外移动，堆积物聚集在大冰沟中向外流去。大冰沟宽而平，表面覆雪，明显的冰裂缝很少，由于沟边有一定比高，阴影能显示出冰沟的走向和形状。
冰丘	呈穹形的冰川，也称冰帽，一般覆盖在高地地区。本区在斯托尼斯半岛上有个小冰丘，阴影和向阳坡反差逐渐变大，形成明显的圆馒头状隆起。
冰裂缝	冰从高处往低处移动时，受地形和其他因素影响，产生许多裂隙，有的深达几百米，称冰裂缝，本区在各种冰川舌上和陡坡上发育明显，阴影作用下反差大，纹理明显，有条状、棋格状和雨裂状等。
冰山	大部分冰山是由于冰川伸入海中崩裂而形成，又随海流和强风推动而漂离海岸。冰山分布在海岸边和海湾中，其光谱亮度比海冰高，从图像上能明显地区分。其形状是孤立的大块和小块冰山，有时是串珠状，由于融化和风蚀作用，有明显的起伏变化，从形状上能与海水明确分开。
冰架	是指连续伸展到海洋不着地的或漂浮在海面上的那部分冰盖，本区在影像西南角由三条冰川流入海洋而形成的一个冰架。
海水	冬天封冻的海水，夏天大部分融化，仅沿海由于气温低，又受大陆冰盖低温的影响而没有消融。海冰大部分厚度在2m左右，夏天变薄，海冰的光谱特性曲线与其他冰的形状和走向相似，但各波段亮度偏低，在各类冰貌中偏暗，其表面平整光滑，纹理特性不明显。

3. 相干雷达(InSAR)影像测绘南极地形图

1) 相干雷达测绘地形的原理

第1章中讲述了单色光的相干性，雷达发射的电磁波具有单色性，两束同一频率不同方向来的雷达波到达同一点时会发生相干，不同位置的点由于到达的两束雷达波相位不同，相干的程度也不同，相干雷达测绘地形是利用这一特性来实现的。第2章和第3章分别介绍了用于InSAR技术的欧空局ERS-1和ERS-2卫星遥感平台及合成孔径侧视雷达的成像原理，这两颗卫星获取影像的分辨率是30m，获取日期ERS-1 1996.1.18(编号23591-056-5679)，ERS-2 1996.1.19(编号03918-056-5679)，基线分量：$Bx=+58\text{m}$，$By=+114\text{m}$；影像中心坐标：75°00′E，72°15′S(位于Grove地区)。解算高程的原理如图8-10所示。

第一步是根据ERS-1(A_1)和ERS-2(A_2)到达地面点P的相位差Φ求距离差δ：

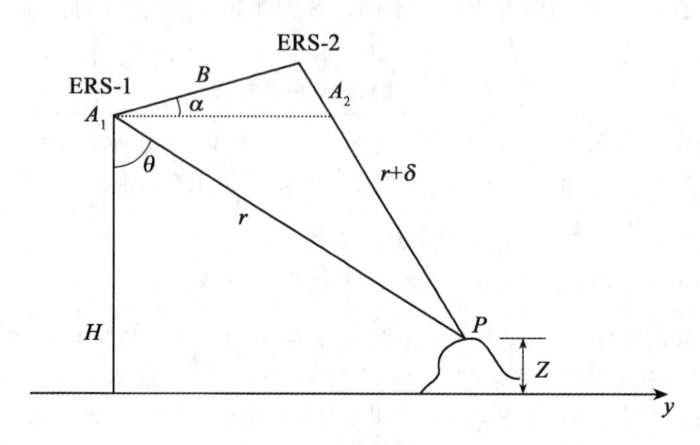

图 8-10　相干雷达解算高程的原理图

$$\Phi = \frac{4\pi}{\lambda}\delta \tag{8-24}$$

第二步是求入射角 θ：

$$\sin(\theta - \alpha) = \frac{(r+\delta)^2 - r^2 - B^2}{2rB} \tag{8-25}$$

式中：r 是 $(P - A_1)$ 的斜距，B 是基线，α 是基线与水平线的夹角。

第三步是求 P 点的高程 Z：

$$Z(r, \theta) = H - r\cos\theta \tag{8-26}$$

式中：H 是卫星高度。

2) InSAR 解求高程的流程

InSAR 解求高程的流程如下：

InSAR 影像对→影像配准→干涉成像→去平地效应→噪声滤波→基线优化→相位解缠→高程计算。

图 8-11 是 Grove 山地哈丁山地区的单幅雷达影像，是图 8-2 的中间小部分地区。由于传感器在不同位置获取两幅影像，必须作影像配准，影像配准模型如下：

$$E_{1x} = \sum_{i=0}^{N}\sum_{j=i}^{N} a_{ij} E_{2x}^{i} E_{2y}^{j-i}$$

$$E_{1y} = \sum_{i=0}^{N}\sum_{j=i}^{N} b_{ij} E_{2x}^{i} E_{2y}^{j-i} \tag{8-27}$$

配准精度达到 0.1 个像元才能不影响相干条纹的质量。

两幅配准后的影像叠加后生成的干涉图，由于基线的垂直分量，使相同高度的平地，在干涉图上出现干涉条纹，可用基于轨道参数和成像区域中心点位置或利用粗精度的 DEM 等方法加以消除。第二个问题是噪声造成相位的不连续性，影响相位解缠的精度，可用各种滤波方法消除噪声。此外由于时间误差造成的基线误差用卫星轨道模型加以优化。经去平地效应，噪声滤波和基线优化后的干涉图如图 8-12 所示。

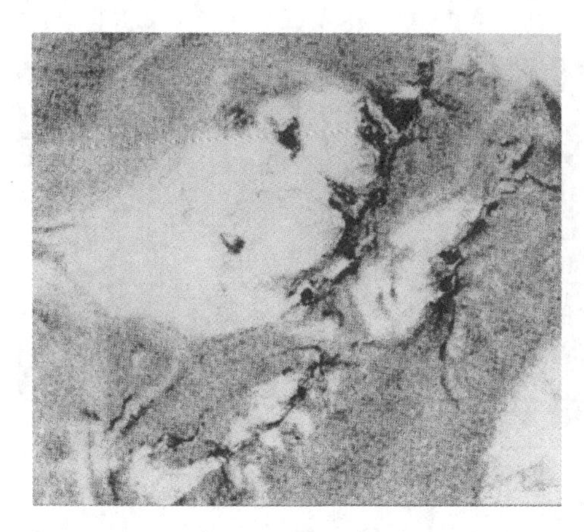

图 8-11 Grove 山地哈丁山地区的 InSAR 图像

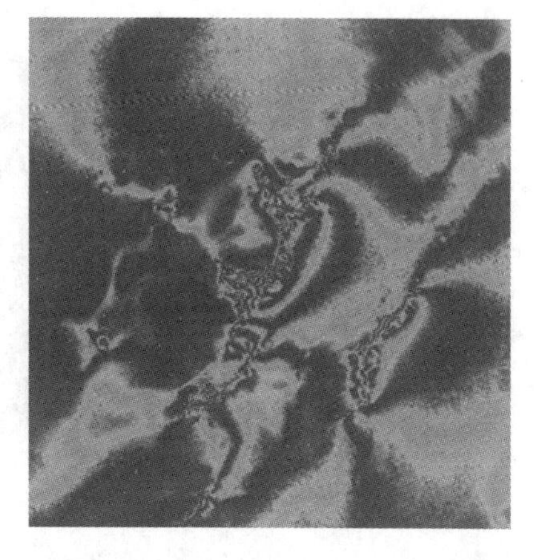

图 8-12 Grove 山核心区干涉条纹图

利用影像相位差生成的相干图丢失了 $2k\pi$ 个波，相位解缠的目的是求取 k 值，以解算斜距和高程。主要解缠方法有路径跟踪法(基于像元到像元的局部运算)和最小二乘法(基于解缠前后相位梯度差最小)等方法。相位解缠后可生成 DEM 和地形图。

8.2 遥感技术在环境和灾害监测中的应用

地球环境是一个庞大而复杂并且在不断变化的系统，由于人类活动和自然本身演变的原因，使地球环境产生急剧的，甚至发生一些灾难性的变化。如地球温室效应、厄尔尼诺现象、海洋赤潮和海啸、洪涝和旱灾、臭氧空洞、沙尘暴、南北极和珠峰的冰雪线退化等。遥感是监测这些环境现象的最佳方法之一，这一节将通过各种具体的环境现象遥感监测，来证明这种方法的有效性和可靠性。

8.2.1 遥感方法快速监测洪涝灾情

1998 年受厄尔尼诺现象的影响，我国长江中游从宜昌至南京全线突破警戒水位，7 月中、下旬，川、黔、湘、鄂、赣再次下大到暴雨，沿江各省告急，尤其是湖北省簰洲湾发生决口，侵吞了簰洲湾合镇岭，造成重大生命财产损失。

由于水灾期间往往阴雨连绵，常规遥感方法已无法探测，而雷达图像能穿云过雾，因此是监测洪涝灾害的有效手段。为了监测水情，还须将现时的雷达影像与原先的 TM 图像进行精确配准后作融合处理，在融合影像上先清楚地显示出清水、浊水、新淹没积水区，地表无明水但土壤为水分饱和的内涝滞水区、植物正常生长的无灾区及城镇居民点等。图 8-13(a)(彩图见附录)为 1998 年 8 月 1 日 6 时前武汉地区融合影像，品红色区为淹没区，绿色区为未淹没的植物覆盖区，这时簰洲湾尚未被淹。8 月 1 日晚 8 时簰洲湾溃口，从 8 月 1 日以后的 SAR 与 TM 融合的影像上看(图 8-13(b)，彩图见附录)，簰洲湾已被品红色(新淹没区)和蓝色(水区)所覆盖。

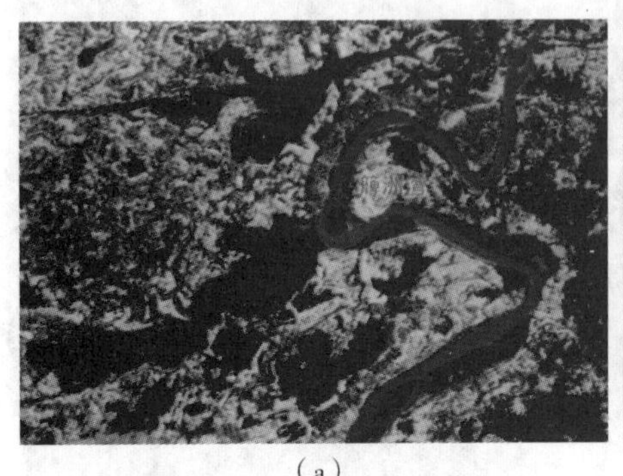

(a)
1998年8月1日早晨6时前的影像

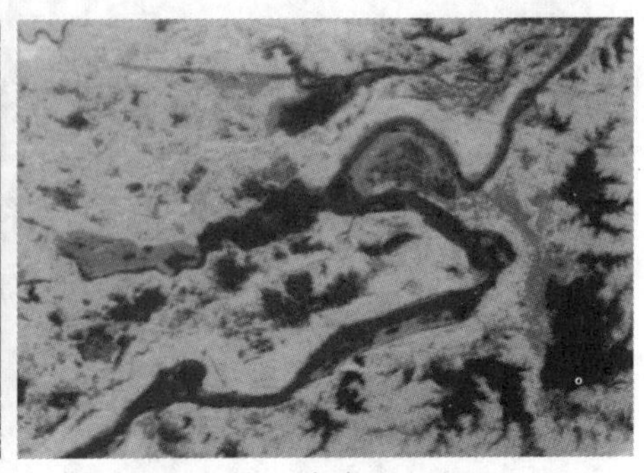

(b)
1998年8月1日晚8时后的影像

图 8-13　SAR 与 TM 融合影像

8.2.2　遥感方法监测沙尘暴

沙尘现象(扬沙、沙暴、浮尘)是灾害性天气。对农业、牧业、工业及交通运输均会造成不良影响。表 8-9 列出了近年来北京地区沙尘日数。

表 8-9　1985—1990 年北京沙尘日数

月份	1	2	3	4	5	6	7	8	9	10	11	12	总计
次数	4	3	8	29	16	1	1	0	0	1	5	1	69

从表 8-9 可以看出，北京地区沙尘主要发生在春季 3—5 月份，尤以 4 月为多，6 年间出现 29 次，平均每年 4.8 次。例如，1990 年 4 月 25 日的沙尘暴天气为多年来罕见，致使北京地区白天的水平能见度仅达数百米。这里以气象卫星资料为主，半定量地分析了上述过程的某些特征。

1990 年 4 月 24—25 日，我国北方地区有一次较强的冷空气活动。地面气旋的中心位于黑龙江省北部，与其相连的地面冷锋在 25 日 14 时(北京时)移过北京，由于水汽条件差，锋面过境时未产生降水，锋后有 7～8 级西北大风，相伴有沙尘暴天气。在 700 百帕上有风速≥25m/s 的急流与之配合，图 8-14(彩图见附录)所示为北京地区的一次沙尘暴实况卫星影像。

NOAA 卫星 AVHRR 有 5 个光谱通道，分别位于可见光、近红外和热红外波段。可见光通道接收下垫面反射的太阳辐射，用来推算反射率；热红外通道接收来自下垫面的热辐射，由此得到下垫面温度。由于沙尘暴云系与其他云系和地表在反射率和温度场上均有所差异，所以 NOAA 卫星可以监测沙尘暴的发源地、影响区域和影响高度，并可计算面积。现对沙尘暴天气卫星图片特征分析如下：

1. 沙尘暴云系特征

在 NOAA 卫星图片上，由沙尘形成的云系为盾状，呈西北至东南走向，基本与中低空急流走向一致。上游较窄，下游较宽，主要位于 112.5°—117°E，42°—40°N 之间的地区，与 700

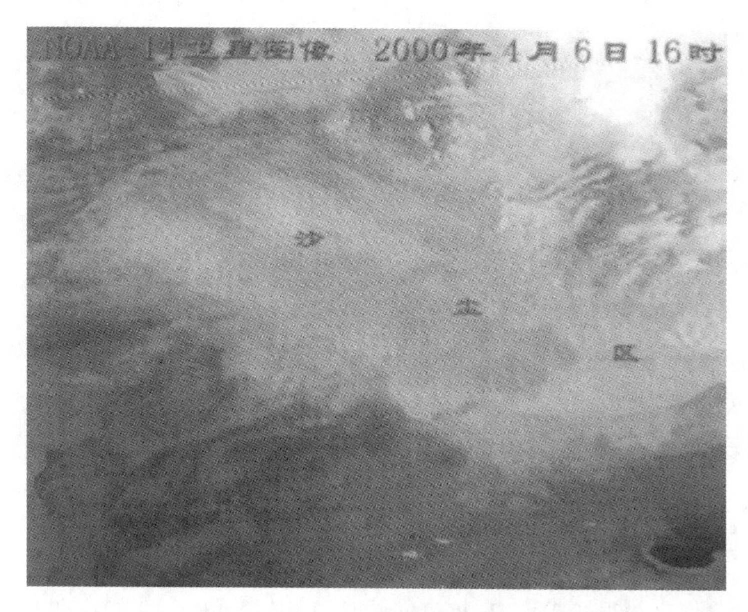

图 8-14 2000 年 4 月 6 日卫星影像显示发生在北京的沙尘暴

百帕气流有较好的对应关系。分析卫星图片得知，本次过程发源于二连至锡林之间的沙漠地带，在移动过程中沙暴区前沿迅速向周围扩展和加强。

2. 云顶反射率分析

在 CH_1(0.56～0.68μm)密度分割后卫星图片上沙尘暴云系边缘部分反射率为 10%～15%，绿至黄色调；中间部分的反射率大于 20%，黑至红色调，可以推测，其密度分布不是均匀的，在云系中间存在着一条呈带状分布的高浓度区。

3. 沙尘暴影响高度

分析 CH_4(10.5～11.3μm)沙尘暴云顶相当黑体温度(T_{BB})分布发现云顶温度分布也是不均匀的，边缘部分为－12℃，往里，温度下降，在中间有一带状的低于－15℃等温线形成的低温区。这一特点证明，云系的中间高度要比周围高。利用湿度对数压力图法计算表明，－15℃相当于 600 百帕高度上的大气环境温度，故可算出，此次沙尘暴影响高度在4 000m左右。

4. 沙尘暴面积计算

地球本身是一个椭球体。这里计算的面积实际上是求算各个经纬度范围内代表沙尘暴的像元面积之和。即

$$S = \sum \Delta S_i(\alpha) \approx 63.773\text{km}^2 \tag{8-28}$$

式中：$\Delta S_i(\alpha)$是沙尘暴区每个像元面积，它是纬度(α)的函数。具体算法如下：

(1) 每个像元长度＝每个纬度间隔长度/显示屏上一列像素/(显示屏上最大纬度值－最小纬度值)

而每个纬度间隔长度为

$$\frac{2\pi\alpha\left[1-\left(\frac{1}{2}\right)^2\varepsilon^2-\left(\frac{1.3}{2.4}\right)^2\frac{\varepsilon^4}{3}\right]}{360} = 111.130\text{km(为常数)} \tag{8-29}$$

其中，
$$\varepsilon=\frac{\sqrt{a^2-c^2}}{a}$$

(2) 每个像元宽度＝每个经度间隔长度/显示屏上一行像素个数/(显示屏上最大经度值－最小经度值)

而每个经度间隔长度为

$$\frac{\text{纬度周长}}{360}=\frac{2\pi ac\sqrt{\dfrac{1}{c^2+a^2+\tan^2\alpha}}}{360} \tag{8-30}$$

式中：a——地球赤道半径；

c——地球极地半轴径；

α——纬度。

由于每条纬度线的周长都不相等，所以每个像元面积是纬度的函数。

8.2.3　遥感在森林火灾监测中的应用

1987 年 5 月黑龙江省大兴安岭发生特大火灾。火灾发生首先由气象卫星热红外图像发现高温火点区，但火势很快扩展，在抗灾的同时，利用 Landsat 卫星上的 TM 专题制图仪，接收 1987 年 5 月 23 日、5 月 30 日、6 月 15 日的图像。镶嵌成过火区的卫星影像如图 8-15(彩图见附录)所示。

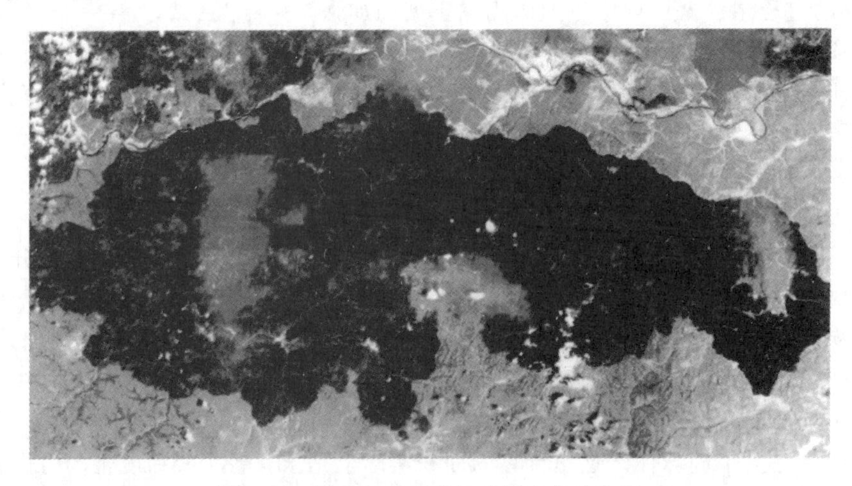

图 8-15　黑龙江大兴安岭森林火灾过火区

从影像上可清楚地看到过火区南北 100 多千米，东西达 200 多千米，到接收日还有明火在燃烧，但周围已挖好隔离带，火势已被控制。经对影像分析建立重度、中度和轻度灾区的判读标志，并据此解译出此次火灾的灾情分布。灾情等级的划分原则为：

重度灾区，为树冠火、地面火、地下火(地面植被及可燃堆积物内)通过地区。火焰温度高，全部立木及幼树、草、灌均烧死，图像上的特征显示为褐色连片区域。TM 图像上清晰的形迹表明，重度灾区基本是火灾初期，由三个起火点因七、八级大风所造成的火旋风及狂燃阶段所通过的区域。

中度灾区，主要是地面火及树冠火通过的区域。图像显示为在褐色背景上分布细碎绿色区。表明林中下木、地被植物及部分树冠被烧，幼树及部分立木被烧死。

轻度灾区，主要是地面火通过区域，立木基本未受损害。图像中显示为与未过火区相似的色调，但稍暗，与中度灾区相比，这种绿色区连片较大。

在火灾期间，部分林木枝叶烧焦，但树木并未烧死，这一情况主要出现在中度灾区及重度灾区的边缘。经过一年，这些林木又萌生出新的枝叶，在1988年的TM图像中(1988年6月1日、10月7日)得到显示。因此，利用1988年的TM图像，可对依据火灾期间的TM图像得到的灾情分布状况进行修正，表8-10显示这一修正结果。1988年不同时相TM图像的应用在于消除过火区新萌生的草本植被的干扰。

表 8-10 依据 1987 年、1988 年 TM 图像解译的过火灾区情况统计

灾区类型	1987年火灾期间TM图像统计/hm²	比例/%	依据1988年TM图像修正后统计/hm²	比例/%
重度灾区	682 802	52.84	675 972	52.3
中度灾区	238 651	18.47	140 471	10.87
轻度灾区	370 784	28.69	475 794	36.83
总 计	1 292 237	100	1 292 237	100

注：以上数字按过火的全部面积量算未扣除居民点和非林地面积。

1990年5月的TM图像显示了灾后三年的过火区状态。图像显示，中度和轻度灾区，其色调已同未过火区一致。表明在这些地区经过三年的恢复，活的林木已消除了火烧的影响，林下植被也得到充分发育，成为正常的群落结构。另一方面，从森林生态关系分析，在此类地区，活的地被物的烧掉及抗火灾能力较差的白桦的烧死，更有利于针叶林球果的入土并为新苗的出土和成长准备了空间和肥料。所以轻度灾区的过火，并未造成危害，从另一种含义讲，可促进天然更新。在1986年的TM图像中(1986年6月5日，WRS121/23)，观察到苏联境内有许多块新旧火烧迹地，在对本次火灾过火区的考察中了解到，每年初冬，苏联都有控制地人为放火，作为一种人促更新的手段。

重度灾区的影像特征，显示了本次火灾的严重后果。绝大部分地区为淡棕色，这是裸露地面的特征。部分山地和坡地也显示了淡绿色的植被特征，但与灾前TM图像相比，这些地区的一部分是无林区或林木稀疏地区。地面主要生长的是草、灌，灾后，草、灌仍得到很好发育。另一部分是林木被完全烧死的地区，过火木被砍伐后新萌生的草灌植被。

因此，依据重度灾区的影像特征，应用寒温带地区森林群落的生态关系演替规律，可以得出，重度灾区大面积森林被烧死烧光，连土壤中的种子也被烧死，针叶树失去种源，无法天然更新。这些裸露的火烧迹地，将会被先锋树种白桦(山杨)所占据。在大兴安岭北部，因立地质量太差，绝大部分白桦不能形成大径材而失去经济价值。同时，大范围的裸露，森林环境丧失殆尽，将使干旱阳坡更为干旱，并促进了水土流失。水湿地则趋向沼泽化，恶化了该地区的生态环境，更增加了落叶松林恢复的困难。

以上分析从 1990 年 5 月 9 日(与卫星过境相差 4 天)航摄的大比例尺彩红外照片中得到初步印证。

8.2.4 臭氧层监测

臭氧层分布于地球上空 10～50km 的平流层中,浓度最大处在 20～23km。臭氧能阻挡太阳光中的紫外线入射到地面,如果紫外线很强,则地表生物将被大量杀伤,因此,臭氧层中的臭氧含量是影响地面生态环境的重要因素。

臭氧对 0.3μm 以下的紫外区的电磁波吸收严重,因此可以用紫外波段来测定臭氧层的臭氧含量变化。在 2.74mm 处一个吸收带,因此可用频率为 11 083MHz 的地面微波辐射计或射电望远镜来测定臭氧在大气中的垂直分布。此外,臭氧层由于吸收太阳紫外线而增温,如果臭氧含量多则增温高,反之则低。因此又可使用红外波段来探测。如用 7.75～13.3μm热红外探测器在卫星上测定臭氧层的温度变化,参照臭氧浓度与温度的相关关系,推算出臭氧浓度的水平分布。

1920 年多布森(Dobson)使用多布森臭氧光谱摄影仪开始观测地球大气垂直方向的臭氧总量。1957 年开始组成全球观测网,1960 年美国 NASA 和 NOAA 开始使用卫星观测臭氧层,卫星可以做到全球覆盖和连续观测,这是其他方法无法比拟的。

氧分子(O_2)在太阳光照射下会变成氧原子(O),氧原子(O)与氧分子(O_2)结合形成臭氧 O_3,但臭氧与 O,OH,NO,Cl 等起反应也会变成 O_2,O_2H,NO_2 和 ClO,可用下面的化学反应式表示:

$$O_3 + X \rightarrow XO + O_2 \tag{8-31}$$

其中,X 可以是 O,OH,NO 或 Cl。

人类制造的氟利昂(CFC_S)在太阳光照射下会产生大量的氯(Cl)原子,因此,它会破坏臭氧层。

臭氧浓度用多布森值(DU)来度量,多布森值从 0～500DU 即从小到大来标量臭氧浓度从稀到稠。图 8-16(彩图见附录)所示是 1979 年 10 月和 1992 年 10 月观测地球臭氧层制成的图,凡大于 200DU 的臭氧层为正常,小于 200DU 时形成臭氧空洞。

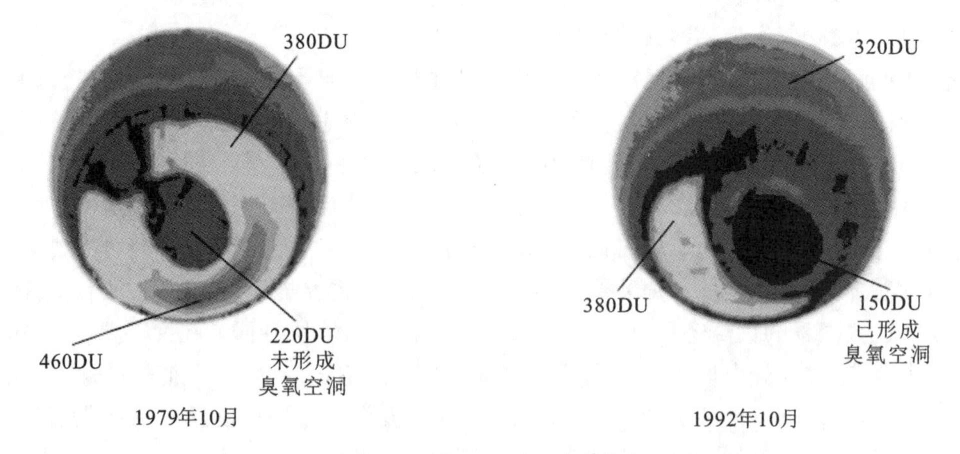

图 8-16 1979 年 10 月与 1992 年 10 月臭氧观测比较

1978—1993 年，美国在雨云-7(Nimbus-7)卫星上搭载的臭氧总量制图光谱仪(Total Ozone Mapping Spectrometer，TOMS)对地球臭氧层进行连续观测。图 8-17(彩图见附录)所示为 1979 年至 1992 年 10 月的臭氧观测图，发现 1980 年在南极上空出现一个面积很大的臭氧空洞，以后每年都有，幅度有变大的趋势。图 8-18(彩图见附录)所示为 1991 年一年中各月的臭氧观测结果，发现臭氧空洞一般在 9 月至 11 月间扩展到最大，其他时间相对较小。

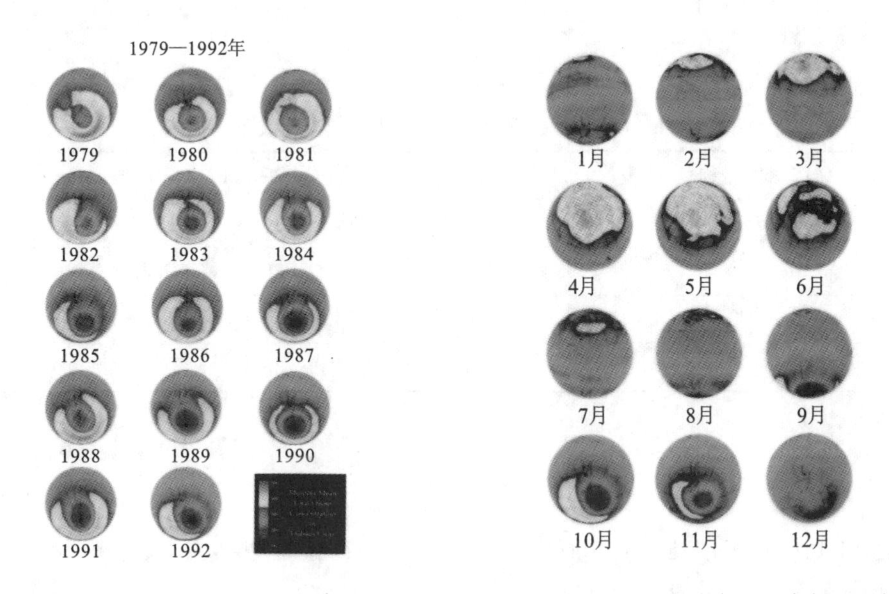

图 8-17 不同年份 10 月的臭氧空洞状况　　图 8-18 1991 年一年中各月的臭氧空洞状况

从图中看到臭氧减少的可怕情景，为了人类的生存，除了继续用遥感方法监测臭氧层变化外，更重要的是停止生产和使用氟利昂之类的化学品，以保护人类仅有的一个家园——地球。

8.2.5 卫星遥感监测南极冰川流速

监测南极冰川流速和流量，对于南极冰盖冰雪物质平衡、预报冰崩及其对科学考察站区和航行的影响，产冰量及其对全球气候和环境的影响等冰川学的研究具有重大意义。

目前测定冰川流速的方法有传统测量方法或 GPS 的实地施测法、航空摄影测量法、航空激光测高仪、合成孔径天线相干雷达(INSAR)测量法，以及卫星多时相、多波段影像的测量法等。用卫星多时相影像测定冰川流速，快速、准确、直观、经济。例如，在东南极伊丽莎白公主地、英格里特·克里斯泰森海岸采用三个不同时间不同遥感传感器卫星影像测定冰川流速就取得了很好的效果。

东南极伊丽莎白公主地、英格里特·克里斯泰森海岸有几十条规模不同的冰川从大陆流向海岸，其中与中山站靠得最近的是拉斯曼丘陵上的米洛半岛东边的达尔克冰川(Dark GL)，这条冰川曾在 1988 年发生过冰崩，冰川前沿的冰川舌断裂入海，形成许多冰山。最大的一条冰川是拉斯曼丘陵西南 50km 处的极纪录冰川(Polar Record GL)，它的宽度在 25km 以上。虽然在米洛半岛上有中、俄、澳三国的科学考察站，但尚未有哪个国家公开公布过这两条冰川的流速。

所用卫星影像的获取日期和传感器特性如表 8-11 所示。

为了正确地量测冰川移动距离，对影像必须进行纠正，并在不同影像间作精确配准。TM 分辨力最高，粗加工后的影像内部相对位置精度较高，因此将 TM 用实测的控制点进行精纠正，考虑到 MSS 和 Radarsat 影像分辨率较低，重采样用 50m×50m 的像元。

影像配准应考虑影像的几何特性来选择配准模型，由 MSS 配准到 TM 时可采用一次项拟合法：

表 8-11　所用卫星影像的获取日期、分辨率、波段和波长

遥感卫星和传感器名称	获取日期	分辨率/m	选用波段	波长
Landsat-1(MSS)	1973 年 2 月 4 日	80	MSS-7	0.8～1.1μm
Landsat-4(TM)	1990 年 1 月 20 日	30	TM4	0.76～0.90μm
Radarsat(SAR)	1997 年 9 月 14 日	50	C 波段	5.6cm
HJ-1A	2009 年 10 月 25 日	30	4	0.76～0.90μm

$$
\begin{aligned}
L_T &= a_{m_0} + a_{m_1} L_M + a_{m_2} P_M \\
P_T &= b_{m_0} + b_{m_1} L_M + b_{m_2} P_M
\end{aligned} \tag{8-32}
$$

在将 SAR 影像配准到 TM 影像时，考虑到 SAR 在脉冲发射方向由于斜距投影造成的比例尺非线性变形，应采用二次项拟合。

$$
\begin{aligned}
L_T &= a_{S_0} + a_{S_1} L_S + a_{S_2} P_S + a_{S_3} L_S^2 + a_{S_4} L_S P_S + a_{S_5} P_S^2 \\
P_T &= b_{S_0} + b_{S_1} L_S + b_{S_2} P_S + b_{S_3} L_S^2 + b_{S_4} L_S P_S + b_{S_5} P_S^2
\end{aligned} \tag{8-33}
$$

除了纠正和配准外，还应对影像作反差调整和边缘增强，使冰川与海冰及陆地雪覆盖区分明显，并且使冰川的纹理结构也十分清晰。

图 8-19(a)所示是 1973 年 2 月 4 日的 MSS 影像，极纪录冰川是连续伸展的，伸入普里兹湾中约 50 多千米，被托浮在海面上。随着冰川不断往外流去，海面承受不起巨大冰川的重量，再加上洋流和波浪的影响，在 1990 年前发生大崩裂，崩裂下来的 SUN 冰山有三个武汉市区那么大，经碰撞碎裂一部分，在图 8-19(c)所示 1997 年 9 月 14 日的 SAR 影像上还有两个武汉市区那么大的面积。

1997 年 SAR 影像上的 SUN 冰山前缘虽然与 1973 年 MSS 影像上前缘形状不同(因碰撞而离散)，但纹理仍能看出是一致的，并且能找到 1973 年冰川前缘冰裂叉的顶点，说明 1973—1997 年间只发生过一次冰崩事件。1990 年 TM 影像图 8-19(b)上与 1997 年 SAR 影像上以及 2009 年 HJ-1A 影像(图 8-19(f))上都有相同形状的冰山，断裂后的冰川前部形状相同，在冰山和冰川间没有其他小冰山，1997 年相对于 1990 年冰川延伸 6 千米多，而 1973 年冰川伸入海中 50 多千米，说明这 7 年中也未发生过冰崩，可以用来量算极纪录冰川的流速。同样 2009 年相对于 1997 年冰川延伸了 9 千米多。

达尔克冰川位于米洛半岛以东，其宽度为 3km 左右，规模比极纪录冰川小得多，但它靠近中、俄、澳三个考察站，每年三国考察船在达尔克冰川舌外的海湾中停泊，发生冰崩事关重大，因此研究价值较高，由于规模小，发生冰崩的间隔时间比极纪录冰川短。1973 年 MSS 影像由于影像东边缘在达尔克冰川以西，无法看到它，1990 年 TM 影像较清楚。但两者相隔近 17 年，有可能发生多次冰崩，如 1988 年就发生过一次冰崩，冰川前缘退缩，即使 1973 年影像上能显示达尔克冰川，也无法根据 1973 年与 1990 年影像来量测其流速，因此，1973 年影像对研究达尔克冰川的流速无实用意义。而 1990—1997 年间达尔克冰川没有发生过冰崩（中、俄、澳考察站尤其中、俄两站是常年站，都未报道过发生冰崩）。因此用来量算达尔克冰川的流速是可行的。而 1997—2009 年间发生过不同规模的冰崩，因此不能计算流速。

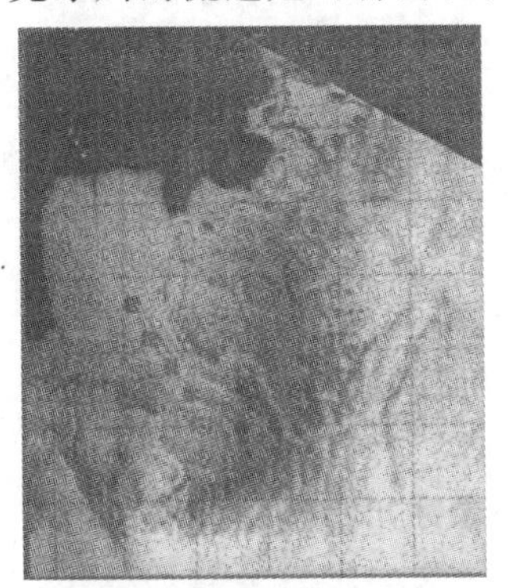

(a) 1973年2月4日Landsat-1 MSS影像分辨率80m,公里网10km×10km

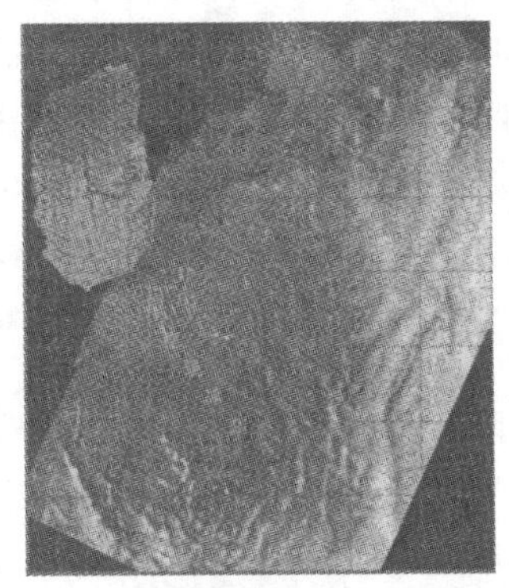

(b) 1990年1月20日Landsat-4 TM影像分辨率30m,公里网10km×10km

(c) 1997年9月14日Randsat-1 SAR影像分辨率50m,公里网10km×10km

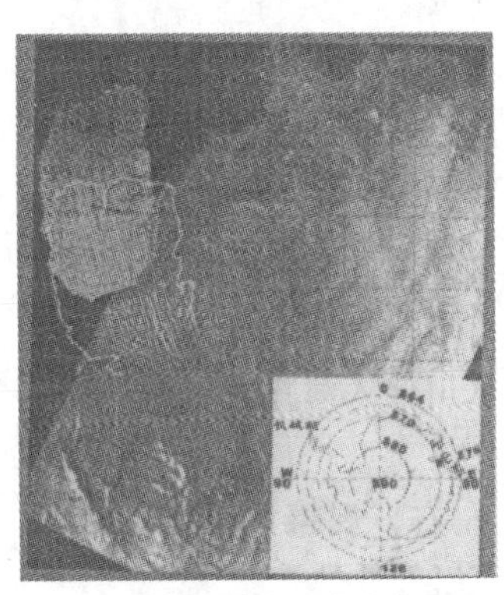

(d) 1973年极纪录冰川边缘与1990年影像叠加,1973年至1990年极纪录冰川移动距离13.26km,平均流速781m/a,2.14m/d

(e) 1990年极纪录冰川和达尔克冰川边缘与1997年影像叠加,1990年至1997年极纪录冰川移动距离6.38km,平均流速834m/a, 2.29m/d,1990年至1997年达尔克冰川移动距离1.46km,平均流速191m/a,0.52m/d

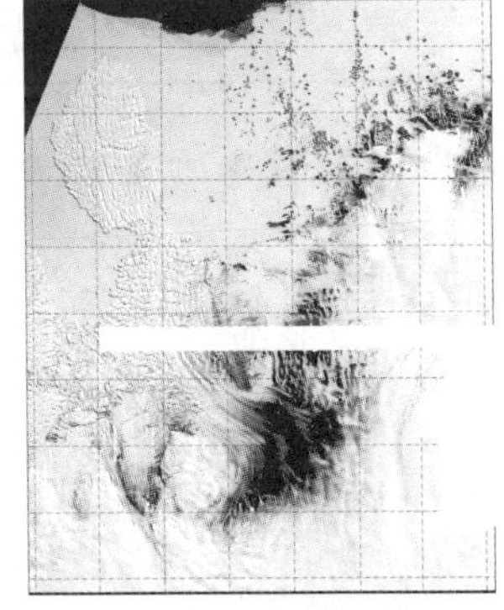

(f) 2009年10月25日我国HJ-1A影像分辨率30m,公里网10km×10km,极纪录冰川前缘与1997年相比,移动距离为9642.10m,流速为796.0m/a; 与1973年相比只差−1000m

图 8-19　冰川流速测量过程

采用两个时期影像分别叠加后，量取冰川移动距离除以时差就能得到冰川的平均流速，其公式为：

$$V = \frac{D}{\Delta t} \tag{8-34}$$

图 8-19(d)所示为 1973 年 MSS 影像与 1990 年 TM 影像叠加极纪录冰川前边缘，量测

冰川移动距离并去除冰山与冰川前缘的空隙距离，实际冰川移动距离为 13.26km，算出的年均流速为 781.76m/a，日均流速为 2.14 m/d。用同样的方法将 1990 年的 TM 影像冰川前边缘与 1997 年的 SAR 影像叠加，如图 8-19(e)所示，量得极纪录冰川移动距离为 6.38km，年均流速为 834.1m/a，日均流速为 2.29m/d。相比之下，1990 年相对于 1993 年的流速比 1997 年相对 1990 年的流速慢，这是因为 1973 年至 1990 年间冰川舌太长，阻挡冰川流动所致。图 8-19(f)是 2009 年 10 月 25 日的 HJ-1A 的影像，相对 1997 年 9 月 14 日的 SAR 影像相隔 12.11 年，极纪录冰川移动距离为 9.64km，年均流速为 796m/a，日均流速为 2.18m/d。2009 年冰川前缘离 1973 年冰川前缘差 1000m 左右，冰川长，阻尼大，流速趋缓。SUN 冰山在极纪录冰川的推动和洋流的双重作用下(2013 年 10 月 31 日的 TM 影像上 SUN 冰山已崩裂成两大块)，有漂离普里兹湾的趋势，极纪录冰川有崩裂下新的巨大冰山的倾向。而达尔克冰川规模小，1990 年至 1997 年移动距离仅为 1.46km，年均流速 190.55m/a，日均流速 0.52m/d。其实冰川每年向外伸展 190m 也是十分可观的事。

表 8-12 为不同时间段测定的极纪录冰川的流速。

表 8-12　根据多时影像监测南极极纪录的流速表

两影像获取时间	时间间隔/a	移动距离/m	流速/(m/a)
1973.02.04—1990.01.20	16.96	13 258.58	781.76
1990.01.12—1997.09.20	7.65	6 380.64	834.07
1997.09.14—2009.10.25	12.11	9 642.10	796.00

8.2.6　遥感方法观测海洋赤潮

赤潮，是一种因海水富营养化引起海洋浮游生物的暴发性繁殖而造成海水变色的自然现象。海水的颜色，由浮游赤潮生物的种类决定，可为红色、橘红色或褐色。

赤潮生物，主要是藻类植物。近些年来，由于污水排放，农用化肥大量使用并随雨水流失，近海给饵养殖业的广泛发展，使近岸海水含有大量无机氮、无机磷等无机营养素及可溶性有机物，为藻类生长提供了良好的环境条件。因而，赤潮发生的频度大大增加，其范围几乎扩展到世界所有临海地区，甚至在阿拉斯加的巴罗岬附近，也有赤潮发生的报道。日本沿海，是赤潮的高发地区。在我国，从渤海湾到南海，近几年来，每年都有多次赤潮发生。

陆地卫星 TM 图像反映的是 1989 年 9 月下旬的渤海湾赤潮，卫星过境时间为 9 月 24 日。赤潮生物主要是浮游的藻类，如甲藻类、硅藻类、鞭毛藻类、夜光藻等。其细胞壁含叶绿素 a 和类胡萝卜素等。赤潮一般发生在近海岸地带。赤潮区海水光谱特征，是藻类生物体、泥沙和海水的复合光谱。图 8-20所示表明赤潮期间及赤潮前 TM 图像各波段显示的光谱特征。含悬浮泥沙的海水，在光谱的黄、红范围，具有很高的反射率，但到红外范围后急剧下降。含赤潮生物的海水，TM3 波段数值比含泥沙水稍低，在 TM4 波段下降平缓，到 TM5 波段才急剧下降。这是因为赤潮生物所含叶绿素 a 在红光区的吸收作用和到0.68μm后反射的陡坡效应所形成。因此赤潮区海水与含悬浮泥沙海水在 TM 图像中的差异，主要在 TM3 波段和 TM4 波段。

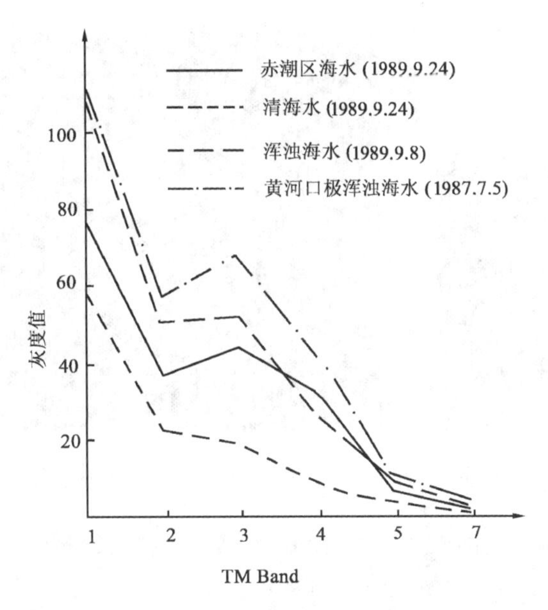

图 8-20 不同类型海水的光谱特征

赤潮的频频发生,对海洋生态系统造成了很大危害。暴发性发展的藻类生物在晚上将大量吸收海水中的氧,有的藻类还同时释放出毒素,造成近海的鱼、虾、贝类因缺氧或中毒而大量死亡。人类误食因赤潮毒素致死的鱼、虾等也会引起中毒。如 1987 年 7 月下旬危地马拉就发生过此类中毒事件,使近 200 人中毒,26 人死亡。因此,赤潮,已成为许多沿海国家的环境问题之一。

8.2.7 遥感方法监测海啸

2004 年 12 月 26 日上午 9 时 37 分印度尼西亚爪哇岛南部海底发生 7.2 级以上的强震。所引发的海啸具有强大破坏力,狂涛骇浪,汹涌澎湃,卷起的海涛,波高可达数十米,如图 8-21 所示。这种“水墙”内含极大的能量,冲上陆地后所向披靡,往往造成对生命和财产的严重摧残。据统计,海啸造成的死亡和失踪人数共计 292 206 人,其中,印度尼西亚 238 945 人,斯里兰卡 30 957 人,印度 16 389 人,泰国 5 393 人,马尔代夫 82 人,马来西亚 68 人,缅甸 61 人,孟加拉国 2 人,索马里 298 人,坦桑尼亚 10 人,肯尼亚 1 人。

产生海啸最主要的原因是沿印尼列岛南边缘正好是印澳板块与欧亚板块交接处,印澳板块每年以5～6cm的距离推向北部,移到欧亚板块的下面。经历1～2个世纪,形成巨大压力导致一次强烈地震,地壳突然移动多达 12m 并发生了断裂,有的地方下陷,有的地方升起,从而引起剧烈的震动,产生波长特别长的巨大波浪,形成海啸。这次海啸最远波及 9000km 以外,近至泰国,远达非洲东岸,波浪传至岸边或港湾,使水位暴涨,冲向陆地,产生巨大的破坏,图 8-22 为海啸冲上陆地的情景。由于印尼列岛和中南半岛的阻挡,我国南海沿岸和岛屿都幸免于难。

图 8-21　海啸掀起十多米高的海浪墙

图 8-22　海啸发生后的地面实况照片

遥感方法可以监测海啸的破坏程度，图 8-23(彩图见附录)是印度尼西亚某地区海啸前后的"快鸟"卫星影像，图(a)是海啸前的影像，可清楚地看到岛上密集的住房，规则的道路，桥梁和树林等。图(b)是海啸后的影像，桥梁冲断，陆地被淹，住房和树林荡然无存。根据以上图像结合 GIS 和人文等资料，可以测出淹没的陆地面积，摧毁的房屋栋数，死亡人数，道路和桥梁的损坏程度，等等。

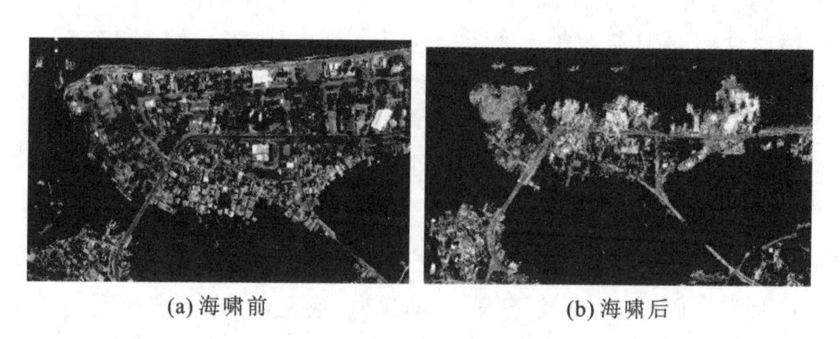

(a) 海啸前　　(b) 海啸后

图 8-23　海啸前后的卫星影像

8.2.8　武汉市水面和城区变化的遥感监测

多时相遥感影像用于城市环境变化监测比较快速和有效，方法也很多，如利用两个不同时相遥感影像相应波段作影像相减，然后进行彩色合成，由于变化处是两种不同地物光谱所合成，色调明显发生变化，可提取变化信息；还可以采用不同时相的不同传感器影像进行融合或复合处理，提取变化信息，而用不同时相各自分类后提取变化信息更直观和方便，下面是介绍用分类融合法对武汉市水面和城区变化的遥感监测方法。

1. 处理过程

1) 武汉市水面和城区的分类

采用第 7 章中的最大似然法对武汉市 TM5，4，3 影像上的水面和城区进行监督法分类，由于水面的种类很多，应分别选样区，分别分类。如江水与湖水水质不同，而同样是江水的长江与汉江含沙量不同也应分别取样，湖水中不同水深（如南东湖水深，北东湖水浅）、污染不同（如沙湖比东湖污染严重）、富营养化程度不同（青菱湖的富营养化程度特别高）等；城区简单一些，只是新城区与老城区的光谱不同。分别选样区，分别分类后，将水面分成一类，城区分成一类，由于各种因素的影响，自动分类会有少部分错分和漏分现象，还须结合目视判读，用人机交互方式进行修正。经检验最后的分类精度如表 8-13 所示。

表 8-13　分类可信度

地物名称	1987 年 TM5,4,3	1993 年 TM5,4,3
水面	99%	98%
城区	92%	93%

2）武汉市水面和城区分类影像的融合

融合的目的是将同一类地物动态变化（即不变、增加、减少）的影像以不同的颜色显示在同一张影像上，融合的方法以水面为例叙述如下：

1987 年与 1993 年水面没有变化的区域，用 ERDAS 软件中的空间建模语言，以两个水面分类图为条件，去选 1993 年的这部分水面的 TM4,3,2 影像进行合成，得到蓝色调的水面影像；1987—1993 年水面增加的区域，用同样的方法选 1993 年的这部分水面的 TM3,4,5 影像进行合成，得到红色调的水面影像；1987—1993 年水面减少的区域，用同样的方法选 1987 年的这部分水面的 TM4,2,5 影像进行合成，得到绿色调的水面影像。最后将它们合在一张影像上，得到水面动态变化的影像。用同样的方法可以得到城区动态变化的影像。图 8-24(a)和(b)分别是 1987 年和 1993 年的武汉市 TM5,4,3 合成影像。图 8-24(c)为武汉市城区融合的动态变化影像，图 8-24(d)是武汉市水面融合的动态变化影像。图 8-24 彩图见附录。

3）武汉市水面和城区专题图的制作

用融合中同样的方法将不变、增加和减少部分，分别用三种纯单一的颜色表示，并叠合在武汉市单波段的黑白影像上，如图 8-24(e)所示为武汉市城区的动态变化专题图，品红色表示 1987—1993 年城区没变，大红色是增加的城区，绿色为减少的城区。图 8-24(f)为武汉市水面动态变化专题图，蓝色为不变的水面，大红色是增加的水面，绿色为减少的水面。

2. 对武汉市城区和水面变化的统计

1987—1993 年武汉市城区和水面变化统计如表 8-14 所示。城区扩大 31 km^2，水面增加 16 km^2。由于改革开放政策，城区扩展面积大，速度快，1987—1993 年间，武汉市每年以 6.6 km^2 的速度扩展，扩展区主要在城市的边缘和开发区，城市扩展速度快，水泥建筑和沥青路面增加，使排水困难，雨季内涝严重，此外路面和房顶的反射热量大，城市热岛效应更明显。城区内建筑和道路减少的面积是市内建绿化广场和休闲绿地形成，相对城区扩大所占的面积很小。1987—1993 年武汉市水面增加的原因主要是湖边扩建成鱼池和农田改建鱼池，因鱼的产量和经济价值高所致（现国家土地法已禁止农田改建鱼池），此外是农田改种水

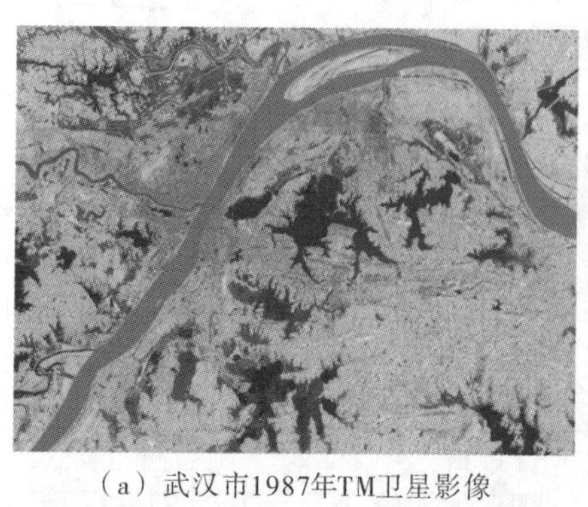
（a）武汉市1987年TM卫星影像

（b）武汉市1993年TM卫星影像

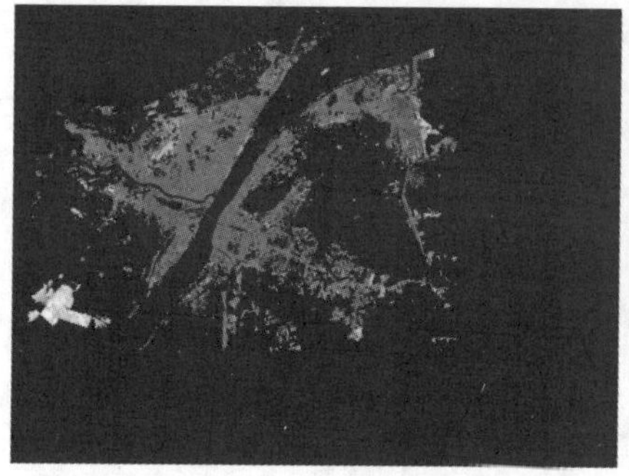
（c）武汉市1993年与1987年城市融合影像

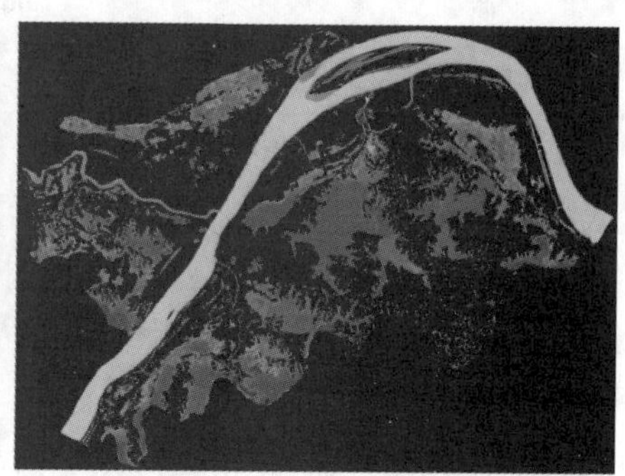
（d）武汉市1993年与1987年水面融合影像

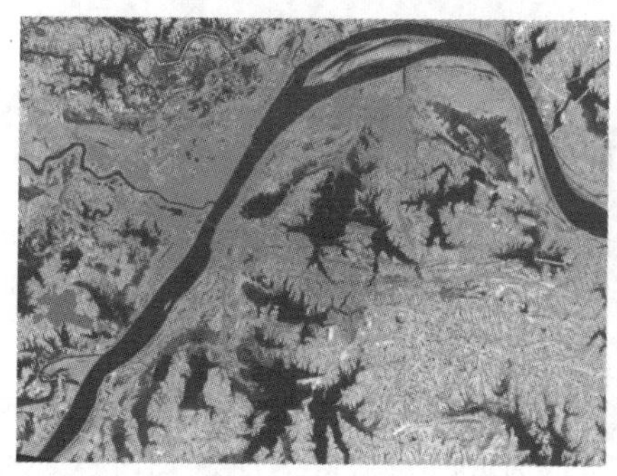
（e）武汉市1987—1993年城区增减专题图
（品红色为不变，大红色为增加，绿色为减少）

（f）武汉市1987—1993年水面增减专题图
（蓝色为不变，大红色为增加，绿色为减少）

图 8-24　武汉市水面和城区变化遥感监测图

生作物和水利工程造成水面扩大。鱼池和水生作物区的水很浅，蓄洪能力不强，防洪作用不大；1987—1993 年武汉市水面扩大能改善武汉市白天的热环境，但傍晚风一停，水中吸入的热量又辐射出来，使武汉市前半夜处在潮湿闷热的环境中。水面减少的原因是污染的死水区填埋和洪泛河道的改造，如黄孝河改造工程中在张公堤一带减少的水面；此外是非法填埋湖面和河滩修建住房小区或仓库、停车场、垃圾场等工程造成水面减少。

表 8-14 武汉市城区和水面变化统计表 单位:km^2

地物类型	不变面积	增加面积	减少面积	实际增长面积
城区	108	40	9	+31
水面	301	49	33	+16

8.3 遥感技术在其他领域中的应用

8.3.1 遥感技术在地质调查中的应用

1. 遥感图像上的地质构造解译

地质构造是指岩层和岩体在地壳运动所引起的构造作用力的作用下,所发生的各种永久性的变形和变位。地质构造是岩浆活动、沉积作用、变质作用、风化作用及地球内部放射物质迁移、集中和裂变等地质作用的综合结果。

由于地壳运动引起的构造作用力,使岩层和层体产生各种不同的构造形变,如褶皱、断层、节理以及不整合接触等。地质构造的类型、走向及密度等是判断成矿条件的重要依据之一,同时对各项建设工程会产生直接的影响。

地质构造与地貌类型密切相关,所以研究地质构造往往从地貌类型的调查开始。卫星遥感图像上对各种地貌类型显示得十分清楚,有时可将整个盆地或山脉容纳在一张像片中。由于卫片具有宏观观察的特点,使地面上许多构造特征历历在目,如山地和平原的交界、支流河谷的线性排列、洪积扇、断裂、褶皱等。图 8-25 所示为地貌形态受地质断裂构造控制的线性构造图像,地点在新疆博斯腾湖以南的库鲁克山区,科斯坦布拉克至兴地一带,称兴地断裂,呈舒缓波状。图像上两种色调分界线,沿断裂断崖发育,形成一个突然转折的阴影陡坎。图像中下部以东,南盘上升,北盘下降,形成上更新世——全新世盆地;而以西,相反地北盘上升为库鲁克山,南盘下降,并为上更新统——全新统洪积物所覆盖。

图 8-26 所示为航天飞机拍摄的我国西部大范围区域断层线的侧视雷达图像及地质判读样例。根据后向散射的差异,在充分识别断层的基础上,还可以明确反映出其周围岩石的倾斜方向,这是因为来自各个岩石的层理构造的反射强度,随坡度的变化而变化,从而显示出明显的色调。

图 8-25 新疆库鲁克山区卫星图像

在卫星像片上还能发现一些沉积岩层下的隐伏岩体或松散沉积物下的隐伏构造。一般隐伏构造的边界比较模糊、时隐时现,这些模糊的深部地质信息,或通过地貌形态微微隆起和凹陷,或通过边界含水量的多少造成图像上的色调有一定的反差，由于卫片视域范围大，能将模糊的断断续续的构造特征以宏观的角度从图像上判读出来。

线性构造与成矿条件的密切关系有：

(1) 线性构造密集的地区成矿条件好。

(2) 断裂和褶皱强烈的构造线处成矿条件好。

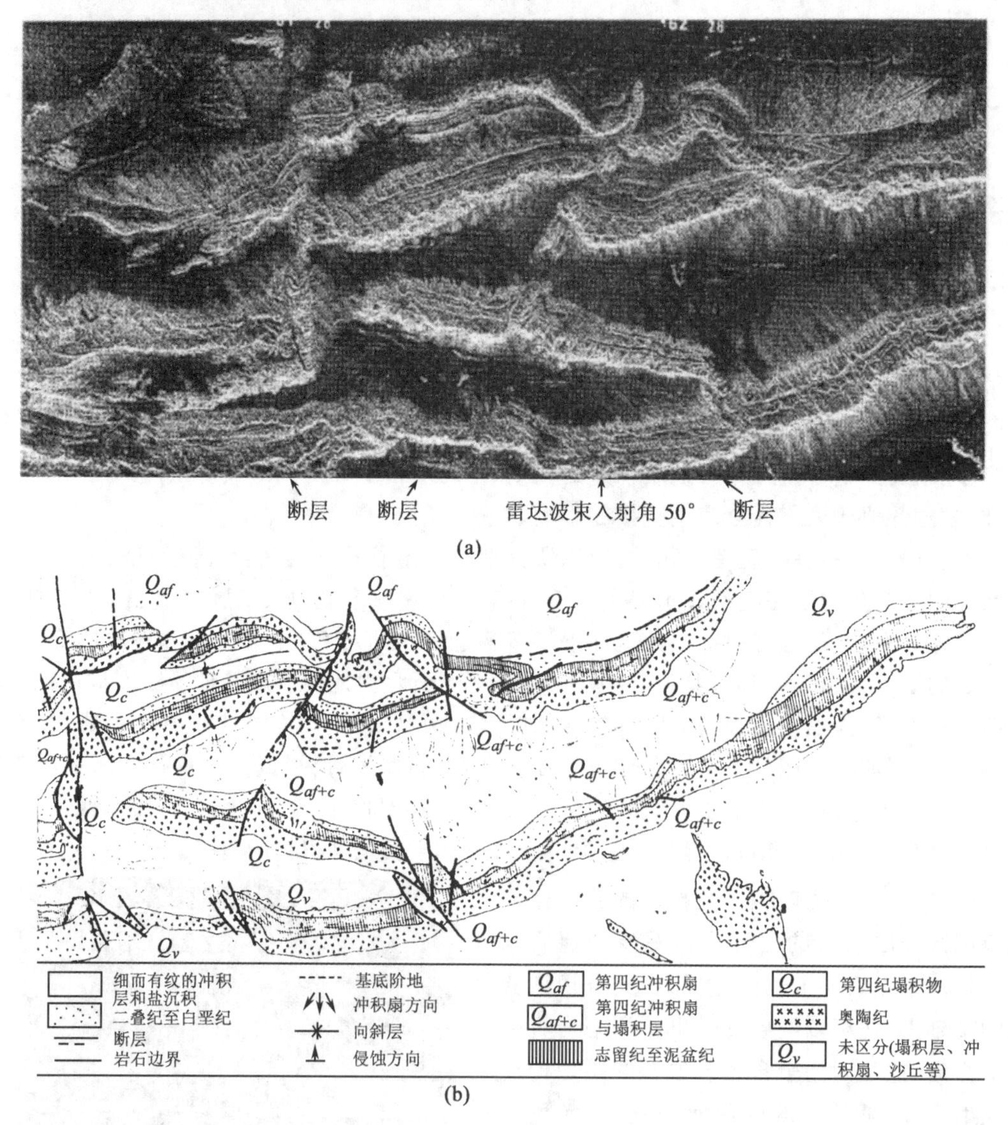

图 8-26　中国西部大范围区域断层线的侧视雷达图像(a)及地质判读样例(b)

(3) 构造线交叉地区成矿概率大。

图 8-27 所示是某铁矿区从卫星图像上判读出来的线性构造，将实地矿点表示在地质构造图上后，发现已在开采的老矿点(如图上的实心点圈)都在构造线的交叉处。根据这一规律和实地踏勘，在另两个线性构造交叉处(空心点圈)设计了两个新的远景开采矿点。

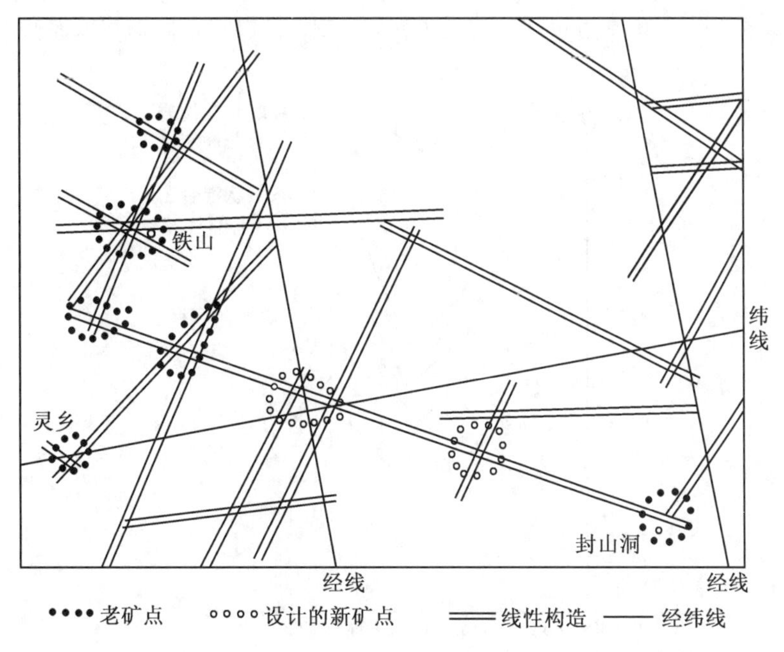

图 8-27 某矿区的线性构造与矿点分布关系图

2. 遥感图像的岩性分类

在地面无植被覆盖的岩石裸露地区，利用不同岩石间光谱特性差异，可对岩性进行识别分类。例如在南极裸岩区，岩体无任何植被或其他地物覆盖，在东南极拉斯曼丘陵裸岩区的米洛半岛试验区，用 TM2，3，4，5，7 五个波段的图像数据，收集片麻状花岗岩、正长花岗岩、富 Fe-Al 片麻岩、混合岩和条带状混合岩五种岩石类型的样区。对样区统计结果，其均值和标准偏差如表 8-15 所示。

表 8-15 五类岩石的光谱亮度均值和标准差

波段	片麻状花岗岩		正长花岗岩		富 Fe-Al 片麻岩		混合岩		条带状混合岩	
	μ	σ	μ	σ	μ	σ	μ	σ	μ	σ
TM7	80.06	5.85	68.51	5.92	32.48	8.55	66.06	10.54	56.21	10.50
TM5	128.40	9.91	108.20	7.16	59.77	16.75	106.90	14.10	97.15	12.21
TM4	85.96	7.08	66.22	4.28	40.19	6.79	75.43	7.04	60.55	8.29
TM3	104.60	8.84	81.77	4.98	52.72	6.64	92.61	8.56	74.68	8.67
TM2	73.00	5.94	56.17	2.46	42.06	3.90	66.20	5.64	54.76	4.96

利用各类岩石的均值绘制的光谱响应曲线如图 8-28 所示。从光谱响应曲线上分析，尽管五类岩石光谱亮度的变化相似，但类间相离还是较远的，尤其是 TM3，4，5 三个波段。第 2 类正长花岗岩与其他四类岩石的光谱变化和走向差别较大。因此利用它们的光谱特性是

能将五类岩石区分和识别出来的。为此使用最大似然法自动分类，其分类的可信度见表8-16所示的混淆矩阵。从混淆矩阵中可以看出前三类岩石比较纯，而后两类岩石较杂。

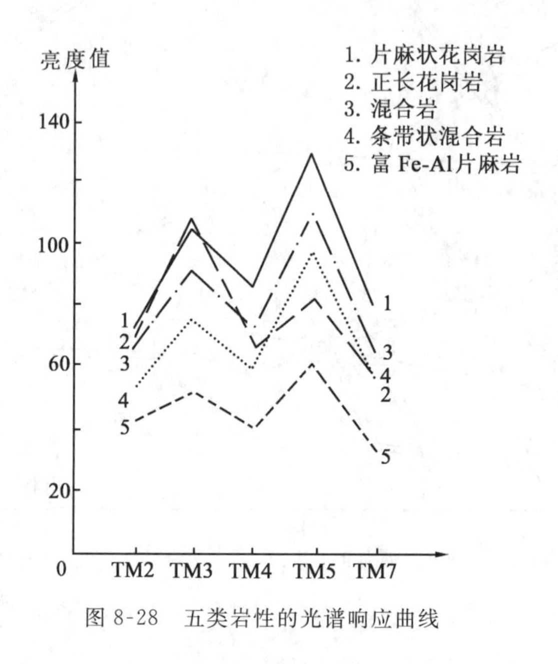

图 8-28 五类岩性的光谱响应曲线

表 8-16 五类岩石分类结果的混淆矩阵

类 别	1	2	3	4	5
1	87.7	0	0	1.0	1.1
2	0	83.1	0	13.7	8.8
3	1.9	0	92.3	0	6.3
4	0	0	0	74.1	2.5
5	0	11.7	1.9	1.9	73.8
其他	10.4	5.2	5.8	9.3	7.5

岩性分类识别还可用热惯量卫星数据进行。岩石昼夜温差较大，各种岩石温度的日夜变化又不一样，则利用热惯量卫星白天和夜晚两次对同一地区岩石热辐射测量值的变差可区分不同的岩石类型。图 8-29 所示为几种岩石和水的日夜温度变化。

3. 遥感方法调查地质灾害

地质灾害是自然灾害的一种，所谓地质灾害是指造成人类生命财产损失和环境破坏的地质事件。工程地质灾害则是指工程建设和运行过程中诱发、发生或遭遇的与地质有关的灾害，如大型水库诱发的地震，铁路公路运行中产生的崩塌、滑坡和泥石流，大型厂房和工程建筑造成的下陷等。当然也有大量自然形成的地质灾害，如山体滑坡、泥石流等。

地质灾害的产生主要是不良地质引起的，不良地质是指地球的外营力和内营力所产生的对人类活动造成危害的地质作用和现象。这些现象主要包括滑坡、崩塌、岩堆、错落、泥石

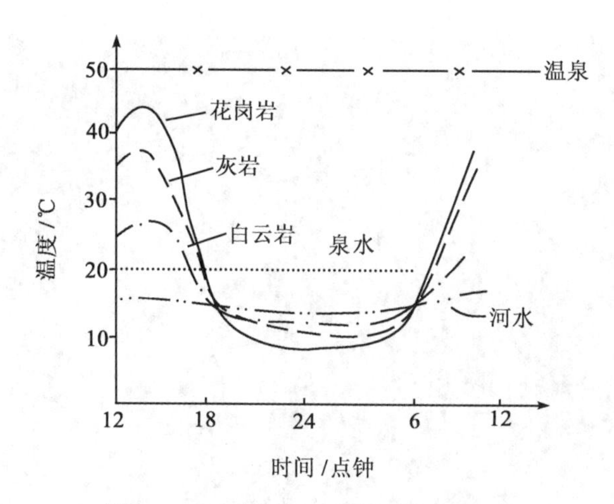

图 8-29 几种岩石和水的日夜温度变化

流、沙丘、河岸冲刷、水库坍岸、冲沟、岩溶、黄土陷穴、地面塌陷、溜坍、人工采空区突然下陷、地裂缝、侵蚀、风化、冻胀、融陷、坑道涌水、断层破碎带、岩爆、高烈度地震等。利用遥感图像判释调查可以直接按影像勾绘出发生灾难的范围,并确定其类别和性质,同时还可查明其产生原因、分布规律和危害程度。某些不良地质的发生较快,利用不同时期的遥感图像进行对比研究,往往能对其发展趋势和危害程度做出准确的判断。

图 8-30 是 1985 年 6 月 12 日发生在湖北秭归县新滩镇的滑坡的遥感像片,约 3 000 万 m^3 滑体急剧下滑,一举摧毁新滩镇。入江土石约为 200 万 m^3,使航运一度受阻。滑坡发生在由碎石、块石夹黏土组成的堆积层中,堆积层与基岩的接触面为滑动面。下伏基岩主要由志留系页岩组成,滑坡后壁和侧壁为由二叠系灰岩组成的陡崖,节理裂隙发育、时常发生崩塌,尤其是后缘的广家崖,往往发生大规模的崩塌。因此,后缘重复地加载是诱发该滑坡周期性复活的主要原因。

从遥感影像上可以清晰地看到滑坡边界、滑坡后壁及两侧陡峻呈灰白色。滑坡体表面凹凸不平,滑坡台阶、裂缝、鼓张丘隐约可见。滑坡全貌历历在目,滑坡体呈长条状,滑坡舌伸入江中。由于有遥感,又结合精密测量,提前疏散人口,未造成人员伤亡。

图 8-31(彩图见附录)为 2000 年 4 月 9 日发生在西藏易贡藏布(易贡河)巨型大滑坡的 TM 影像(图(a)未发生滑坡前)和 SPOT 影像(图(b)发生滑坡后不到一个月)。该大滑坡是喜马拉雅造山运动中地貌演变过程中的一次大规模碎屑流活动,发生在当雄—嘉黎断裂带和村前断裂带交叉处,大量的积雪和长期融雪冲刷是发生这次大滑坡的主要原因之一,该地区又是地震多发区,对滑坡的影响也很大。易贡藏布这一段原为河网区(见 1998 年 11 月的 TM 影像),网区面积约 $26km^2$,上下河口高程从 2 230～2 190m,而两岸山岭高程为海拔 4 000～6 325m,岭谷高差最大处为4 135m,为典型的深切割极高山地貌。4 400m 以上为积雪和冰川活动区,4 000m 以下大部分为森林覆盖,冲积扇上有农作物及居民点分布。4 月 9 日发生大滑坡后,碎屑流覆盖面积达 $12km^2$(见 2000 年 5 月的 SPOT 影像),体积约 10 亿 m^3,流入谷底形成 $2.5km^2$ 的一个滑坡坝,将易贡河堵住,形成一个 $33km^2$ 的湖,称易贡错

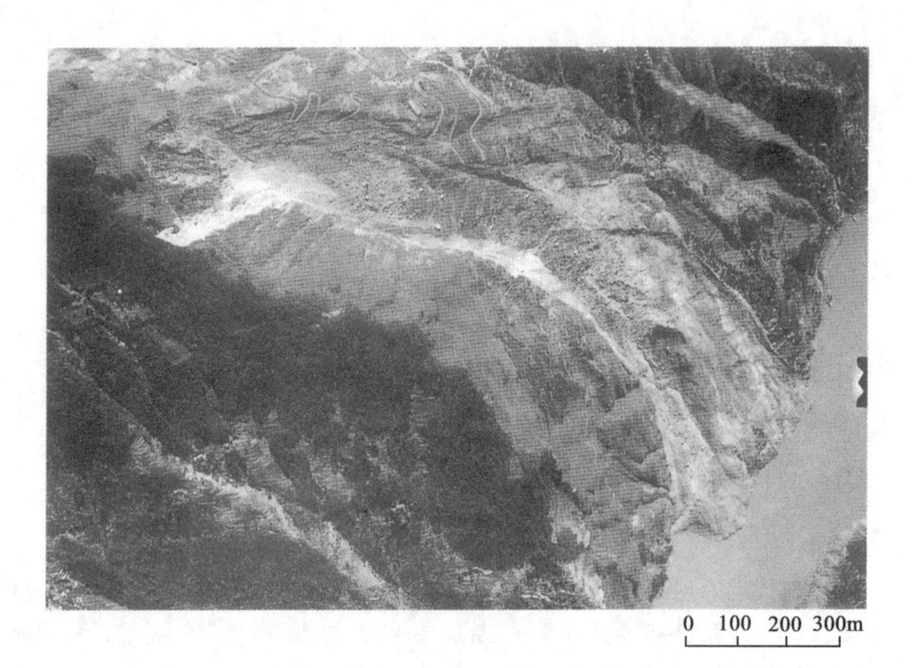

图 8-30　新滩滑坡

（易贡湖）。由于坝体由碎屑构成，十分脆弱，有更多的来水补给时，很易溃口形成洪水，给下游造成严重灾害，给该流域的生态环境造成严重影响。

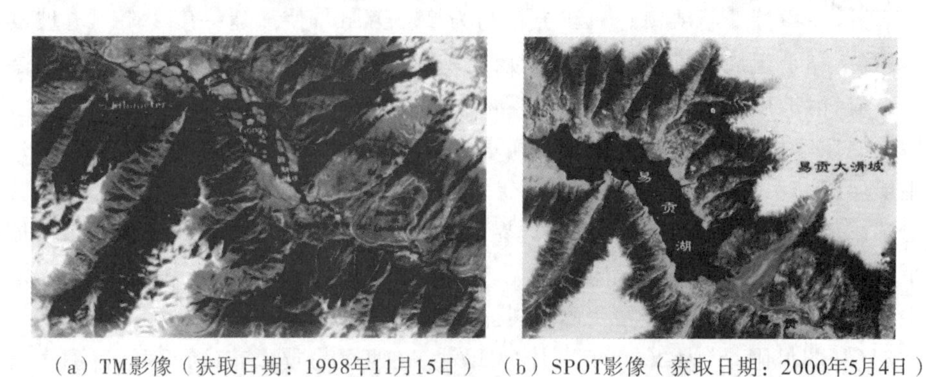

（a）TM影像（获取日期：1998年11月15日）　（b）SPOT影像（获取日期：2000年5月4日）

图 8-31　西藏易贡藏布大滑坡形成堰塞湖

2008 年 5 月 12 日 14 时 28 分四川省汶川县发生 8.0 级大地震，从地质构造学上分析，汶川这一带正好处在龙门山断裂带上，发生地震的概率很大，如图 8-32（彩图见附录）所示，北东向的龙门山断裂属两盘同向差异上升兼平移错动类型的断裂，其中 F_1 和 F_2 为龙门山断裂带的组成部分，两盘垂直差异错动显著，西北盘强裂上升，阴影明显；东南盘上升较弱，上升影像标志稍差。此外，跨断裂的河谷，均呈同步的扭动变形，其中跨 F_1 者多呈倒“L”形，跨 F_2 者多呈“Z”字形，反映了断裂两盘具显著的右旋平移错动，与新构造运动以前的左旋平移错动相反。

图 8-32　四川汶川县大地震及部分余震分布示意图，震点都分布在龙门山断裂带上，1933 年 8 月 25 日发生的 7.5 级地震，震中在汶川北面

影像中龙门山断裂带主干断裂(F_3)的右旋平移错动标志也很明显，但东南盘表现为下降，地表为第四系所覆盖，断裂两盘呈现反向升降兼平移错动。1933 年 8 月 25 日这里曾发生过 7.5 级地震。震中在汶川以北，图 8-32 中 1933 处。1982 年国家地震局武汉地震研究所曾对以汶川和北川为中心作出 7 级以上地震的中长期预报。

图 8-33 是 2008 年 5 月 12 日地震前汶川的卫星影像，道路、桥梁和房屋完好，河流畅通。图 8-34 是地震后汶川的 ZY-02B 卫星影像，可见山体滑坡严重，房屋倒塌或被埋，桥梁和道路破坏，河流阻塞。

图 8-33　5·12 地震前汶川的卫星影像

图 8-34　5·12 地震后汶川的卫星影像

图 8-35 是 5·12 地震前北川市的卫星影像，同样，道路、桥梁和房屋完好，河流畅通。图 8-36 是地震后拍摄的北川市航空相片，山体滑坡更严重，房屋倒塌或被埋，桥梁和道路破坏，河流形成堰塞湖，并将产生次生灾害。

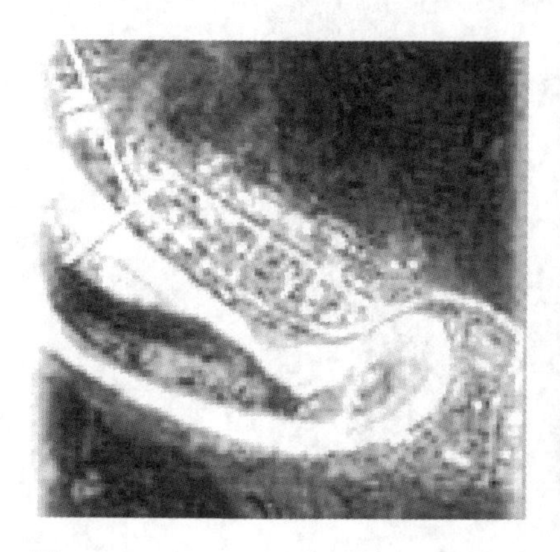

图 8-35　5·12 地震前北川市卫星影像

图 8-36　5·12 地震后北川市航空像片

4. 罗布泊特大型钾盐矿遥感调查

钾(K)是一种碱金属，钾盐矿床主要指蒸发岩地层中的固相含钾矿物的堆积体和不同成因的富钾卤水，其次是不同成因及不同种类的含钾岩石。它是在极度干燥的条件下，由海水或含盐湖水及部分地壳深处含盐溶液蒸发、浓缩和化学沉积而成。钾盐主要用作生产肥料，是我国紧缺矿种之一。

1）钾盐矿与影像光谱的关系

在 LandsatTM7,4,1 或 TM4,7,3 合成的假彩色图像上，由于含钾盐地区土壤湿度大，虹吸作用强，在地表常形成褐色土状或蜂窝状的地貌景观。其光谱特征与周围地物具有明显差别，表现为反射率低（图 8-37，彩图见附录）。在罗布泊地区影像中，钾盐主要分布在色调中深—深暗、且纹理具有环状或同心环纹理状特征的区域内，并组合成串珠状，呈 NE 向地质特征，其中色调及其影纹结构的深浅变化大致反映了钾盐矿化含量高低的变化。经野外实地调查，钾盐含量与伽马能谱呈正相关关系，与影像灰度呈反相关关系，见表 8-17 和图 8-38（彩图见附录）。

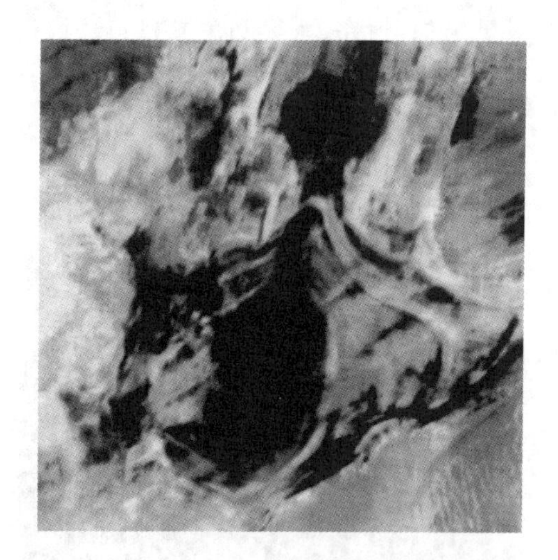

图 8-37　罗布泊 TM7,4,1 合成的假彩色影像（蓝黑色为盐岩洼地，耳环状的“年轮”结构很清楚）

表 8-17 罗布泊钾盐含量与伽马能谱和影像灰度值的关系

等密度分割影像颜色	密度分割灰度区间	伽马能谱钾含量/%	钾盐含量/%
红 色	81～105	＞8	8
绿 色	106～120	5～8	6
蓝 色	121～125	2～5	3～4

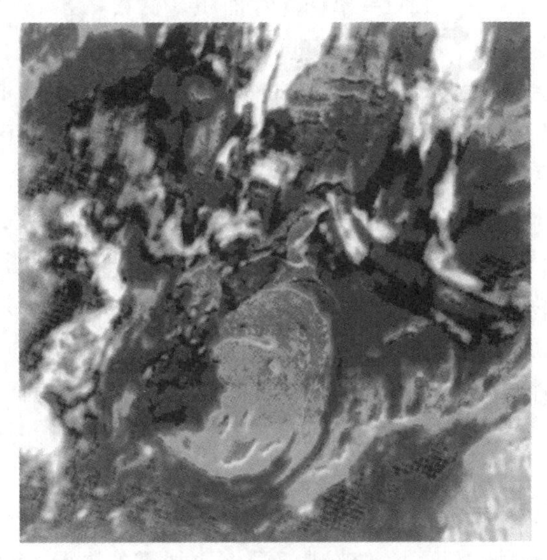

图 8-38 罗布泊密度分割影像

(红色区钾含量＞8%,绿色区钾含量 5%～8%,蓝色区钾含量＜5%)

2) 遥感地质调查

从遥感图像上判释出多个罗布泊环形构造体由北东向南西逐渐呈断陷式,先后有三次大的迁移-扩展演化痕迹。在古罗布泊环状地质影像区(耳状体)内,发现有三次环式萎缩断阶及 160 多个"环轮",有关资料表明,罗布泊耳状体自晚更新世以来,气候干燥期与偏湿期的周期性波动(地质历史周期为 80～100 年)变化规律即是罗布泊萎缩"年轮"的体现。根据盐湖型钾盐成盐机制的特点及演化规律,罗布泊钾盐应集中生成于全新世中的晚期阶段,主要赋存在罗布泊环形构造的耳状体内,并可能形成三个以上的矿化层。

3) 钾矿储量预算

根据遥感方法和野外结合调查,总体钾盐矿层埋深较浅为 1～3m,矿层平均厚 1m 左右,最厚处达 6m 以上,品位含量1.5%～6.3%,最高达 18.93%。罗布泊中心区(同心环形耳状体),面积3 000km^2。钾盐厚 1.2m 左右,品位(KCl 或 K_2SO_4)含量 2%～5%,含钾卤水 21 053mg/L,石盐层较厚,在 16m 以上。根据密度分割伪彩色图像计算矿区面积及品位,用以下公式计算储量:

$$估算储量=面积\times厚度\times含矿系数\times体重\times品位$$

得出远景储量为 4.6 亿 t。

8.3.2　遥感技术在农林牧等方面的应用

1. 遥感信息应用于农作物估产

研究作物冠层反向光谱特征与冠层状态参数之间的关系，是用 MSS、TM 和 NOAA 等卫星遥感信息进行作物估产的基础。已有研究表明，可见光和近红外波段反射率组成的植被指数随作物冠层状态参数变化呈有规律变化。

反映冠层状态的指标，主要有叶面积指数 LAI，其为单位面积上植被叶片面积：

$$\text{LAI}=\text{单株叶片面积}\times\text{株数}$$

单株叶片面积的测量值为各片叶子最大宽度×长度/1.2 的累加。

植土比是另一个决定反射光谱特性的独立因子，它是联系遥感植被指数与作物种植面积的中间参数。植土比的定义是：某一地区作物的种植面积与该地区土地面积之比。植土比与叶面积指数相互独立。

应用遥感信息进行农作物估产，可按如下步骤进行：

(1) 分析作物冠层及其背景的反射光谱特征，引入和计算植被指数；

(2) 分析作物冠层反射光谱特征与冠层状态参数之间的关系，并进一步确定植被指数与叶面积指数 LAI 之间的关系，及与作物产量的关系；

(3) 确定植土比，并根据植土比分析遥感植被指数与作物种植面积的关系；

(4) 分析遥感植被指数与植土比和叶面积指数的综合关系，并据此进行作物估产。以下分别予以介绍。

1) 土壤背景性质与植被指数

在植被覆盖不完全的情况下，植被光谱便受土壤裸露的数量、土壤颜色、土壤含水量及农事活动方式的影响。其影响主要体现在两方面：光谱影响及亮度影响。光谱影响可用信噪比作检测，如果用 RED 代表红光光谱段，IR 代表红外光谱段，则 IR/RED 的信噪比最高。土壤亮度的影响主要表现在：暗色土壤背景使 IR/RED 偏大，因而对作物的估产偏高；亮色土壤背景使其偏小，故在亮背景中对作物的估产偏低。

为了更准确地分析作物冠层及其背景的反射光谱特征，人们引入了各种植被指数的概念，其中主要有：

(1) 比值植被指数：$RVI=IR/RED$；

(2) 归一化差异指数：$ND=(IR-RED)/(IR+RED)$；

(3) 垂直植被指数：$PVI=[(PS_R-PV_R)^2+(PS_{IR}-PV_{IR})^2]^{1/2}$。

式中：PS_R——土壤在红光光谱段反射率；

PV_R——植被冠层在红光光谱段反射率；

PS_{IR}——土壤在近红外光谱段反射率；

PV_{IR}——植被冠层在近红外光谱段反射率。

不难看出，植物光谱中红波段及红外波段反射率的相互关系是构成各种植被指数的核心。红波段的电磁波是植物光合作用吸收从而制造光物质的能量部分；红外反射部分是植物健康(长势)状况的反映。由它们的各种组合构成的植被指数便是植物光合作用能力，即植物生产力的反映。

2）植被指数与叶面积指数的关系

绿色植物的叶子是它进行光合作用的基本器官。光合作用所产生的干物质，部分用于增长根系，部分用于增长茎叶。在其他条件相同的情况下，叶面积越大则光合作用越强，而光合作用的增强又反过来增大叶面积。它们这种互为正反馈的关系又促使植物干物质的积累和生物量的增加。光合作用—干物质积累—叶面积增长—生物量增加，这四个有联系的因子的信息，大多不能为遥感传感器所直接获取。但是，它们的生理机制却能通过植物反射光谱中不同波段反射率的组合而间接地从遥感数据的分析中得到证实，这就是生物量或作物产量遥感估算的理论基础。

例如，IR/RED 与叶面积指数 LAI，叶干生物量有很好的相关关系（图 8-39（a）、（b））。（IR－R）/（IR＋R）也随叶面积指数及干生物量的增加而增加（图 8-40）。

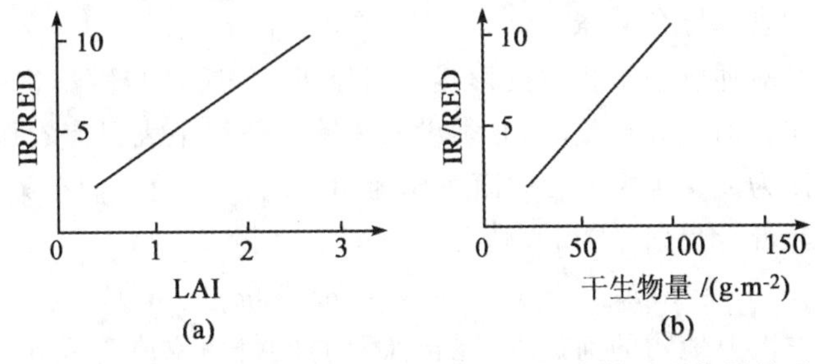

图 8-39　植物反射率的 IR/RED 与叶面积指数及生物量关系

决定植被指数的 RED 和 IR 反射率是随不同物候期而变化的。由于叶绿素含量及 LAI 的增加，作物的红光区反射率随作物生长而迅速减小。作物成熟后，叶子衰老，红光区反射率则增大；作物的红外反射率随种植时间而渐增，在叶子衰老前达到最大。这样，如图 8-41 所示，RVI 必然随着作物的物候期而变化。ND 的变化情况与此相近：在作物生长前 40 天缓缓增大；第 40 天到第 80 天间，随着作物覆盖度增加而迅速增大；一旦作物覆盖完全，ND 达到最大值；作物成熟后，ND 下降。

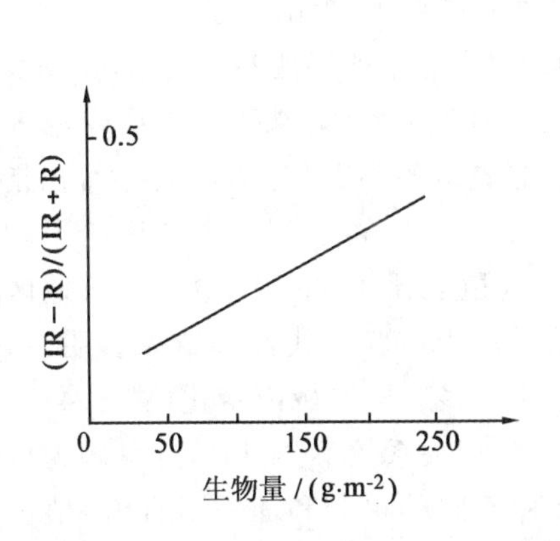

图 8-40　（IR－R）/（IR＋R）与生物量的关系

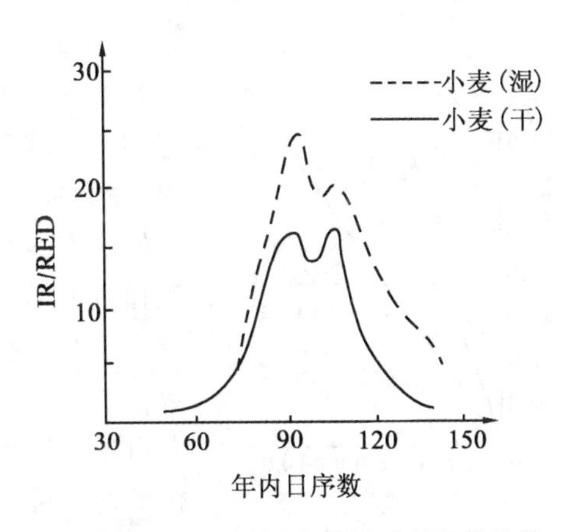

图 8-41　IR/RED 值对时间的依赖性

植被指数对时间的依赖性除了取决于植物的生理状态外，还取决于太阳高度角和方位角变化对植物冠层反射率的影响。从这点考虑，IR/RED 比值与 LAI 的关系在全年内是比较稳定的，因而，用 IR/RED 来估算 LAI 是一种较为可靠的方法。

3）植被指数与植土比的关系

卫星遥感中，每个像元素都有非植被背景，植土比值是影响像元植被指数的重要因子。

对于混合像元，设各种地物面积比为 $K_1, K_2, K_3, \cdots$，对 λ 波长辐射的反射率为 $\rho_{1\lambda}, \rho_{2\lambda}, \rho_{3\lambda}, \cdots$，混合像元的反射率为 ρ_λ，根据反射率的定义，可推得（1，2，3，…，代表 1 类地物，2 类地物，3 类地物等）：

$$\rho_\lambda = \rho_{1\lambda}K_1 + \rho_{2\lambda}K_2 + \rho_{3\lambda}K_3 + \cdots \tag{8-35}$$

根据地物在可见光和近红外波段的反射特征，可把地物划分为两类：绿色植被和非绿色植被背景。从宏观考虑，非绿色背景中，裸土占绝大部分，其他裸露表面反射特性亦相似于裸土。故可用裸土代表非绿色背景。

非作物绿色信息对遥感植被指数的影响随时空变化，这是妨碍作物遥感估产的重要因素。在用遥感估测作物面积和产量时，必须设法剔除。假设地表只有农作物和裸土，在某像元内植物占的面积比为 k_w，则裸土占的面积比为 $(1-k_w)$；又设它们在第 i 通道光谱段的反射率为 ρ_{wi} 和 ρ_{si}，像元混合反射率为 ρ_i，则有：

$$\rho_i = \rho_{wi}k_w + \rho_{si}(1-k_w) = \rho_{si} + (\rho_{wi} - \rho_{si})k_w \tag{8-36}$$

式（8-36）是在不考虑次要地物的前提下，混合像元的反射率取决于像元内植土比和植物冠层反射特性及土壤背景的反射特性。

根据理论推导，比值和归一化差异植被指数与植土比分别呈指数和幂函数关系，当叶面积指数较小时，它们对植土比的变化反应不敏感。垂直植被指数与植土比呈直线相关，其对植土比的感应能力也随叶面积指数的减小而下降。就估测作物面积而言，垂直植被指数较有优越性，但是，应当选择叶面积指数较大的时期。

4）植被指数与植土比和叶面积指数的综合关系

实际上，植土比和叶面积指数同时随空间而变化，因此，应综合地分析植被指数与两者的关系。如果不考虑次要因素的影响和土壤反射特性的空间差异，像元光谱反射率和植被指数是植土比和叶面积指数的二元函数。

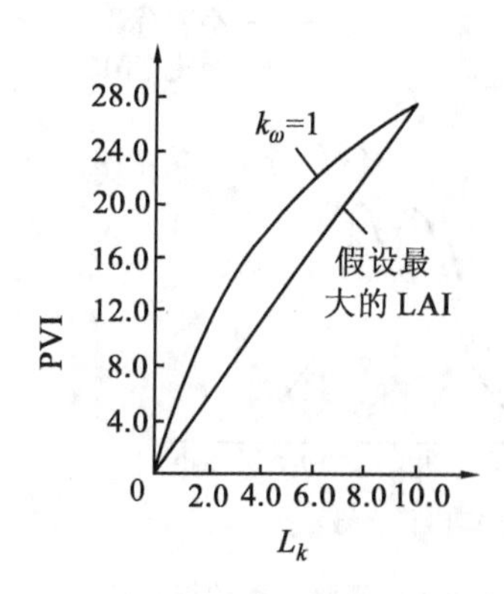

图 8-42　PVI 与 LAI×k_w 的半经验关系图

对同一地区来说，作物品种特性差异较小，作物长势越好，叶面积指数越大，作物产量就越高。在县或地区范围内，作物理论产量（主要指冬小麦）与抽穗期叶面积指数呈很好的直线相关关系。鉴此，可以视一个地区的平均叶面积指数 LAI 与该地区植土比 k_w 的乘积 L_k 为该地区作物总产的线性相关因子。半经验公式计算结果表明，植被指数与总产的关系是在一多边形区域内变化（图 8-42），大体上可用直线模拟，但是相关系数不会很高，这是因为构成同样的总产可以有多种不同的单产和面积组合，而植土比对植被指数的贡献大于叶面积指数，这是作物遥感植被指数——总产统计模式需进一步解决的问题。

5）实例

(1) 气象卫星大面积冬小麦估产

以下以气象卫星遥感资料估测大面积冬小麦产量为例进一步说明前述的作物估产过程。NOAA-9 和 NOAA-10 两颗气象卫星每天在同一地区能获得 4 次遥感资料。卫星上安装的 AVHRR(改进的甚高分辨率辐射仪)有 5 个波段，即第一通道 P_{CH1} 可见光 0.58～0.68μm，第二通道 P_{CH2} 近红外 0.725～1.1μm，第三通道 P_{CH3} 3.55～3.93μm，第四通道 P_{CH4} 热红外 10.5～11.5μm，第五通道 P_{CH5} 11.5～12.5μm，地面覆盖宽度为2 800km，星下点分辨率 1.1km。这对大面积宏观的冬小麦估产，具有明显的优势。

① 卫星资料的选用：

对 AVHRR 5 个波段的数据可以用不同的数学方法加以组合，得出不同的组合模式。通过分析，比值模式 $G=P_{CH2}/P_{CH1}$ 对绿色植物反应较敏感，可用比值植被指数 G 建立与单产的关系。

由于大气状况的影响，往往导致比值植被指数偏小，不能准确反映地面情况，可采用几天内资料中最大的一次作为冬小麦的实际比值植被指数值。

② 对产麦区分层：

气象卫星资料所反映的小麦长势是地面的实况，但由于地形、气候的差异，通常不是同一发育期的水平。也就是说，气象卫星资料反映的植被指数值差异含有发育期差异的信息。若不把发育期差异的信息排除，就不能正确建立产量与植被指数之间的关系。通常可根据冬小麦返青、拔节期资料及卫星资料，对产麦区进行分层，然后按层建立估产模式。

③ 建立预报模式：

已有研究表明，比值植被指数 G 随小麦叶面积指数呈某种函数变化，在观测到的叶面积指数变化范围内，该曲线近似于一条直线。进一步通过点图分析，表明冬小麦单产与比值植被指数 G 也基本上呈线性关系。通常冬小麦单产是以县为单位统计的，因此，应以各县的单产和平均植被指数为基础，建立各层的产量模式。对于每个县非冬小麦因子的剔除，应选择具有代表性的地块进行实地调查和经验分析。对于北方冬小麦产区，4 月上中旬，大面积的山林区，植被指数值提高，而大片的春播作物和杂草等，植被指数值较小；这时期小麦的植被指数值介于两者之间。这样，即可比较容易地把麦田与非麦田分开。然后把各像元点的比值植被指数值进行不同区间的组合，用逐步回归方法计算。表 8-18 是山东各地用 1986 年 4 月 11 日的比值植被指数与单产建立的关系式。

表 8-18　用各层小麦单产与比值植被指数建立的关系式

层	模　式	相关系数	样本数	相关检验
胶　东	$y_1=-104.4+102.45G$	0.827	20	0.001
鲁西北	$y_2=107.4+70.39G$	0.750	21	0.001
鲁东南	$y_3=82.9+60.65G$	0.826	14	0.001
鲁西南	$y_4=117.0+55.07G$	0.713	19	0.001

④ 冬小麦估产预报：

由于每年温度回升速度不同，冬小麦返青后的生长发育进程也不同，因此，不同年份而日期相同的冬小麦，其发育期不完全一致。在作估产预报时，应当考虑这一点。方法：选定当年某时间的资料后，先把各层的植被指数值订正到预报模式所对应的积温水平上，再计算各层的平均植被指数值，代入模式进行预报。

有人用表 8-18 的预报模式预报了山东全省 1986 年冬小麦的单产为 250kg，实际统计单产为 247kg。又在此模式的基础上，预报了 1987 年山东全省冬小麦单产为 245kg，统计单产是 244kg。误差均小于 2%。

(2) 美国大面积的遥感估产试验

为了准确地估计世界小麦产区的产量，再根据国际市场上的小麦价格而有效地控制本国的小麦播种面积，从而控制国际市场上小麦的销售价格，在 1974—1977 年间，美国农业部、国家海洋和大气管理局（NOAA）曾利用陆地卫星，结合高空和低空遥感以及地面观测等同步观测进行了一系列的大面积作物清查试验（large area crop inrentory experiment），简称 LACIE。

为此，它一方面在国内和国外进行了一些抽样和模拟观测；另一方面，它在国内的堪萨斯州、北达科他州、南达科他州等冬麦和春麦区进行了一系列的严格试验，取得很多可贵的资料，使小麦估产的精度由 79%达到 97%。甚至提出“90/93”的标准，即 90%的概率的单产精度在 93%。从而在这种估产中每年获利数亿美元。

① 试验目的：

a. 确定作物覆盖特性，例如土壤覆盖的百分数，叶面积指数，生物量和土壤水分含量等多时相的光谱响应特征。

b. 确定农业管理和环境变异对小麦光谱特性和小麦在光谱识别上的影响。

c. 确定小麦、小颗粒作物和其他作物，作为一个生长阶段的光谱识别。

d. 从光谱测量中确定作物应力（crop stress），如干旱、病害和冻害等目前的情况、严重程度和发展趋势。

e. 确定小麦和其他作物在其环境和光谱响应的一年的变异特征。

f. 确定小麦多时相光谱响应对籽粒产量的关系。

g. 确定一些几何因素的光谱响应的影响，如太阳角、观察角、小麦和其他所选择的作物的冠层结构等。

h. 确定在测量小麦和其他作物光谱响应方面的大气影响。

i. 确定为了从其他作物中鉴别小麦的热量量测（thermal measurement）的利用及其特征。

j. 作物冠层反射率模式的证实。

k. 其他有关传感器系统的一些试验，如 MSS 和 TM 的波段对作物鉴别和评价的比较等。

② 试验的方法：

这个试验是一个多级遥感系统相配合的大型试验，从陆地卫星的 MSS 到飞机、直升机、遥感汽车。田间观测直到各种数据处理，具体可参考图 8-43 和图 8-44。

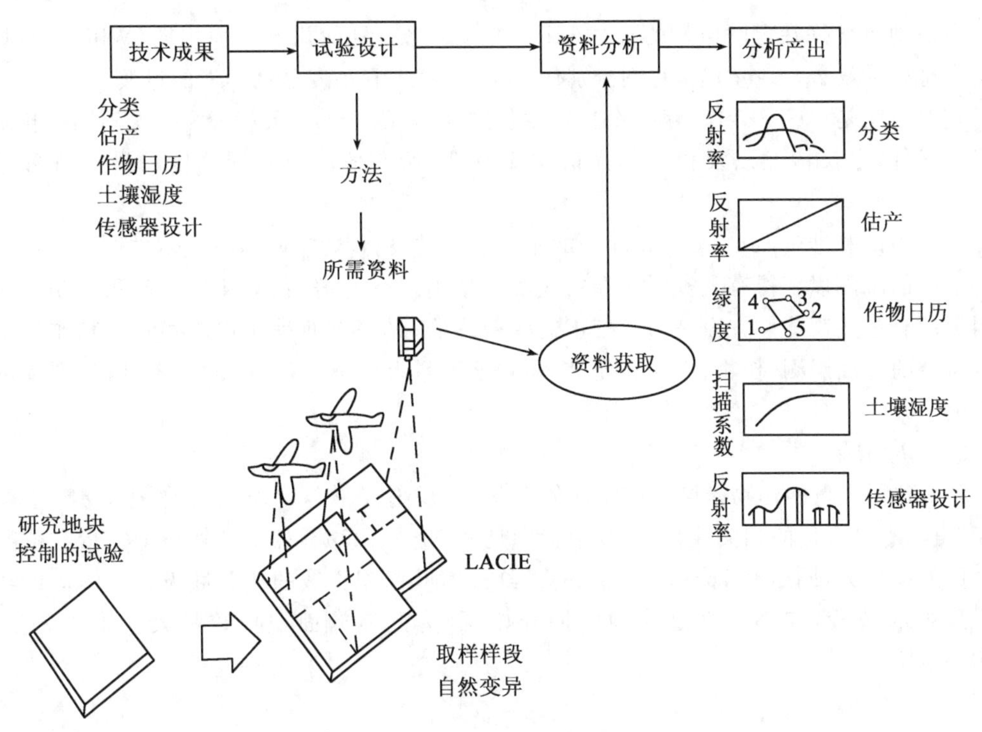

图 8-43 LACIE 野外研究实验的总观

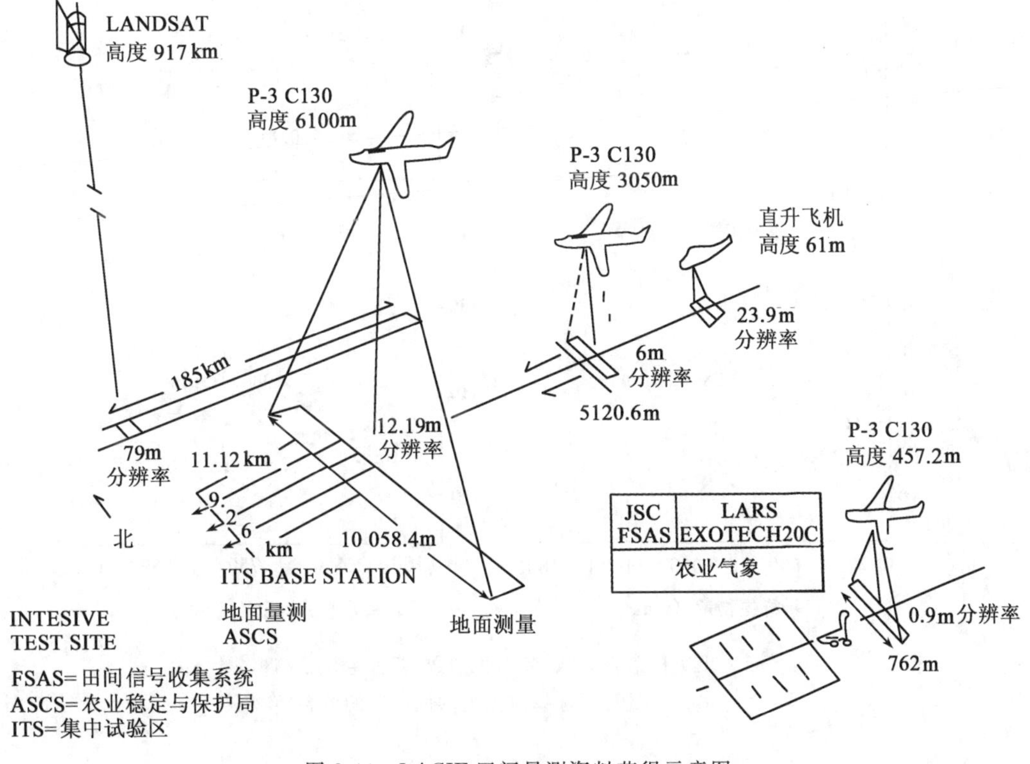

图 8-44 LACIE 田间量测资料获得示意图

地面观测地点分别在堪萨斯州的芬尼(Finney)县，北达科他州的威廉姆斯(Williams)县和南达科他州的汉德(Hand)县，它们分别代表冬小麦区、春小麦区和两者的过渡。

观测时间是 1975—1977 年 3 个作物生长周期，每隔 7～21 天就观测一次不同生长阶段的环境条件、生长情况以及相应的光谱响应特性，所有地面及不同高度的设计可参考图 8-45。

在集中试验地(intensive test site)的不同高度的飞行与陆地卫星同步，并同时要进行农学和气象的观测以获得有关资料。在农业实验站则进行光谱、农学和气象观测以获得有关资料。所有这些观测一方面是为了校正这些传感器；另一方面是在找这些农学和作物生长环境条件的地面观测(作物、气象和光谱)和陆地卫星上的 MSS 之间的关系，以达到本试验的目的。

③ 试验成果：

a. 得到了大量的作物光谱响应特性的资料，其反射光谱与叶面积指数、生物量、土壤覆盖度、植物水分含量的相关性很强，其中特别是 2.08～2.35μm 的中红外与生物量和植物水分含量关系很大，同时 0.76～0.90μm 的近红外对叶面积指数的相关性极强。作物近红外反射最强的波段，如小麦则是在抽穗期开始，因为此时叶面积指数最大。如图 8-45 和图 8-46所示。

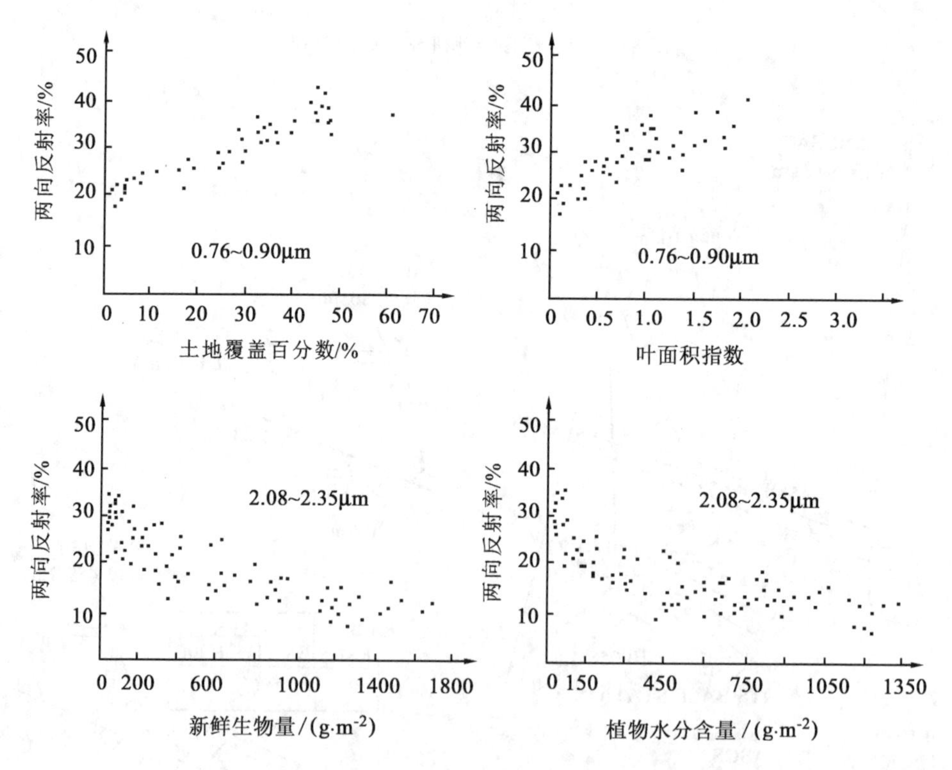

图 8-45　土壤覆盖百分数、叶面积指数、新鲜生物量和植物水分含量在所选择波段内的反射率的关系

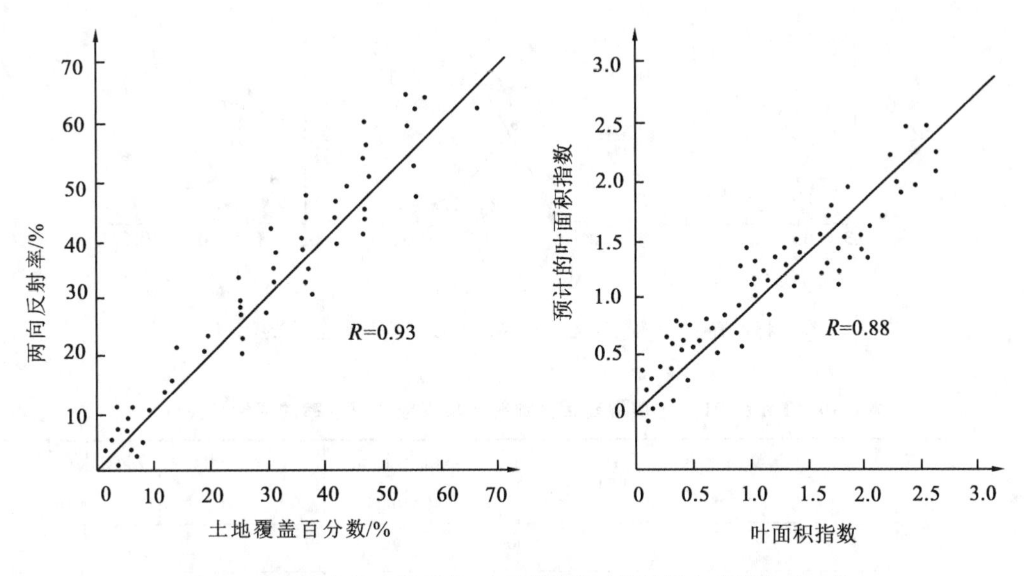

图 8-46　春小麦的土壤覆盖,叶面积指数的预计数与实测数的比较

b. 发现农业影像中的反映植物特征的绿度(greenness)和反映土壤反射率的亮度(brightness)两者对作物生长情况表现极为密切,该两者反映了一个影像背景中的植物生长条件及生长状况。陆地卫星影像也如此。也就是反映植被指数的绿度值与反映土地指数的土壤线,如图 8-47 和图 8-48 所示。

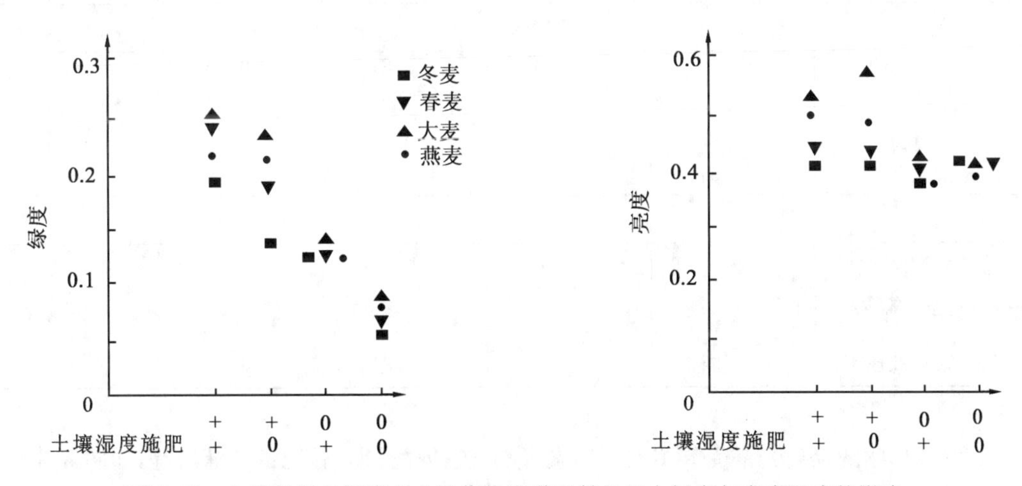

图 8-47　土壤湿度与氮肥在小粒作物光谱反射的最大绿度与亮度组成的影响

c. 发现 TM 与作物生长的关系比 MSS 好,如表 8-19 所示,所以 TM 影像的估产效果要优于 MSS。

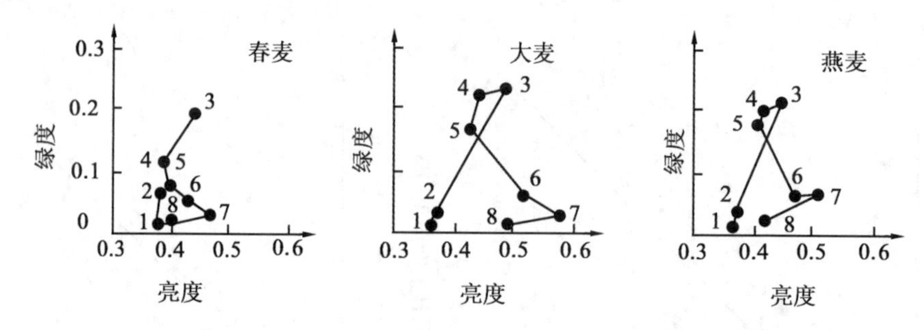

图 8-48 春麦、大麦、燕麦所选择的绿度—亮度轨迹数的比较

表 8-19 TM 和 MSS 土壤覆盖百分数等各项指数的反射率的线性相关(r)

波 长 /μm	土壤覆盖率 /%	叶面积指数	新鲜生物量 /(g·m^{-2})	干生物量 /(g·m^{-2})	植物水分含量 /(g·m^{-2})
TM					
0.45～0.52	−0.82	−0.79	−0.75	−0.69	−0.76
0.52～0.60	−82.00	−78.00	−81.00	−77.00	−82.00
0.63～0.69	−91.00	−86.00	−80.00	−73.00	−81.00
0.76～0.90	−93.00	0.92	0.76	0.67	0.79
1.55～1.75	−0.85	−0.80	−0.83	−0.79	−0.84
2.08～2.35	−0.91	−0.85	−0.86	−0.81	−0.86
MSS					
0.5～0.6	−0.82	−0.79	−0.81	−0.76	−0.81
0.6～0.7	−90.00	−0.85	−0.81	−0.74	−0.82
0.7～0.8	0.84	0.84	0.57	0.46	0.60
0.8～1.1	0.91	0.90	0.77	0.68	0.79
R^2					
陆地卫星 MSS 波段	0.91	0.86	0.86	0.84	0.85
TM 最好的 4 个波段	0.93	0.88	0.88	0.84	0.88
TM 第 6 波段	0.93	0.88	0.91	0.88	0.90

d. 发现作物的反射光谱受许多农业因素影响，包括播种期、施肥量和灌溉等，如图 8-49 所示。正因为如此，单靠作物光谱因素进行作物早期预报是困难的，因为作物生长后期的影响因素还有很多，其中特别是气候因素以及它引起的其他环境因素和植物病虫害的影响还很大。

2. 遥感影像用于土壤解译

1) 卫星影像土壤解译的理论基础

(1) 土壤的光谱特性

这当中也包括土壤本身的表层的光谱特性及其地面覆盖两个方面。

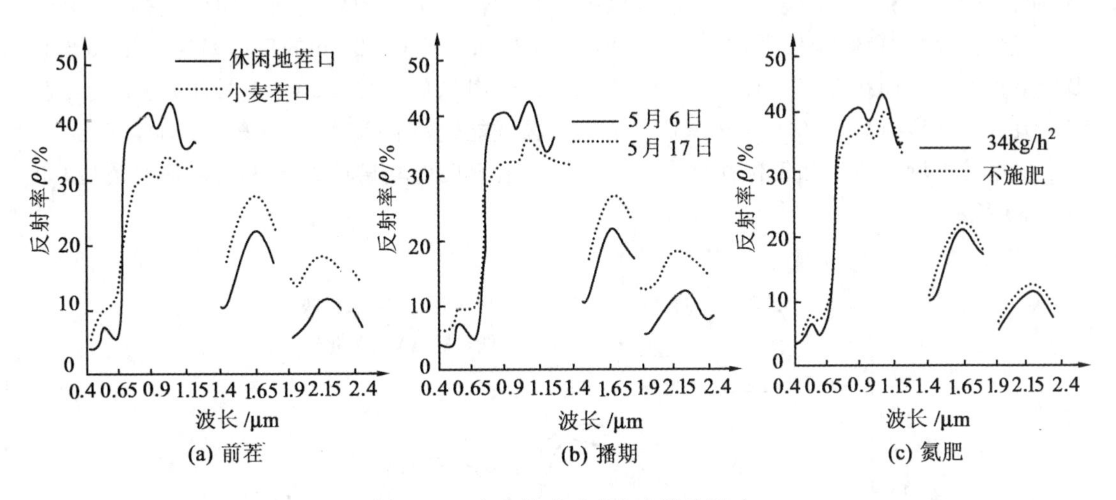

图 8-49 农业处理对春麦光谱的影响

① 土壤表层的光谱反射率：

首先，它是绿色植物覆盖的光谱反映，在假彩色影像上呈现不同亮度和饱和度的红色。

其次，它是地面残茬和植物的残落物，根据 E. R. Stoner 等(1971)的研究，于淋溶土和软土上留有的玉米残茬，其田间光谱曲线还是反映原来的土壤特征。根据 H. W. Gausman 等(1977)的研究，在地面具有麦秸的土壤，0.75～1.3μm 范围的近红外区，比可见光较容易与裸土区别。

最后，地面粗糙程度与结壳情况，具有结壳的土壤，在 0.43～0.73μm 波段具有较高的反射率，在影像上可形成白色色调，但当结壳破坏，或是耕作以后，其反射率则明显下降。当然，地面的粗糙的反射与太阳高度角有较大的关系。细结构的耕层土壤要比无结构的反射率降低 15%～20%。

② 土壤本身特性对土壤反射率的影响：

第一，土壤湿度。一般情况下，土壤水分含量与其反射率成反比，甚至可以认为土壤水分含量与反射率之间，在一定范围内呈现一种线性关系。当然，土壤有机质含量少的土壤水分的影响比土壤有机质含量多的土壤的影响要大，在土壤水分曲线中，1.45μm 和1.95μm两个波段处有两个强吸收谷，并在 0.97μm、1.2μm 与 1.77μm 处有三个弱吸收谷。当土壤水势处于 1/3 巴时，对土壤反射率影响最大。所以，有人认为 1.5～1.73μm 波段是用来进行土壤水分含量制图的最有可能性的波段。

第二，土壤有机质含量及腐殖质类型。一般在 0.4～2.5μm 波长范围内，土壤有机质含量与其反射率成反比，当土壤有机质含量超过 2%时就有明显的影响，但是当有机质含量超过 90%以后，其影响范围就不再增长了。当然，这也与土壤腐殖质的类型有关，一般胡敏酸的影响大于富里酸。

对有机质含量的研究表明，有机质比较敏感的波段为 0.5～1.2μm，也有人提出为 0.9～1.22μm，用此波段可绘制土壤有机碳含量图。

第三，土壤中的氧化铁含量。由于土壤风化，土壤中的部分含铁矿物风化为铁的氧化物，如针铁矿、赤铁矿、褐铁矿等，它们均以胶体状态覆于土壤颗粒表面。因此，它们的含量虽少，但对土壤颜色影响较大，在 0.62～0.72μm 和 0.82～0.92μm 的反射率与氧化铁含量多少呈正相关。而在 1.55～1.75μm，2.08～2.32μm 时呈负相关，Fe_2O_3 含量(C)与土壤反射率(R)的关系为：$R(\%)=84-4.9\times C$。依据这一公式能较好地确定土壤中氧化镁的含量。

根据其土壤有机质和氧化铁的含量关系而将土壤反射光谱曲线分为五种基本类型，如图 8-50 所示。

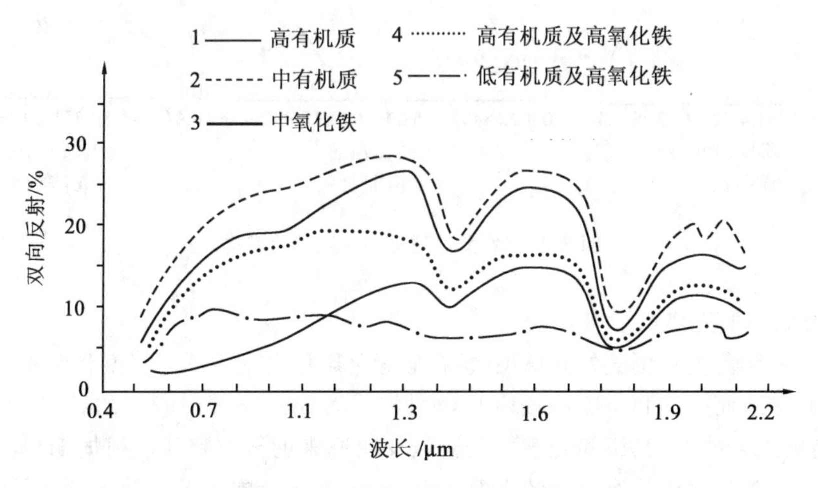

图 8-50　五种主要的土壤光谱类型

第四，土壤质地。如图 8-51 所示，一般土壤颗粒在 0.25mm 以下者，其颗粒越细，则光谱反射率越高，但其中的反射率曲线最高者不是黏粒而是粉粒(0.05～0.005mm)，如图 8-51 中的反射率粉粒最大。故卫星影像上的粉粒土壤多呈白色，易与砂土相混淆。

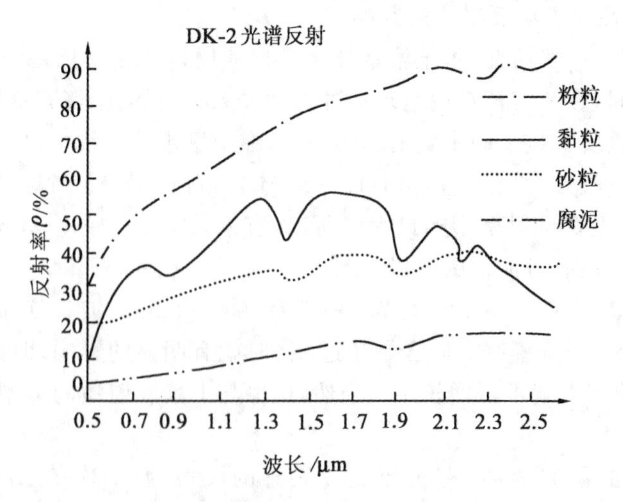

图 8-51　四种不同质地(但水分含量近似)的光谱反射特征曲线(美国印第安纳州)

根据对土壤分类中的土纲、母质以及不同质地等进行的大量光谱测定，发现土壤反射光谱不仅与质地有关，而且与组成这些不同质地的矿物质有关，如硅酸盐与碳酸矿物，其光谱反射率随其粒径的减小而增加，但是硫酸盐则不是如此。

第五，土壤结构。因为土壤在自然界中不是以单个颗粒的形式存在，而是以颗粒黏结成一定的结构，如田间所普遍存在的团聚体(aggregate)形式。在某些情况下，土壤结构体比土壤质地的单个颗粒形态对光谱影响还大，一般在实验室将土壤结构压碎而呈单粒进行光谱测试，其单个颗粒粒级的质地愈细，颗粒间空隙可能均为细粒所填充，因而反射表面增长。但一般在田间没扰动的情况下，土壤颗粒以一定的结构存在，仅仅是砂粒反射率高，故遥感影像上所见到的干细沙粒也呈淡白色。黏粒土壤在遥感影像上表现颜色深者，除本身的光谱特性和水分影响以外，就是因为与土壤结构有关，特别是粒径为0.45～2.5mm的结构体，往往由于孔隙而产生光的"陷阱"，也有称为"微阴影"。团聚体的反射系数(R)与团聚体直径(d)可表示为公式：

$$R = K \cdot 10^{-nd} + R\infty \tag{8-37}$$

式中，K、n均为光谱曲线的独立常数，$R\infty$为最大直径团聚体的反射系数。从公式即可看出，R与物体的化学组成无关，而与其直径、结构体外形等有关。

第六，土壤的黏土矿物。一般认为比较适合于土壤黏土矿物测定的波段为8～14μm，因为其基本组成的"Si-O"振动发生于该段范围。其次是土壤中常见的高岭石、蒙脱石等，由于束缚水存在，于1.4μm和1.94μm处表现为明显的吸收峰，如图8-50所示的土壤光谱反射率曲线即如此。此外，0.002～1.2mm之间的粒级，其碳酸矿物光谱反射率随粒级减小而增大，但氧化物和硫酸盐则相反。所以土壤黏土矿物的光谱反射率也是不一样的。特别是在许多情况下，它们往往相互混合存在。

③ 土壤指数(soil index，SI)：

这是土壤辐射光谱值的进一步应用。所谓土壤指数，就是利用像元混合光谱的原理，根据MSS-5和MSS-7的波段特征做出坐标系统，求出与植被覆盖度相应的、与土壤有机质明显相关的直线，进而以其斜率公式来进行影像数字处理，以减少植被覆盖影响，它是增强土壤信息的一种图像处理技术，所以它也是一种光谱数字解译。如第7章第1节中介绍的那样，卫星影像的每个像元是该像元的自然物体的一个混合光谱，其中特别是植被与土壤两者，而且以其两者的光谱反射率(ρ_v代表植被反射率，ρ_s代表土壤反射率)及其所占面积(如以C代表植被覆盖面积，则$1-C$即为裸土面积)而定，一个像元内由植被v和土壤s所表示的混合光谱辐射值E即：

$$E_{vs} = K[\rho_v C + \rho_s(1-C)] \tag{8-38}$$

在这种多波段影像中，S. J. Kristof等发现用可见光与近红外光的比值可以突出土壤有机质含量的变化，即

$$\text{土壤有机质含量} = f\left(\frac{4\text{波段}+5\text{波段}}{6\text{波段}+7\text{波段}}\right) \tag{8-39}$$

此外，即使土壤种类、土壤有机质和土壤水分含量有所变化，而红波段与近红外波段的比值差不多构成一定的值。日本安田嘉纯等(1981)根据这一思想进行试验，证实旱地的红光反射率对不同种农作物的裸地是呈$\rho_{rR}=n\rho_R$分布的。与此同时，旱地覆盖度C的作物某时的

近红外波段反射率 ρ_R 及红波段的反射率 ρ_{IR} 分别按下式表示：

$$\rho_{IR} = C\rho_{PIR} + (1-C)\rho_{SIR} \tag{8-40}$$

$$\rho_R = C\rho_{PR} + (1-C)\rho_{SR} \tag{8-41}$$

在理论上，如图 8-52 所示，若以作物覆盖度的 100% 为其顶点，则在近红外波段轴的点位 ρ 为最高，同时在红光波段轴则点位 ρ 为最低。在实践中，随着作物覆盖度增加，反射率便由裸地土壤向作物坐标 ρ 的方向按直线变化，该直线称为土壤指数或土壤线，其斜率表示为：

$$\mathrm{SI} = \frac{\rho_{PIR} - \rho_{SIR}}{\rho_{SR} - \rho_{PR}} \tag{8-42}$$

该土壤指数 SI 与作物覆盖无关，但取决于作物反射率和土壤反射率，当给出作物反射率时，其土壤类型便可确定。如用陆地卫星资料求 SI，则

$$\mathrm{SI} = \frac{\rho_{PIR} - \rho_{B7}}{\rho_{B5} - \rho_{PR}} \tag{8-43}$$

式中，ρ_{B7}，ρ_{B5} 是指所测地区波段 7 和波段 5 的反射率，如在北海道实测 $\rho_{PIR}=53$，$\rho_{PR}=10$，则

$$\mathrm{SI} = \frac{53 - \rho_{B7}}{\rho_{B5} - 10} \tag{8-44}$$

根据计算机处理结果，安田嘉纯得到了实测土壤图（图 8-53）。

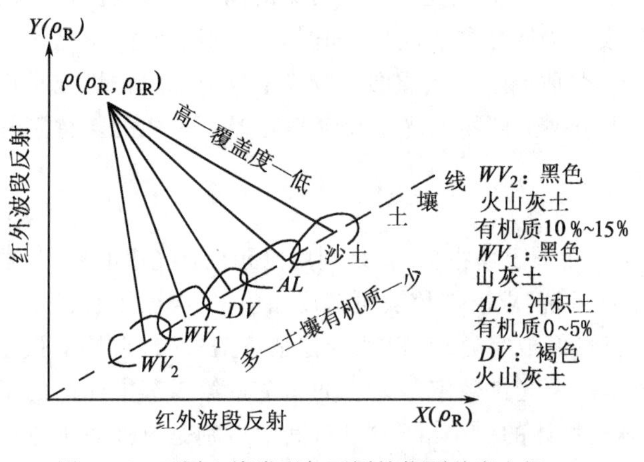

图 8-52 不同土壤类型与不同植物覆盖度之间存在关系的图解（每种土壤的坐标，依据覆盖度的增加、伸展达作物覆盖为 100% 时的坐标点 P）

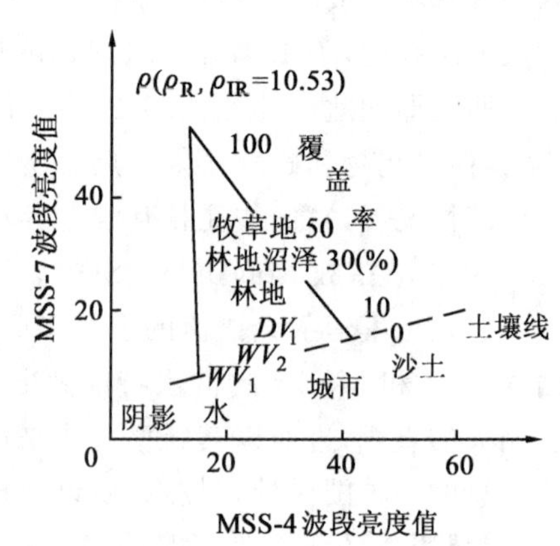

图 8-53 4 波段与 7 波段的二维图

由于 SI 的取值范围为 $-\alpha$ 至 $+\alpha$，为了压缩资料，将 SI 变换为 tangent 后，再加以使用，于是 $\mathrm{SI}' = \arctan\mathrm{SI}$。

利用 SI 可以减少植物覆盖的影响，如果把 SI、绿度值及 MSS-5、MSS-7 多种手段结合，如安田嘉纯的实验是在作物覆盖度 0～5% 的地区，识别率可达 68%，而且可以排除水体、阴影、混凝土的影响。

（2）综合景观解译

除以上所述，我们根据一些土壤本身的光谱特性在影像上的反映来解译以外，更为重要的是要根据土壤的地理规律来加以解译，因为土壤本身就是一个自然地理体。任何一种土壤，它在某一区域的存在绝非偶然，而是当地的所谓五大自然成土因素（当地的气候、地形、母质、生物和时间）和人为活动的综合影响的结果。如果不根据这一规律，而仅凭其影像的光谱特性，那是不可能进行土壤解译的，很可能出现同一土壤，在不同的地区表现为不同的光谱特性，即所谓"同谱异土"。如以上这种关系，只有对土壤的某些光谱信息，结合地理规律进行分析才有可能解决这一类复杂现象。

一般在一个较大的区域内，其气候因素对土壤的分布可能起重要作用，而在一个局部地区，地形、母质等地学因素往往起主导作用，这是我们进行景观解译的主要参考。

2）土壤判读标志

（1）颜色和色调

影响陆地卫星影像颜色的土壤判读因素，主要是土壤本身的表层和地面覆盖的光谱特性，这与航空像片是相似的。但也有不同之处：首先，卫星影像上的地物光谱是卫星平台上的传感器通过大气窗口所收集到的地面反射，由于大气效应的结果，它不完全相同于地面测定的地物光谱特性；其次，它是多波段中的各自较窄的单波段的光谱反射率的影像；第三，它也往往是由以上单波段合成的多波段影像，而且多采用标准合成的假彩色影像，所以它和黑白全色影像的土壤解译特征是不一样的，如表 8-20 所示。

表 8-20　几种主要土壤及其特征在遥感影像颜色上的表现

土　　壤	黑白影像	假彩色合成的彩红外影像	备　　注
干旱壤质土壤	白发浅灰	黄白	水分系列影像
湿润草甸性土壤	暗灰	浅蓝	
潮湿的沼泽性土壤	深暗灰	深暗灰	
灰蓝色潜育性土壤	灰	蓝灰	
浅色土壤	白发灰	白黄	有机质系列影像
黄色土壤	灰白	浅黄、浅蓝绿	
有机质稍多的土壤	灰	暗灰	
黑土	黑	黑	
潮湿盐土	黑	蓝灰	盐分系列影像
硫酸盐土	白	白	
石质土	浅灰	浅蓝、蓝、蓝绿	质地系列影像
砾质土	浅	浅蓝	
白色粗砂	白	白	
黄色砂土	浅灰	白、浅黄	
黄色粉砂土	浅灰	白	
红色黏土	暗灰	蓝绿、绿	

由表8-20即可以看出,红外彩色影像大大地增加了与土壤有关的影像的景观分辨能力。

(2) 形状与阴影

陆地卫星影像上所分辨的形状,主要是以地形为代表的综合景观特征,其中包括了植被、母岩、潜水和土地利用等有关方面。当地面有割切和起伏时,则由于阴影产生的阴影效应而形成立体感。

(3) 纹理

它是在物体形状的基础上区别物体表面特征的另一个影像标志。它在卫星影像解译中占有重要地位。在山地主要反映地表的割切程度及物质组成,一般切割密集的岩石区,则显示较粗的纹理,如为切割较少的黄土区则纹理较平滑。因而非常有利于黄土和基岩区的划分。平原区,则主要与物质组成的粗细有关。风砂地区则因砂丘而形成波状纹理,壤质和黏质土地区则形成平滑纹理。

此外,地面的植被盖度与影像纹理也有明显的关系,无论是森林或是草原,当其盖度较大,而遮盖着地面切割的阴影的,则纹理平滑;反之,则纹理较粗,在这一点上,它与航空像片的植被纹理是不同的。

(4) 图形

在陆地卫星影像上,除水系图形以外,由于其宏观特征,它往往反映了一定的构造地质与地貌形态的规律组合的图形,如构造盆地四周的山麓洪积扇、扇缘地区及扇缘下的河流等的对称分布等特征形成的图形。又如内蒙古高原地区许多内陆湖的同心圆分布的地形景观等形成的图形,石灰岩地区的格状水系图形,花岗岩地区的圆形构造图形等,所以卫星影像的特征往往反映了更为宏观的景观规律。

3. 卫星影像用于土壤侵蚀调查

1) 卫星影像土壤侵蚀调查的理论基础

陆地卫星影像用于土壤侵蚀调查的理论基础与方法,与一般中比例土壤调查与制图相同,但有其特殊的内容。

(1) 理论基础

① 土壤侵蚀的光谱特性。由于比例尺的限制,卫星影像的土壤侵蚀识别主要是根据其光谱特性。因为任何一种土壤,由于侵蚀程度的不同,则表土层受到不同程度的暴露,或者更进一步侵蚀,以至母质层暴露,即所谓母岩侵蚀,因此,就会产生不同的光谱特性,在多波段彩色合成影像上就会产生不同的色调。特别是土壤侵蚀强度往往与一定的植被特征和土壤水分状况呈明显的相关性,所以这种侵蚀光谱特性的表现就更为明显,如图8-54所示。

② 土壤侵蚀的地理因素解译。正如在航片土壤侵蚀解译中所述,土壤侵蚀是一个区域的地理因素和人为因素的综合影响,这一点在陆地卫星影像中就表现得更为突出。因为,一方面是由于这种多波段假彩色合成影像所提供的信息,使地表与土壤侵蚀有关的地理信息——如地形、植被、母岩、土壤、水分和土地利用等分异更为清楚;另一方面是它的中小比例尺,允许在一幅图像中从宏观上来分析这些不同因素之间的不同组合的关系,从而来解译和比较不同地物的土壤侵蚀特征及其分级。所以,陆地卫星影像是应用于中小比例尺土壤侵蚀解译的一个极其有用的工具。在某些方面,用它来进行土壤侵蚀解译制图更优于一般

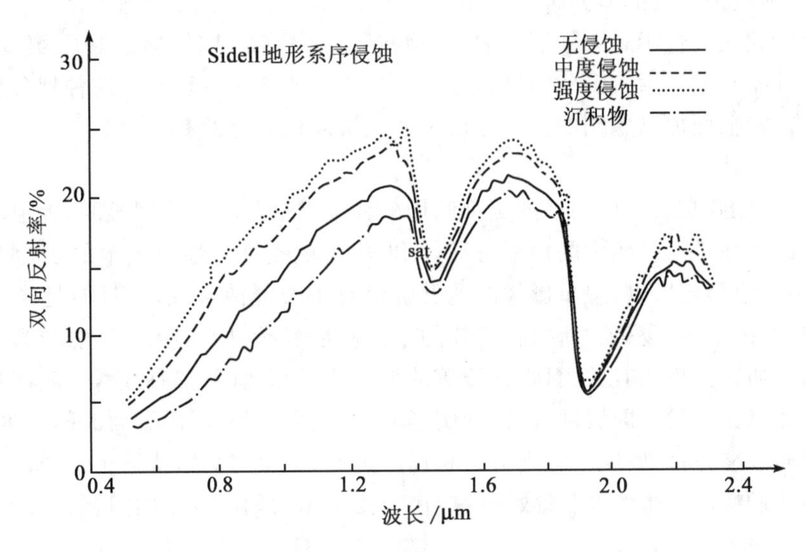

图 8-54 地形部位与土壤侵蚀程度不同的光谱曲线

的土壤译制图。

(2) 卫片土壤侵蚀解译的方法

卫片土壤侵蚀解译的方法基本和航片的土壤侵蚀解译的方法一样，它首先是更侧重于多因子分析。在这些因素中，主要反映在以地貌为主体的母岩与植被等的影像特征。这种方法的采用一方面是由于土壤侵蚀的地理性及其多因素特征所决定；另一方面也是由影像特征——即比例尺与多波段假彩色特征所提供的地面信息所决定的。其次是结合调查区的侵蚀模数进行多因子分析和匹配，以进行土壤侵蚀强度分级的制图。因为其比例尺较小，所以与航片的土壤侵蚀制图相比，它更容易从宏观上来接近一个流域的侵蚀模数。

2) 卫星影像土壤侵蚀调查的判读标志

(1) 颜色

在土壤侵蚀的卫星影像标志中，主要是获取植被覆盖度与土壤物理性状的信息，以了解所解译单位内的土壤侵蚀因子。

① 植被盖度：主要通过假彩色合成影像的红色，以反映绿色植物的特征的浓淡和均匀程度等来了解植被类型(乔、灌、草)和覆盖度。甚至解译人员还可将不同的覆盖程度制成一定的标准模片，以作植被的盖度分级解译时参考。

与绿色植被相反的一面是地面裸露的影像颜色特征，如刚被侵蚀而裸露的岩石新鲜面，往往形成浅蓝色，干旱而近荒漠性的黄土质的裸地往往显示蓝绿色。稍湿润地区的黄土裸地则显示黄白色或黄色。

根据以上所述，我们就可以从影像的颜色红与蓝、红与白等的分布图形的比例关系来了解土壤侵蚀情况。

② 土壤侵蚀的地面物质组成：它是在一定地形条件下土壤侵蚀发展的重要物质基础，如石质丘陵、石质台地与黄土台地等，两者的地形条件可能分别相似，但其物质组成则彼此

不同，往往造成侵蚀强度的差异很大。因为黄土状物质疏松，抗蚀性差，所以它所组成的地面的水蚀速度就大大快于石质地区。因此，这些不同物质组成的地面，在土壤侵蚀调查中，根据其抗蚀性差异划分为黄土状物质、石质基岩、土石质地和砂地等。这种划分也是根据假彩色合成影像特征而加以鉴别的。具体可参考土壤质地解译的有关章节。

(2) 形状与阴影

由于比例尺的限制，土壤侵蚀的类型解译的详细划分是有一定困难的，因卫星影像上的形状所给予的往往是一般较大的地形特征，而现代土壤侵蚀类型所表示的多为微小的地表形态，即所谓微地形。所以，卫星影像的地形解译对土壤侵蚀来说，它只能是作为环境条件因素而存在，如山地、丘陵等。所以在卫片的土壤侵蚀解译中地形因素只能作为一个土壤侵蚀的环境因素加以分析。有关山地、丘陵等的坡度陡缓和地面切割程度，一般都是通过阴影的影像特征加以显示的。即坡度大者，则阴影明显，阴影面积大，阴影面的颜色也深，阴影与非阴影的界面也整齐；而坡度小者则与之相反。因此，形状与阴影特征相结合是土壤侵蚀解译中的重要地形特征。当然，阴影效应的应用中要考虑太阳高度角的问题。

(3) 纹理

陆地卫星影像的纹理特征在土壤侵蚀方面，主要是由冲沟的像元光谱综合而成，因此，它反映了地面的割切程度，正如航片土壤解译的影像特征中已论述的那样。因为比例尺的限制，地面较小的冲沟不可能单独表示，而且这些冲沟主要是通过沟壁的阴影特征以纹理的形式表现出来的，因此，在陆地卫星影像上的这种土壤侵蚀的冲沟纹理主要是一种阴影特征所造成的影像特征。这一点，比航空像片解译表现更为突出，一般我们根据纹理的密集程度和粗糙程度可以用来解译土壤侵蚀的程度。

此外，我们也可以根据以阴影为特征的影像的蓝色的纹理特征，及其所覆盖绿色植被的红色影像特征的两者之间的相对明显程度，来解译植被的覆盖度。一般植被覆盖度大者，红色较浓，而且均匀，其下的切割纹理显示不出来，相反，则红色很弱，甚至不显示红色，而全为蓝白相间的冲沟的反射面(白色)和阴影(蓝色)所组成的纹理。在这两者之间，我们就可以分为一些区域性的等级。正如在彩红外航片的土壤侵蚀解译中所讨论的那样。

(4) 图形

图形影像特征用于土壤侵蚀解译者主要是通过宏观影像特征来解译土壤侵蚀的地形及地面物质组成。具体有以下几个方面：

① 水系图形：如格状水系、羽毛状水系等就分别代表着石灰岩、黄土状物质等不同抗蚀特征的岩性。

② 风蚀与风积等地貌图形：如不同面积的风蚀槽状洼地图形和不同形状重复出现的沙丘等，这在陆地卫星上出现对帮助说明情况是很有利的。

4. 遥感技术在森林立地类型调查中的应用

森林立地是指一定的空间位置及与之相关的环境因子的总和，凡具有相同或相似的林木生长环境或生长效果的地段谓之一种立地类型。它决定一个地段的植被适生条件及林木生产能力，在营林、造林和规划设计中具有重要的意义。

近年来迅速发展的遥感技术，为我们对森林生态环境的研究提供了新的手段。下面根据遥感技术的特点，从宏观角度探讨环境因素对林木生长影响的规律性。

1）应用遥感方法调查立地条件的可行性

（1）遥感图像的判读基础

植物和林冠层的光谱特征为立地条件类型判读提供了理论基础。立地生产潜力影响到电磁波的辐射特性，例如，荒芜立地比植物繁茂生长立地有较高的红光反射值。

（2）遥感图像的性能

① 航空影像。影像反映了若干电磁波反射、发射和传输的能量，并以多种形式、大小和比例尺记录下来。在航空影像中进行立地分类的最成功的方法包括地形等级的识别和土壤质地等级的识别。森林立地质量通常与这两个因子结合体相关很好。因此立地可以在航空影像上分类。对于地形复杂的区域，林木生长随地形变化明显，立地因子判读特征较为清楚，因而有可能利用航空影像勾绘不同的立地类型。

② 卫星图像。卫星图像不同于航空影像，主要区别在于分辨率低。但其覆盖范围大，反映动态变化快，资料收集方便，图像包含信息多，可进行计算机自动识别和分类。卫星图像主要由色调和形态两要素表征。对于地形起伏大，地貌类型相对丰富的山区，利用形态特征进行立地分类更切合实际。宏观判读卫星图像上反映的地貌、植被类型等因子很方便。因此，有可能在假彩色合成图像上目视判读勾绘立地类型区或进行计算机分类。

2）景观分析与类型划分原则

（1）立地条件景观分析

不同的立地条件形成差异明显的景观类型。林场肥沃，土地位于低海拔，其上往往形成林木长势好、土壤肥厚、光线充足、湿度较大、坡面平缓等因素构成的景观。反映到航空影像上，其色调深灰，颗粒均匀，与周围贫瘠立地边界明显。在卫星影像上，景观单元在地域分异上范围较广，它包含了许多相似邻近的景观单元。位于高海拔的贫瘠立地上，则常常形成植被长势差、土壤瘠薄、干燥阴寒、小气候条件恶劣、陡坡等因素构成的景观。航空影像上表现颗粒细小，无高度感，或为草灌或为疏林灌木，色调灰至灰白，常属荒山荒地，多为火烧迹地。表现在标准假彩色合成的卫星图像上为淡红、草绿、灰白等色调。

（2）应用遥感方法划分立地类型所遵循的原则

① 立地类型必须正确地反映立地特征的一致性，即构成森林立地的自然因子及其组合的一致性，使各景观类型内部尽可能一致。

② 立地类型应反映出主导因素的作用。

③ 组成景观类型的各因素数据应大部或接近全部由遥感方法给出。

④ 立地类型的生产潜力和宜林性的近似性，以便采取相同的经营措施。

（3）立地类型的划分

根据遥感资料特点及森林调查资料，以林场为总体，实行两级分类，即立地类型区和立地类型。

① 立地类型区。作为立地分类的高一级单位，由海拔及植被因子控制，它是若干相近立地类型的联合，宏观地反映了地貌、小气候、植被变化规律。划分类型区主要根据卫星图像，进行目视判读或自动分类。这一级主要为林场林种布局提供依据。

② 立地类型。作为立地分类次一级单位，它是一切经营活动的基础，是植物赖以生存的生态环境相对一致的地段，反映了小气候、中、小地形，水文状况及土壤条件对林木生长相

对一致的影响。划分立地类型是首先根据航空影像微观信息，判读勾绘景观类型，得到类型小斑，然后合并为立地类型。这一级作为林场选择造林树种和林种培育布局的基础。

3）立地因子的拟定

根据遥感技术特点，大致可确立下面三类立地因子。

（1）水热因子

水热因子包括海拔、坡位、坡向、坡度、小气候（温度、湿度）等。

① 海拔。海拔是山地变化最明显的因子之一，且在遥感图像上极易确定。由于气候-土壤条件变异，树木在不同海拔内，生长期、生长率及形态特征均有差别。海拔高度不同反映立地条件在垂直方向上的变化。

② 坡位。地形部位对土壤物质和能量起再分配作用，因此坡位的变化，实际上是阳光、水分、养分和土壤条件的生态序列：从山脊到坡脚，水分和养分逐渐增加，整个生境朝着阴暗、湿润的方向发展，土壤逐渐由剥蚀过渡到堆积。

③ 坡向。不同的坡向因太阳辐射强度和日照时数不等，使不同坡向的水热状况和土壤理化特性有较大差异。

④ 坡度。坡度的影响主要是直接影响到水土保持状况。坡度越陡，水土流失可能性越大，结果使土壤变得瘠薄；反之，土层深厚，保水保肥能力强。

⑤ 小气候。局部地形的微小隆凹，往往会改变光照强弱、日照长短、迎风背风、冷空气聚散等因素，形成小气候。树种分布边缘区域，常受小气候因子控制。因此，小气候是一个综合的生态限制因子。

（2）土壤因子

土壤因子包括土壤有效厚度和岩性等。

① 土壤有效厚度。主要指被树木根系所占据的那部分土壤厚度，它对立地性质的确定具有重要作用。

② 岩性。母岩不同，风化程度、土粒大小、酸碱程度均有差别，因而影响到土壤的理化性质，以及森林的组成和特征。

（3）植被因子

植被因子主要指植被类型和植被覆盖度。

从植物生态学的观点出发，植物个体和群体的出现、发展和衰亡，是和自然环境一定的演化阶段相适应的。两者相互影响，相互适应，互为表征。因此，植物种类和群落类型的数量、分布及其状态的特征，是评价环境的有效指标。

4）TM图像上的立地因子提取

（1）水热因子

常规立地分类的水热条件是根据海拔、坡向、温度、湿度等若干因子的组合划分的。遥感分类可以利用TM6波段通过密度分割直接获取水热因子。

TM6是探测地表发射辐射的热红外波段，其灰度变化与地面温度有直接关系。但是，地面温度与地表湿度密切相关，因为它制约于辐射的蒸发热通量和地面的热交换。因此，TM6反映的是地表温度与湿度的复合信息。地温测量数据与海拔、TM6灰度值之间的回归关系表明：在海拔120～2 140m的区间内，三者具有良好的线性关系——海拔每升高

100m 则地温下降 0.5～0.6℃，TM6 灰度值递减而湿度增大。据此，可设定每 2℃为一区间对 TM6 进行密度分割，形成瞬时温度场影像（确切地讲应是水热场），使水热条件具有明晰的反映。

（2）土壤因子

提取土壤因子在于掌握各类土壤的分布及厚度变化情况。从光谱特征方面而言，尽管 TM 载有丰富的地面信息，但利用某一个波段直接提取土壤因子目前尚难以实现。在缺乏经验知识的情况下，可选择与土壤有关的部分波段进行非监督分类，借此提取土壤因子。

非监督分类是通过计算机反复迭代，逐步调整实现的，当所需类别基本符合实际要求，而且使类内像元距离最小，类间距离最大时，即为理想的分类结果。

例如，太行山属华北石质山地，土壤因子具有较强的环境特征，植被繁茂的地区土壤厚度大，由于厚土层中水分容量大，地表温度相对低；反之，在薄土或裸岩地区，水土流失严重，热辐射强烈，植被生物量必然锐减。这种生态环境的循环把土壤、植被、温度、湿度等因素有机地联系起来。由 TM 主要应用特性可知，TM4、TM5、TM6 分别反映了植物量、湿度和温度信息，那么这三种信息的各种复合类型将必然反映土壤因子的特征变化。经过反复迭代，当类别调整为 12 时，分类结果与实地模型达到理想状态。影像中每个类别反映的立地特征如表 8-21 所示。

表 8-21 非监督分类影像判读结果

序 号	类别颜色	反映立地特征			
		土层	坡向	湿度	植被类型
1	绿	厚层土	阴坡	湿润	乔木
2	果绿	厚层土	阴坡	湿润	乔、灌混生
3	深黄	厚层土	阴坡	潮湿	灌、草混生
4	紫	中层土	阴坡	潮湿	灌、草混生
5	白	中层土	阳坡	潮湿	灌、草混生
6	浅蓝	薄层土	阴坡	潮湿	灌、草混生
7	褐黄	薄层土	阴坡	干燥	灌、草混生
8	深蓝	薄层土	阳坡	干燥	草被
9	墨绿	基岩风化土	阳坡	干燥	草被
10	粉白	厚土			农耕地
11	蓝绿				水域
12	大红				厂、矿高温异常

注：土层＜30cm 为薄层土；30～60cm 为中层土；＞60cm 为厚层土；基岩风化土属表层薄土。

（3）植被覆盖度

植被覆盖度在立地分类中虽然仅作为参照因子，而在造林规划时却是一项重要指标，因为当植被覆盖度过低或者过高时，成苗率会受到影响。

植被的光谱特征比较繁杂，虽然 TM2、TM4 提供了丰富的植被信息，但从全部植被生存发育的过程来看，TM 的七个波段几乎都与之相关，只是直接、间接或程度不同而已。因此，提取植被覆盖度因子宜采用压缩空间维数——K-L 变换的处理方法。

经过 K-L 变换，选取方差贡献最大的三个主成分进行彩色合成，然后对照实地模型，即可根据图像的色调直接判读出植被覆盖度。

5）树种分类及适生界线划分

森林立地分类是针对具体的植被类型、树种以及它们的适生条件而言的。应用遥感方法完成立地分类，必须首先对植被、树种进行分类统计，然后划分出它们的适生界线。

（1）树种分类

树种分类可应用监督分类的方法完成。它是基于模式识别原理，遵循最大似然比判别准则的分类方法。其分类过程为：

① 根据已知类别模型的光谱数据通过模式训练，分别求出各类别的判别函数；

② 以每个像元的光谱矢量为自变量，分别计算各类判别函数的函数值，其中最大函数值对应的类别即为该像元的所属类别。

实用的判别函数为：

$$g_i(x) = \ln p(w_i) - \frac{1}{2}\ln\left|\boldsymbol{\Sigma}_i\right| - \frac{1}{2}(x-u_i)^{\mathrm{T}}\boldsymbol{\Sigma}_i^{-1}(x-u_i) \tag{8-45}$$

式中：$p(w_i)$——第 i 类的先验概率；

$\left|\boldsymbol{\Sigma}_i\right|$ 和 $\boldsymbol{\Sigma}_i^{-1}$—— 分别表示第 i 类协方差矩阵的行列式和逆矩阵；

$\boldsymbol{x}$——像元光谱矢量；

$\boldsymbol{u}_i$——第 i 类的均值矢量。

通过监督分类，各种植被类型、树种的空间分布形态和面积，可以在分类影像中直接得到表示。

（2）适生界线划分

常规立地分类以植被类型的垂直分带所对应的海拔区间为依据，划分各类植被的适生界线，实质上是水热条件差异程度的划分。应用遥感方法提取的水热因子已经直接掌握了水热条件的变化，再把树种分类结果与其叠合统计，即可反映出各类树种在不同水热条件下的分布情况。以纵坐标表示各树种的面积概率，横坐标表示水热条件的变化（以℃为单位），它们的关系可在图 8-55 中反映出来。

从图 8-55 可以看出，山杨、桦树、落叶松、油松、柞树等树种主要分布于中山区，其适生界线在 10℃以下。其中前三类树种虽然与后两类树种出现混交，但从概率曲线上看存在差别。因此，结合植被覆盖度图＞8％的出露范围，需要把＜6℃和 6～10℃分别划为两类界线：一类为 A 区，基本上对应于地貌的中中山区；另一类定为 B 区，对应于低中山区。随着湿度减小、温度升高，树种也相应改变，它们的适生界线从曲线变化上也易于划分（见图 8-55，此数据对应太行山北段）。

5. 草场资源分类和评价

本节将以南方草场资源的分类和评价为例，说明遥感技术在草场资源调查和规划中的应用，同时说明运用多重数据和多种判据进行草场资源计算机自动分类的过程。

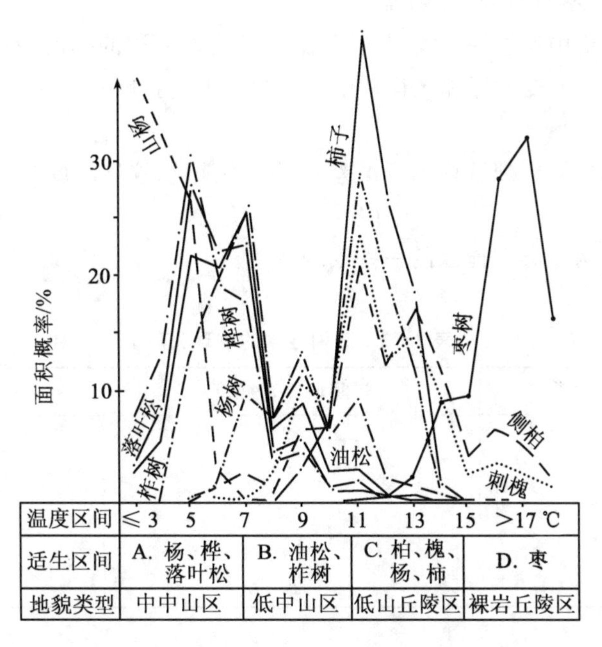

图 8-55　树种分布面积概率与地面温度场关系曲线

1）南方草场分类方法

中国南方草场传统分类方法分成三级："类""组""型"，在第一级中草场被划分成五"类"：① 草丛草场；② 灌丛草场；③ 疏林草场；④ 草甸；⑤ 零星草场。第二级将每个类划分成三"组"：① 高山组（高于 1 200m 的每个类）；② 中山组（800～1 200m 间的每个类）；③ 低山组（低于 800m 的每个类）。第三级草场中的"型"是根据草场群落的优势种确定的。

2）草场资源分类

以下介绍以湖北省利川市为试验场，基于 TM 影像数据，逐级应用光谱、纹理和非遥感数据，结合传统方法进行草场资源分类。

（1）基于光谱特征的分类

用 TM3、TM4、TM5 三个波段进行光谱分类，分类算法是最大似然法。

$$D_i(x) = P(x/i)P(i)$$

$$P(x/i) = \frac{1}{\left|\boldsymbol{\Sigma}_i\right|^{\frac{1}{2}}(2\pi)^{\frac{K}{2}}}\exp\left[-\frac{1}{2}(x-M_i)^{\mathrm{T}}\boldsymbol{\Sigma}_i^{-1}(x-M_i)\right] \tag{8-46}$$

先验概率 $P(i)$ 根据统计数据确定。

（2）基于纹理特征的分类

在光谱分类后一些类别还严重地混淆，如灌丛草场与菜田、疏林草场与草丛草场或灌丛草场。然而它们的纹理特征是很不同的，因此可用纹理测度来区分以上的混淆类别。在图像的混淆类别中，对每 4×4 或 8×8 个图像窗口逐个地进行 FFT 变换，即

$$F(U,V) = \mathscr{F}[f(x,y)] \tag{8-47}$$

计算它们的纹理测度：

$$TX_F = \delta_{si}/F_{si}(0,0) \tag{8-48}$$

式中：TX_F——频域变换后的纹理测度；

δ_{si}——纹理分析中所选邻区窗口内 FFT 变换后振幅谱的标准差；

$F_{si}(0,0)$——FFT 变换后邻区窗口中的零频率处的振幅；

si——邻区。

用空间域方法时，测定邻区内的标准差 δ_{si} 和均值 M_{si}，纹理测度为：

$$TX_S = \delta_{si} / M_{si} \tag{8-49}$$

表 8-22 所示为两个典型地区的一些纹理测度。

表 8-22　五种地物的纹理测度

名　称	空间域纹理测度	FFT 测度
疏林草场	12	12
纯林	6	15
草	8	10
菜地	10	11
灌草	8	18

(3) 基于非遥感数据的分类

这是二级分类，用 DEM 和土壤类型，同时考虑草场的自然延伸，将各种“类”分为三“组”，表 8-23 所示为九个“组”的草资源分类结果。

表 8-23　九种草场的面积(单位：万亩)

名　称	草丛草场	灌丛草场	疏林草场	总　计
高山草场	51.666 3	45.647 7	76.914 8	174.228 8
中山草场	0.910 4	1.237 6	11.931 2	14.079 2
低山草场	1.315 6	0.030 0		1.345 6
总　　计	53.892 3	46.915 3	88.846 0	189.653 6

表 8-24 所示为计算机量算面积与人工测量面积的比较。

表 8-24　计算机量算面积与人工测量面积的比较

草场类型	计算机分类图面积/万亩	利川市畜牧局/万亩	符合率/%	省畜牧局/万亩	符合率/%
草丛草场	53.892 8	55.634 4	96.87	57.634 4	93.51
灌丛草场	46.915 3	42.541 7	90.68	39.258 5	83.68
疏林草场	88.846 0	91.259 5	97.36	94.526 6	93.99
合　　计	189.653 6	189.435 6	99.89	191.435 5	99.07

(4) 基于草场群落的分类

在第三级分类中可使用如下的传统方法：①采集样方；②制作标本；③识别和提取草场群落中的牧草优势种，代表草场的“型”。表 8-25 所示为三大草场的“型”。

表 8-25　三大草场的牧草类型

草　场	海拔/m	群　落　组　成
寒　池	1 910～1 951	低禾草。旋叶香草－荩草－羊胡子－蕨－八仙花－青蒿
麻　山	1 500～1 700，>1 700	中禾草。芒－蕨－旋叶香草－雀稗 低禾草。旋叶香草－蕨－羽裂蟹甲草－荩草－白茅
齐岳山	1 543～1 784	中禾草。芒－匍匐栒子－丛毛羊胡子－青蒿－旋叶香草－长梗柳－荩草－蕨

3) 草场资源评价

(1) 草场资源评价系统

首先用多种类型的数据建立一个草场资源数据库，这种数据来自遥感和非遥感数据——水文、土壤类型、土地利用类型、高程、坡度、气候、农业经济等，然后在计算机上用多种数学分析模型去辅助评价草资源(图 8-56)。

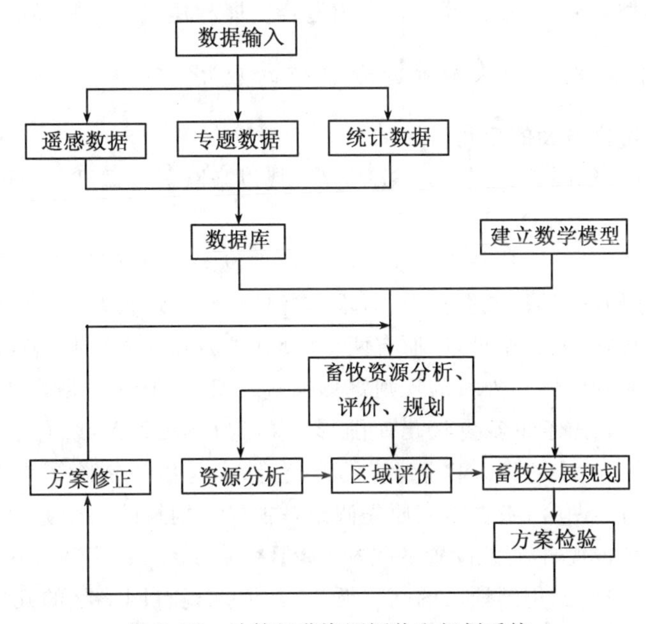

图 8-56　计算机草资源评价和规划系统

(2) 数学分析模型

① 区域相似性分析模型。可将试验场划分成一定大小的网络(如 10km×10km)，每个网格中包含有与数据库相应的多种数据类型。然后分两步进行相似性分析：

第一步，获取网格的 Fuzzy 相似性矩阵：

$$A\{a(i,j)\}\ (i=1,2,\cdots,m,\quad j=1,2,\cdots,n)$$

$$a(i,j)=\frac{\sum_{k=1}^{n}X_{ik}X_{jk}}{\sum_{k=1}^{n}X_{ik}^{2}\sum_{k=1}^{n}X_{jk}^{2}} \tag{8-50}$$

式中：X_{ik}——第 i 个样区第 k 项指标；

$a(i,j)$——第 i 个样区与第 j 个样区的相似程度。

第二步，用最大支撑树和 Fuzzy 集群将试验区划分成自然条件和发展方向相似的区域。

② 适牧度评价模型。单项条件参数适牧度：

$e_{ij}=\dfrac{d(ij)-a(j)}{b(j)-a(j)}\times 40+60, 1<i<L$（$L$ 为样区数），$1<j<N$（N 为样区数）

总适牧度：

$$E_i=\left(\prod_{j=1}^{n}e_{ij}cj\right)\frac{1}{\sum_{j=1}^{n}cj},(e_{ij}\geqslant 1) \tag{8-51}$$

式中：$a(j)$，$b(j)$，cj——不允许值、满意值和权；

$d(ij)$——i 网格 j 项参数的实际值。

根据上面的模型分析，可在计算上显示出适合发展和建立大型牧场的草场区点。

8.3.3　遥感技术在考古和旅游资源开发中的应用

1. 遥感技术在考古方面的应用

遥感考古在 20 世纪源于欧洲，第二次世界大战以来欧美等国已普遍运用遥感技术从事考古调查和研究。

遥感技术用于考古，可以从高空的航片或卫片上发现一些已不存在的古城的遗迹。判读像片时，可以从它们的废墟、城堡护堤、岩堆、古河道、废城墙根基等的空间特征上去推断，例如，我国西安（古长安）的秦始皇墓，原有两重城墙（内城和外城）围护，现已没有，但从航空像片上可以清楚地看到内城和外城的规则矩形遗迹。又如图 8-57 所示为从高空拍摄的秘鲁一个台地的照片，发现有许多线状几何图形，称其为 NAZCA 线群，占地 500km^2，伸展 8km 长，据 C14 测定是大约 1500 年前建成的，浅色路面是由于铲除了表面的岩石而形成，铲除的岩石堆积在道路两旁，考古学家原先假设是古代人构筑的一个庞大的天文历书图，后来有的科学家认为是古代外星人设置的飞机场，但究竟是什么，仍为一个谜。又如图 8-58 所示，为意大利波（po）河三角洲地区的高空航片，其上发现有网格状的几何图形（图中呈深色调，浅色调线状特征为现代排灌渠道），经实地考证，发现是古代的 SPINA 城的遗址。SPINA 城在公元前 5 世纪十分繁荣昌盛，其后不知什么原因，这座城市消失了，一直未找到其城址。而这张像片上显示出了古城的形状，据分析，深色调线状区内植物稠密，是由于古运河肥沃湿土的原因所致；而浅色调矩形区域的植物，由于长在原房屋和墙基的瓦砾之上，生长得很稀疏。

图 8-57 秘鲁 NAZCA 线群的遥感像片

图 8-58 意大利 SPINA 古城遗址的倾斜航片

1）遥感考古的基本原理和步骤

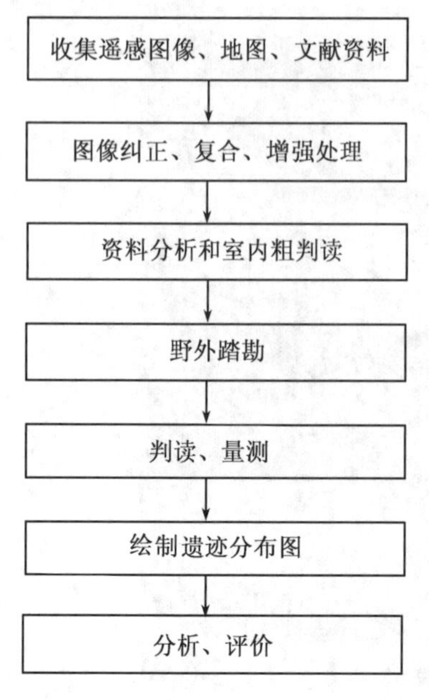

图8-59　遥感考古的一般工作步骤

遥感考古工作是在利用遥感图像获取和判读的原理，再结合一些考古成果、历史知识和文献资料的基础上进行的。引用文献资料和掌握历史知识，可以帮助缩小判读用遥感图像的地区范围，在分析中加以引证。综合考古成果，有助于进行遥感图像考古判读和分析评价。对考古存在的疑问，遥感方法可提供线索和佐证。

遥感考古的一般工作步骤如图8-59所示。

遥感考古近几十年来发展很快，受到许多考古工作者青睐，是因为它有以下优点：

（1）遥感图像是对地物的宏观反映，用来进行考古调查能避免野外工作花费大量时间、经费和精力，减轻劳动强度。此外，遥感图像可使我们得到一个整体的观念，具有指导性，避免野外工作的盲目性。

（2）遥感考古是一种非破坏性的研究，它可以在不触及文化遗迹的情况下精确确定遗迹的位置、形状、大小等。对现已埋没于地表下的古沟渠、古河道或大型建筑物等，在信息丰富的遥感资料上有时能很清楚地反映出来。

（3）航片或卫片（包括数字化后的磁带数据）具有很强的资料性，特别对那些文化发达地区，已被后期发掘破坏掉的遗迹，可保留原貌，供以后恢复和进一步研究使用。

2）楚古都遥感调查

是国必有都，都城的兴建、迁徙和毁灭往往伴随着一部兴衰史，研究古城遗迹是考古工作重大项目之一，现代遥感技术在古城遗迹的考古调查中发挥着重要、快速和独特的作用。本节叙述用遥感方法调查两个楚国古城，一个是楚国首都纪南城，位于湖北省荆州城以北约5千米，东经112°08′40″，北纬30°27′06″（见图8-60，彩图见附录），古文献中称郢；另一个是楚国的陪都楚皇城，位于湖北省宜城以南约6千米，东经112°18′45″，北纬31°39′00″（见图8-61，彩图见附录），古文献中称鄢。

（1）历史资料考证

楚国是一个人口众多，幅员辽阔的大诸侯国，所谓“春秋五霸”“战国七雄”楚均是其中之一。从公元前十世纪周成王“封熊绎（诸侯名）于楚蛮”，到公元前223年秦始皇派兵灭楚，楚国的历史经历了约800年之久。其疆土一度北至中原的今河南中部一带，东达淮河流域，西邻巴蜀，南到洞庭湖以南。在这800多年的发展经营中，楚国几乎统一了整个南中国，形成了高度文明的楚文化。

楚始在丹阳，地处“丹水之北、淅水之南”（今河南南阳一带），公元前680年左右楚文王从丹阳徙到江陵之北（《左传·昭公二十三年》：“楚自文王都郢”），但当时尚无城池（《左传·襄公十四年》杜注：“楚始都郢，未有城郭。”）。公元前613年春秋早期时，楚庄王平定公子燮

图 8-60 楚古都-纪南城(郢)彩色卫星影像示意图

图 8-61 楚皇城(鄢)的卫星影像示意图

和子仪作乱，并抵御戎人、庸人等反楚共谋，觉得不建都城，很难治理国家(《左传·昭公二十三年》："国无城不可以治")，才开始考虑"建都郢"。楚康王(前 545 年)驾崩时留下遗嘱："必城郢。"楚灵王即位后大兴土木建都城，直到公元前 520 年左右的春秋晚期，即楚平王时代，才正式建成楚国首都纪南城，并成为楚国强盛时期的政治、经济和文化中心，前后花费了约 100 年的时间。

唐书《括地志》云："率道县南(注：今宜城)九里，有故鄢城"(古代"郾"与"鄢"通用)，即楚皇城，其前身是楚之鄢都，亦称(古)宜城。鄢在春秋初期是楚邑，春秋后期成为楚国的重要城镇，是楚国仅次于郢都的陪都。

楚怀王之前，楚秦两国长期修好，极少战争，《诅楚文》曰："绊以婚姻，袗以斋盟。"怀王初年(公元前 328 年)，秦国不断强大，有"并天下之心"，屈原向怀王提出改"联秦为联齐抗秦"政策，主张依法治国，因上官大夫等人的谗谄而被贬流放，改革夭折。公元前 312 年，秦昭王派兵连克楚八座城邑，楚怀王也被挟持而死于秦。楚襄王继位后，被迫娶秦女，《资治通鉴》曰："忍其父而婚其仇。"公元前 283 年秦昭王与楚襄王在鄢地(即楚皇城)会晤，拉拢楚国攻三晋。征服三晋后，秦随即攻楚(公元前 280 年)，一路由司马错大将从陇西出发经蜀郡占领楚黔中，另一路由白起将军挥师南下(公元前 279 年)，在攻克楚国北部重镇邓城(在今襄樊西北)，接着长驱直入，直逼鄢都(楚皇城)，这是一场殊死的搏斗，楚调集主力顽强抵抗，白起久攻不下。根据《水经注·沔水中》记述，白起后引蛮河水(见图8-61 左侧)，修筑"百里"长渠灌城，并将鄢城的出水口堵死，从西墙(今郑集镇)古河道入口灌水入城，近十万楚国军民被淹死，众多尸体随水流向溃口的城东，集聚在后被称为臭池的城东湖泊中，惨不忍睹。

白起攻克楚皇城的第二年(公元前 278 年)，率军数万直捣郢都，据《史记·白起列传》云："白起攻楚，拔鄢、邓五城。其明年，攻楚，拔郢，烧夷陵(楚先王之陵墓)，遂东至竟陵，楚王亡去郢，东徙陈(今河南淮阳县)"。《汉书·地理志》曰："故楚郢都，楚文王自丹阳徙此，后九世平王城之，后十世(襄王)秦起拔郢"，可见纪南城从定都，建都到被占领，一共经历了约 400 年的历程。从此楚国一蹶不振，之后都城一迁再迁，最后迁往寿春(今安徽寿县)，在公元前 223 年灭亡。《史记·六国年表·秦表》曰："始皇帝二十四年，王翦，蒙武破楚，虏其王负刍(楚国末代皇帝)"，终结了楚国 800 年的历史。

(2) 资料收集和图像处理：

为考古目的收集的卫星图像是 Landsat-5 TM 125/38 幅(荆州地区)和 Landsat-7 ETM124/38 幅(宜城地区)数字数据，分别是 1987 年冬季和 2000 年晚秋获取，该季节植被覆盖少，水稻田干涸，古基垣特征显示明显，有利于考古判读。

为了辅助卫片判读，进行立体观测，还搜集了纪南城和宜城周围地区的 1∶25 000 比例尺的黑白航片。1∶10 000 比例尺地形图则作为绘制古迹遗址的底图。另外是各种历史文献资料和考古发掘资料，如《左传·昭公二十三年》、《左传·襄公十四年》、《资治通鉴》、《水经注·沔水中》、《史记·楚世家》、《史记·白起列传》、《史记·六国年表·秦表》、《汉书·地理志》、唐书《括地志》、唐书《元和志》和湖北省博物馆有关楚古都的考古文献和学术期刊，如"江汉论坛"上的《楚鄢故都访古》等。

图像处理：①对卫星图像进行纠正，从 1∶10 000 地形图上选取控制点，对图像进行纠正。②航片立体对在精密立体测图仪上进行相对定向和绝对定向精确测定古台基、古墓群的位置及其他古遗迹的定位和量算。③地形图数字化与图像复合，等高线复合后有利于配合图像观察古河道的流向和连通、古城墙的形状和墓地；地物要素的复合有利于古遗迹的相对定位和分析。地图与图像复合还有利于图像上的判读信息转绘到底图上去。④图像增强和合成，因卫片是一个很小的区域，只作线性拉伸就能达到反差增强目的，合成时采用TM5，4，3三个波段，楚皇城的卫片是ETM，将分辨率30m的ETM 7，4，2与分辨率15m的ETM8融合后再合成，清晰度更高。其中TM5和TM7对土壤中含水量较敏感，在这个波段上有利于判读干结的夯土城垣、台基、墓区和经几千年地面演变成的隐伏古河道或护城河；TM4有利于判读残留的古河道、护城河和现有水面：TM3和TM2有利于区分古台基和古墓区。图8-60（彩图见附录）和图8-61（彩图见附录）分别为合成后的纪南城和楚皇城及其周围地区的假彩色卫星图像。

(3) 判读、成图和分析

① 纪南城：

判读时先要在卫片和航片上分别建立判读标志，卫片判读标志以TM5，4，3分别用红、绿、蓝滤色镜合成的假彩色片为准，航片则以黑白色调及立体观测的几何形状为基础建立，纪南城的判读标志如表8-26和表8-27所示。

表8-26　TM5，4，3假彩色图像判读标志

地物名称	光谱标志	形　状	位　置
古城垣	淡黄色	规则多边形，单边平直	水域附近较高地区
古河道	蓝黑色	断断续续呈自然弯曲河道状，古护城河形状平直	城内与河流相连，古护城河在城墙外
古台基	白、深红	点块状	城内中心区
古墓区	白色、深红	成片	城外岗丘地(西北方)，秦汉墓在城内丘地
古城门	非淡黄色		城墙缺口处水城门有河道经过
水田	绿色	水田田块状	低平地
旱地	深红紫色	连片	坡地、高地
长江	蓝色	宽线自然弯曲	低平原区
湖泊	黑蓝色	面状	
河流	深蓝色	自然弯曲	
渠道	黑蓝色	平直	
房屋	淡紫红色	一字形条状	较高地区

表 8-27　航片判读标志

<table>
<tr><th colspan="3">图斑特征</th><th>地物</th></tr>
<tr><td rowspan="2"></td><td colspan="2">有植被纹理</td><td>古建台基</td></tr>
<tr><td colspan="2">无植被纹理</td><td>古河道</td></tr>
<tr><td rowspan="3">高地顶部平宽</td><td rowspan="2">呈线状分布
上窄下宽</td><td>顶部面积大高差大</td><td>城垣</td></tr>
<tr><td>顶部面积小高差小</td><td>现河堤</td></tr>
<tr><td colspan="2">不规则分布</td><td>现河堤</td></tr>
<tr><td rowspan="3">洼地规则方块</td><td rowspan="2">植物纹理</td><td>浅黑色</td><td>水田</td></tr>
<tr><td>浅白色</td><td>旱地</td></tr>
<tr><td>非植物纹理</td><td>浅灰色</td><td>池塘</td></tr>
<tr><td rowspan="2">洼地不规则方块</td><td>在城墙内</td><td>浅白色</td><td>干涸冲沟</td></tr>
<tr><td>在城墙外</td><td>浅灰色</td><td>护城河</td></tr>
</table>

楚国的都城毁于战乱而废弃(公元前 278 年),距今已有 2200 多年之久,城内早已被农田覆盖,一派田园景色,但在历史的长河中仍留下了难以磨灭的足迹,并被映入今日航天之眼帘。从遥感影像上发现楚古都纪南城(图 8-60,彩图见附录)在三国名城——荆州城(江陵)以北约 5 千米处。《水经注》中记载:“江陵西北有纪南城,楚文王自丹阳徙此,班固言:楚之郢都也。”城池方方正正,颇有北京城的形态,从图上量算它的面积为 $15.68km^2$,是荆州城($4.81km^2$)的 3 倍。城垣周长 15 500m,垣基宽 22m,城垣上有古城门遗址,北墙朱河出口和南墙新桥河出口处为两个水城门,中国科学院考古所用 C14 测定南垣水门的木柱距今有 2480±75 年,与文献记载相吻。护城河包围着整个城市,城墙建筑十分壮观,如此巨大的城市在春秋战国时期是很少见的。

我国古代建城,喜欢“傍水而筑”,纪南城就选址在离长江约 7km 的岗地上,地势较高,处于丘陵岗地上,不易受洪泛的冲击和长江改道的影响,同时又有长湖的一部分支湖被圈入城内,有利于城内的用水及灌溉,另外由于长湖同长江相连,水上运输畅通无比,船只可由城内河道出发,从龙会桥出城进入邓家湖,经长湖到长江,从军事上讲,纪南城“进可攻,退可守”。从更大的地理范围来看,其城址位于江汉平原中部,《史记 · 货殖列传》云:“江陵故郢都,西通巫巴,东有云梦之饶。”可见这里土地肥沃,物产丰富,交通便利,古楚人经过了一番实地考察和深思熟虑后,才选中这里作为国都,也可看出古人选择城址的科学性和合理性。纪南城的给排水系统完整,科学合理。从遥感图像上看,纪南城四周开凿的护城河,水源来自城北的朱河。综观城内外水系,邓家湖成为一个天然水库,调节着纪南城内外的给水和排水,使洪汛期城内的水能及时排除到城外,枯水期城内的河渠也不会干涸。

由于几千年的地表变化,古河道现已成为一些断断续续的小水塘,无水处湿度较大,肥力较好,TM5 对土壤湿度反应灵敏,在冬天(此时地面覆盖物较少)获取的卫星影像上仍然隐约可见,经与地形对照,地面高程也略微比周围低为谷地,在卫片上经宏观判读,在城西南区发现两条古河道,见图 8-60(彩图见附录)。文献及考古发掘分析,西边新桥区那条古河道一带有许多古井，说明有地下水源，还曾出土一些冶炉、铸炉、锡渣等遗物，挖掘出房屋建筑台基和被火焚炭化的稻米遗迹，推测为金属冶炼作坊区，“有窑址者，旁必有水”，古河道正好穿过冶炼作坊区，证实卫片上发现的古河道可能存在。古河道的发现又为考古部门选择发掘地点提供了重要线索。在凤凰山西坡脚下，发现的另一条由南向北贯穿整个松柏区至龙桥河故道的古河道，疑为宫殿区的护宫河。

两千多年的沧海桑田，城内所有宫殿早已荡然无存，但由于它们都建筑在黄褐色的夯土台基上，所以我们仍然可以在遥感图像上找到它们的踪迹，遥感图像判读结合实地调查共确定出 61 处宫殿遗址，其中小宫殿区 12 处，大宫殿区 34 处。其形状有多边几何形、曲尺形和长方形等，最大的台基长 130m，宽 100m，可见当时宫殿规模是多么宏伟。利用航片进行刺点、编号并与实地的一些牌号对照，绘制出古建台基分布图。

从图上分析，城内东南部为松柏区，地势大多平坦，有密集的古建筑夯土台基，且台基的整体布局有一定的规律，是楚都主要的宫殿区所在。在此建宫立院，北可依龙桥河为天然屏障，东有古河道作防护，南有高大的纪南城垣，城外有护城河，西边则有新桥河，但离宫殿区较远，而这中间隐隐约约也有一条古河道，以它为护宫河较合理。

根据考古挖掘，沿新桥河和注入长湖的龙桥河外侧有陶器、陶质板瓦等遗物，这一带应为手工业作坊区。楚国皇室墓葬地在城东北角外一片较干燥土层下，卫星影像上泛白色。

成图过程选择 1∶10 000 地形图作为定向底图，可以绘制出以古城墙、古建台基、护城河、墓区等文化遗迹为主的遗迹分布图，其中绝对定向平面精度为±0.5mm，高程精度为±1.8m。

② 楚皇城：

用同样的方法在湖北宜城以南 6km 处，又发现了楚国另一个都城——鄢，即楚皇城(见图 8-61 和图 8-62，彩图见附录)。卫星像片上量测出楚皇城面积仅为 2.6km^2，城垣总长6 045m，除东垣呈波形曲线状外，其他三面为直线状，北墙比南墙短，城市似楔形状，城垣宽 34m，每侧各有两个缺口，分别为大小东(南、西、北)门，东墙南端有一段缺口，见图 8-62，传说是白起引水灌城后的放水口。四角上古时建有烽火台，从烽火台上可以瞭望全城和城外很远的地方。城内有大小皇城两处宫殿区，从面积上来看规模不小。城南正中建有一直径达 44m，占地约 1500m^2 的墓，在卫片上它占的那个像元特别亮，航空立体对上有一明显的圆形状小丘，丘顶高程达 62.4m，为城内最高点。经楚皇城考古发掘队调查，为一青砖结构墓，名为“金银冢”或“金鸡冢”。据《水经注》考证，大有可能是东汉末南阳太守秦颉之墓，“金鸡”与“秦颉”是近音字。城西南挖掘到不少陶胚和烧坏的陶器，推测当时是制陶作坊区。城东北部高地上还有一个被称为紫金城的内城，面积为 0.38km^2。紫金城南有一坡地，称为散金坡，新中国成立前暴雨过后，当

图 8-62 放大后的楚皇城卫星影像示意图

地居民曾捡到过碎金屑，银行还保存着上有“郢爰”和“鄢爰”字样的金屑和金块。城西墙有一跑马堤，是抵御秦兵跑马练兵的地方。

图8-63 楚皇城航空全色像片示意图
（城内是水稻田，没有显示古河道的迹象）

同样根据遥感图像上水光谱的迹象，在卫片上找到了城外护城河以及城内的一条古河道，见图8-62，古河道从城西开始，绕小皇城往南，再折回到紫金城南墙中部，沿南墙和东墙从大东门流出城外，经地形图核实，古河道高程比周围低，东段（高程52.2m）比西段（高程55.5m）低，现在这条古河道早被水稻田覆盖，仅利用可见光拍摄的航片是无法发现的（见图8-63的楚皇城航片）。考古界一直寻找这条古河道未果，湖北省考古所根据这张遥感绘制的图片，对古河道流经的地区进行钻探，确认了这条古河道的存在，它的发现能揭示秦军引水灌城的入口之谜。同理发现近城墙外根处有连续的水光谱迹象，结合航片纹理和走向的分析，推断是已消失的古护城河。

依据卫片和地形图，从宏观地理环境分析，楚皇城位于高岗东部的阶地边缘，离汉江5km，洪泛被挡在城东1km外，这里水网交错，城内外农作物水源丰富，水上交通十分方便。楚皇城“南望荆州，北溯襄樊”，是纪南城通往中原的必经之地，是楚国逐鹿中原与中原诸侯争霸的战略重镇，也是楚王出行中下榻和外交谈判的场所，乃兵家必争之地。虽然楚皇城毁于2000多年前，后又被大片水稻田覆盖，但历史的遗址在遥感图片上留下了古时繁华和秦楚战争的影迹。

2.遥感技术在旅游资源开发中的应用

随着经济的蓬勃发展和人们的物质与精神生活的提高，旅游业也随之飞速发展，旅游人数和旅游业收入增长势头日益受到各国政府的重视，并逐渐发展为国民经济中的一个重要行业。在这种国际大趋势下，充分利用各种技术手段调查、开发旅游资源，具有现实和长远的意义。

旅游资源主要有人文古迹和自然风光等，人文古迹除了现代各国人文特点形成的旅游资源外，主要是古代历史遗迹，上一节已介绍了古遗迹的遥感调查方法。自然风光资源与地表和地下的地质地貌特征有密切关系，在地质地貌遥感中也有介绍。但旅游资源的遥感调查和研究也具有其自己的特点。

1）旅游资源遥感调查的内容和方法

（1）研究旅游景点的分布特点和结构特征

彩色遥感图像大大开拓和丰富了人们对旅游景点认识的深度与广度。在彩色遥感图像上，不仅可以清晰地看到各类旅游景点的分布特征及其与周围地物的关系，而且可以俯视景点的整体布局和建筑风格。一般来说，人们鉴赏、考察或研究景点及古建筑时，只有从其正面、侧面、仰视、俯视四个角度进行观察，才能获得完整的艺术形象。而俯视是研究景点布局或古建筑物不可缺少的手段，遥感图像是俯视观察最好的工具，通过它把景点的建筑造型与其周围错落有致的青山、绿水、红瓦等统一进行观察，把古建筑的美与自然景观的美融会于一体，给人以整体美的感受。如北京旧城建筑布局突出中轴线，从遥感图像上可以看出古建筑群的宏伟，分布对称、均衡、统一、色彩独特；而苏州园林则以小巧、结构紧凑、变化幽深为其特征。又如图 8-64(彩图见附录)所示为北京明十三陵部分陵园的航空彩色像片示意图，可以看到它们的分布特点，以及各陵园的大小和形状不同。从航片上还能看到陵园后面都对着一条“山脉”，比喻为“龙”身，而陵园处在“龙”首的位置。

图 8-64　明十三陵部分陵园航空彩色像片示意图

(2) 探索和拓展的旅游景点

利用遥感图像上地物的色调、大小、形状、纹理、阴影、结构及其与周围地物的相互关系及制约因素等，可以发展和拓展新的旅游景点。借助某些遥感图像及图像处理技术，还可以帮助考古工作者发掘和探索被稠密建筑覆盖的古城垣、古街道、古运河及古建筑群、古园林遗址等。

(3) 监测和保护旅游资源

旅游资源和旅游环境的保护是一个亟待解决的问题，它关系到人类历史文化遗产的继承和保存，也关系到旅游事业和文化事业的前途和命运，目前许多国家都把保护旅游资源视为旅游业兴旺发达的生命线。

应用遥感技术可以监测与探测旅游资源与旅游环境所遭受的不同形式、不同程度的破坏，以便采取措施使其不再遭受破坏或对已破坏的部分提供修复和重建的依据。如利用近景摄影的方法可将古迹空间特性数据及色泽保存起来，一旦遭破坏可根据保存的数据按原样复原。

(4) 遥感旅游制图

遥感图像制作的导游地图的特点是：形象真实直观、图面清晰易读、色泽自然明快。游客能从图上迅速而准确地判定所在位置，找到所需景点的方位、名称。利用彩色航空遥感影像制作较大比例尺的景点图，可以充分表示景点的内部结构与特征。由于图像上丰富的地面碎部信息影响旅游要素的清晰性，给用图者带来一定困难，因此，一般来说，利用遥感图像制作旅游地图时，必须进行一系列制图处理，以获得满意的应用效果。这些包括以下几个方面：

① 道路蒙白。道路是联系景点的骨架，是旅游图上的要素之一，必须清晰和明确表示。然而，影像图上的道路往往被稠密的树冠遮盖，须用蒙白的方法显示，蒙白线的宽度以0.2～0.4mm 为宜。

② 压色和套框。压色系指用鲜艳的符号叠加在地物影像上，使该地物（景点）醒目和突出在整个影像图平面上。一般线状地物采用压色，面状地物采用套框。压色和套框一般采用较精细的、对比度较大的彩色线符表示。经套框后的面状地物不仅图形更加明显清晰，而且景点外部轮廓特征也得到正确显示。

③ 突出主区。在彩色影像图上，应当表示出景点（主区）与周围（邻区）的相互关系，给人以整体感，使读者能从图上了解景点与其周围地物的相互关系。采用"分版套印"法，主区采用彩色表示，邻区采用单色表示套印在一张图上，达到突出主区的目的。

2）香格里拉旅游景点遥感调查分析

（1）香格里拉的由来

20 世纪 30 年代英国驻印度外交官康威和探险家马林逊·巴纳德和布林克罗等，乘坐一架被劫持的飞机，飞越喜马拉雅山脉南沿的印缅中航线，进入中国云南西部时，从飞机上向下看到"一座座雪山伸向天空，巨大的冰川十分壮观，三条大江在红土带中奔腾并进。山峰发出清冷的容光，一轮明月升到地平线的尽头"。不久飞机迫降在一个雪山环绕的神奇地方，并在此人间仙境般的地方生活了一段时光。1933 年英国著名作家詹姆斯·希尔顿根据他们的经历出版了一本纪实性小说《消失的地平线》，将这里描写成宁静、美丽、神奇、和平和长寿，令人神往的世外桃源——香格里拉。20 世纪 40 年代中期美国好莱坞将它搬上银幕，中国著名作家黎锦光和陈蝶衣将它谱成歌曲，东亚许多城市相继出现香格里拉大酒店，香格里拉豪华旅游宾馆等。香格里拉的美名几乎风靡全世界。

其实"香格里拉"一词是云南迪庆藏族方言"心中的日月"之意，表达这里是自然与人、人与社会和谐共生的理想环境，吉祥如意和景观奇丽的人间宝地。

（2）香格里拉的遥感调查

1997 年西南林学院运用 Landsat-5 上轨道编号为 131-041、132-040、132-041 三景镶嵌而成的 TM4，3，2 合成的假彩色影像进行遥感调查。从卫星影像上首先能看到金沙江、澜沧江和怒江"三条大江向南奔腾并进"的壮观场面，其中金沙江还回首北流。此外，还有许多清纯的高原湖泊，比如碧塔海、纳帕海、硕都海、五点石等。在《消失的地平线》中描述为"冰川的水将峡谷中的草甸淹没成为蓝色的湖"。这些湖泊清澈碧绿、风光秀丽，是水鸟栖息的理想场所，是人们休闲娱乐的好去处。

影像上还显示了终年皑皑白雪的冰峰有近百座，最著名的有梅里雪山（海拔 6 740m，云南省最高点），与其邻近的太子雪山（6 054m），以及与玉龙雪山相对峙的哈巴雪山（5 396m），德钦县的白芒雪山（5 337m），仅中甸县 4 000m 以上的雪山有 7 座之多。迪庆的雪山重峦叠嶂，群峰入天，起伏连绵十分壮观，还是我国分布最低的冰川。希尔顿笔下称这里(迪庆)的雪山是“白色金字塔般的雪峰，世界上最壮丽的山”。除了雪山外，这里峡谷数量多，分布广而且幽深神奇。其中虎跳峡是世界上最深、最险峻的大峡谷。峡谷之中，云雾弥漫，绝壁万仞。江中激浪翻滚，声响震谷，惊心动魄。这些就是香格里拉中描述的奇异峡谷群。

TM影像上绝大部分是森林覆盖特征，说明森林资源十分丰富。迪庆森林植被的水平状况为东部的中甸县地势平缓，森林分布广，多集中成片，是冷杉林和云杉林的主要分布区，垂直带谱也很明显，海拔自下而上的分布顺序是：河谷灌丛—云南松—高山松—冷杉—云杉—高山灌丛草甸—稀疏植被寒漠带—高山冷雪带。除了森林外还有许多林间草场和高山草地，构成了特有的高山草甸景观，绿草葱葱、繁花似锦。在草长花开的季节，各色小花争奇斗艳，构成了百花草甸、七色草原。

影像上反映的地学特征是由于第三次上新世纪喜马拉雅运动，印度板块与欧亚板块相碰撞，发生了褶皱抬升和断裂沉降，构成了断裂格局，使地势高耸，山川并列，高山大川，气势雄伟，山高谷深，切割激烈。总体地势是西北高东南低，但山川南北纵贯，这样有利于各种动植物区系的交汇，所以这里新老动植物区系兼备，南北成分混杂，东西交融，高低错落，寒温热均有分布，动植物成分丰富，是生物多样性的荟萃地。

香格里拉皑皑的白雪、茫茫的森林、葱葱的草甸和蓝蓝的湖泊，那美丽、雄伟、壮观、令人神往的自然景观是人类宝库、科学考察、探险和旅游的胜地。为了保护这片优美的自然景区，在开发旅游时必须先做生态保护规划。

8.3.4 遥感探测地外星空

人类除了曾登上月球外，到目前为止还没有登上其他星球，即使航天器能在外星空飞行或着陆，还主要靠遥感数据来了解和研究宇宙空间和地外星球，遥感技术在这方面的成果是卓有成效和非常丰富的。

1. 我国嫦娥工程探月计划和遥感应用

开展月球探测工作是我国迈出航天深空探测第一步的重大举措。实现月球探测是我国航天深空探测零的突破。月球已成为未来航天大国争夺战略资源的焦点。月球具有可供人类开发和利用的各种独特资源，月球上特有的矿产和能源，是对地球资源的重要补充和储备，将对人类社会的可持续发展产生深远影响。中国探月是我国自主对月球的探索和观察，又叫作嫦娥工程。

2007年10月24日，我国成功发射中国自主研制的“嫦娥一号”月球探测器，“嫦娥一号”卫星发射后首先被送入一个椭圆形地球同步轨道，这一轨道离地面最近距离为200km，最远为5.1万km，探月卫星用16h环绕此轨道一圈后，通过加速再进入一个更大的椭圆轨道，距离地面最近距离为500km，最远为12.8万km，需要48h才能环绕一圈。此后，探测卫星不断加速，开始“奔向”月球，大概经过114h的飞行，在快要到达月球时，依靠控制火箭的反向助推减速。在被月球引力“俘获”后，成为环月球卫星，最终在离月球表面200km高度的极月圆轨道绕月球飞行。

“嫦娥一号”上搭载了8种24台科学探测仪器，即微波探测仪系统、γ射线谱仪、X射线

图 8-65　“嫦娥一号”传回的月球遥感影像

谱仪、激光高度计、太阳高能粒子探测器、太阳风离子探测器、CCD 立体相机、干涉成像光谱仪。其中 CCD 立体相机用于拍摄全月面三维影像，图 8-65 所示是“嫦娥一号”传回的第一张月球遥感影像，并且目前已完成全月球的三维影像处理。

2010 年 10 月 1 日，我国又成功发射“嫦娥二号”卫星，抵达距月球 100km 的绕月轨道，由于轨道高度比“嫦娥一号”低，获得了更清晰、更详细的月球表面影像数据和月球极区表面数据及更高精度的 7m 分辨率的全月球表面三维影像，分辨率由“嫦娥一号”卫星的 120m，提高至优于 10m，还从 100km 的远轨道下降到距离月球 15km 的地方，对“嫦娥三号”的着陆点“虹湾地区”进行了高精度的探测和成像，为“嫦娥三号”月球车登月着陆作准备。图 8-66 所示为虹湾着陆区的影像。

2011 年 6 月 9 日“嫦娥二号”飞离月球轨道，飞向 150 万 km 外的第 2(L2)拉格朗日点进行深空探测，8 月 25 日起，“嫦娥二号”环绕 L2 点进行了为期 10 个月的科学探测，获得了地球远磁尾离子能谱、太阳耀斑爆发和宇宙伽马射线爆的科学数据，拓展试验取得圆满成功。又在 2012 年 6 月 1 日受控成功变轨，脱离 L2 拉格朗日点环绕轨道，飞行大约 195d，于 12 月 13 日成功飞抵距地球约 700 万 km 的图塔蒂斯附近，并以 10.73km/s 的相对速度，与图塔蒂斯小行星由远及近擦身而过，“嫦娥二号”与小行星最近相对距离达到 3.2km。交会时“嫦娥二号”星载监视相机对小行星进行了光学成像，如图 8-67 所示为“嫦娥二号”星载监视相机拍摄的图塔蒂斯小行星光学影像，这是国际上首次实现对该小行星进行近距离探测。使我国成为第 4 个探测小行星的国家。

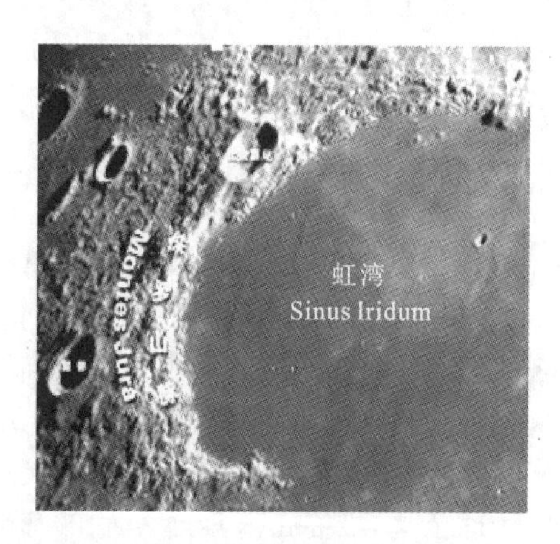

图 8-66　“嫦娥三号”的着陆点“虹湾”地区影像

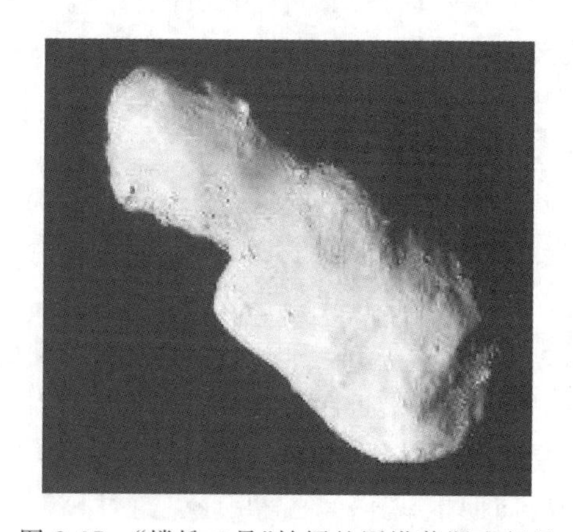

图 8-67　“嫦娥二号”拍摄的图塔蒂斯小行星

嫦娥三号探测器于 2013 年 12 月 2 日发射，12 月 14 日实现落月，开展了月面巡视勘察，获得了大量工程和科学数据。2014 年 10 月 24 日，我国实施了探月工程三期再入返回飞行试验任务，验证返回器以接近第二宇宙速度再入返回地球的相关关键技术。2022 年 9 月，探月工程四期任务已获国家批复，将建立国际月球科研站基本型。

2. 哈勃空间望远镜的遥感成果

1990 年发射的哈勃空间望远镜(Hubble Space Telescope，HST)，是在地球的大气层之上的轨道上环绕着地球的望远镜。影像不会受到大气湍流的扰动，视相度绝佳又没有大气散射造成的背景光，还能观测会被臭氧层吸收的紫外线。哈勃空间望远镜携带的仪器有：广域和行星照相机(WF/PC)、戈达德高解析摄谱仪(GHRS)、高速光度计(HSP)、暗天体照相机(FOC)和暗天体摄谱仪(FOS)。

哈勃空间望远镜在宇宙年龄、恒星形成、恒星死亡、黑洞和宇宙学研究方面取得了大量成果。如图 8-68 所示是 2004 年 2 月 4 日，哈勃望远镜观测到两个黑洞发生碰撞的情景，当碰撞时，受强大重力辐射爆作用，一个黑洞将被踢出来，而不是按人们所想它们会结合形成一个更大的黑洞。

图 8-69(彩图见附录)是 2004 年 3 月 4 日，哈勃望远镜拍摄的遥远恒星 V838 Mon 的光环，图片中心位置的红超巨恒星，它在两年前就释放出类似电灯泡的脉冲光。V838 Mon 距离地球 20000 光年，处于银河系的边缘。

图 8-68　两个黑洞发生碰撞的情景

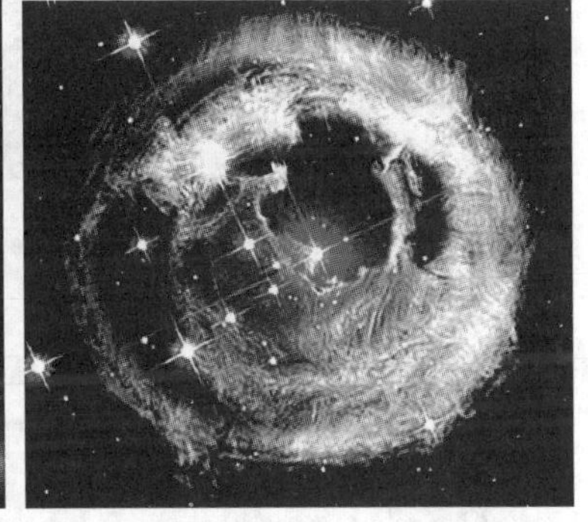

图 8-69　遥远恒星 V838 Mon

2006 年 10 月 16 日，哈勃望远镜拍摄到的触角星系是迄今发现轮廓最清晰的合并双子星系(见图 8-70，彩图见附录)。在两个星系的碰撞过程中，数十亿颗恒星诞生。最明亮和最紧密的恒星诞生区域叫作“超级恒星簇”。这张照片使天文学家能更好地识别两个螺旋星系碰撞时恒星和超级恒星簇之间的差别。

2008 年 10 月 30 日，哈勃望远镜拍摄了一组令人震惊的精美太空景象，一对奇特的星系呈现出“10”的形状(见图 8-71，彩图见附录)。这个星系叫作“Arp 147”，“0”所呈现的块状蓝色环状结构是浓密的恒星形成区域。

3. 彗星撞击木星

1993 年哈勃望远镜的照片就揭露出，苏梅克-列维 9 号彗星分裂成大约 20 块碎片，变成了一串“珍珠项链”。格林尼治时间 1994 年 7 月 16 日 20 时 15 分，苏梅克-列维 9 号彗星的第一块含有岩石和冰块的碎片以每小时 21 万 km(每秒 60km)的速度落入木星大气层，接下来的一周内，其余碎片也接踵而至。如图 8-72 所示，释放出相当于 2 000 亿吨 TNT 炸药的能量。撞击后产生的多个火球绵延近 1 000km，发出强光。人们通过天文望远镜，看到木星表面升腾起宽阔的尘云，高温气体直冲至 1 000km 的高度，并在木星上留下了如地球大小的撞击痕迹，如图 8-73 所示。科学家们测定在彗、木星相撞前的一段时间内，木星发出的强电磁波比平时强 9 倍，撞击时溅落点温度瞬间上升到上万摄氏度，木星表面形成了巨大的蘑菇云，在木星大气层中引起大风暴并且持续很长时间。撞击使许多物质从木星上溅出，形成一个由气体和尘埃构成的物质环。伽利略号木星探测器上装有 CCD 照相机、紫外线分光仪、等离子体检测器、磁强针等先进的观测设备对木星发出的各种光、对撞无线电波和尘埃环境等进行测量并作详尽的记录。

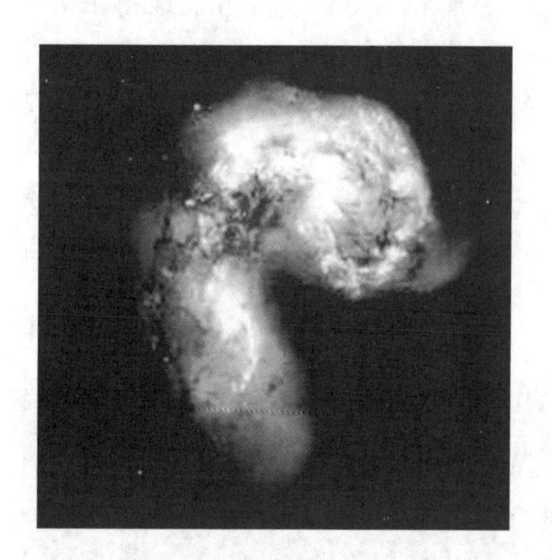

图 8-70　触角星系的合并双子星系

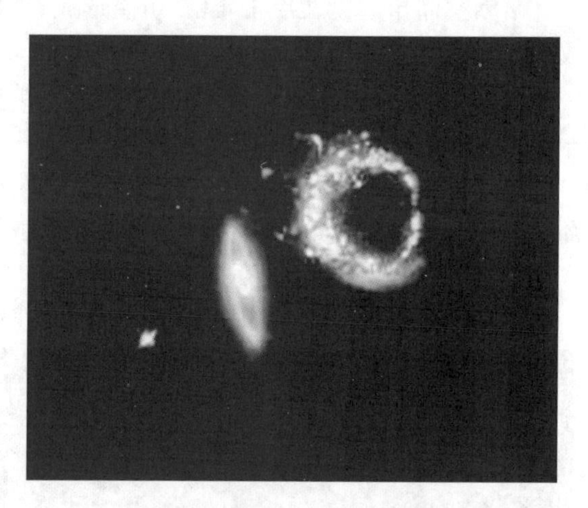

图 8-71　呈现出“10”形状的“Arp 147” 星系

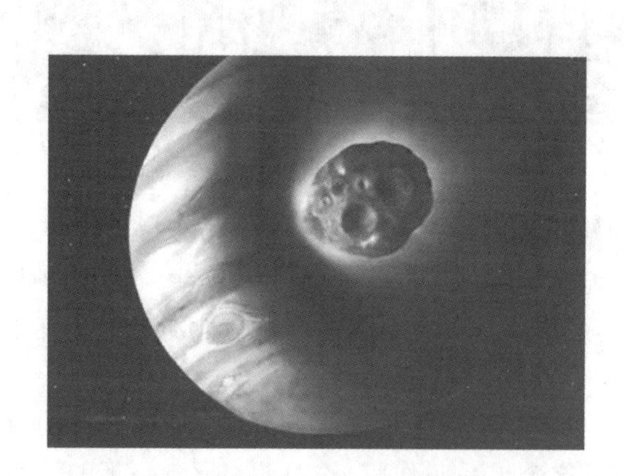

图 8-72　彗星以每秒 60km 撞击木星

图 8-73　木星上留下了如地球大小的撞击痕迹

人类成功预测和全过程观测彗星撞击木星的过程，为今后有可能发生小行星、彗星和大的流星等撞击地球进行预测和作出防止撞击的预案打下良好的基础。

4. 探测地外星球生命迹象

利用航天器直接探测太阳系诸行星是否存在或曾存在过生命是行星探测的一个重要内

容。根据行星光谱分析和早期的行星探测已确认火星是最有可能存在生命的行星,因此火星成了探索地外生命的重点。生命与水和大气息息相关,因此弄清楚星球上是否有水成了探测生命的重要手段之一,遥感方法在这方面具有很大的优势。

"火星全球勘测者"所照的高分辨率照片显示出有关液态水的历史。尽管有很多巨大的洪水道和具有树枝状支流的河道被发现,还是没发现更小尺度的洪水来源。科学家推测这些河道可能已被风化侵蚀,表明这些河道是很古老的。图 8-74 所示是火星车拍摄的火星地貌,图 8-75(彩图见附录)所示火星遥感影像上显示类似地球冲积扇的地貌,是被水冲刷的痕迹。与此同时,在山脉中还发现了疑似干冰的物质,另外一个关于火星上曾存在液态水的证据,就是发现特定矿物,如赤铁矿和针铁矿,而这两者都需在有水环境下才能形成。

图 8-74 火星车拍摄的火星实地地貌

图 8-75 火星上的冲积扇地貌

2011 年 11 月 26 日,由一名华裔小女孩命名的火星探测器"好奇号"在美国成功发射升空,经历了 8 个半月的飞行后,在 2012 年 8 月 6 日成功着陆在火星盖尔陨石坑中心山脉的山脚下。"好奇号"火星车发回的图像显示,一些火星岩石中含有火星古老河床碎石,表明火星表面确曾有水流淌过。这些发现位于从盖尔陨石坑北缘到陨坑内夏普山脚之间的区域。石子大小介于沙粒到高尔夫球之间,其中不少是圆形的。这些石子的形状和大小表明它们曾被外力运送,且这种外力不是风,而是水流,见图 8-76(a)。图 8-76(b)是地球上河床碎石区。

在火星的南北极存在着冬季形成的季节性极冠,以及长年存在的极冠。季节性的极冠是由大气中的二氧化碳凝结而成,而长年存在的极冠主要是由水冷凝而成。火星北极冠直径为 1 000～2 000km,厚度为 4～6km,扩展至北纬 75 度附近。南极冠要小得多,直径为 300～700km,厚度为 1～2km,位置在南纬 86 度以上。据分析,极冠之下是作为永久冻土的冰层,冰的总量如果折合成水的话,可以覆盖整个火星表面,水深 6～500m。图8-77所示是火星呈螺旋状的极冠冰影像。

土星的卫星六上也发现了可能存在某种形态的生命。"卡西尼"号土星探测器在 2008 年 7 月发现土卫六南极地区存在一个比北美安大略湖还要大许多的湖泊。这样土卫六就成为人类迄今为止在太阳系中发现的第二颗存在液体的星球,也是目前已知与地球最为相像的卫星。

(a)　　(b)

图 8-76　(a)火星古老河床碎石,(b)地球上的河床碎石区

土卫六大气的 94%是氮气,是太阳系中唯一除了地球外的富氮行星,那里还有大量不同种类的碳氢化合物残余,包括甲烷、乙烷、丁二炔、甲基乙炔、丙炔腈、乙炔、丙烷以及二氧化碳、氰、氰化氢和氦气。这些碳氢化合物被认为是来自土卫六上层大气中的甲烷。当甲烷因为太阳辐射而发生反应就会产生浓密的橘红色烟云。土卫六表面像是被涂上了一层柏油的有机物沉淀叫作 tholin。土卫六没有磁场保护,所以当它有时运行在土星的磁气层外时,便直接暴露在太阳风之下。这导致大气电离并在大气上层释放出一些分子。在接近表面时,土卫六的温度大约是 94K。水冰在这种温度下会升华,所以大气中会有少量的水蒸气存在。土卫六表面除了覆盖全球的迷雾之外还有各种不同的云,云可能是由甲烷、乙烷或简单的有机物组成。其他稀有的复杂化学物质是土卫六在太空外观呈现橙色的原因。图8-78所示是土卫六的遥感影像拼图,可明显看到河流状的地貌。

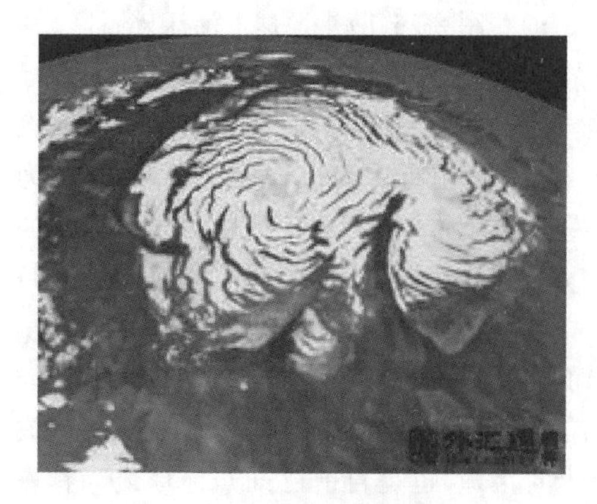

图 8-77　火星呈螺旋状的极冠冰

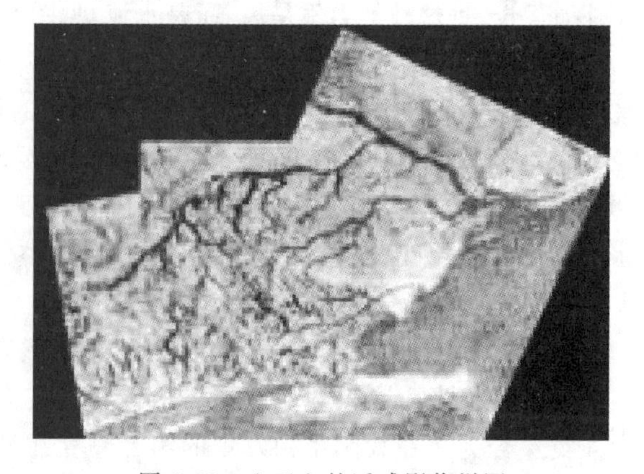

图 8-78　土卫六的遥感影像拼图

参考文献

参考书籍

[1] 孙家抦,舒宁,关泽群.遥感原理、方法和应用[M].北京:测绘出版社,1999.

[2] 孙家抦.遥感原理与应用[M].3版.武汉:武汉大学出版社,2013.

[3] 孙家抦.遥感技术[M].武汉:武汉测绘科技大学出版社,1979.

[4] 李绍新.遥感物理[M].武汉:武汉测绘科技大学出版社,1994.

[5] 仇肇悦,李军,郭宏俊.遥感应用技术[M].武汉:武汉测绘科技大学出版社,1995.

[6] 郭德方.遥感图像的计算机处理和模式识别[M].北京:电子工业出版社,1987.

[7] 宁书年,吕松棠,杨小勤,等.遥感图像处理与应用[M].北京:地震出版社,1995.

[8] 万发贯,柳健,文灏.遥感图像数字处理[M].武汉:华中理工大学出版社,1991.

[9] 朱述龙,张占睦.遥感图像获取与分析[M].北京:科学出版社,2000.

[10] 总装备部.遥感应用现状与发展[M].北京:科学出版社,2000.

[11] 梅安新.遥感导论[M].北京:高等教育出版社,2001.

[12] 关泽群.遥感图像解译[M].武汉:武汉大学出版社,2007.

[13] 许殿元,丁树柏.遥感图像信息处理[M].北京:宇航出版社,1990.

[14] 刘玉洁,杨忠东.MODIS遥感信息处理原理与算法[M].北京:科学出版社,2001.

[15] 林辉,何安国,李际平.高分辨率遥感及应用[M].长沙:中南大学出版社,2004.

[16] 刘良明.卫星海洋遥感导论[M].武汉:武汉大学出版社,2005.

[17] 孙天纵,周坚华.城市遥感[M].上海:上海科学技术出版社,1995.

[18] 詹庆明,肖映辉.城市遥感技术[M].武汉:武汉测绘科技大学出版社,1999.

[19] 杜道生,陈军,李征航.RS、GIS、GPS的集成与应用[M].北京:测绘出版社,1995.

[20] 纪红.红外技术与应用[M].北京:科学出版社,1979.

[21] 卓宝熙.工程地质遥感图像典型图谱[M].北京:科学出版社,1999.

[22] 周成虎,骆剑承,刘庆生.遥感影像地学理解和分析[M].北京:科学出版社,1999.

[23] 沈清,汤霖.模式识别导论[M].长沙:国防科技大学出版社,1991.

[24] 蔡元龙.模式识别[M].西安:西安电子科技大学出版社,1992.

[25] 邬伦,刘瑜,张晶,等.地理信息系统——原理、方法和应用[M].北京:科学出版社,2001.

[26] 李德仁,关泽群.空间信息系统的集成与实现[M].武汉:武汉测绘科技大学出版社,2000.

[27] 李德仁,周月琴,金为铣.摄影测量与遥感概论[M].北京:测绘出版社,2001.

[28] 张祖勋,张剑清.数字摄影测量学[M].2版.武汉:武汉大学出版社,2012.

[29] 陈鹰.遥感影像的数字摄影测量[M].上海:同济大学出版社,2003.

[30] 潘励,段延松,刘亚文,等.摄影测量学[M].3版.武汉:武汉大学出版社,2023.

[31] 林培.农业遥感[M].北京:北京农业大学出版社,1990.

[32] 邝扑生,等.精细农业基础[M].北京:中国农业大学出版社,2002.

[33] 王长耀,牛铮,唐华俊.对地观测技术与精细农业[M].北京:科学出版社,2001.

[34] 贾永红.数字图像处理[M].4版.武汉:武汉大学出版社,2023.

[35] 张远鹏,董海,周文灵.计算机图像处理技术基础[M].北京:北京大学出版社,1996.

[36] 冯克诚,田晓娜.中国通史全编(西周-春秋-战国-秦)[M].西宁:青海人民出版社,1998.

[37] 张海根,谢广林.中国活动构造典型卫星影像集[M].北京:地震出版社,1982.

[38] 杨凯,孙家抦,等.遥感图像处理原理与方法[M].北京:测绘出版社,1988.

[39] 梁顺林,李小文,王锦地,等.定量遥感:理念与算法[M].北京:科学出版社,2019.

参考论文

[1] 孙家抦,马吉苹,廖志东,等.楚古都-纪南城的遥感考古调查和分析[J].遥感信息,1993,1:27-29.

[2] 孙家抦.楚都遥感调查[J].地图,2003,5:16-19.

[3] 孙家抦,刘继琳.南极拉斯曼丘陵周围地区卫星影像的冰貌信息提取[J].南极研究,1996,4:20-30.

[4] 孙家抦,霍东民,周军其.格罗夫山地无地面控制卫星影像数字制图和地貌、蓝冰及陨石分布分析[J].极地研究,2001,1:21-31.

[5] 孙家抦.遥感方法探测南极 GROVE 山地陨石分布[J].遥感信息,2001,3:27-29.

[6] 孙家抦,霍东民,孙朝辉.极地记录冰川和达尔克冰川流速的遥感监测研究[J].极地研究,2001,2:117-128.

[7] 孙家抦,卢键,马吉苹.南方草场资源的计算机分类和规划[J].遥感信息,1989,4.

[8] 李果,孙家抦.东南极拉斯曼丘陵米勒半岛遥感影像岩性分类初探[J].极地研究,1994,4:37-42.

[9] 孙朝辉,李福新.基于 RS 和 GIS 的楚皇城的遥感考古调查[J].遥感信息,1998,4:32-33.

[10] 李芝喜.香格里拉遥感分析[J].遥感信息,1998,2:29-31.

[11] 马荣华,黄杏元,蒲英霞.数字地球时代“3S”集成的发展[J].地理科学进展,2001,3:89-95.

[12] 李世忠,陈虹.现代小卫星技术与数字地球[J].遥感信息,2000,4:47-49.

[13] 胡德永.陆地卫星 TM 观测到渤海赤潮[J].遥感信息,1991,3:11-12.

[14] 胡德永,等.TM 图像在大兴安岭森林火灾过火区林木恢复监测中的作用[J].遥感信息,1991,3:38-41.

[15] 唐伶俐,戴昌达,李传荣.雷达卫星影像与TM复合快速反应98′洪涝灾情[J].遥感信息,1998,4:14-15.

[16] 肖国超.SAR图像纠正的数学模型[J].测绘学报,1994,3:175-180.

[17] 王治华,于学政.西藏易贡大滑坡遥感解译[J].遥感信息,2001,2:24-25.

[18] 王学佑,等.罗布泊特大型钾盐矿产基地的发现[J].遥感信息,2001,4:19-22.

[19] 文沃根.高分辨率IKONOS卫星影像及其产品的特性[J].遥感信息,2001,1:37-38.

[20] 郑新江,刘政.利用气象卫星资料监测沙尘暴[J].遥感信息,1992,4:10-11.

[21] 王道德,等.南极陨石与沙漠陨石的对比研究[J].极地研究,1999,2:125-127.

[22] 中国资源卫星应用中心.中巴地球资源卫星2007年运行应用报告[R].2008.

[23] 湖北省博物馆.楚都纪南城[J].考古资料汇编,1980.

[24] 韩颜顺,张继贤,李海涛.高分辨率卫星影像的有理函数模型研究[J].遥感信息,2007(5):26-30.

[25] 郝建亭,杨武年,李玉霞,等.基于FLAASH的多光谱影像大气校正应用研究[J].遥感信息,2008(1):78-81.

[26] 巩丹超,张永生.有理函数模型的解算与应用[J].测绘学院学报,2003(3):39-42.

[27] 巩丹超.高分辨率卫星遥感立体影像处理模型与算法[D].郑州:解放军信息工程大学,2003,4.

[28] 刘军,王冬红,毛国苗.基于RPC模型的IKONOS卫星影像高精度立体定位[J].测绘通报,2004(9):1-3.

[29] 李均力.高光谱遥感地表蒸散模型的研究及其在焉耆盆地生态评估中的应用[D].武汉:武汉大学,2007.

[30] 阮建武,邢立新.遥感数字图像的大气辐射校正应用研究[J].遥感技术与应用,2004(6):206-208.

[31] 田庆久,郑兰芬,童庆禧.基于遥感影像的大气辐射校正和反射率反演方法[J].应用气象学报,1998(11):456-461.

[32] 张过.缺少控制点的高分辨率遥感影像几何纠正[D].武汉:武汉大学,2006.

[33] 张永生,刘军.高分辨率遥感卫星立体影像RPC模型定位的算法及其优化[J].测绘工程,2004(3):1-3.

[34] 郑伟,曾志远.遥感图像大气校正方法综述[J].遥感信息,2004(4):66-70.

[35] 胡慧萍.面向对象分类技术的景观信息获取[D].长沙:中南大学,2007.

[36] 申晋利.吉林省莫莫格地区面向对象湿地遥感分类方法研究[D].北京:中国地质大学(北京),2006.

[37] 贲进,张永生,童晓冲.GeoTIFF解析及在遥感影像地理编码中的应用[J].信息工程大学学报,2005,6(1):94-98.

[38] 牛岑涛,盛业华.GeoTIFF图像文件的数据存储格式及读写[J].四川测绘,2004.27(3):105-108.

[39] 周春霞.星载SAR干涉测量技术及其在南极冰貌地形研究中的应用[D].武汉:武

汉大学,2005.

[40] 李健全,王倩莹,张思晛,等.国外对地观测微纳卫星发展趋势分析[J]. 航天器工程, 2020,29(4):126-132.

[41] 苏晓华,时蓬,白青江,等.空间地球科学卫星发展及应用[J]. 卫星应用, 2021(7):21-29.

[42] 阎广建,姜海兰,闫凯,等.多角度光学定量遥感[J]. 遥感学报, 2021, 25(1): 83-108.

[43] 包栎炀, 王祥军, 李少达, 等.基于无人机 LiDAR 的橡胶树单木地上生物量估测[J]. 热带作物学报, 2022:1-12.

[44] 曹中盛, 李艳大, 黄俊宝, 等.基于无人机数码影像的水稻叶面积指数监测[J]. 中国水稻科学, 2022(36):308-317.

[45] 查燕, 吴文斌, 余强毅, 等.我国农业水土资源监测与信息服务体系发展战略研究[J]. 中国工程科学, 2022(24):64-72.

[46] 程志强, 蒙继华, 纪甫江, 等. 基于 WOFOST 模型与 UAV 数据的玉米生长后期地上生物量估算[J]. 遥感学报, 2020(24):1403-1418.

[47] 褚洪亮, 肖青. 基于无人机遥感的叶面积指数反演[J]. 遥感技术与应用, 2017(2).

[48] 樊鸿叶, 李姚姚, 卢宪菊, 等. 基于无人机多光谱遥感的春玉米叶面积指数和地上部生物量估算模型比较研究[J]. 中国农业科技导报, 2021(23):112-120.

[49] 郭芮, 伏帅, 侯蒙京, 等.基于 Sentinel-2 数据的青海门源县天然草地生物量遥感反演研究[J]. 草业学报,2022:1-15.

[50] 杭艳红, 苏欢, 于滋洋, 等. 结合无人机光谱与纹理特征和覆盖度的水稻叶面积指数估算[J]. 农业工程学报, 2021(37):64-71.

[51] 林艺真, 邱炳文, 陈芳鑫, 等. 干旱胁迫下植物抗逆性大尺度遥感监测方法[J]. 地球信息科学学报, 2022(24):2225-2233.

[52] 刘茜, 杨乐, 柳钦火, 等.森林地上生物量遥感反演方法综述[J]. 遥感学报, 2015(19):62-74.

[53] 舒时富, 李艳大, 曹中盛, 等. 基于无人机图像的水稻地上部生物量估算[J]. 福建农业学报, 2022(37):824-832.

[54] 汪沛, 罗锡文.基于微小型无人机的遥感信息获取关键技术综述[J]. 农业工程学报, 2014(30).

译文参考书

[1] R. A. 肖温格. 遥感中的图像处理和分类技术[M]. 李德熊,译. 北京:科学出版社,1991.

[2] J. G. 莫伊克. 遥感图像德数字处理[M]. 徐建平,张青山,王瑛,译. 北京:气象出版社,1987.

[3] H. P. 贝尔. 数字图像处理及其在摄影测量与遥感中的应用[M]. 胡国理,夏之渝,

冯万营，译. 北京：解放军出版社，1990.

[4] F. 萨宾. 遥感原理与判读[M]. 北京大学遥感技术应用研究室，译. 北京：北京大学出版社，1980.

[5] D. K. 霍尔·J，马丁内克. 冰雪遥感[M]. 顾钟炜，等译. 兰州：甘肃科学技术出版社，1991.

[6] K. R. Castleman. 数字图像处理[M]. 朱志刚，等译. 北京：电子工业出版社，1998.

[7] 村井俊治. 遥感精解[M]. 刘勇为，贺雪鸿，译. 北京：测绘出版社，1993.

[8] 日本国立极地研究所. 南极气象学[M]. 北京：海洋出版社，1992.

外文参考文献

[1] John A Richards, Xiuping Jia. Remote Sensing Digital Image Analysis: An Introduction[J]. Springer-Verlag Berlin Heidelberg New York, 1999.

[2] John B Adams, Alan R Gillespie. Remote Sensing of Langscapes with Spectral Image (A Physical Modeling Approach)[J]. Department of Earth and Space Sciences University of Washington. CAMBRIDGE Univercity Press, 2006.

[3] Reeves G, et al. Manual of Remote Sensing[J]. Falls Church, VA: American Society of Photogrammetry, 1975.

[4] Lillesanel M, Kiefer R W. Remote Sensing and Image Interpretation[J]. New York: Wiley, 1979.

[5] Hudson R D. Infrared System Engineering[J]. Johnwiley J. SONS, ING, 1969.

[6] Richards J A, Jia X P. Remote Sensing Digital Image Analysis: An Introduction [J]. New York: Springer-Verlag Berlin Heidelberg, 1999.

[7] Jingxiong Zhang, Michael Goodchild. Uncertainty in Geographical Information [J]. London: Taylor & Francis Inc, 2002.

[8] Qingming Zhan. A Hierachical Object-Based Approach for Urban Land-Use Classification from Remote Sensing Data[J]. Netherland: ITC 2003.

[9] Robert M. Satellite remote sensing of polar regions[J]. Scott Institute, UK, 1991.

[10] Brecher H H. Surface velocity determination on large polar glaciers by aerial photogrammetry[J]. Ann Glacial, 1995.

[11] Manson R, et al. Ice velocities of the Lambert glacier from static GPS observations[J]. Earth Planets Space, 2000.

[12] Scambos T A, et al. Application of image cross-correlation to the measurement of glacier velocier using satellite image data[J]. Remote Sens Environ, 1992.

[13] Hord R M. Digital image processing of remotely sensed data[J]. Academic Press, London, 1982.

[14] Gonzalez R C, Wintz P. Digital image processing[J]. Reading Mass, Addison-Wesley, 1977.

[15] Bahr H P. Geometrical models for satellite scanner imagery[J]. Proceedings of

13th Corgr,ISP,Helsinki,1976.

[16] Schowengerdt R A. Techniques for image processing and classification in remote sensing[J]. New York Academic Press,1983.

[17] Swain P H,Daris S M. Remote sensing:the quentitative approach[J]. Mcgraw-Hill International Book Comp,1978.

[18] Sun Jiabing,Li Deren,et al. Multi source image fusion[J]. IAIF'97,Adeland of Australia,1997.

[19] Sun Jiabing,Gan Xinzheng. The digital mapping produced with satellite image of the Zhongshan station area in Antarctica[J]. Antarctic research,Shanghai of China,1994.

[20] Sun Jiabing,et al. The extraction of elevation information of ice-sheet surface on south area of the Larsemann Hills in East Antarctica[J]. Chinese Journal of Polar Science, Shanghai of China,1998.

[21] Sun Jiabing,et al. The digital mapping of satellite image under no ground control and the distribution of landform,blue ice and meteorites in Grove Mountains,Antarctica [J]. Chinese Journal of Polar Science,Shanghai of China,2001.

[22] Sun Jiabing,et al. Remote monitoring ice velocities of the Polar Record Glaciers and Dark Glaciers[J]. Chinese Journal of Polar Science,Shanghai of China,2003.

[23] C. Vincent Tao,Yong Hu. Investgation on the Rational Function Model[A]. ASPRS 2000 Annual Conference Proceedings[C]. Washington D. C. 2000 May,22-26.

[24] C. Vincent Tao,Yong Hu. Image Rectification Using A Generic Sensor Model-Rational Function Mode[A]. International Archives of Photogrammetry and Remote Sensing[C],Amsterdam,2000. XXIII(B4): 874-881.

[25] C. Vincent Tao,Yong Hu. The Rational Function Model-A Tool For Processing High-Resolution Imagery[J]. Earth Observation Magazine(EOM),2001(1):13-16.

[26] Sun Jiabing, et al. Grass resources classification, evaluation and stock farm planning based on multi-date and multi-critering in the south of China[J]. ISPRS Commission VII. Victoria of Canada,1990.

[27] ASHAPURE A, JUNG J, CHANG A, et al. Developing a machine learning based cotton yield estimation framework using multi-temporal UAS data[J]. ISPRS Journal of Photogrammetry and Remote Sensing, 2020(169):180-194.

[28] CHAO Z, LIU N, ZHANG P, et al. Estimation methods developing with remote sensing information for energy crop biomass: A comparative review[J]. Biomass and Bioenergy, 2019(122):414-425.

[29] DENG L, MAO Z, LI X, et al. UAV-based multispectral remote sensing for precision agriculture: A comparison between different cameras[J]. ISPRS Journal of Photogrammetry and Remote Sensing, 2018(146):124-136.

[30] DONG T, LIU J, SHANG J, et al. Assessment of red-edge vegetation indices for crop leaf area index estimation[J]. Remote Sensing of Environment, 2019(222):

133-143.

[31] FANG H, BARET F, PLUMMER S, et al. An Overview of Global Leaf Area Index (LAI): Methods, Products, Validation, and Applications [J]. Reviews of Geophysics, 2019(57):739-799.

[32] GNYP M L, BARETH G, LI F, et al. Development and implementation of a multiscale biomass model using hyperspectral vegetation indices for winter wheat in the North China Plain [J]. International Journal of Applied Earth Observation and Geoinformation, 2014a (33):232-242.

[33] GONG Y, YANG K, LIN Z, et al. Remote estimation of leaf area index (LAI) with unmanned aerial vehicle (UAV) imaging for different rice cultivars throughout the entire growing season[J]. Plant Methods, 2021(17):88.

[34] HE J, ZHANG N, SU X, et al. Estimating Leaf Area Index with a New Vegetation Index Considering the Influence of Rice Panicles[J]. Remote Sensing, 2019 (11).

[35] JI S, GU C, XI X, et al. Quantitative Monitoring of Leaf Area Index in Rice Based on Hyperspectral Feature Bands and Ridge Regression Algorithm[J]. Remote Sensing, 2022(14).

[36] JIANG Q, FANG S, PENG Y, et al. UAV-Based Biomass Estimation for Rice-Combining Spectral, TIN-Based Structural and Meteorological Features[J]. Remote Sensing, 2019 (11).

[37] KONG W, HUANG W, MA L, et al. Biangular-Combined Vegetation Indices to Improve the Estimation of Canopy Chlorophyll Content in Wheat Using Multi-Angle Experimental and Simulated Spectral Data[J]. Front Plant Sci, 2022(13):866301.

[38] LI B, XU X, ZHANG L, et al. Above-ground biomass estimation and yield prediction in potato by using UAV-based RGB and hyperspectral imaging[J]. ISPRS Journal of Photogrammetry and Remote Sensing, 2020a(162):161-172.

[39] NAVARRO A, YOUNG M, ALLAN B, et al. The application of Unmanned Aerial Vehicles (UAVs) to estimate above-ground biomass of mangrove ecosystems[J]. Remote Sensing of Environment, 2020(242).

[40] NI-MEISTER W, ROJAS A, LEE S. Direct use of large-footprint lidar waveforms to estimate aboveground biomass[J]. Remote Sensing of Environment, 2022 (280).

[41] PRIKAZIUK E, NTAKOS G, TEN DEN T, et al. Using the SCOPE model for potato growth, productivity and yield monitoring under different levels of nitrogen fertilization[J]. International Journal of Applied Earth Observation and Geoinformation, 2022(114).

参 考 网 站

[1] http://research. umbc. edu/～tbenja1/umbc7/(Remote Sensing Core Curriculum)

[2] http://rst. gsfc. nasa. gov(Remote Sensing Tutorial)

[3] http://www. eurimage. com

[4] http://ieeexplore. ieee. org

[5] http://www. fas. org/irp/imint/docs/rst/Front/tofc. html

[6] http://sess. pku. edu. cn:8080/greatcourse/index1. htm

[7] http://rst. gsfc. nasa. gov/Front/tofc. html

[8] http://www. profc. udec. cl/～gabriel/tutoriales /curso/index. htm

[9] http://jpkc. whu. edu. cn/jpkc2005/rsgis/jpkcsb/index. html

[10] http://www. 3snews. net/html/94/10194-17364. html

[11] http://www. gis. usu. edu/docs/protected/procs/asprs/asprs2000/pdffiles/papers/039. pdf

附录　本书彩插图

图 2-5　北斗二号导航卫星

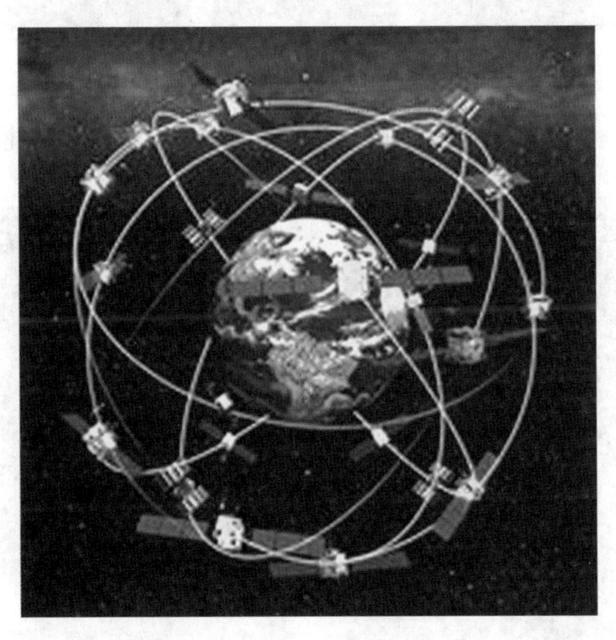

图 2-6　北斗卫星导航系统示意图

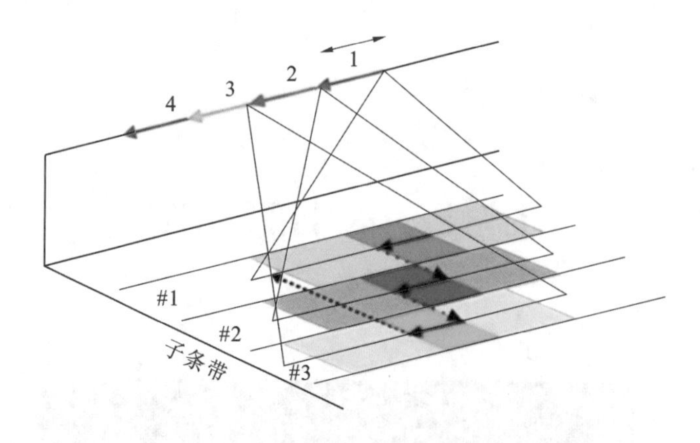

图 3-41　SAR 条带模式和扫描模式成像几何示意图

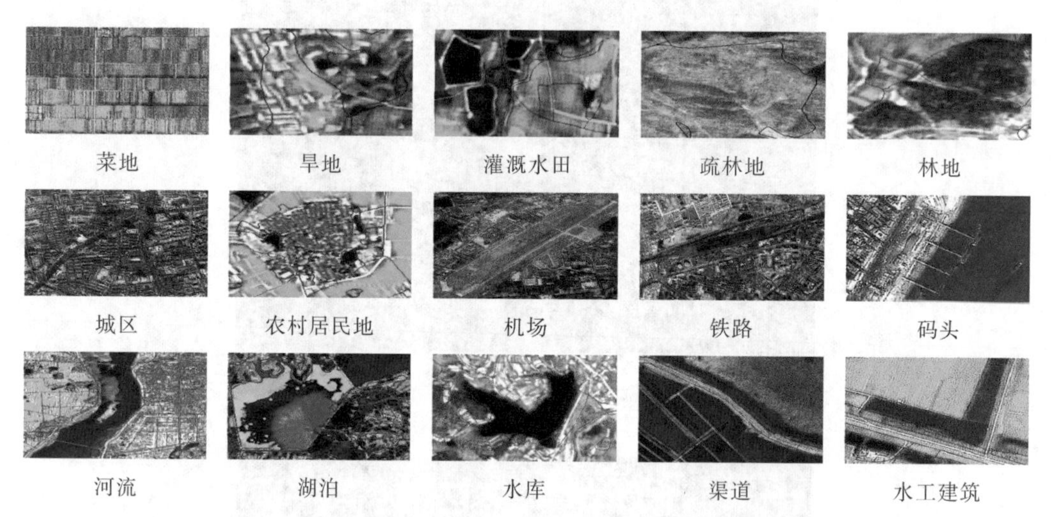

图 6-15　城市土地利用遥感调查部分判读标志的卫星影像样图
（图中红、蓝色线是原来测量的数据，有些地物已明显发生变化）

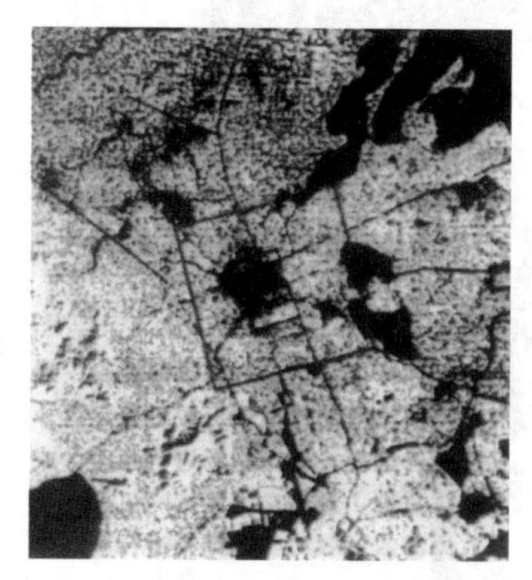

图 6-16　苏州市局部区域 MSS-7 卫星影像示意图

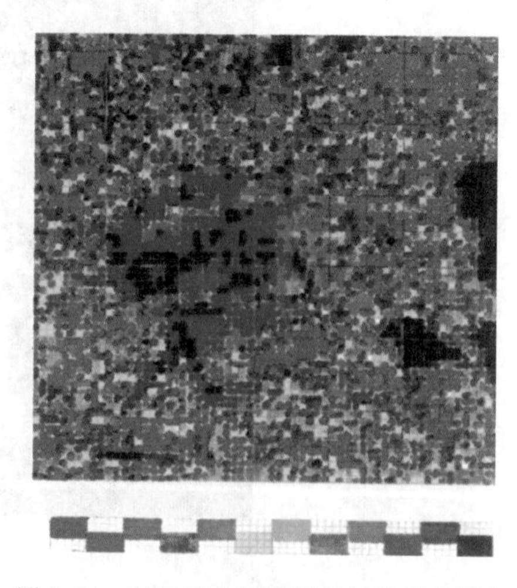

图 6-17　经密度分割增强后的伪彩色图像

图 6-21　假彩色影像

图 6-23　南京市局部区域假彩色卫星影像示意图

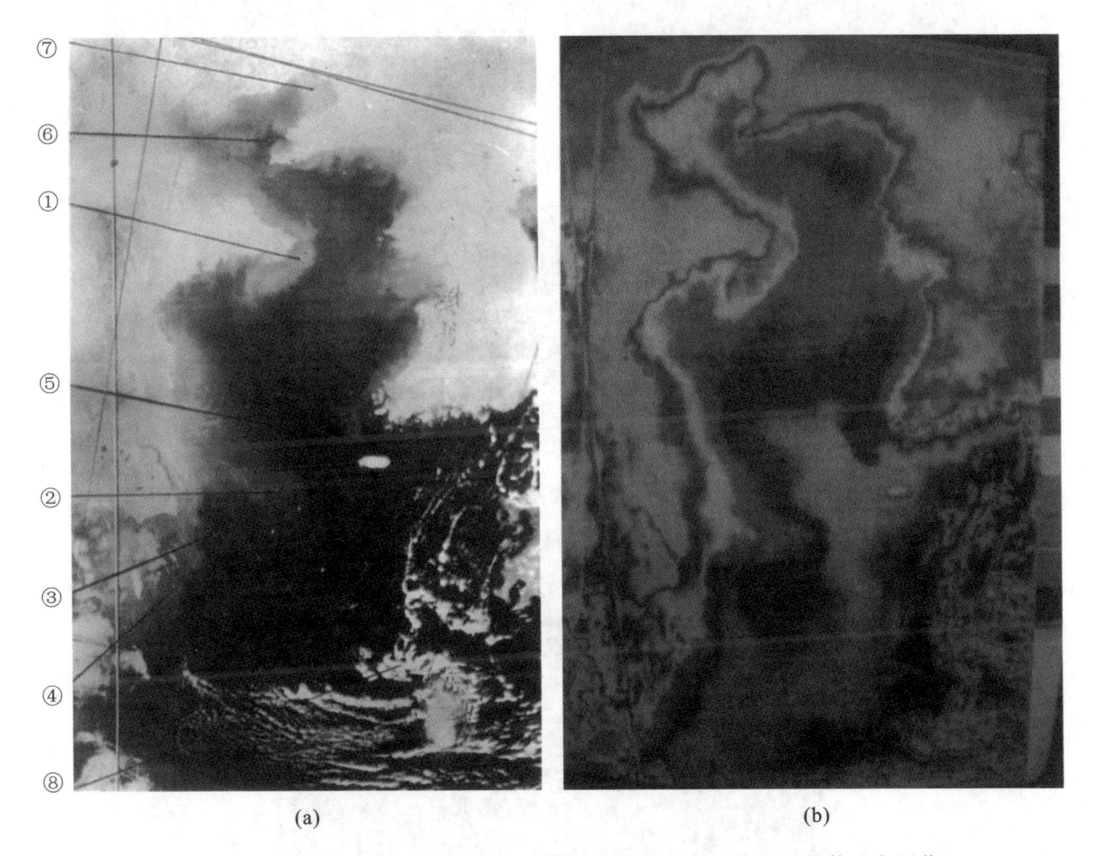

图 6-28　黄海和东海地区的气象热图像示意图及经密度分割后的伪彩色图像

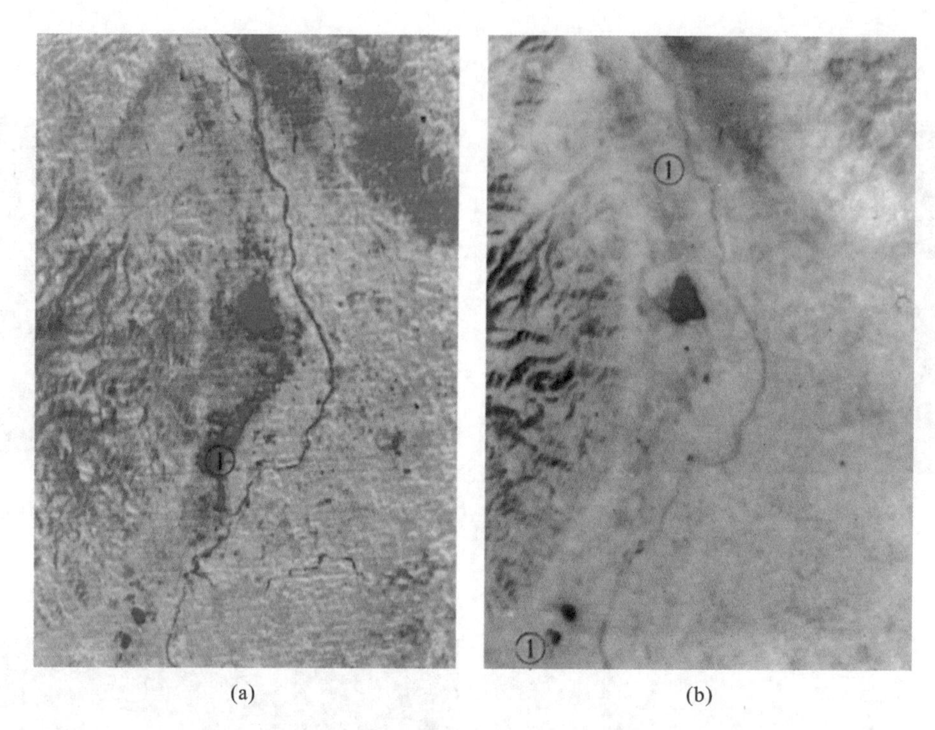

(a)　　(b)

图 6-40　水稻在不同时间卫片上的光谱变化

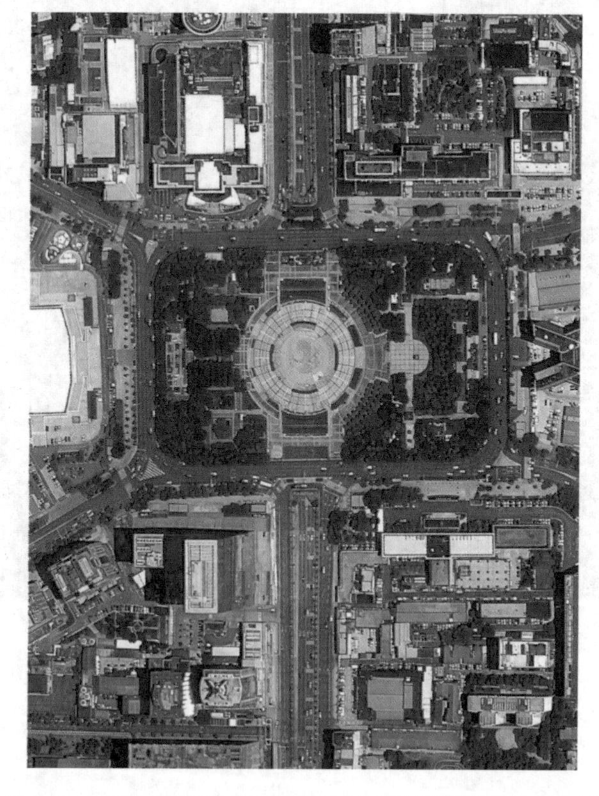

图 8-1　“武汉一号”卫星获取的武汉市局部区域卫星影像图

图 8-2　南极 Grove 山地彩色卫星影像图

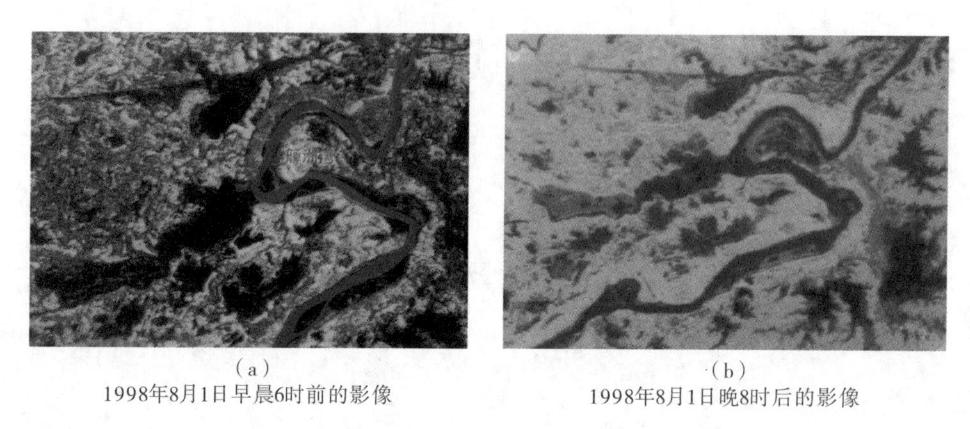

(a)
1998年8月1日早晨6时前的影像

(b)
1998年8月1日晚8时后的影像

图 8-13　SAR 与 TM 融合影像

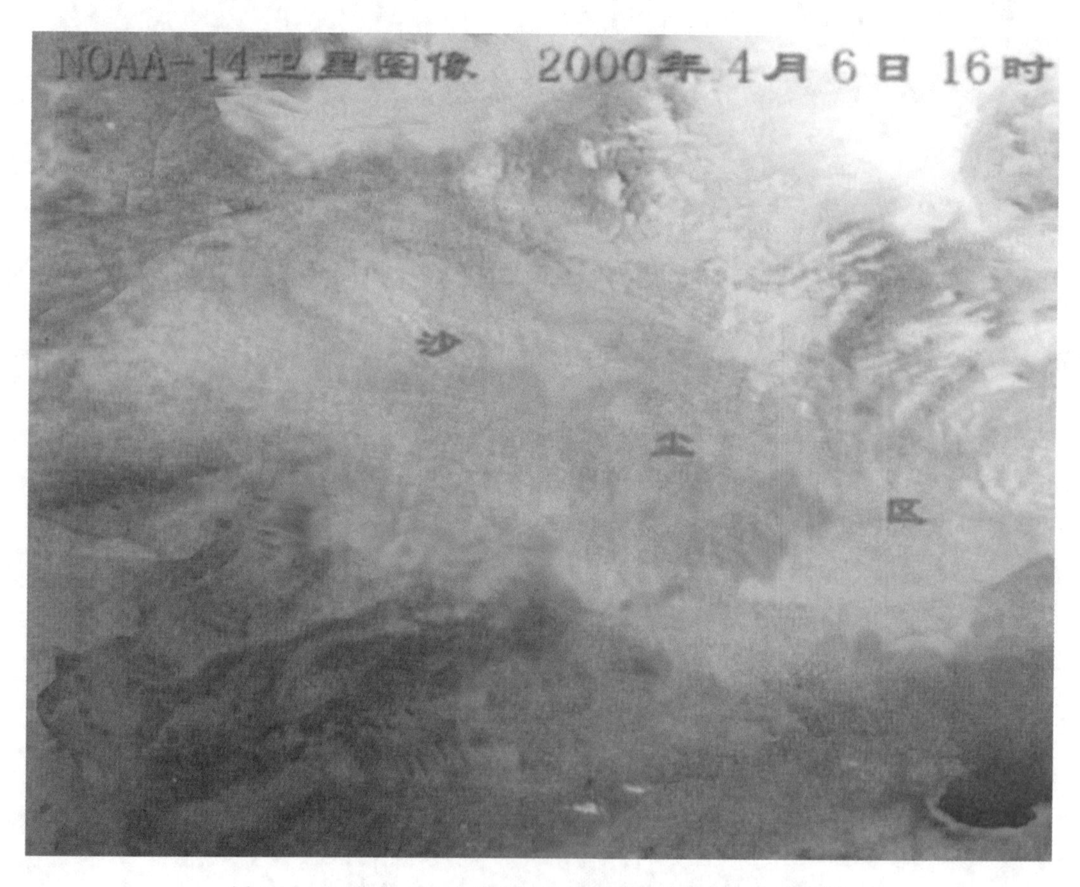

图 8-14　2000 年 4 月 6 日卫星影像显示发生在北京的沙尘暴

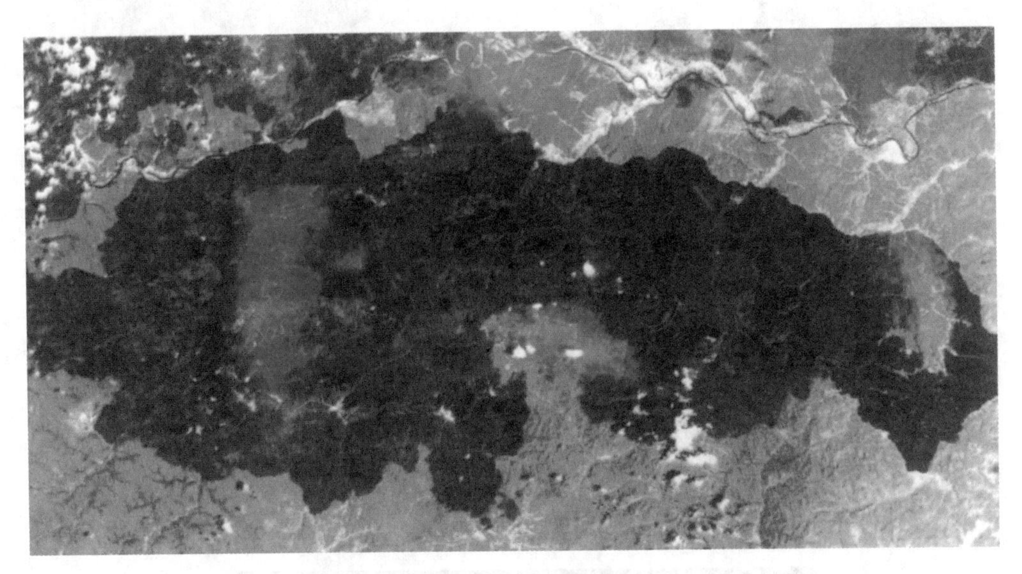

图 8-15 黑龙江大兴安岭森林火灾过火区

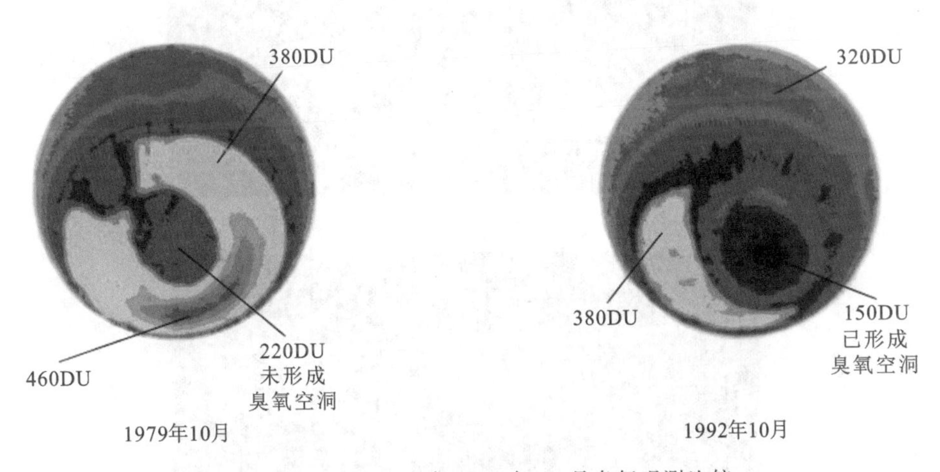

图 8-16 1979 年 10 月与 1992 年 10 月臭氧观测比较

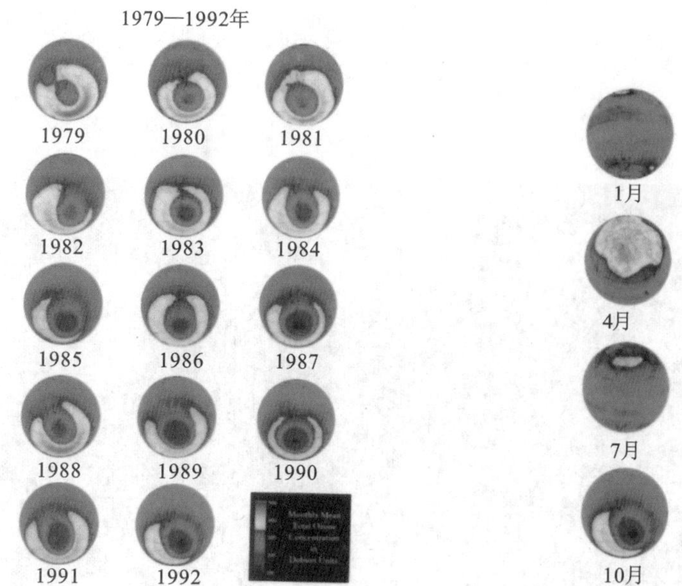

图 8-17 不同年份 10 月的臭氧空洞状况

1月 2月 3月
4月 5月 6月
7月 8月 9月
10月 11月 12月

图 8-18 1991 年一年中各月的臭氧空洞状况

(a) 海啸前

(b) 海啸后

图 8-23 海啸前后的卫星影像

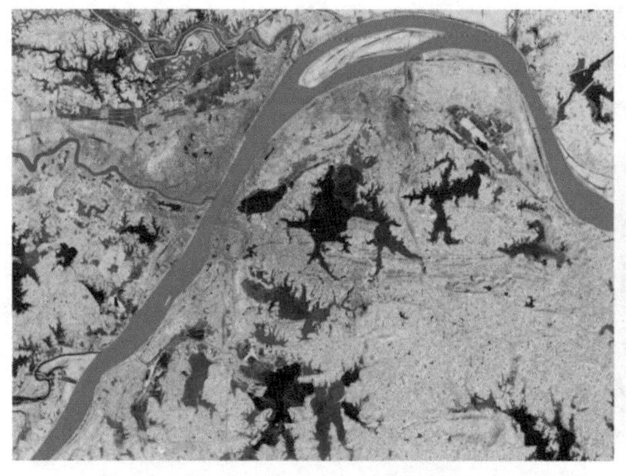

（a）武汉市1987年TM卫星影像

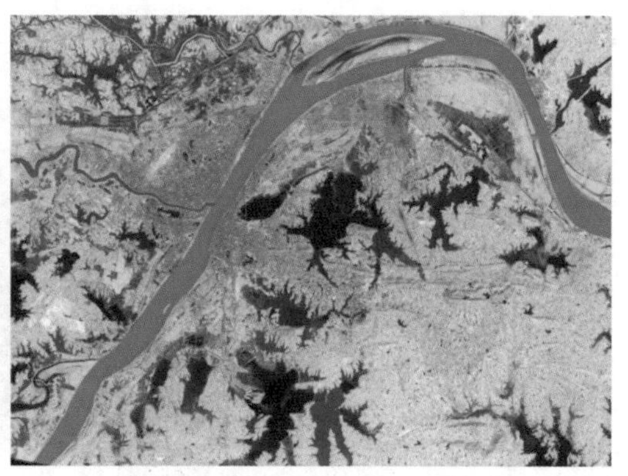

（b）武汉市1993年TM卫星影像

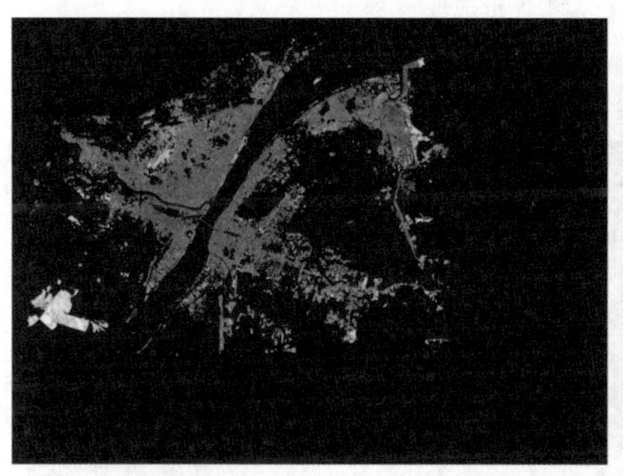

（c）武汉市1993年与1987年城市融合影像

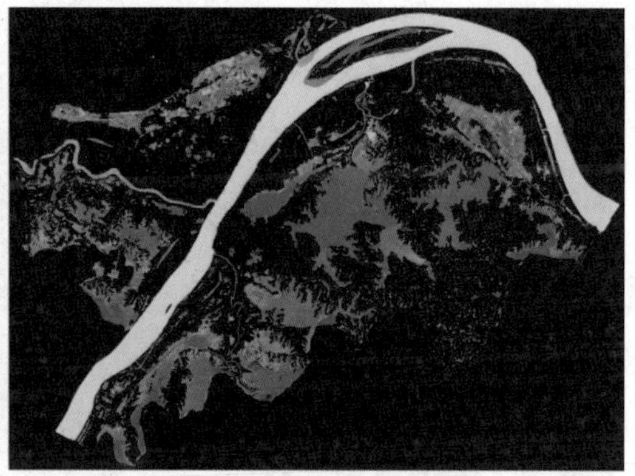

（d）武汉市1993年与1987年水面融合影像

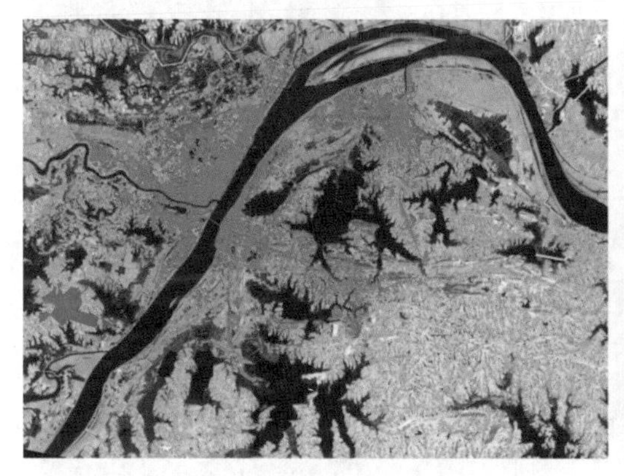

（e）武汉市1987—1993年城区增减专题图
（品红色为不变，大红色为增加，绿色为减少）

（f）武汉市1987—1993年水面增减专题图
（蓝色为不变，大红色为增加，绿色为减少）

图 8-24　武汉市水面和城区变化遥感监测图

(a) TM影像（获取日期：1998年11月15日）

(b) SPOT影像（获取日期：2000年5月4日）

图 8-31　西藏易贡藏布大滑坡形成堰塞湖

图 8-32　四川汶川县大地震及部分余震分布示意图，震点都分布在龙门山断裂带上，1933 年 8 月 25 日发生的 7.5 级地震，震中在汶川北面

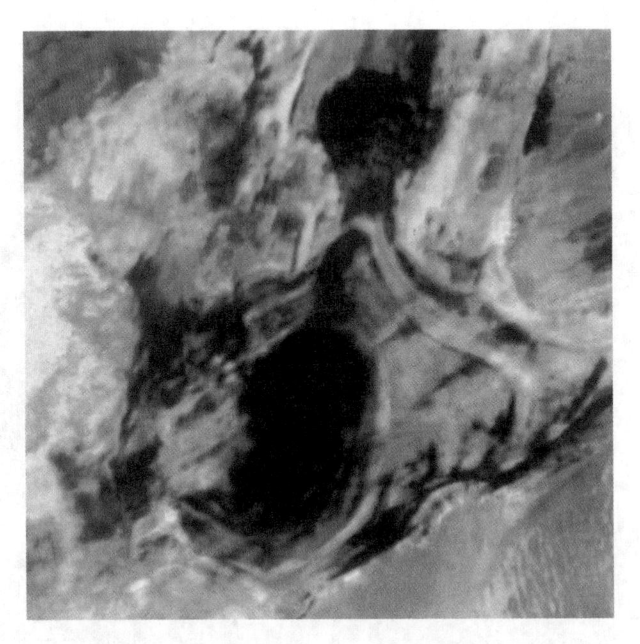

图 8-37　罗布泊 TM7,4,1 合成的假彩色影像
（蓝黑色为盐岩洼地，耳环状的“年轮”结构很清楚）

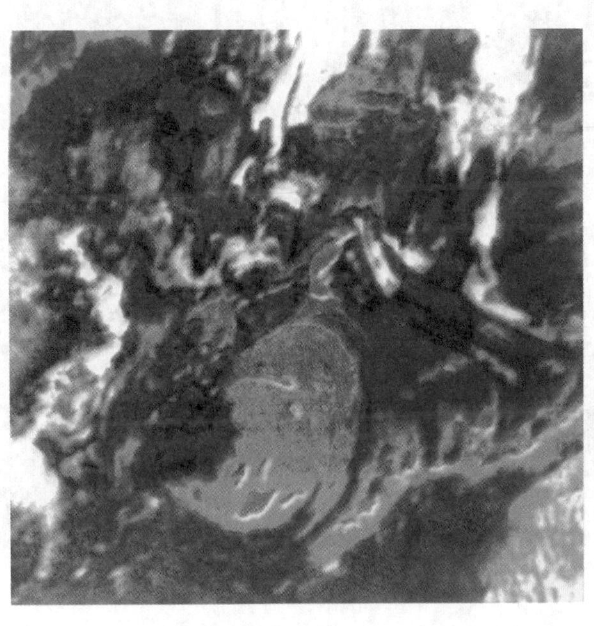

图 8-38　罗布泊密度分割影像
（红色区钾含量＞8%，绿色区钾含量 5%～8%，蓝色区钾含量＜5%）

图 8-60　楚古都-纪南城(郢)彩色卫星影像示意图

图 8-61　楚皇城(鄢)的卫星影像示意图

图 8-62　放大后的楚皇城卫星影像示意图

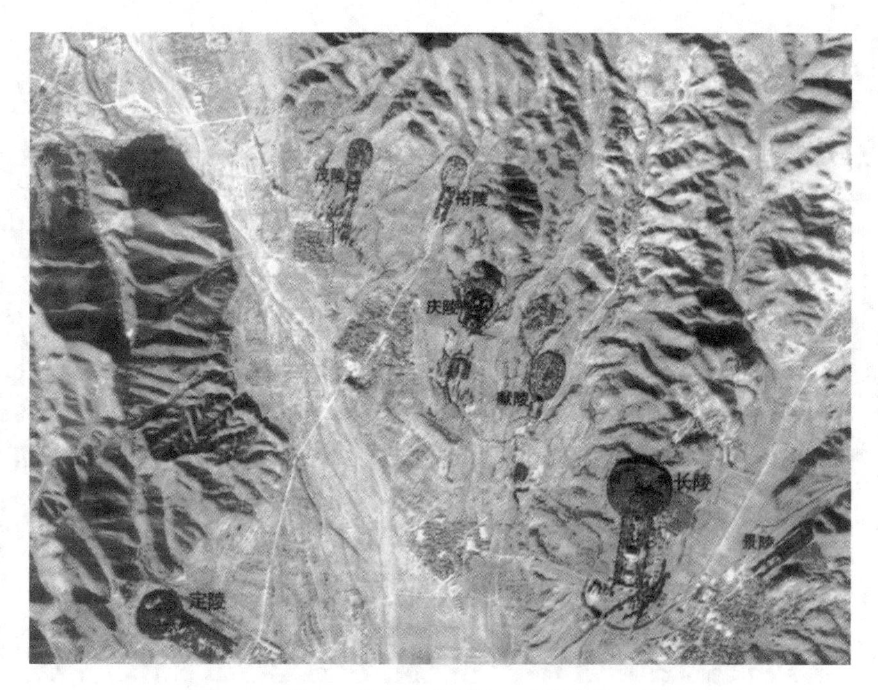

图 8-64　明十三陵部分陵园航空彩色像片示意图

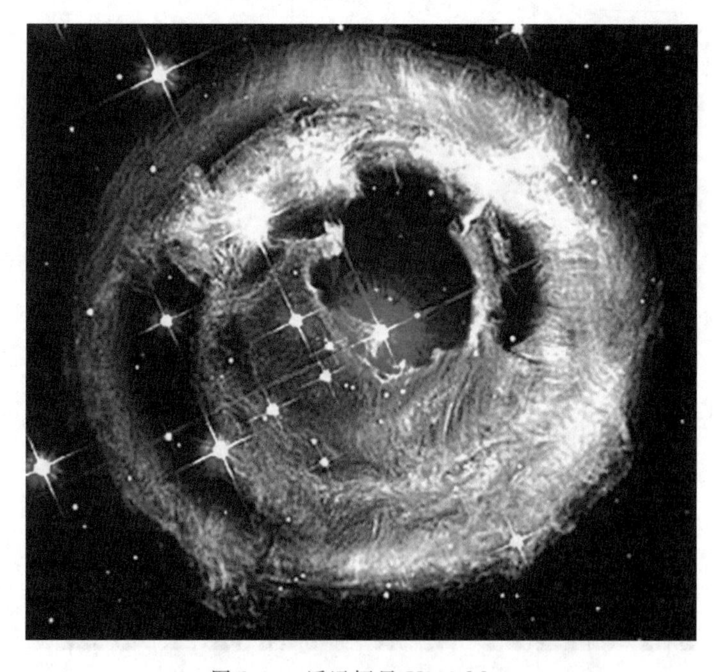

图 8-69　遥远恒星 V838 Mon

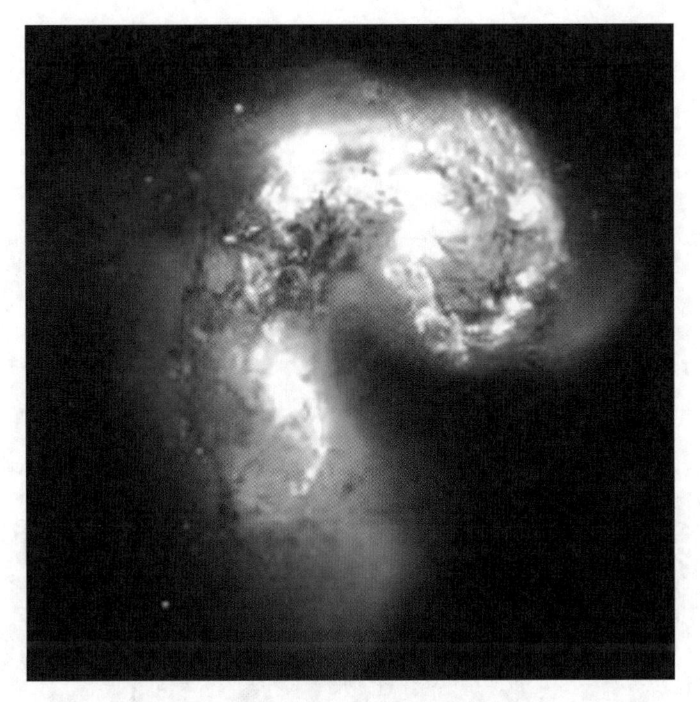

图 8-70　触角星系的合并双子星系

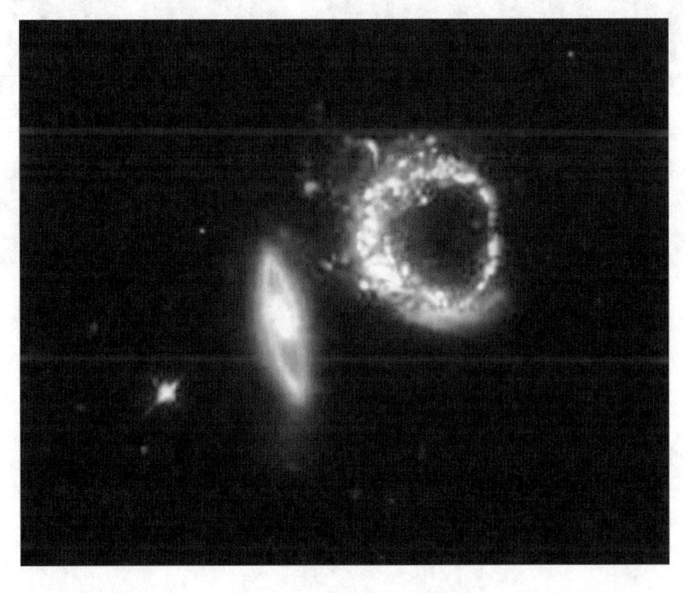

图 8-71　呈现出“10”形状的“Arp 147” 星系

图 8-75　火星上的冲积扇地貌